Informationstechnik

J. Eberspächer/H.-J. Vögel
GSM
Global System for
Mobile Communication

# Informationstechnik

Herausgegeben von

Prof. Dr.-Ing. Dr.-Ing. E. h. Norbert Fliege, Mannheim
Prof. Dr.-Ing. Martin Bossert, Ulm

In der Informationstechnik wurden in den letzten Jahrzehnten klassische Bereiche wie analoge Nachrichtenübertragung, lineare Systeme und analoge Signalverarbeitung durch digitale Konzepte ersetzt bzw. ergänzt. Zu dieser Entwicklung haben insbesondere die Fortschritte in der Mikroelektronik und die damit steigende Leistungsfähigkeit integrierter Halbleiterschaltungen beigetragen. Digitale Kommunikationssysteme, digitale Signalverarbeitung und die Digitalisierung von Sprache und Bildern erobern eine Vielzahl von Anwendungsbereichen. Die heutige Informationstechnik ist durch hochkomplexe digitale Realisierungen gekennzeichnet, bei denen neben Informationstheorie Algorithmen und Protokolle im Mittelpunkt stehen. Ein Musterbeispiel hierfür ist der digitale Mobilfunk, bei dem die ganze Breite der Informationstechnik gefragt ist.

In der Buchreihe „Informationstechnik" soll der internationale Standard der Methoden und Prinzipien der modernen Informationstechnik festgehalten und einer breiten Schicht von Ingenieuren, Informatikern, Physikern und Mathematikern in Hochschule und Industrie zugänglich gemacht werden. Die Buchreihe soll grundlegende und aktuelle Themen der Informationstechnik behandeln und neue Ergebnisse auf diesem Gebiet reflektieren, um damit als Basis für zukünftige Entwicklungen zu dienen.

# GSM
# Global System for Mobile Communication

## Vermittlung, Dienste und Protokolle in digitalen Mobilfunknetzen

Von Professor Dr.-Ing. Jörg Eberspächer
und Dipl.-Ing. Hans-Jörg Vögel
Technische Universität München

2., aktualisierte und erweiterte Auflage
Mit 197 Bildern und 48 Tabellen



B. G. Teubner Stuttgart · Leipzig 1999

Die Deutsche Bibliothek – CIP-Einheitsaufnahme

**Eberspächer, Jörg:**
GSM, Global System for Mobile Communication : Vermittlung, Dienste und Protokolle in digitalen Mobilfunknetzen ; mit 48 Tabellen / von Jörg Eberspächer und Hans-Jörg Vögel. – 2., aktualisierte und erw. Auflage
Stuttgart ; Leipzig : Teubner, 1999
(Informationstechnik)
ISBN 3-519-16192-3



Printed in Germany
Druck und Bindung: Präzis-Druck GmbH, Karlsruhe

# Vorwort zur zweiten Auflage

Der Siegeszug der GSM-Mobilfunksysteme hat sich seit Erscheinen der ersten Auflage dieses Buches weiter fortgesetzt. Die Teilnehmerzahlen haben sich allein im Jahr 1998 nahezu verdoppelt auf weltweit insgesamt 135 Millionen Teilnehmer. GSM hat damit selbst die kühnsten Erwartungen bei seiner Einführung übertroffen.

Auch die Erwartungen der Autoren dieses Buches wurden übertroffen – es fand einen solchen Anklang in der Fachwelt, daß bereits nach etwas mehr als einem Jahr nun die zweite Auflage notwendig wurde. Viele Zuschriften und Reaktionen haben uns zwischenzeitlich erreicht. Wir danken vor allem für die vielen darin enthaltenen Anmerkungen und Vorschläge, die beim Überarbeiten der ersten Auflage sehr hilfreich waren und wodurch auch mancher Fehler ausgemerzt werden konnte.

Doch auch aufgrund der technologischen Entwicklung ist eine neue Auflage erforderlich. Viele Themen wurden in der Zwischenzeit im Standardisierungsprozeß aufgegriffen, um GSM zu einer universellen Plattform zu machen. Erste Einigungen hinsichtlich der GSM-Nachfolge (Systeme der Dritten Generation) wurden erzielt. Mit seinen Erweiterungen wird GSM wesentliche Ecksteine dieser dritten Generation bilden. Eine wichtige Rolle spielt dabei die Einführung der paketorientierten Übermittlung mit dem *General Packet Radio Service* **GPRS**. Diesem Teil des GSM-Standards ist deshalb auch ein neues Kapitel gewidmet worden.

Bei der Gestaltung dieser Auflage hat uns Herr Dipl.-Ing. Christian Bettstetter (Technische Universität München) wesentlich unterstützt. Aus seiner Feder stammen das Kapitel 11 und der Abschnitt 12.5 – wir danken ihm herzlich für seine engagierte und kompetente Mitarbeit ebenso wie für die kritische Durchsicht der ersten Auflage und die vielen Hinweise zur Verbesserung und Korrektur.

Wir danken auch dem Teubner-Verlag, insbesondere Herrn Dr. Schlembach für die gewohnt hervorragende Unterstützung und geduldige Zusammenarbeit.

München, im Juni 1999

Jörg Eberspächer
Joerg.Eberspaecher@ei.tum.de

Hans-Jörg Vögel
Hans-Joerg.Voegel@ei.tum.de

# Vorwort

GSM ist weit mehr als die Abkürzung für *Global System for Mobile Communication* – es steht für einen außerordentlich erfolgreichen Entwicklungsschritt der modernen Informationstechnik. GSM bedeutet für Millionen von Nutzern – und täglich werden es mehr – eine neue Dimension der persönlichen Kommunikation und wird gegenwärtig in mehr als 100 Ländern und bei mehr als 200 Netzbetreibern, auch außerhalb Europas, eingesetzt. Das "Handy" ist nicht nur im beruflichen Bereich, sondern vielfach auch schon im Privatleben, vom Statussymbol zum nützlichen Alltagsgegenstand geworden. Hauptanwendung ist die drahtlose Telefonie, doch gewinnt die GSM-Datenkommunikation zunehmend an Bedeutung.

Dieses moderne digitale System für die Mobilkommunikation basiert auf einem Satz von Standards, die in Europa erarbeitet und mit großem Erfolg in marktgängige Produkte umgesetzt wurden und werden. GSM ist deshalb auch ein Beweis dafür, daß Europa, d.h. europäische Ingenieure, Unternehmen und Netzbetreiber sehr wohl in der Lage sind, gemeinsam Weltstandards zu setzen und innovative Produkte im Wettbewerb zu entwickeln, zu fertigen und zu vertreiben.

GSM steht auch für Komplexität. Ob im Endgerät oder im Vermittlungssystem, ob in der Hardware oder der Software – die GSM-Technik ist außerordentlich vielschichtig und umfangreich, sicherlich das komplexeste Kommunikationssystem, das je entstanden ist. Dies wird nicht zuletzt sichtbar in den Tausenden von Seiten Dokumentation, die allein die Standards der **ETSI** (*European Telecommunications Standards Organization*) umfassen.

Aus dem Bemühen heraus, die wesentlichen technischen Grundprinzipien von GSM trotz dieser Komplexität zu veranschaulichen und die Zusammenhänge zwischen den verschiedenen Teilfunktion besser darzustellen, als dies im Rahmen von Standards möglich ist, entstand dieses Buch. Kristallisationspunkte waren unsere Vorlesung "Kommunikationsnetze 2" an der TU München sowie vor allem unser GSM-Praktikum, zu dessen Vorbereitung die Studenten ein umfangreiches GSM-Skriptum verwenden. Die eigentliche Grundlage des Buchs bilden (neben eigenen wissenschaftlichen Arbeiten) natürlich die ETSI-Standards selbst, die im vorliegenden Buch einerseits "eingedampft" und andererseits um Erklärungen und Interpretationen ergänzt wurden.

Das Buch richtet sich daher an all jene, die sich in das komplexe GSM-System systematisch einarbeiten wollen, ohne sich im Detail und in der Diktion von (darüber hinaus noch englischsprachigen) Standards zu verlieren. Angesprochen sind Studierende der Elektrotechnik, Informationstechnik und Informatik von Universitäten und Fachhochschulen, Anwender und Praktiker aus der Industrie, von Netzbetreibern, aber auch aus der Forschung, die sich einen Einblick in die Architektur und Funktionsweise des Systems GSM verschaffen wollen.

In Abstimmung mit dem Verlag und den Herausgebern der Reihe Informationstechnik, insbesondere mit dem federführenden Herausgeber Herrn Prof. M. Bossert, Universität Ulm, und unter Berücksichtigung des Inhalts der anderen Bücher dieser Serie beschreibt das vorliegende Buch die Gesamtarchitektur von GSM und konzentriert sich dabei auf die umfassende Darstellung der Kommunikationsprotokolle, der Mobilvermittlungstechnik und der Dienstrealisierung. Die wichtigsten Prinzipien der GSM-Übertragungstechnik werden ebenfalls behandelt, um ein geschlossenes Gesamtbild zu erzielen. Wer sich mit der Implementierung eines GSM-Systems befaßt, wird hier den Einstieg und vertiefende Verweise insbesondere auf die Standards finden. Das Studium derselben wird auch dann empfohlen, wenn Zweifel über den allerletzten Stand der ETSI-Normen bestehen, denn bei der Abfassung dieses Buches mußten wir zwangsläufig den Stand der Standardisierung vom Sommer 1997 "einfrieren".

Die Verfasser danken besonders Herrn Prof. Dr.-Ing. Martin Bossert (Universität Ulm) für viele hilfreiche Hinweise und klärende Diskussionen sowie Herrn Prof. Dr.-Ing. Gottfried W. Luderer (Arizona State University in Phoenix, USA) für die kritische Durchsicht des Manuskripts und zahlreiche Verbesserungsvorschläge. Wir danken auch ganz herzlich dem Teubner-Verlag, insbesondere Herrn Dr. Schlembach für die Initiative zu diesem Buch. Die Unterstützung in jeder Phase des Projekts hat entscheidend dazu beigetragen, daß das Werk zügig fertiggestellt werden und rechtzeitig erscheinen konnte.

Die Autoren sind für jede Art von Resonanz auf dieses Buch im voraus sehr dankbar. Die Leser und Leserinnen können sich am besten (drahtlos oder drahtgebunden) per E-Mail an uns wenden.

München, im September 1997

Jörg Eberspächer
Joerg.Eberspaecher@ei.tum.de

Hans-Jörg Vögel
Hans-Joerg.Voegel@ei.tum.de

# Inhalt

# 1 Einführung

## 1.1 Digital, mobil, global: Die Evolution der Netze

Kommunikation überall, mit jedermann, zu jeder Zeit – diesem Ziel ist man in den letzten Jahren ein großes Stück näher gekommen. Die Digitalisierung der Telekommunikationssysteme, die rasanten Fortschritte in der Mikroelektronik, Computer- und Softwaretechnik, die Erfindung effizienter Algorithmen und Verfahren zur Kompression, Sicherung und Verarbeitung von unterschiedlichsten Signalen sowie die Entwicklung flexibler Kommunikationsprotokolle sind wichtige Voraussetzungen dafür gewesen. Heute stehen Techniken zur Verfügung, die die Realisierung von leistungsfähigen und kostengünstigen Kommunikationssystemen für viele Anwendungsbereiche ermöglichen. Im Festnetzbereich – also dort, wo die Endsysteme (die Geräte der Benutzer) über eine Leitung (Kupferzweidrahtleitung, Koaxialkabel, Glasfaser) an das Netz angeschlossen sind – gewinnt das Diensteintegrierte Digitale Netz ISDN vor allem in Europa immer mehr an Bedeutung. Aus USA kommend hat das paketvermittelte Internet seinen Siegeszug angetreten, auch Kabelnetze und Satellitennetze werden zunehmend für die Individualkommunikation genutzt.

Die größte technische und organisatorische Herausforderung ist jedoch die Unterstützung der Mobilität der Teilnehmer. Dabei ist zwischen zwei Arten der Mobilität zu unterscheiden:

- Terminalmobilität und
- persönlicher Mobilität

Bei der *Terminalmobilität* ist der Teilnehmer drahtlos – über Funk oder Licht – am Netz angeschlossen und kann sich mit seinem Endgerät relativ freizügig auch während einer Kommunikationsverbindung bewegen. Der Grad der Mobilität hängt von der Art des Mobilfunknetzes ab. Bei einem drahtlosen Telefonanschluß für das Heim sind die Anforderungen weniger kritisch wie beim Mobiltelefon, das im Auto oder Zug Verwendung findet. Wenn eine netzweite (landesweite) Mobilität oder sogar eine Mobilität über Netz- und Landesgrenzen hinweg möglich sein soll, werden zusätzliche vermittlungstechnische und administrative Funktionen benötigt, um Benutzer auch außerhalb ihres "Heimatbereichs" drahtlos kommunizieren lassen zu können.

Solche erweiterten Netzfunktionen sind auch zur Realisierung einer *persönlichen Mobilität* und universellen Erreichbarkeit erforderlich. Darunter wird die Möglichkeit der ortsunabhängigen Nutzung von Telekommunikationsdiensten aller Art – auch und gerade in leitungsgebundenen Netzen – verstanden. Der Benutzer identifiziert sich (seine "Person") z.B. mit Hilfe einer Chipkarte an dem Ort, an dem er sich gerade befindet und Zugang zu einem Netz hat. Er kann von da an – nur begrenzt durch die Eigenschaften des lokalen Netzes bzw. seines Endgerätes – dieselben Telekommunikationsdienste nutzen wie zuhause. Eine weltweit eindeutige und einheitliche Adressierung ist eine wichtige Voraussetzungen dafür.

Im digitalen Mobilkommunikationssystem **GSM** (*Global System for Mobile Communication*), dem dieses Buch gewidmet ist, steht die Terminalmobilität im Vordergrund. Drahtlose Kommunikation, egal in welcher Stadt, in welchem Land, und in welchem Kontinent jemand sich befindet: das ist mit GSM möglich geworden.

Die GSM-Technik enthält aber auch schon wesentliche "intelligente" Funktionen zur Unterstützung der persönlichen Mobilität, insbesondere hinsichtlich der Identifizierung und Authentifizierung sowie der Lokalisierung und Verwaltung bewegter Benutzer. Dabei wird oft übersehen, daß sich in den Mobilkommunikationssystemen ohnehin der weitaus größte Teil der Kommunikation im Festnetzanteil abspielt, der zur Verknüpfung der Funkstationen (Basisstationen) benötigt wird.

Es ist deswegen nicht verwunderlich, daß im Zuge der weiteren Entwicklung und des Ausbaus der Telekommunikationsnetze über Wege zu einer Konvergenz der Fest- und Mobilfunknetze nachgedacht wird; die weltweite Standardisierung des "universellen" Netzes der Zukunft ist schon weit fortgeschritten. Europa hat mit seinem Konzept des **UMTS** (*Universal Mobile Telecommunication System*) gute Chancen, wiederum eine führende Rolle zu spielen.

## 1.2 Klassifikation von Mobilkommunikationssystemen

Dieses Buch befaßt sich nahezu ausschließlich mit GSM, doch ist GSM nur eine von vielen Facetten der modernen Mobilkommunikation. Bild 1.1 zeigt das gesamte Spektrum der heutigen und – soweit absehbar – künftigen Mobilkommunikationssysteme. Große Verbreitung haben unidirektionale Benachrichtigungssysteme (Paging), die eine kostengünstige flächendeckende Erreichbarkeit gewährleisten.

Bei den bidirektionalen und damit echten Kommunikationssystemen ist die einfachste Variante das schnurlose Telefon mit sehr geringer Mobilität (in Europa vor allem nach dem **DECT**-Standard). Diese Technik kommt auch bei der Erweiterung digitaler Nebenstellenanlagen um mobile Anschlüsse zum Einsatz. Damit verwandt ist der im Zusammenhang mit der Realisierung alternativer Zugangsnetze sehr aktuelle drahtlose Teilnehmeranschluß (*Radio in the Local Loop* **RLL** oder *Wireless Local Loop* **WLL**). Dieser fordert nur eingeschränkte Mobilität (*low mobility*).

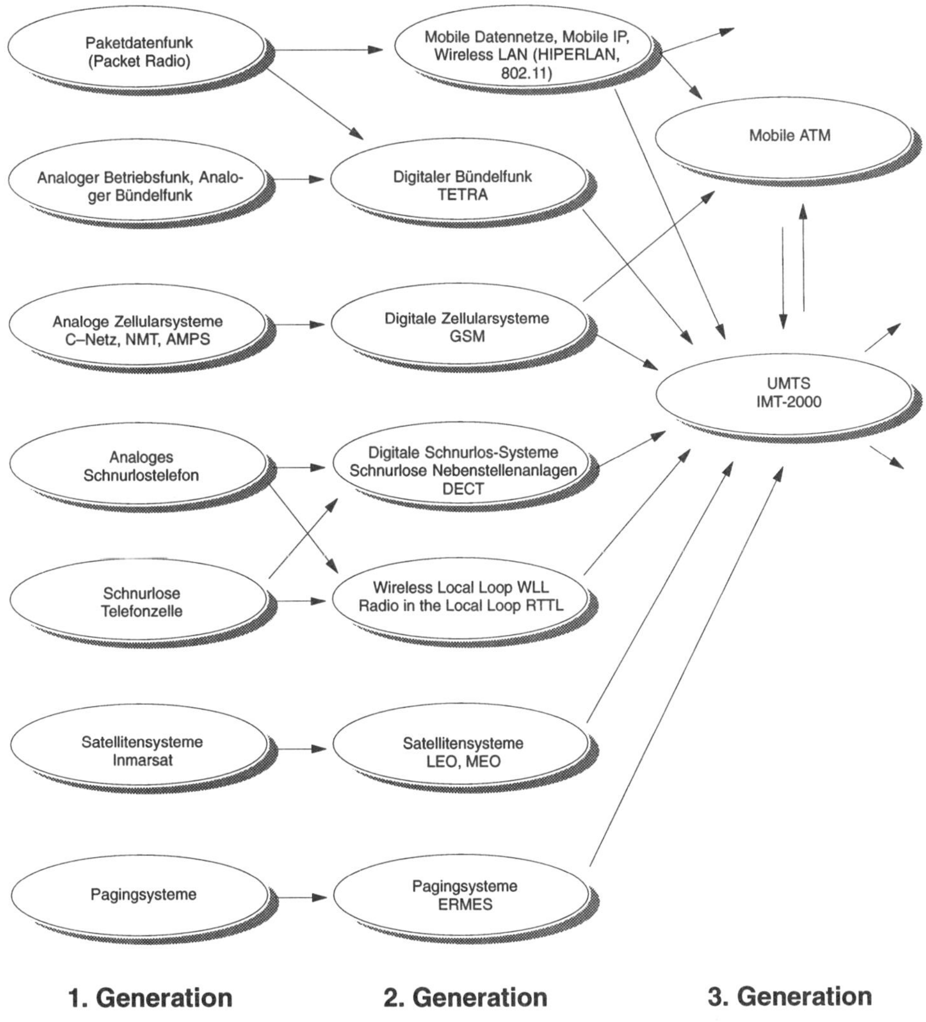


**Bild 1.1:** Heutige und zukünftige Mobilkommunikationssysteme

Weniger durchgesetzt haben sich die die schnurlosen Telefonzellen. Dies sind Systeme mit eingeschränkter Kommunikationsfähigkeit (nur abgehende Rufe möglich). Äußerst erfolgreich sind hingegen die zellularen Systeme. Zum einen stehen sie in Form der Bündelfunknetze (digital mit europäischem Standard *Trans European Trunked Radio* **TETRA**), zur Verfügung, die für Zwecke des Betriebsfunks eingesetzt werden. Vor allem aber werden zellulare Systeme für die öffentliche Massenkommunikation genutzt. Auf der Basis des digitalen, in Europa entwickelten und inzwischen weltweit verbreiteten Systems GSM mit seinen Varianten für 900 MHz, 1800 MHz und 1900 MHz ist hier in wenigen Jahren ein weltweiter Millionenmarkt entstanden, der einen wichtigen wirtschaftlichen Faktor darstellt. Stark zu der rasanten Markt– und Technologieentwicklung beigetragen hat der verschärfte Wettbewerb insbesondere durch die Deregulierung des Telekommunikationsmärkte, d.h. die Etablierung neuer Netzbetreiber.

Andere, teils konkurrierende, teils ergänzende Techniken sind der Satellitenfunk, der künftig mit erdnah fliegenden Satelliten (*Low Earth Orbiting* **LEO** bzw. *Medium Earth Orbiting* **MEO** *satellite*) ebenfalls globale und langfristig auch breitbandige Kommunikationsdienste verspricht.

Die im Inhousebereich verbreiteten *Local Area Networks* **LAN** wurden inzwischen auch mit Mobilitätsfunktionen angereichert: Drahtlose Lokale Netze (*Wireless LAN*) sind auf dem Markt und werden bei ETSI (HIPERLAN) und IEEE (802.11) standardisiert. In diesem Zusammenhang sind auch die Entwicklungen zur "Mobilisierung" des Internet zu sehen (*Mobile IP* [2][3]). Die mobile Daten- und Multimediakommunikation wird mit der Entwicklung von drahtlosen Systemen basierend auf der Vermittlungstechnik des *Asynchronous Transfer Mode* **ATM** (*Mobile ATM*) einen weiteren großen Innovationsschub erhalten.

Mit der Realisierung der oben bereits erwähnten persönlichen Kommunikationsdienste (*Universal Personal Telecommunication* **UPT**) auf Basis der Intelligenten Netze wird der Weg in die Zukunft der universellen Telekommunikationsnetze beschritten. Welche Technik sich durchsetzen wird und ob das hehre Ziel eines einheitlichen weltweiten Universalnetzes jemals erreicht wird – ist derzeit noch offen. Generell ist aber eine neue Ausrichtung der Entwicklung von Systemen der dritten Mobilfunkgeneration (UMTS, IMT-2000) während der letzten Jahre zu beobachten. Aufgrund des großen Erfolges von GSM einerseits und der unter anderem durch das *World Wide Web* **WWW** hervorgerufenen Explosion der Teilnehmerzahlen im Internet andererseits wird eine Evolution von GSM zu UMTS mit dem Ziel, möglichst effizienten und leistungsfähigen mobilen Internetzugang zu schaffen, als strategisch besonders wichtig angesehen.

GSM und seine Weiterentwicklung jedenfalls wird auf viele Jahre hin die technische Basis für die Mobilkommunikation sein und erschließt sich laufend neue Anwendungsgebiete. Besonders attraktiv erscheint derzeit das Feld der Verkehrstelematik, wo die GSM–Datenkommunikation gute Dienste zur Übermittlung von verkehrsbezogenen Informationen leisten kann. Die in diesem Buch beschriebenen Techniken und Verfahren bilden für solche innovativen Anwendungen die Grundlage.

## 1.3 Zur Geschichte von GSM

Im Jahre 1982 begann die Entwicklung eines paneuropäischen Standards für digitalen, zellularen Mobilfunk durch die *Groupe Spécial Mobile* der CEPT (*Conférence Europeénne des Administrations des Postes et des Télécommunications*). Von dieser Gruppe leitete sich zunächst auch das Akronym GSM ab. Nach der Gründung des europäischen Normungsinstituts ETSI (*European Telecommunication Standards Institute*) wurde die GSM-Gruppe im Jahr 1989 ein *Technical Committee* der ETSI. Im Zuge der weltweit stürmischen Verbreitung der GSM-Netze ist GSM in *Global System for Mobile Communication* umgedeutet worden. Dies ist nunmehr die offizielle Bezeichnung.

Nachdem eine Reihe von nicht kompatiblen analogen Netzen in Europa parallel eingeführt waren (u.a. *Total Access System* **TACS** in Großbritannien, *Nordic Mobile Telephone* **NMT** in Skandinavien und das C-Netz in Deutschland), wurde Ende der 80er Jahre begonnen, einen europaweiten Standard für digitalen Mobilfunk zu definieren. Es wurde die GSM gegründet, die einen Satz Technischer Empfehlungen (*Technical Recommendations*) erarbeitete und der ETSI zur Normierung vorlegte. Diese Vorschläge wurden von der *Special Mobile Group* **SMG** in Arbeitsgruppen, den *Sub Technical Committees* STC erarbeitet, wobei die Aufgaben in Dienstaspekte (STC SMG 1), Funkaspekte (STC SMG 2), Netzaspekte (STC SMG 3), Datendienste (STC SMG 4) und Netzmanagement (STC SMG 6) aufgeteilt wurden. Das STC SMG 5 befaßte sich zunächst mit zukünftigen Netzen und war vorbereitend für die Standardisierung des europäischen Mobilfunksystems der nächsten Generation, dem *Universal Mobile Telecommunication System* **UMTS** verantwortlich. Mittlerweile wurde STC SMG 5 aufgelöst, UMTS ist als eigenständiges Projekt und Standardisierungsgremium (*Technical Body*) in die ETSI integriert. Weitere Arbeitsgruppen sind IC-Karten (STC SMG 9), Sicherheit (STC SMG 10), Sprache (STC SMG 11) und Architekturfragen (STC SMG 12) [44]. Die Vorschläge der SMG wurden als GSM Recommendations veröffentlicht. Sie umfassten in der Ausgabe der Phase 1 etwa 130 einzelne Dokumente mit zusammen weit mehr als 5000 Seiten. Heute gehören zum GSM Standard mehr als 250 Dokumente.

**Tabelle 1.1:** Zeittafel – Meilensteine der GSM-Entwicklung

| Jahr | Meilenstein |
|---|---|
| 1982 | Groupe Spécial Mobile wird in CEPT gegründet |
| 1987 | Wesentliche Merkmale der Funkübertragungstechnik werden festgelegt, basierend auf den Auswertungen der Prototypen (1986) |
| | Memorandum of Understanding (MoU) Association wird im September gegründet, 13 Mitglieder aus 12 Ländern |
| 1989 | GSM wird ein Technical Committee (TC) der ETSI |
| 1990 | Die Phase 1 der GSM900-Spezifikationen (entworfen von 1987 bis 1990) wird eingefroren und die Anpassung für das DCS1800 beginnt |
| 1991 | Die ersten GSM-Netze sind in Betrieb |
| | DCS1800-Spezifikationen werden eingefroren |
| 1992 | Die meisten der europäischen GSM900-Netzbetreiber gehen mit Sprachdiensten in den kommerziellen Betrieb, bis Ende 1992 sind 13 Netze in 7 Ländern "on air" |
| 1993 | Die ersten Roaming-Abkommen werden geschlossen und treten in Kraft |
| | Bis Ende 1993 sind 32 Netze in 18 Ländern in Betrieb |
| 1994 | Datendienste werden angeboten |
| | Ende 1994 werden in 43 Ländern insgesamt 69 Netze betrieben |
| 1995 | MoU besitzt 156 Mitglieder aus 86 Ländern |
| | GSM-Standardisierung der Phase 2 wird einschließlich der Anpassungen und Änderungen für PCS1900 (Personal Communication System PCS) verabschiedet und das erste PCS1900-Netz in den USA geht in Betrieb |
| | Fax, Daten und SMS Roaming |
| | Demonstrator: Video über GSM |
| | Schätzungsweise 50000 GSM Basisstationen weltweit installiert |
| 1996 | Januar 1996: 120 GSM-Netze sind in 71 Ländern in Betrieb |
| | Juni 1996: 133 GSM-Netze sind in 81 Ländern in Betrieb |
| 1997 | Juli 1997: 200 GSM-Netze sind in 109 Ländern mit 44 Millionen Teilnehmern in Betrieb |
| 1998 | Anfang 1998: 268 GSM-Netze mit 70 Millionen Teilnehmern |
| | Ende 1998: 320 GSM-Netze in 118 Ländern mit 135 Millionen Teilnehmern |

Nach dem offiziellen Start der GSM-Netze im Sommer 1992 nahmen die Teilnehmerzahlen rasch zu, so daß im Herbst 1993 bereits weit über eine Million Teilnehmer in GSM-Netzen telefonierten, mehr als 80% davon allein in Deutschland. Weltweit fand der GSM-Standard ebenfalls schnell Anerkennung, so daß Ende 1993 bereits außerhalb Europas in Australien, Hong Kong und Neuseeland kommerzielle GSM-Netze in Betrieb gingen. Auch in Brunei, Kamerun, Iran, Südafrika, Syrien, Thailand, USA und den Vereinigten Arabischen Emiraten ist GSM eingeführt. Während die überwiegende Mehrheit der GSM-Netze mit Frequenzen im Bereich 900 MHz arbeiten (GSM900), werden auch Netze im Bereich von 1800 MHz (*Personal Com-*

*munication Network* **PCN**, *Digital Communication System* **DCS1800**, GSM1800) und in den USA im Bereich von 1900 MHz (*Personal Communication System* **PCS**, GSM1900) betrieben. Diese Netze sind weitestgehend identisch, sie unterscheiden sich im wesentlichen nur durch die jeweiligen Arbeitsfrequenzen und die dadurch bedingte HF-Technologie, so daß Synergieeffekte genutzt und die Mobilvermittlungssysteme jeweils aus Standardkomponenten aufgebaut werden können.

Parallel zur Standardisierung in ETSI schlossen sich bereits 1987 die damals existierenden GSM-Betreiber und nationalen Administrationen zu einer GSM-Association zusammen, die ein gemeinsames *GSM Memorandum of Understanding* **MoU** unterzeichneten (*MoU Association*). Dieses sollte eine Basis bilden, auf der ausgehend von international standardisierten Schnittstellen ein grenzüberschreitender Betrieb von Mobilgeräten aufgebaut werden konnte. Ende des Jahres 1998 zählte die GSM Association 324 Mitglieder in 129 Ländern (siehe Bild 1.2 links).

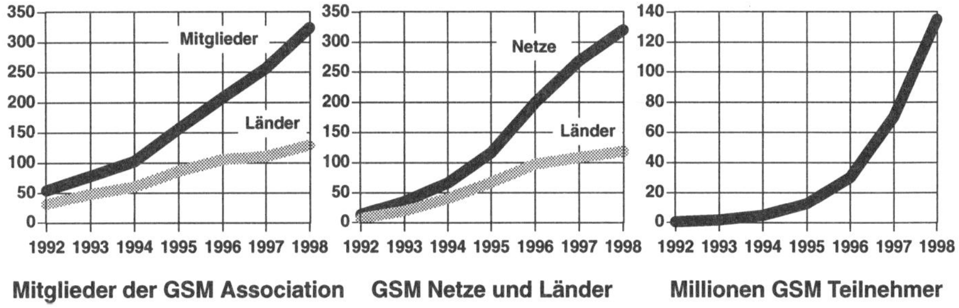


**Bild 1.2:** Zahlenmäßige Entwicklung von GSM (Quelle: GSM Association [42])

Der Anteil von GSM am weltweiten Mobilfunkmarkt betrug im Jahr 1997 – sechs Jahre nach dem kommerziellen Start der ersten GSM-Netze – etwa 28% bei 68 Millionen Teilnehmern. Bis Ende 1998 hatte sich die Teilnehmerzahl nochmals nahezu verdoppelt. Bild 1.2 illustriert auf eindrucksvolle Weise den rasanten Anstieg der Anzahl der GSM-Netze und GSM-Teilnehmer. Insgesamt waren Ende 1998 weltweit in allen drei Frequenzbereichen (900 MHz, 1800 MHz und 1900 MHz) zusammen 320 GSM-Netze mit etwa 135 Millionen Teilnehmern in 118 Ländern in Betrieb. Der weltweit größte Binnenmarkt ist China, wo Mitte 1998 beinahe 10 Millionen Teilnehmer ihre mobilen Gespräche über GSM-Systeme abwickelten. Über zwei Drittel des afrikanischen Kontinents und auch erste südamerikanische Staaten besitzen mittlerweile ein GSM-Netz und eröffnen einen Markt mit erheblichen Wachstumschancen. Der GSM-Anteil am weltweiten Mobilfunkmarkt ist damit auf über 45% gewachsen und weist nach wie vor steigende Tendenz auf. Betrachtet man ausschließlich die digitalen Systeme, so ist GSM noch erfolgreicher: hier betrug der GSM-Anteil Ende 1998 bereits 62%. Aktuelle Zahlenwerte findet man bei der GSM Association im WWW unter *http://www.gsmworld.com*.

Alle diese Netze implementieren die Phase 1 der GSM-Standardisierung bzw. die später definierte PCN/PCS-Variante davon und haben auch weitestgehend die Dienste und Leistungsmerkmale der GSM Phase 2 realisiert. Die Phase 1 liegt im wesentlichen der folgenden Darstellung zugrunde, auf wichtige Entwicklungen der Phasen 2 und 2+ wird an gegebener Stelle ebenfalls eingegangen..

# 2 Mobilfunkkanal und Zellularprinzip

Viele Maßnahmen, Funktionen und Protokolle in digitalen Mobilfunknetzen fußen auf den Eigenschaften des Funkkanals und seinen spezifischen Eigenheiten im Gegensatz zur leitungsgebundenen Informationsübertragung. Die Kenntnis einiger Grundbegriffe ist zum Verständnis digitaler, zellularer Mobilfunksysteme unbedingt notwendig. Deshalb werden im folgenden die wichtigsten Grundlagen des Funkkanals, der Zellulartechnik und der Übertragungstechnik kurz vorgestellt und erläutert. Für eine vertiefende Betrachtung der Themen existiert umfangreiche Literatur, siehe z.B. [27][28][32][35].

## 2.1 Charakteristika des Mobilfunkkanals

Die elektromagnetische Welle des Funksignals breitet sich unter idealen Bedingungen im freien Raum radialsymmetrisch aus, d.h. die Empfangsleistung $P_{Ef}$ sinkt quadratisch mit dem Abstand $L$ zum Sender:

$$P_{Ef} \sim \frac{1}{L^2}$$

Diese idealen Bedingungen gelten nicht mehr im terrestrischen Mobilfunk. Das Signal wird z.B. an natürlichen Hindernissen (Berge, Bewuchs, Wasserflächen) und Gebäuden gestreut und reflektiert. Die direkten und reflektierten Anteile des Signals überlagern sich am Empfänger.

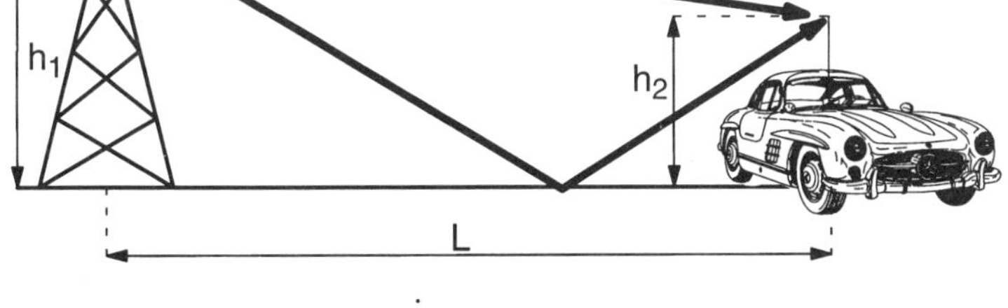


**Bild 2.1:** Einfaches Zwei-Pfad-Modell für die Funkausbreitung

Mit einem einfachen Zwei-Pfad-Modell (Bild 2.1) kann diese Mehrwegeausbreitung bereits recht gut beschrieben werden. Anhand dieses Modells läßt sich zeigen, daß die Empfangsleistung wesentlich stärker als quadratisch mit der Entfernung vom Sender sinkt.

Es gilt unter Berücksichtigung des direkten und nur eines reflektierten Pfades (2-Wege-Ausbreitung) näherungsweise für die Empfangsleistung [27]:

$$P_E = P_0 \frac{4}{(4\pi L/\lambda)^2} \left( \frac{2\pi \, h_1 h_2}{\lambda L} \right)^2 = P_0 \left( \frac{h_1 h_2}{L^2} \right)^2$$

und wir erhalten für die vereinfachten Annahmen des Zwei-Pfad-Ausbreitungs-Modells aus Bild 2.1 einen Ausbreitungsverlust von 40 dB pro Dekade:

$$a_E = \frac{P_{E2}}{P_{E1}} = \left( \frac{L_1}{L_2} \right)^4 \qquad a_E[dB] = 40 \log \left( \frac{L_1}{L_2} \right)$$

In der Realität hängt der Ausbreitungsverlust vom Ausbreitungskoeffizienten $\gamma$ ab, der von den Umgebungsbedingungen bestimmt wird:

$$P_E \sim L^{-\gamma}; \quad 2 \leq \gamma \leq 5$$

Darüber hinaus sind die Ausbreitungsverluste auch frequenzabhängig, d.h. vereinfacht, die Ausbreitungsdämpfung steigt mit der Frequenz überproportional an.

Die Mehrwegeausbreitung führt jedoch nicht nur zu einem überquadratischen Pfad-/Ausbreitungsverlust. Die verschiedenen Signalanteile, die am Empfänger eintreffen, haben durch Streuung, Beugung und (mehrfache) Reflexion verschieden lange Wege zurückgelegt und weisen daher alle eine entsprechende Phasenverschiebung auf. Dem Vorteil dieser Mehrwegeausbreitung, daß auch bei fehlendem direktem Pfad (kein Sichtkontakt zwischen Mobil- und Basisstation) ein Teil des Signals empfangen werden kann, steht ein gravierender Nachteil gegenüber. Durch die Überlagerung der einzelnen Signalanteile (Mehrwegekomponenten) mit ihrer jeweiligen Phasenverschiebung gegenüber dem direkten Pfad können in ungünstigen Fällen Auslöschungen auftreten, d.h. das empfangene Signal weist starke Pegeleinbrüche auf. Man spricht in diesen Fällen von Schwund (*fading* ). [31] Dem durch Mehrwegeausbreitung erzeugten schnellen Schwund (*fast fading*) steht der von Abschattungen verursachte langsame Schwund (*slow fading*) gegenüber. Entlang des von einer Mobilstation zurückgelegten Weges verursachen die Mehrwege-Schwunderscheinungen teilweise erhebliche Schwankungen der Empfangsfeldstärke (Bild 2.2). Die dabei periodisch in einem Abstand von etwa der halben Wellenlänge auftretenden Signaleinbrüche sind typischerweise 30 bis 40 dB tief. Sie sind umso stärker, je geringer die Übertragungsbandbreite des Mobilfunksystems ist – bei einer Bandbreite etwa von 200 kHz pro Kanal ist dieser Effekt noch sehr deutlich zu beobachten [31]. Die Fadingeinbrüche werden außerdem flacher, je deutlicher und stärker eine der Mehrwegekomponenten ausgeprägt ist. Eine solche dominierende Signalkomponente entsteht beispielsweise bei direkter Sichtverbindung zwischen Mobil- und Basisstation, kann sich aber auch unter anderen Bedingungen ausbilden. Ist diese dominierende Signalkomponente vorhanden, spricht man von einem Rice-Kanal[1] und entsprechend von Riceschem Fading, andernfalls, wenn alle Mehrwegekomponenten annähernd gleichen Ausbreitungsbedingungen unterliegen, von Rayleigh-Fading[2].

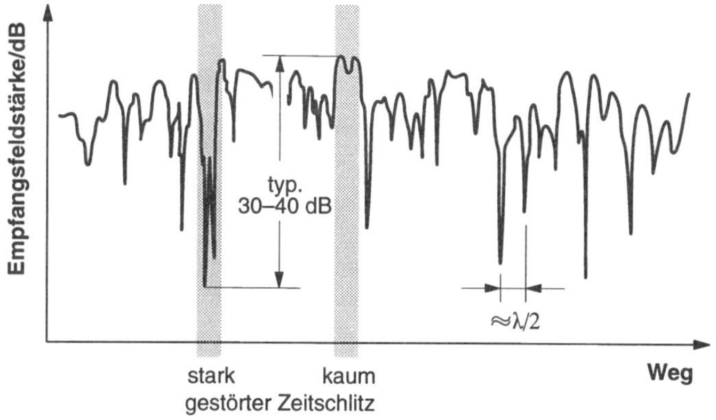


**Bild 2.2:** Typischer Signalverlauf eines Kanals mit Rayleigh-Fading

In einzelnen Zeitabschnitten (Zeitschlitzen) kann die Übertragung aufgrund des Signalschwunds stark gestört oder sogar ganz unmöglich sein, während andere Zeitschlitze hingegen wieder kaum gestört sind. Das resultiert im Nutzdatenstrom in abwechselnden Phasen, die entweder eine hohe oder niedrige Bitfehlerhäufigkeit aufweisen, d.h. Fehler treten gebündelt auf (Bündelfehler). Der Kanal ist ein gedächtnisbehafteter Kanal im Gegensatz zu den statistisch unabhängigen Bitfehlern des gedächtnisfreien symmetrischen Binärkanals.

Der an einem bestimmten Ort beobachtbare Empfangspegel wird also unter anderem durch die Phasenverschiebung der Mehrwegekomponenten des Signals bestimmt. Diese Phasenverschiebung ist abhängig von der Wellenlänge des Signals und somit ist der Empfangspegel an einem festen Ort auch abhängig von der Sendefrequenz. Die Schwunderscheinungen bei der Funkübertragung sind also frequenzspezifisch. Ist die Bandbreite eines Mobilfunkkanals gering (Schmalbandsignal), so unterliegt der gesamte Frequenzbereich dieses Kanals annähernd den gleichen

1. S. O. Rice, amerikanischer Wissenschaftler und Mathematiker
2. John William Strutt, 3rd Baron Rayleigh, englischer Physiker und Nobelpreisträger

Ausbreitungsbedingungen, und man spricht von einem nicht-frequenzselektiven Mobilfunkkanal. Abhängig vom Ort (Bild 2.2) und von der Lage im Spektralbereich (Bild 2.3) kann die Empfangsfeldstärke dieses Kanals trotzdem erheblich schwanken. Ist die Bandbreite eines Kanals dagegen groß (Breitbandsignal), erfahren die einzelnen Frequenzen dieses Kanals unterschiedlichen Schwund (Bild 2.3), und man spricht von einem frequenzselektiven Kanal [32][35]. Die Signaleinbrüche aufgrund von frequenzselektivem Schwund entlang einer Wegstrecke sind bei einem breitbandigen Signal allerdings deutlich geringer als bei einem Schmalbandsignal, weil sich die Fadinglöcher nur innerhalb des Bandes verschieben und die empfangene Signalenergie im Band relativ konstant bleibt [31].

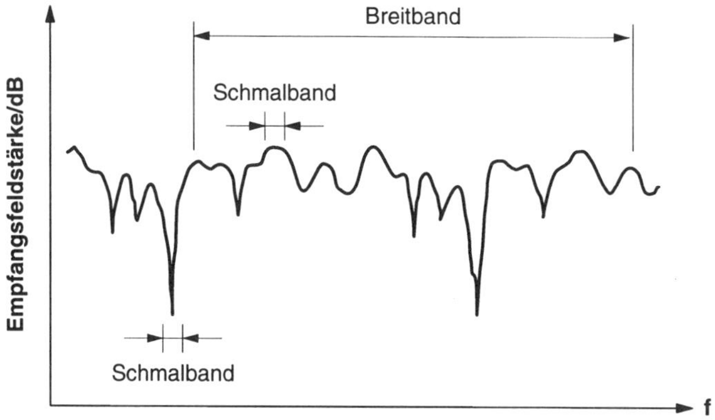


**Bild 2.3:** Frequenzselektivität eines Mobilfunkkanals

Neben den frequenzselektiven Schwunderscheinungen verursacht die unterschiedliche Laufzeit der einzelnen Mehrwegekomponenten auf ihren Ausbreitungspfaden auch zeitliche Dispersion. Infolgedessen kann es zu Signalverzerrungen aufgrund von Störungen eines Symbols durch seine Nachbarsymbole kommen (Intersymbolinterferenzen). Diese Verzerrungen hängen einerseits ab von der Aufweitung, die ein gesendeter Impuls auf dem Mobilfunkkanal erfährt, und andererseits von der Symboldauer bzw. dem Symbolabstand. Typische Mehrwege-Kanalverzögerungen liegen im Bereich von etwa einer halben Mikrosekunde im städtischen Bereich bis zu 16-20 Mikrosekunden in bergigen Gebieten, d. h. ein gesendeter Impuls erzeugt mehrere Echos, die am Empfänger mit Verzögerungen von bis zu 20 Mikrosekunden eintreffen. Das kann in digitalen Mobilfunksystemen mit typischen Symboldauern von wenigen Mikrosekunden am Empfänger zum "Verschmieren" einzelner Symbole über teilweise mehrere Symboldauern hinweg führen.

Im Gegensatz zur drahtgebundenen Übertragung ist der Mobilfunkkanal also ein äußerst schlechtes Übertragungsmedium mit stark schwankender Qualität. Das geht soweit, daß der Kanal über kurze Perioden immer wieder ausfällt (tiefe Fadinglöcher) bzw. einzelne Abschnitte im Datenstrom so stark gestört sind (Bitfehlerhäufigkeit typisch $10^{-2}$ bis $10^{-1}$), daß eine ungeschützte Übertragung ohne weitere Schutz- oder Korrekturmaßnahmen nur sehr eingeschränkt möglich ist. Deshalb sind für den mobilen Informationstransport zusätzliche, zum Teil sehr aufwendige Maßnahmen notwendig, welche die Effekte der Mehrwegeausbreitung bekämpfen. Zum einen ist ein Entzerrer (*Equalizer*) notwendig, der die durch Intersymbolinterferenzen hervorgerufenen Signalverzerrungen zu eliminieren versucht. Das Prinzip eines solchen Entzerrers beruht im Mobilfunk auf der Schätzung der Kanalimpulsantwort anhand periodisch übertragener, bekannter Bitmuster, sog. Trainingssequenzen (*training sequences*) [32][35]. Damit kann die zeitliche Dispersion des Kanals ermittelt und ausgeglichen werden. Die Leistungsfähigkeit des Entzerrers entscheidet ganz erheblich über die Qualität der digitalen Übertragung. Zum anderen ist es zur effizienten Übertragung in digitalen Mobilfunkkanälen unerläßlich, durch Kanalkodierungsmaßnahmen (Vorwärtsfehlerkorrektur mit fehlerkorrigierenden Kodes) die effektive Bitfehlerhäufigkeit auf ein erträgliches Maß (Größenordnung $10^{-5}$ bis $10^{-6}$) zu reduzieren. Weitere wichtige Maßnahmen sind die Regelung der Sendeleistung und Algorithmen zum Ausgleich von Signalunterbrechungen in Fadinglöchern, da diese unter Umständen so kurzfristig sind, daß der Abbruch einer Verbindung nicht gerechtfertigt wäre.

## 2.2 Richtungstrennung und Duplexübertragung

Die häufigste Form der Kommunikation ist die bidirektionale Kommunikation, bei der gleichzeitig gesendet und empfangen werden kann. Ein System, das dazu in der Lage ist, wird als Vollduplex-System bezeichnet. Es wird auch dann von vollduplexfähigen Systemen gesprochen, wenn Senden und Empfang nicht gleichzeitig erfolgen, das Umschalten zwischen den beiden Phasen aber vom Teilnehmer unbemerkt geschieht und die beiden Richtungen also quasi-gleichzeitig betrieben werden können. Moderne digitale Mobilfunksysteme sind ausschließlich vollduplexfähige Systeme. Im wesentlichen werden dabei zwei grundlegende Duplexverfahren eingesetzt: zum einen der Frequenzduplex (*Frequency Division Duplex* **FDD**), bei dem Senden und Empfangen in verschiedenen entsprechend getrennten Frequenzbändern (Frequenzlagen) erfolgen, zum anderen der Zeitduplex (*Time Division Duplex* **TDD**), bei dem die beiden Richtungen in verschiedenen Zeitlagen getrennt werden.

Das Frequenzduplexverfahren wurde bereits in den analogen Mobilfunksystemen eingesetzt und kommt auch in digitalen Systemen zur Anwendung. Für die Kommunikation zwischen Mobilstation und fester Basisstation des Mobilfunknetzes wird dabei das zur Verfügung stehende Frequenzband in zwei Teilbänder aufgespalten, um gleichzeitiges Senden und Empfangen zu ermöglichen. Ein Teilband wird jeweils dem Uplink (von der Mobil- zur Basisstation) bzw. dem Downlink (von der Basis- zur Mobilstation) als Sendeband zugewiesen:

- Sendeband der Mobilstation = Empfangsband der Basisstation (*uplink*)
- Empfangsband der Mobilstation = Sendeband der Basisstation (*downlink*)

Die Teilbänder müssen zur erfolgreichen Richtungstrennung einen genügend großen Bandabstand aufweisen, d.h. die gleichzeitig einer Verbindung zugewiesenen Frequenzpaare für Up- und Downlink müssen um mindestens diesen Bandabstand voneinander entfernt sein. Üblicherweise wird für Senden und Empfang nur eine gemeinsame Antenne verwendet. Zur Richtungstrennung wird dann eine Duplexeinheit eingesetzt, die im wesentlichen aus zwei schmalbandigen, sehr steilflankigen Filtern besteht (Bild 2.4). Gerade diese Filter sind allerdings nicht integrierbar – ein reines Frequenzduplexing kommt daher für Systeme mit kleinen, kompakten Endgeräten kaum in Frage [35].

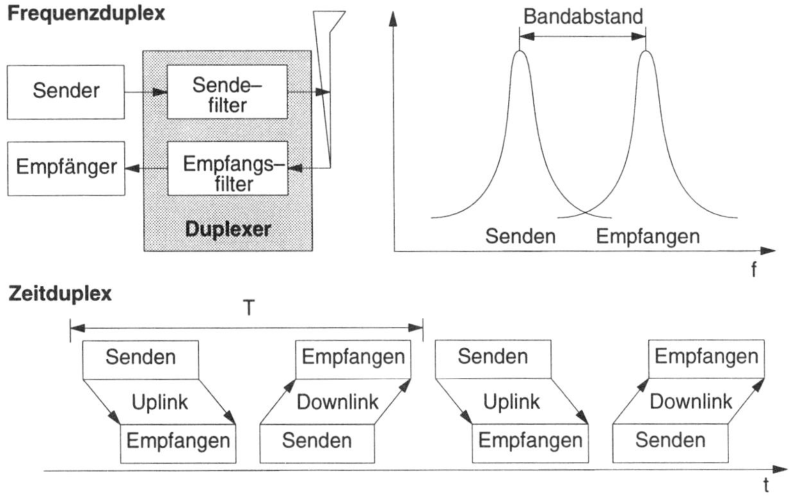


**Bild 2.4:** Frequenz- und Zeitduplex (schematisch)

Der Zeitduplex ist dafür eine gut geeignete Alternative, besonders in digitalen Systemen mit Zeitvielfachzugriff. Sender und Empfänger senden dabei nur quasigleichzeitig in unterschiedlichen Zeitlagen, d.h. die Richtungstrennung erfolgt durch das zeitlich abwechselnde Senden und Empfangen, und somit ist keine Duplexeinheit mehr erforderlich. Das Umschalten geschieht dabei so häufig, daß sich eine quasi-gleichzeitige Vollduplex-Kommunikation ergibt. Von der für die Übertragung eines Zeitschlitzes zur Verfügung stehende Periode T kann jetzt allerdings nur ein kleiner Teil genutzt werden, so daß das Zeitduplex-System insgesamt eine mehr als doppelt so hohe Bruttobitrate benötigt wie ein Frequenzduplex-System.

## 2.3 Vielfachzugriffsverfahren

Beim Funkkanal handelt es sich um ein von vielen Teilnehmern in einer Zelle gemeinsam genutztes Übertragungsmedium. Die Mobilstationen konkurrieren miteinander um die Ressource Frequenz, um ihre Informationsströme zu übertragen. Ohne weitere Maßnahmen zur Regelung des gleichzeitigen Zugriffs vieler Benutzer kann es zu Kollisionen kommen (Vielfachzugriffsproblem). Da Kollisionen für eine verbindungsorientierte Kommunikation wie der mobilen Telefonie äußerst unerwünscht sind, müssen den einzelnen Teilnehmern/Mobilstationen auf Anforderung dedizierte Kanäle zur Verfügung gestellt werden. Um die verfügbaren physikalischen Ressourcen eines Mobilfunksystems, d.h. die Frequenzbänder, in solche Gesprächskanäle aufzuteilen, werden spezielle Vielfachzugriffsverfahren (*multiple access*) eingesetzt, die im folgenden kurz vorgestellt werden.

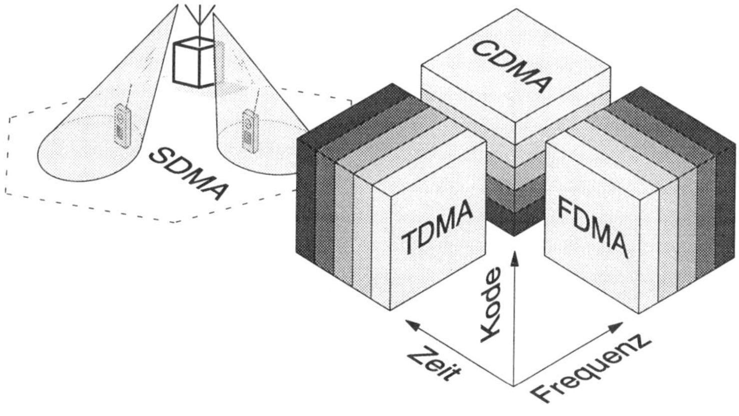


**Bild 2.5:** Vielfachzugriffstechniken

In heutigen zellularen Systemen kommen vor allem drei Verfahren und Kombinationen davon zur Anwendung: Frequenz-, Zeit- und Codevielfachzugriff (Bild 2.5). In GSM sind allerdings nur der Frequenzvielfachzugriff und der Zeitvielfachzugriff realisiert. Desweiteren gewinnt vor allem der Raumvielfachzugriff in Kombination mit anderen Vielfachzugriffsverfahren auch in GSM an Bedeutung. Diese vier Verfahren werden nachfolgend kurz vorgestellt.

### 2.3.1 Frequenzvielfachzugriff FDMA

Der Frequenzvielfachzugriff (*Frequency Division Multiple Access* **FDMA**) ist eines der herkömmlichsten Vielfachzugriffsverfahren. Das Frequenzband wird dabei in gleich große Kanäle zerlegt, so daß alle Gesprächsverbindungen auf unterschiedlichen Frequenzen geführt werden. Dieses Verfahren ist hauptsächlich für den analogen Mobilfunk geeignet. Ein Beispiel ist das C-Netz in Deutschland: Zwei Frequenzbänder à 4,44 MHz werden in 222 einzelne Gesprächskanäle mit je 20 kHz Bandbreite aufgeteilt. Beim Frequenzvielfachzugriff ist der Realisierungsaufwand in der Basisstation sehr hoch. Zwar sind die benötigten Hardware-Komponenten an sich relativ einfach, es wird aber für jeden Kanal eine eigene Transceiving-Einheit benötigt. Ferner werden hohe Anforderungen an die hochfrequenztechnischen Netzwerke und die Verstärkerlinearität in der Sendestufe einer Basisstation gestellt, da eine große Anzahl von Kanälen gemeinsam verstärkt und übertragen werden muß [32][35]. Auch eine Duplexing-Einheit mit jeweils einem Sende- und Empfangsfilter ist für den Vollduplex-Betrieb notwendig, was den Bau kleiner, kompakter Mobilstationen nahezu unmöglich macht, weil die notwendigen schmalbandigen Filter kaum in hochintegrierten Schaltkreisen zu realisieren sind.

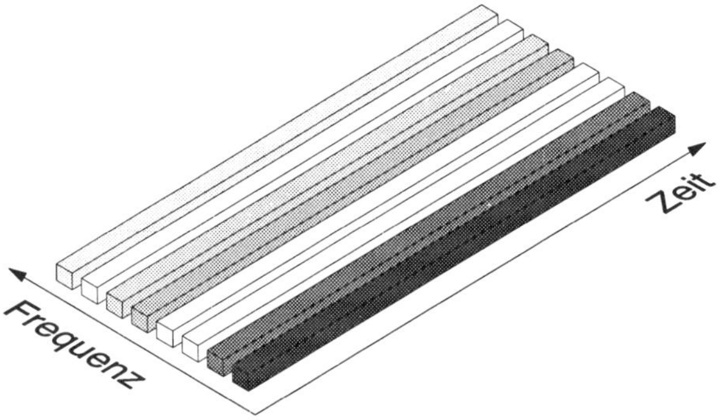


**Bild 2.6:** Kanäle in einem FDMA-System (schematisch)

### 2.3.2 Zeitvielfachzugriff TDMA

Der Zeitvielfachzugriff (*Time Division Multiple Access* **TDMA**) ist ein aufwendigeres Verfahren, denn es benötigt eine hochgenaue Synchronisation zwischen Sender und Empfänger. Das TDMA-Verfahren wird im digitalen Mobilfunk angewandt. Die einzelnen Mobilstationen erhalten die Frequenz für die Dauer eines TDMA-Zeitschlitzes zyklisch exklusiv zugewiesen. Dabei wird meist nicht die gesamte Bandbreite eines Systems für einen Zeitschlitz exklusiv einer Mobilstation zugeteilt, sondern das Frequenzband in Unterbänder aufgeteilt und diese Unterbänder dann im TDMA-Vielfachzugriff genutzt. Die Unterbänder werden als Trägerfrequenzen bezeichnet und ein Mobilfunksystem, das Unterbänder definiert, entsprechend auch ein Mehr-Träger-System[3] (*multi carrier*) genannt. Das paneuropäische digitale System GSM verwendet eine solche Kombination von FDMA und TDMA, ein Mehrträger-TDMA-Vielfachzugriffsverfahren (*Multi-Carrier-TDMA*). In einem Band von 25 MHz Breite werden 124 einzelne Kanäle mit 200 kHz Bandbreite (124 einzelne Trägerfrequenzen) untergebracht, wobei jeder dieser Frequenzkanäle wiederum 8 TDMA-Gesprächskanäle enthält.

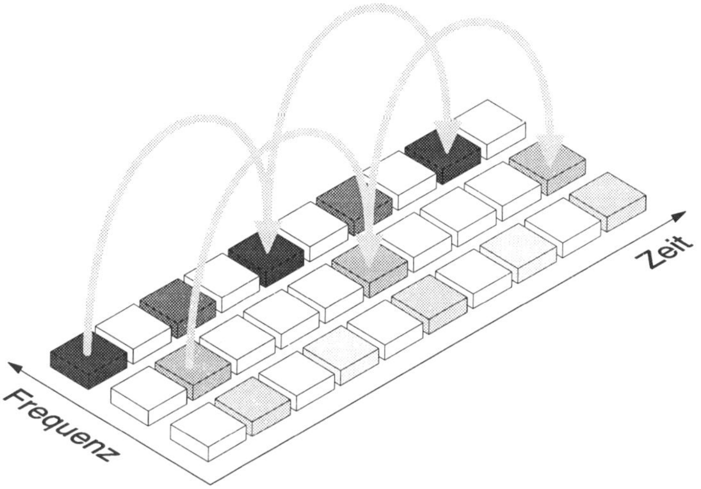


**Bild 2.7:** TDMA-Kanäle auf mehreren Trägerfrequenzen

3. Nicht zu verwechseln mit den Mehr-Träger-Modulationsverfahren.

Die Folge von Zeitschlitzen, die einer Mobilstation zugewiesen werden, ist damit der physikalische Kanal eines TDMA-Systems. In diesem Kanal senden die Mobilstationen pro Zeitschlitz jeweils einen Daten-Burst aus. Die Periode, mit der ein Zeitschlitz einer Mobilstation zugewiesen wird, bestimmt gleichzeitig die Anzahl von TDMA-Kanälen auf einer Trägerfrequenz. Die Zeitschlitze einer Periode werden in einem sog. TDMA-Rahmen zusammengefasst. Das Beispiel in Bild 2.7 zeigt fünf Kanäle in einem TDMA-System mit einer Periode von vier Zeitschlitzen und mit drei Trägerfrequenzen.

Das auf einer Trägerfrequenz übertragene Signal ist im allgemeinen breitbandiger als ein FDMA-Signal, da wegen der zeitlichen Mehrfachnutzung die Bruttodatenrate entsprechend höher sein muß. Beispielsweise verwenden GSM-Systeme auf ihren Unterbändern mit 200 kHz Bandbreite eine Bruttodatenrate (Modulationsdatenrate) von 271 kbit/s, womit bei acht Zeitschlitzen je TDMA-Rahmen auf den einzelnen TDMA-Kanal 33.9 kbit/s entfallen.

Besonders bei schmalbandigen Systemen treten, wie schon bemerkt, zeit- und frequenzselektive Schwunderscheinungen auf (Bild 2.2 und Bild 2.3). Dazu kommen auch frequenzselektive Gleichkanalstörungen (Interferenzen), die zusätzlich die Übertragungsqualität verschlechtern können. In einem TDMA-System führt das dazu, daß der Kanal während eines Zeitschlitzes sehr gut, während eines anderen dagegen sehr schlecht sein kann und einzelne Bursts stark gestört werden. Auf der anderen Seite bietet ein TDMA-System sehr gute Möglichkeiten, diese frequenzselektiven Störungen zu bekämpfen und drastisch zu reduzieren, indem ein Frequenzsprungverfahren eingeführt wird. Beim Frequenzsprungverfahren (*frequency hopping*) wird jeder Burst eines TDMA-Kanals auf einer anderen Frequenz übertragen (Bild 2.8).

Selektive Störungen auf einer Frequenz treffen dabei nur maximal jeden i-ten Zeitschlitz, wenn i die Anzahl der für das Springen zur Verfügung stehenden Frequenzen ist. Das Signal wird also durch das Frequenzsprungverfahren mit Frequenz-Diversität übertragen. Selbstverständlich müssen die Sprungfolgen orthogonal sein, d.h. es muß sichergestellt werden, daß zwei im gleichen Zeitschlitz sendende Stationen niemals dieselbe Frequenz verwenden. Da die Dauer einer Sprungperiode bei dieser Art des Frequenzsprungverfahrens lang gegenüber der Symboldauer ist, spricht man auch von langsamem Frequenzspringen (*slow frequency hopping*). Bei schnellem Frequenzspringen liegt die Frequenzsprungperiode unter der Dauer eines Zeitschlitzes in der Größenordnung einzelner Symbole oder sogar darunter. Diese Technik gehört dann bereits in den Bereich der Bandspreiztechniken (*spread spectrum*) der Codevielfachzugriffsfamilie (*Frequency Hopping CDMA* **FH-CDMA**, siehe Kap. 2.3.3).

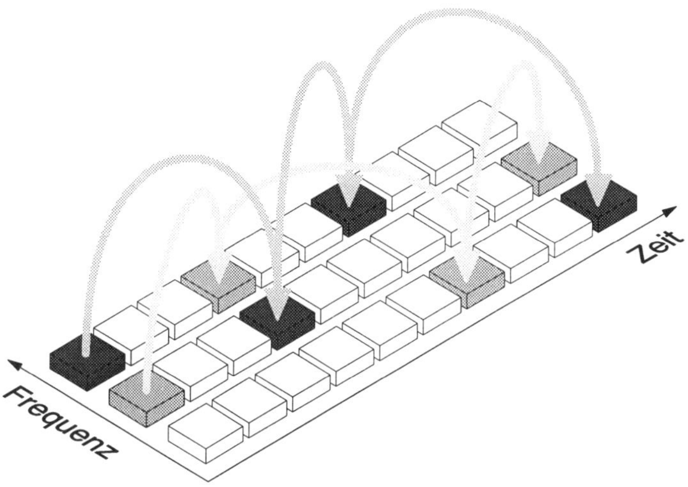


**Bild 2.8:** TDMA kombiniert mit Frequenzsprungverfahren

Wie bereits erwähnt, ist für den TDMA-Vielfachzugriff die präzise Synchronisierung zwischen Mobil- und Basisstation notwendig. Diese Synchronisierung erhält durch die Mobilität der Teilnehmer zusätzliche Komplexität, weil diese sich nun in unterschiedlicher Entfernung von der Basisstation aufhalten können und ihre Signale deshalb auch unterschiedliche Laufzeiten aufweisen. Das Grundproblem ist zunächst, den genauen Sendezeitpunkt zu bestimmen. Dies wird üblicherweise so realisiert, daß ein Signal – etwa das der Basisstation (Downlink, Bild 2.9) – als Zeitreferenz verwendet wird. Mit dem Empfang eines TDMA-Rahmens von der Basisstation kann sich die Mobilstation synchronisieren und mit einem gewissen zeitlichen Versatz (drei Zeitschlitze in Bild 2.9) dann zeitschlitzsynchron zum empfangenen Signal senden.

Problematisch dabei ist allerdings die bisher nicht berücksichtigte Laufzeit der Signale, die darüber hinaus von der unterschiedlichen Entfernung der Mobilstationen von der Basisstation abhängt. Diese Laufzeiten führen dazu, daß die Signale im Uplink nicht rahmensynchron an der Basisstation eintreffen, sondern mit unterschiedlichen Verzögerungen. Werden diese Verzögerungen nicht korrigiert, kann es zu Kollisionen aufeinanderfolgender Zeitschlitze kommen (Bild 2.9). Die Mobilstationen müssen prinzipiell also den jeweiligen Versatz zwischen Empfangen und Senden verkürzen d. h. ihren Sendebeginn zeitlich so nach vorn verlegen, daß die Signale rahmensynchron an der Basisstation eintreffen.

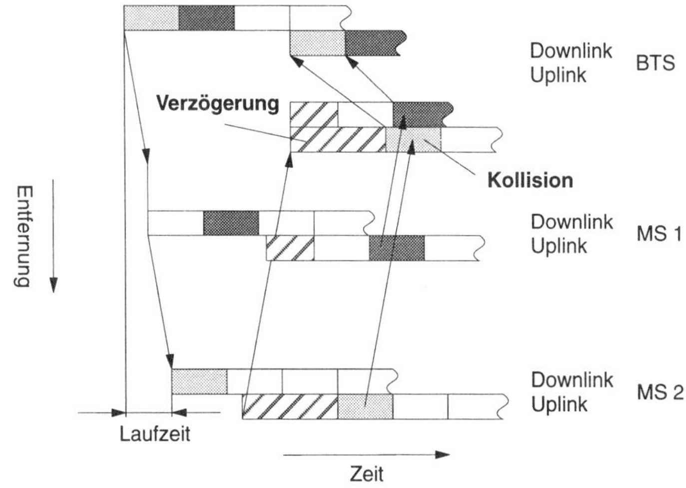


**Bild 2.9:** Laufzeitunterschiede und Synchronisation in TDMA-Systemen

### 2.3.3 Codevielfachzugriff CDMA

Systeme mit Codevielfachzugriff (*Code Division Multiple Access* **CDMA**) sind breitbandige Systeme, bei denen jeder Teilnehmer die gesamte Bandbreite des Systems (ähnlich TDMA) für die komplette Dauer einer Verbindung (ähnlich FDMA) nutzt. Diese Nutzung ist darüber hinaus nicht ausschließlich, d.h. alle Teilnehmer einer Zelle verwenden gleichzeitig dasselbe Frequenzband. Zur Trennung der Signale werden den Teilnehmern orthogonale Kodes zugeteilt.

Grundlage des Codevielfachzugriffs ist die Bandspreiztechnik, auch Spreizspektrumtechnik (*spread spectrum*) genannt. Das Signal eines Teilnehmers wird dabei spektral auf ein Vielfaches seiner ursprünglichen Bandbreite gespreizt. Üblich sind Spreizfaktoren zwischen zehn und 1000, womit aus einem schmalbandigen Signal für die Übertragung ein breitbandiges Signal erzeugt wird, das unempfindlicher gegen frequenzselektive Störungen und Interferenzen ist. Darüber hinaus wird die spektrale Leistungsdichte durch die Bandspreizung abgesenkt – eine Kommunikation ist sogar noch unterhalb der Rauschschwelle möglich [35].

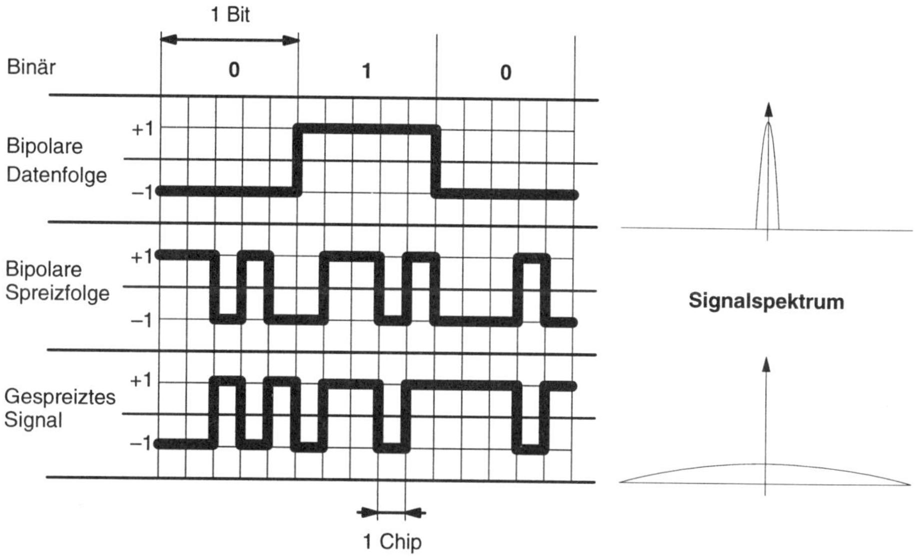


**Bild 2.10:** Prinzip der Bandspreizung für Direct Sequence CDMA

Ein häufig eingesetztes Verfahren zur Bandspreizung ist die *Direct Sequence*-Technik (Bild 2.10). Die Datenfolge wird dabei direkt – noch vor der Modulation – mit einer Spreizfolge multipliziert, um das bandgespreizte Signal zu erzeugen. Die Bitrate des Spreizsignals, die sog. Chiprate, ist um den Spreizfaktor höher als die Bitrate der Datenfolge und sorgt so für die erwünschte Verbreiterung des Signalspektrums. Bei den Spreizfolgen handelt es sich im Idealfall um vollständig orthogonale Bitsequenzen, deren Kreuzkorrelationsfunktion verschwindet. Da solche vollständig orthogonalen Sequenzen nicht realisierbar sind, werden in praktischen Systemen Bitfolgen aus PN-Generatoren (*Pseudo Noise*) zur Bandspreizung verwendet [32][35]. Zur Entspreizung wird das Signal am Empfänger wiederum mit der Spreizfolge multipliziert, womit die Datenfolge im Idealfall wieder in ihrer ursprünglichen Form vorliegt.

Damit kann nun ein codebasiertes Vielfachzugriffssystem realisiert werden. Steht eine orthogonale Familie von Spreizfolgen zur Verfügung, dann kann jedem Teilnehmer eine eigene, eindeutige Spreizfolge zugewiesen werden. Aufgrund der verschwindenden Kreuzkorrelation der Spreizfolgen können damit die einzelnen Teilnehmersignale, obwohl gleichzeitig im selben Frequenzband übertragen, getrennt werden.

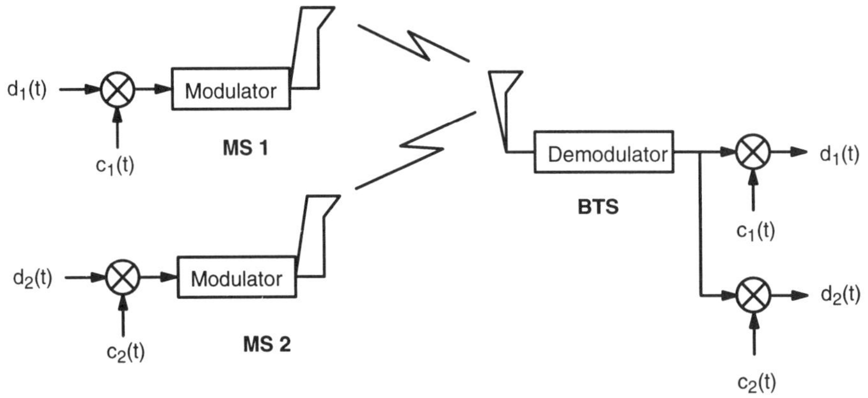


**Bild 2.11:** Vereinfachtes Schema des Codevielfachzugriffs (Uplink)

Das geschieht vereinfacht durch Multiplikation des empfangenen Summensignals mit der jeweiligen Codefolge (Bild 2.11), wobei gilt:

$$s(t)\,c_j(t) \;=\; c_j(t)\sum_{i=1}^{n} d_i(t)c_i(t) \;=\; d_j(t), \quad mit\; c_j(t)c_i(t) \;=\; \begin{cases} 0\,, & i \neq j \\ 1\,, & i = j \end{cases}$$

Damit spricht man bei Anwendung der *Direct Sequence*-Spreiztechnik von *Direct Sequence Code Division Multiple Access* **DS-CDMA**.

Eine andere Möglichkeit zur Bandspreizung ist der Einsatz eines schnellen Frequenzsprungverfahrens. Wenn mehrmals pro übertragenem Datensymbol die Frequenz gewechselt wird, entsteht ein ähnlicher Spreizeffekt wie bei der *Direct Sequence*-Bandspreiztechnik. Wird die Frequenzsprungfolge wiederum von orthogonalen Codefolgen gesteuert, läßt sich damit ebenfalls ein Vielfachzugriffssystem realisieren, das *Frequency Hopping CDMA* **FH-CDMA**.

## 2.3.4 Raumvielfachzugriff SDMA

Eine wesentliche Eigenschaft des Mobilfunkkanals ist die Mehrwegeausbreitung. Diese führt zum einen zu frequenzselektiven Schwunderscheinungen. Zum anderen ist die Mehrwegeausbreitung für eine weitere entscheidende Eigenschaft des Mobilfunkkanals verantwortlich, die räumliche Signalauffächerung. Dabei ist das Empfangssignal ein Summensignal, das nicht nur durch die Sichtverbindung (*Line of Sight* **LOS**) bestimmt wird, sondern auch durch unbestimmt viele Einzelpfade über Streu-,

Beugungs- und Reflexionszentren. Die Einfallsrichtungen dieser Mehrwegekomponenten können also am Empfänger im Prinzip beliebig verteilt sein. Insbesondere im Uplink von der Mobil- zur Basisstation existiert aber meist eine Haupteinfallsrichtung (i.d.R. LOS), um die herum die Einfallswinkel der einzelnen Signalkomponenten in einem eng begrenzten Bereich streuen. Häufig trifft der wesentliche Signalanteil am Empfänger nur über einen Winkel von wenigen zehn Grad verteilt ein. Das liegt hauptsächlich daran, daß Basisstationen möglichst freistehend installiert werden und sich damit in ihrer unmittelbaren Nähe keine Störzentren mehr befinden.

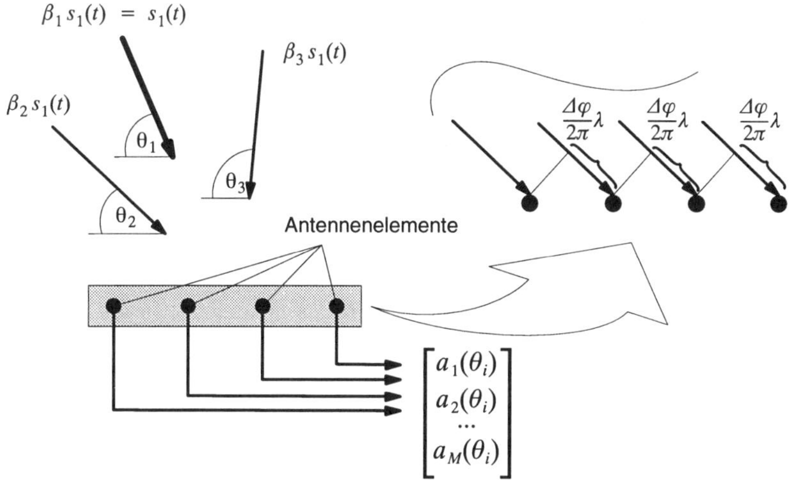


**Bild 2.12:** Mehrwegesignal am Antennenarray

Diese trotz Mehrwegeausbreitung vorhandene Richtungsselektivität des Mobilfunkkanals kann durch den Einsatz von Gruppenantennen (Antennenarrays) ausgenutzt werden. Gruppenantennen bilden durch entsprechende phasenrichtige Ansteuerung der einzelnen Antennenelemente eine Richtcharakteristik aus. Damit kann der Empfänger seine Antenne selektiv auf die Haupteinfallsrichtung des Sendersignals ausrichten und sowohl richtungsselektiv empfangen als auch umgekehrt richtungsselektiv senden. Das Prinzip läßt sich leicht anhand eines einfachen Modells (Bild 2.12) veranschaulichen.

Die einzelnen Mehrwegekomponenten $\beta_i s_1(t)$ eines Sendesignal $s_1(t)$ breiten sich auf unterschiedlichen Pfaden aus, so daß die an einer Antenne jeweils unter dem Winkel $\theta_i$ einfallenden Mehrwegekomponenten sich sowohl im Betrag als auch in der Phase unterscheiden. Betrachtet man eine Gruppenantenne mit $M$ Elementen ($M$=4 in Bild 2.12) und eine Wellenfront einer Mehrwegekomponente, die mit dem

Winkel $\theta_i$ auf dieser Gruppenantenne einfällt, so unterscheiden sich die Empfangssignale der einzelnen Antennenelemente vor allem in ihrer Phasenlage – jeweils verschoben um $\Delta\varphi$ (Bild 2.12) – und Amplitude.

Damit kann die Antwort der Antenne auf ein unter einem Winkel $\theta_i$ einfallendes Signal durch den komplexen Antwortvektor $\vec{a}(\theta_i)$ charakterisiert werden [10], der Amplitudengewinn und Phase jedes Antennenelements relativ zum ersten Antennenelement ($a_1 = 1$) beschreibt:

$$\vec{a}(\theta_i) = \begin{bmatrix} a_1(\theta_i) \\ a_2(\theta_i) \\ \cdots \\ a_M(\theta_i) \end{bmatrix} = \begin{bmatrix} 1 \\ a_2(\theta_i) \\ \cdots \\ a_M(\theta_i) \end{bmatrix}$$

Die $N_m$ Mehrwegekomponenten ($N_m = 3$ in Bild 2.12) eines Signals $s_1(t)$ generieren an der Antenne abhängig vom Einfallswinkel $\theta_i$ einen Empfangssignalvektor $\vec{x}(t)$ der mit dem jeweiligen Antennen-Antwortvektor $\vec{a}(\theta_i)$ und dem in Betrag und Phase gegenüber dem direkten Pfad $s_1(t)$ verschobenen Signal des i-ten Mehrwegepfades $\beta_i \cdot s_1(t)$ geschrieben werden kann als:

$$\vec{x}_1(t) = \vec{a}(\theta_1)\, s_1(t) + \sum_{i=2}^{N_m} \vec{a}(\theta_i)\, \beta_i\, s_1(t) = \vec{a}_1\, s_1(t)$$

Dabei wird der Vektor $\vec{a}_1$ auch als räumliche Signatur des Signals $s_1(t)$ bezeichnet, die konstant bleibt, solange sich die Quelle des Signals weder bewegt noch die Ausbreitungsbedingungen sich ändern [10]. Bei einer Vielfachzugriffs-Situation sind normalerweise mehrere ($N_q$) Quellen vorhanden, so daß sich schließlich das gesamte Signal der Gruppenantenne unter Vernachlässigung von Rauschen und Interferenzen ergibt zu:

$$\vec{x}(t) = \sum_{j=1}^{N_q} \vec{a}_j\, s_j(t)$$

Aus diesem Summensignal werden nun die Signale der einzelnen Quellen separiert, indem die Empfangssignale der einzelnen Antennenelemente jeweils mit einem komplexen Faktor gewichtet werden (Gewichtsvektor $\vec{w}_i$), so daß gilt:

$$\vec{w}_i^{\,H}\, \vec{a}_j = \begin{cases} 0, & i \neq j \\ 1, & i = j \end{cases}$$

Für das gewichtete Summensignal ergibt sich dann [10]:

$$\vec{w}_i^H \vec{x}(t) = \sum_{j=1}^{N_q} \vec{w}_i^H \vec{a}_j s_j(t) = s_i(t)$$

Unter idealen Bedingungen, d.h. wenn Rauschen und Interferenzen vernachlässigt werden, kann also durch den Einsatz eines geeigneten Gewichtsvektors bei der Signalverarbeitung das Signal $s_i(t)$ einer einzelnen Quelle $i$ aus dem Summensignal der Gruppenantenne separiert werden. Die Bestimmung des jeweils optimalen Gewichtsvektors ist allerdings eine nicht-triviale und sehr rechenintensive Aufgabe. Wegen des großen Verarbeitungsaufwandes und nicht zuletzt auch wegen der mechanischen Abmessungen des Antennenfeldes eignen sich Gruppenantennen vorrangig für den Einsatz in Basisstationen.

Bisher war nur die Empfangsrichtung betrachtet worden. Die entsprechenden Prinzipien können auch zur Ausbildung eines Senderichtdiagramms verwendet werden. Werden die Sendesignale $s_i(t)$ unter der (idealisierenden) Annahme von symmetrischen Ausbreitungsbedingungen in Sende- und Empfangsrichtung mit dem gleichen Gewichtsvektor $\vec{w}_i$ wie das empfangene Signal beaufschlagt, bevor sie über die Gruppenantenne gesendet wird, so gilt für das von der Gruppenantenne abgestrahlte Summensignal:

$$\vec{y}(t) = \sum_{j=1}^{N_q} \vec{w}_j s_j(t)$$

und für das auf der $i$-ten Gegenseite empfangene Signal seinerseits:

$$\hat{s}_i(t) = \vec{a}_i^H \vec{y}(t) = \sum_{j=1}^{N_q} \vec{a}_i^H \vec{w}_j s_j(t) = s_i(t)$$

Mit Gruppenantennen lassen sich also unter Ausnutzung der Richtungsselektivität des Mobilfunkkanals die gleichzeitig empfangenen Signale von räumlich getrennten Teilnehmern trennen. Wegen des Einsatzes intelligenter Signalverarbeitung und entsprechender Steuerungsalgorithmen spricht man hierbei auch von Systemen mit intelligenten Antennen.

Die Richtcharakteristik der Gruppenantenne kann adaptiv so geregelt werden, daß ein Signal nur in genau dem Raumsegment empfangen und abgestrahlt wird, in dem sich eine bestimmte Mobilstation befindet. Damit können einerseits Gleichkanalinterferenzen in anderen Zellen reduziert und andererseits die Empfindlichkeit gegenüber Interferenzen in der aktuellen Zelle verringert werden. Darüber hinaus können durch die räumliche Trennung physikalische Kanäle innerhalb einer Zelle wiederverwendet und die Keulen des Richtdiagramms bei Bewegung von Mobilstationen adaptiv nachgeführt werden. In diesem Fall spricht man von einer weiteren Vielfachzugriffskomponente (Bild 2.13), dem Raumvielfachzugriff (*Space Division Multiple Access* **SDMA**).

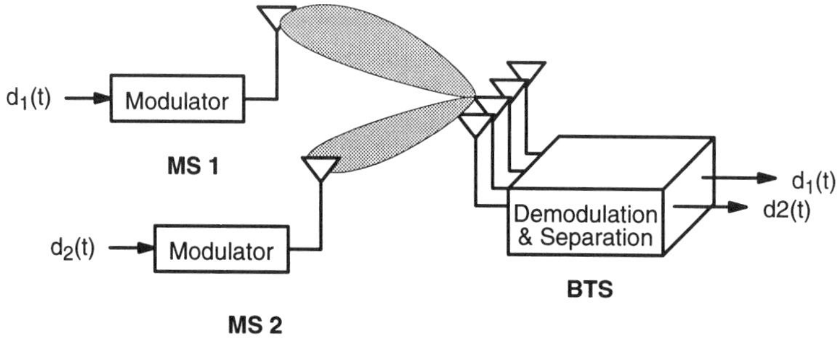


**Bild 2.13:** Schema des Raumvielfachzugriffs (Uplink)

SDMA-Systeme werden derzeit intensiv erforscht. Das SDMA-Verfahren kann mit jedem der anderen Vielfachzugriffsverfahren (FDMA, TDMA, CDMA) kombiniert werden. Durch die damit mögliche intra-zelluläre räumliche Kanalwiederverwendung sind auch entsprechende Zuwächse in der Netzkapazität zu erwarten. Ein großer Teil der Attraktivität für existierende Netze resultiert daraus, daß bei entsprechend intelligenter Implementierung ein SDMA-System allein durch Nachrüsten von Basisstationen mit Gruppenantennen samt zugehöriger Signalverarbeitung und Steuerungsprotokolle realisiert werden kann.

# 2.4 Zellulartechnik

## 2.4.1 Grundbegriffe

Einem Mobilfunknetz stehen aufgrund der sehr begrenzten Frequenzbänder nur eine relativ kleine Anzahl von Gesprächskanälen zur Verfügung. Beispielsweise sind dem GSM-System 25 MHz Bandbreite im Frequenzbereich um 900 MHz zugeteilt, mit der bei einer Trägerbandbreite von 200 kHz maximal 125 Frequenzkanäle bereitgestellt werden können, so daß bei der Nutzung eines Trägers im achtfachen Zeitmultiplex maximal 1000 Kanäle realisiert werden können. Diese Zahl wird durch Schutzbänder im Frequenzspektrum und den für Signalisierung notwendigen Overhead zusätzlich deutlich reduziert (siehe Kap. 5). Um trotzdem mehrere Hunderttausend bis Millionen Teilnehmer zu bedienen, müssen die Frequenzen räumlich (geographisch) mehrfach genutzt werden. Damit können Dienste mit rentabler Benutzerdichte und akzeptablen Blockierungswahrscheinlichkeiten angeboten werden. Diese "räumliche Frequenzwiederverwendung" (*spatial frequency reuse*) führte zur Entwicklung der Zellulartechnik, mit der eine deutliche Verbesserung in der Frequenzökonomie erzielt werden.

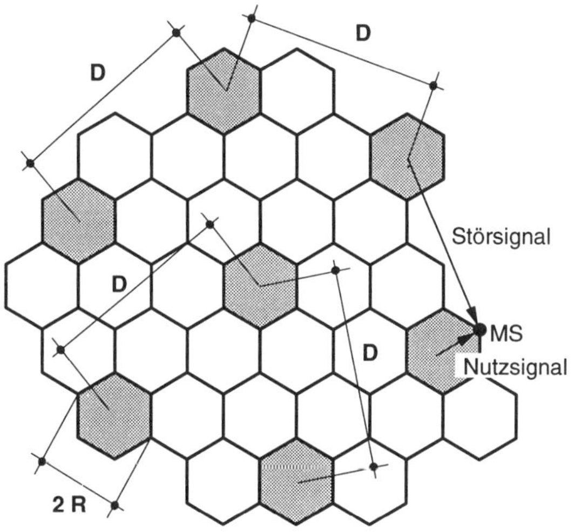


**Bild 2.14:** Modell eines Zellularen Netzes mit Frequenzwiederholung

Die wesentlichen Charakteristika dieses Verfahrens sind:

- Das abzudeckende Gebiet wird in **Zellen** (einzelne Funkzonen) aufgeteilt. Diese Zellen werden zur leichteren Handhabung vereinfacht als Hexagone modelliert (Bild 2.14). Meist wird im Modell die Basisstation in der Mitte der Zelle angenommen.
- Jede Zelle i erhält eine Untermenge von Frequenzen $fb_i$ aus der dem jeweiligen Mobilfunknetz verfügbaren Gesamtmenge zugewiesen. Keine zwei direkt benachbarten Zellen dürfen dieselben Frequenzen verwenden, da sonst starke Gleichkanalstörungen aus den unmittelbaren Nachbarzellen zu erwarten wären.

- Erst im Abstand **D** (**Frequenzwiederholabstand**) wird eine Frequenz aus dem Bündel $fb_i$ erneut verwendet (Bild 2.14), d.h. Zellen im Abstand D zur Zelle i erhalten jeweils eine oder auch alle Frequenzen aus dem Bündel $fb_i$ der Zelle i zugewiesen. Wenn D ausreichend groß gewählt wird, bleiben die Gleichkanalstörungen klein genug, um die Sprachqualität nicht zu beeinträchtigen.
- Beim Übergang von einer Zelle zur nächsten erfolgt bei laufendem Gespräch ein automatischer Kanal-/Frequenzwechsel (**Handover**), so daß eine aktive Gesprächsverbindung auch über Zellgrenzen hinweg aufrecht erhalten werden kann.

Die räumliche Wiederholung der Frequenzen erfolgt regelmäßig, d.h. systematisch so, daß jede Zelle mit dem Frequenzbündel $fb_i$ (oder einer Frequenz daraus) ihre nächsten Nachbarn mit gleichen Frequenzen wieder im Abstand D sieht (Bild 2.14). Es existieren also stets genau sechs solcher nächster Nachbarn. Unabhängig von Form und Größe der Zellen – und nicht nur im Hexagonmodell – besitzt der erste Ring, in dem ein Frequenzbündel wiederholt wird, sechs Gleichkanalzellen (siehe auch Bild 2.15).

## 2.4.2 Signal-Störabstand

Die von den Nachbarzellen erzeugte Störung wird im Nutzsignal-zu-Störsignal-Verhältnis gemessen:

$$W = \frac{Nutzsignal}{Störsignal} = \frac{Nutzsignal}{Nachbarzelleninterferenz + Rauschen}$$

Dieses Nutzsignal-zu-Störsignal-Verhältnis wird üblicherweise in dB angegeben und dann als Signal-Störabstand bezeichnet. Die Intensität der Störung wird im wesentlichen durch Gleichkanalinterferenzen in Abhängigkeit vom Frequenzwiederholabstand D bestimmt. Die Gleichkanalstörungen aus Sicht einer Mobilstation erzeugen die Basisstationen im Abstand D von der aktuellen Basisstation. Für eine Mobilstation am Rand ihres aktuellen Versorgungsgebietes im Abstand R zur Basisstation kann unter der Annahme, daß alle sechs benachbarten "Störsender" mit der gleichen Sendeleistung betrieben werden und näherungsweise alle gleich weit entfernt sind (Abstand D groß gegen Zellradius R), eine worst-case Abschätzung für den Signal-Störabstand W unter Berücksichtigung des Ausbreitungsverlusts vorgenommen werden: [27]

$$W = \frac{P_0 R^{-\gamma}}{\sum_{i=1}^{6} P_i + N} \approx \frac{P_0 R^{-\gamma}}{\sum_{i=1}^{6} P_0 D^{-\gamma} + N} = \frac{P_0 R^{-\gamma}}{6 P_0 D^{-\gamma} + N}$$

Bei Vernachlässigung des Rauschens N gilt somit näherungsweise für das Träger-zu-Interferenzverhältnis (*Carrier to Interference Ratio* C/I):

$$W \approx \frac{C}{I} = \frac{R^{-\gamma}}{6\,D^{-\gamma}} = \frac{1}{6}\left(\frac{R}{D}\right)^{-\gamma}$$

Der Signal-Störabstand ist also im wesentlichen abhängig vom Verhältnis des Zellradius R zum Frequenzwiederholabstand D. Daraus folgt, daß entsprechend einem gewünschten oder benötigten Signal-Störabstand W bei festem Zellradius ein Mindestabstand für die Frequenzwiederholung gewählt werden muß, ab dem die Gleichkanalinterferenzen unter die für den gewünschten Wert W notwendige Schwelle sinken.

## 2.4.3 Clusterbildung

Die regelmäßige Wiederholung der Frequenzen hat eine Gruppierung der Zellen zur Folge. Eine so entstandene Gruppe von Zellen (**Cluster**) kann den gesamten Frequenzbereich besitzen. Das gesamte zur Verfügung stehende Spektrum wird also innerhalb eines Clusters wiederholt. Die Größe des Clusters wird in "Anzahl Zellen je Cluster" k angegeben und bestimmt den Frequenzwiederholabstand D. Einige Beispiele von Clustern zeigt Bild 2.15. Die Ziffern bezeichnen die jeweiligen Frequenzbündel $fb_i$ der einzelnen Zellen.

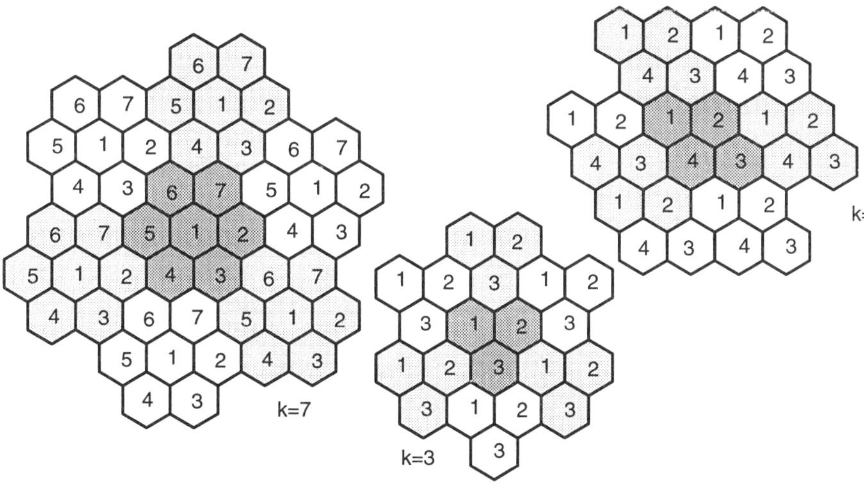


**Bild 2.15:** Frequenzwiederholung und Clusterbildung

Für ein Cluster gilt:

- Ein Cluster kann alle Frequenzen des Mobilfunksystems besitzen.
- Innerhalb eines Clusters wird keine Frequenz mehrfach verwendet. Die Frequenzen eines Bündels $fb_i$ werden frühestens im benachbarten Cluster wiederverwendet.
- Je größer ein Cluster (k groß), desto größer wird der Frequenzwiederholabstand und desto größer auch der Signal-Störabstand. Je größer k, desto geringer allerdings die Anzahl von Kanälen und damit auch die Teilnehmerzahl je Zelle.

Der Frequenzwiederholabstand D kann aufgrund geometrischer Überlegungen im Hexagonmodell in Abhängigkeit von k und dem Zellradius R angegeben werden:

$$D = R\sqrt{3k}$$

Für den Signal-Störabstand W gilt dann: [27]

$$W = \frac{R^{-\gamma}}{6\,D^{-\gamma}} = \frac{R^{-\gamma}}{6\left(R\sqrt{3k}\right)^{-\gamma}} = \frac{1}{6}(3k)^{\frac{\gamma}{2}}$$

Nimmt man an, daß für gute Sprachverständlichkeit ein Träger-zu-Interferenzverhältnis von ca. 18 dB ausreichend ist, kann jetzt auch eine Cluster-Mindestgröße angegeben werden (Näherung für einen Ausbreitungskoeffizienten $\gamma=4$):

$$10\,\log W \geq 18\,dB;\; W \geq 63,1 \Rightarrow D \approx 4,4\,R$$

$$\frac{1}{6}(3k)^{\frac{\gamma}{2}} = W \geq 63,1 \Rightarrow k \gtrsim 6,5 \Rightarrow k = 7$$

Diese Werte werden auch durch Computersimulationen bestätigt, in denen sich gezeigt hat, daß für W=18dB ein Wiederholabstand $D \approx 4,6R$ notwendig ist [27]. In praktischen Netzen finden sich auch andere Clustergrößen, z.B. k=3 und k=12. Ein Träger-Interferenz-Verhältnis von 15 dB gilt in GSM-Netzen als vorsichtiger Wert für die Netzdimensionierung [35].

Die bisher erwähnten Modelle zur Beschreibung und Analyse der Zellulartechnik sind sehr idealisierte Vorstellungen. In der Realität sind Zellen keineswegs kreisförmig oder gar hexagonal, sie besitzen vielmehr aufgrund variierender Ausbreitungsbedingungen sehr unregelmäßige Form und verschiedene Größe. Ein Beispiel eines möglichen Zellenplans eines realen Netzes zeigt Bild 2.16 – man erkennt gut die einzelnen Zellen mit den zugewiesenen Kanälen und die Frequenzwiederholung. Besonders deutlich werden auch die unterschiedlichen Größen der Zelle, abhängig davon, ob es sich um innerstädtisches, vorstädtisches oder ländliches Gebiet handelt. Die Darstellung in Bild 2.16 gibt einen Eindruck vom ungefähren Verlauf der Linien gleicher Feldstärke um die einzelnen Basisstationen. Dennoch ist auch diese scharfe

Trennung bzw. das exakte Aneinanderpassen der Feldstärkelinien benachbarter Basisstationen eine idealisierende Darstellung. Letztlich sind die Zellgrenzen unscharf und nur durch die lokale Schwelle bestimmt, ab der das Signal einer Basisstation mit höherer Feldstärke empfangen wird als das der Nachbarstation.

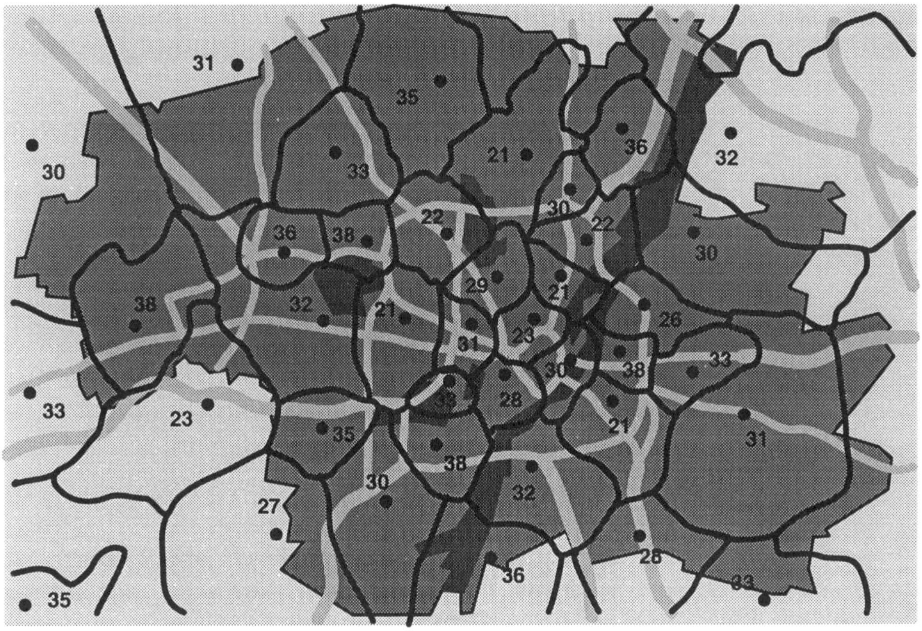

**Bild 2.16:** Zellenplan eines realen Netzes

## 2.4.4 Verkehrsleistung und Verkehrsdimensionierung

Wie bereits erwähnt, hängt auch die Anzahl von Kanälen und damit die maximale Verkehrslast je Zelle von der Clustergröße k ab. Es ergibt sich:

$$n_F = \frac{B_t}{B_c k},$$

| | |
|---|---|
| $n_F$ | *Anzahl Frequenzen je Zelle* |
| $B_t$ | *Totale Bandbreite des Systems* |
| $B_c$ | *Bandbreite eines Kanals* |

Die Anzahl Kanäle je Zelle bei FDMA-Systemen ist die Anzahl der Frequenzkanäle, die sich aufgrund der Kanal- und Systembandbreite ergibt:

$$n = n_F$$

Die Anzahl der Kanäle je Zelle eines TDMA-Systems ist die Anzahl der Frequenzkanäle multipliziert mit der Anzahl von Zeitschlitzen je Kanal:

$$n = m\, n_F$$

$m$ *Anzahl Zeitschlitze*

Eine Zelle kann näherungsweise als verkehrstheoretisches Verlustsystem mit n Bedieneinheiten (Kanälen) modelliert werden, mit einem Rufankunftsprozeß, dessen Zwischenankunftsabstände negativ exponentiell verteilt sind (Poissonprozeß), und ebenfalls einem Poissonprozeß als Bedienprozeß. Der Ankunfts- und Bedienprozeß wird auch Markoff-Prozeß genannt, daher bezeichnet man dieses Verlustsystem auch kurz als M/M/n-Verlustsystem [1]. Eine Zelle bedient bei gegebener Blockierwahrscheinlichkeit B ein maximales Angebot $A_{max}$ in der Hauptverkehrsstunde (*busy hour*):

$$A_{max} = f(B, n) = \lambda_{max} T_m ,$$

$\lambda_{max}$ *Busy Hour Call Attempts (BHCA)*
$T_m$ *mittlere Verbindungsdauer*

Den Zusammenhang zwischen Angebot A und Blockierwahrscheinlichkeit B mit der Gesamtzahl der Kanäle n beschreibt die Erlang-Blockierungsformel (näheres zur Erlang-Blockierungsformel und für Verkehrswert-Tabellen siehe [1][4]):

$$B = \frac{\frac{A^n}{n!}}{\sum_{i=0}^{n} \frac{A^i}{i!}}$$

Diese Näherungen gelten jedoch nur für makrozellulare Umgebungen, in denen die Benutzerzahl einer Zelle hinreichend groß gegenüber der Zahl verfügbarer Kanäle n je Zelle ist, so daß die Rufankunftsrate als annähernd konstant angesehen werden darf. Für mikro- und pikozellulare Systeme können diese Annahmen im allgemeinen nicht mehr gelten. Die verkehrstheoretische Dimensionierung muß hier mit Engset-Modellen gerechnet werden, da die Anzahl von Teilnehmern sich nicht mehr stark von der Anzahl verfügbarer Kanäle unterscheidet. Dies hat eine nicht mehr konstante Rufankunftsrate zur Folge. Die Wahrscheinlichkeit, daß alle Kanäle belegt sind, ergibt sich bei einer Benutzerzahl M je Zelle und dem Angebot a einer einzelnen freien Quelle zu:

$$P_n = \frac{\binom{M}{n} a^n}{\sum_{i=0}^{n} \binom{M}{i} a^i}$$

In diesem Fall gilt für die Wahrscheinlichkeit, daß ein Ruf eintrifft, wenn keine freien Kanäle zur Verfügung stehen (Blockierwahrscheinlichkeit):

$$P_B = \frac{\binom{M-1}{n} a^n}{\sum_{i=0}^{n} \binom{M-1}{i} a^i}$$

Für $M \to \infty$ geht die Engset-Blockierungsformel über in die Erlang-Blockierungsformel.

# 3 Adressierung und Systemarchitektur

## 3.1 Übersicht

Ein GSM-Netz ist hierarchisch gegliedert (Bild 3.1). Es besteht im wesentlichen aus mindestens einer Verwaltungsregion, die einem Mobilvermittlungszentrum (*Mobile Switching Center* **MSC**) untersteht. Jede dieser Verwaltungsregionen besteht aus mindestens einer Lokalisierungszone (*Location Area* **LA**), die häufig auch als Aufenthaltsbereich bezeichnet wird. Eine LA wird gebildet aus mehreren Gruppen von Zellen. Jeweils ein Basisstations-Controller (*Base Station Controller* **BSC**) steuert eine dieser Zellgruppen. Je LA ist also mindestens ein BSC vorhanden, wobei die Zellen eines BSC auch verschiedenen LA zugeordnet sein können.

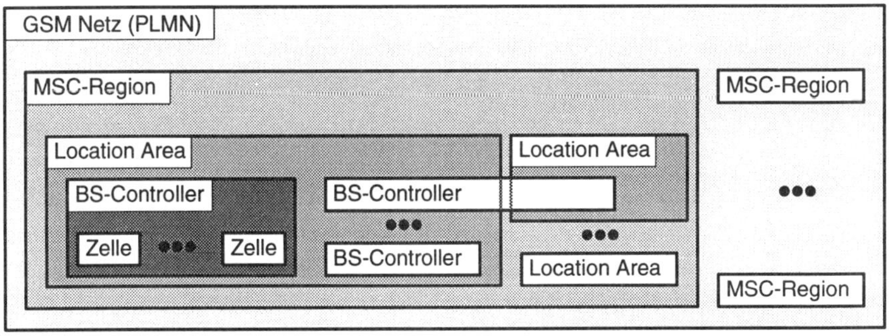


**Bild 3.1:** GSM Systemhierarchie

Den Aufwand, der zur Versorgung der Bundesrepublik Deutschland notwendig ist, veranschaulicht Tabelle 3.1 für die Situation kurz nach dem Start der beiden deutschen GSM900-Netze (D-Netze) und für den Vollausbau. Dieser Aufwand ist für beide D-Netzbetreiber ähnlich. Die genaue Aufteilung des Dienstgebietes in Zellen und ihre Organisation bzw. Verwaltung in LA mit BSS und MSC ist jedoch nicht eindeutig festgelegt und vollkommen dem jeweiligen Netzbetreiber überlassen, der somit eine Vielzahl an Optimierungsmöglichkeiten besitzt.

**Tabelle 3.1:** Ausbau eines GSM-Netzes in Deutschland

| | Zellen | BSC | MSC |
|---|---|---|---|
| **Ende 1992** | ca. 500 | 7 | 7 |
| **Vollausbau** | ca. 7000 | 20 – 50 | 20 – 50 |

Bild 3.2 zeigt die Systemarchitektur eines GSM **PLMN** (*Public Land Mobile Network*) mit seinen wesentlichen Komponenten. Der hierarchische Aufbau der GSM-Infrastruktur wird hier nochmals deutlich. Eine Zelle wird aus dem Funkversorgungsbereich einer Basisstation (*Base Transceiving Station* **BTS**) gebildet. Mehrere Basisstationen werden gemeinsam gesteuert von einem BSC und die Gespräche der Mobilstationen in ihren Zellen gebündelt von einem Vermittlungsknoten MSC vermittelt. Gespräche in das und aus dem Festnetz werden von einer dedizierten Vermittlungsstelle (*Gateway MSC* **GMSC**) bearbeitet. Betrieb und Wartung werden von einer zentralen Stelle aus organisiert (*Operation and Maintenance Center* **OMC**). Zur Vermittlung und zum Management des Netzes stehen mehrere Datenbanken zur Verfügung (*Home Location Register* **HLR**, *Visited Location Register* **VLR**, *Authentication Center* **AUC** und *Equipment Identity Register* **EIR**).

Im HLR sind alle bei einem Netzbetreiber registrierten Teilnehmer mit permanenten Daten (z.B. Dienstprofil) und auch temporären Daten (z.B. Verweis auf den augenblicklichen Aufenthaltsort) gespeichert. Bei einem Ruf für einen mobilen Teilnehmer wird also immer zuerst das HLR abgefragt werden, um seinen aktuellen Aufenthaltsort zu ermitteln. Ein VLR ist für eine Gruppe von LA zuständig und speichert die Daten derjenigen Teilnehmer, die sich momentan in seinem Zuständigkeitsbereich aufhalten. Dazu gehören Teile der permanenten Daten eines Teilnehmers, die zwecks schnellerem Zugriff vom HLR an das aktuelle VLR übertragen werden. Aber auch lokale Daten, wie etwa temporäre Kennungen, werden vom VLR vergeben und gespeichert. Im AUC werden sicherheitsrelevante Daten (Schlüssel zur Authentifizierung und Nutzdatenverschlüsselung) generiert und niedergelegt, während im EIR nicht die Teilnehmer, sondern deren Geräte registriert werden.

## 3.2 Adressen und Kennziffern

In GSM wird explizit zwischen Benutzer und Gerät unterschieden und beides voneinander getrennt. Entsprechend diesem bisher ausschließlich in digitalen Mobilnetzen realisierten Konzept erhalten Mobilgeräte und Benutzer jeweils eigene, international eindeutige Kennziffern. Die Benutzeridentität wird mit einer persönlichen Chipkarte – dem *Subscriber Identity Module* **SIM** – einer Mobilstation zugeordnet. Dieses SIM in Form einer Chipkarte ist portabel und zwischen verschiedenen Mobilgeräten transferierbar. Es ermöglicht damit auch die Trennung der Gerätemobilität von der Benutzermobilität. Der Teilnehmer kann sich mit seinem Chipkarten-SIM auf verschiedenen Mobilgeräten ins lokal verfügbare Netz einbuchen oder diese Chipkarte auch z.B. an öffentlichen Festnetz-Telefonen als normale Telefonkarte nutzen. Er kann allerdings keine Anrufe an festen Anschlüssen entgegennehmen, wobei bei einer entsprechenden Weiterentwicklung der Festnetze sowie Konvergenz der Fest- und Mobilnetze auch dieser Fall möglich werden könnte. Dabei würde sich dann ein GSM-Teilnehmer mit seinem SIM an einem beliebigen ISDN-Telefon registrieren und Anrufe entgegennehmen können.

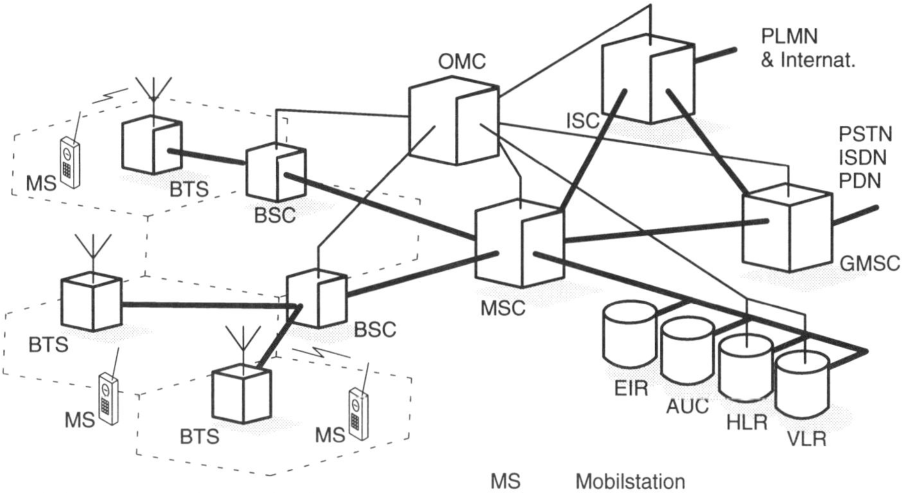


| | | | |
|---|---|---|---|
| | | MS | Mobilstation |
| BTS | Base Transceiving Station | HLR | Home Location Register |
| BSC | Base Station Controller | VLR | Visited Location Register |
| MSC | Mobile Switching Center | EIR | Equipment Identity Register |
| GMSC | Gateway MSC | AUC | Authentication Center |
| ISC | International Switching Center | OMC | Operation and Maintenance Center |

**Bild 3.2:** GSM-Systemarchitektur (wesentliche Komponenten)

Zusätzlich wird im GSM unterschieden zwischen Teilnehmeridentität und Rufnummer. Das läßt Spielraum für zukünftige Entwicklungen neuer Dienste, wo jeder Teilnehmer persönlich gerufen werden können soll, unabhängig davon, an welchem Anschluß (mobil oder fest) er sich gerade angemeldet hat und erreichbar ist. Neben einer persönlichen Kennziffer erhält also jeder GSM-Teilnehmer eine (oder auch mehrere) ISDN-Rufnummer(n) zugeteilt.

Neben Rufnummern, Teilnehmer- und Gerätekennungen sind eine Reihe von weiteren Kennziffern definiert, die zur Handhabung der Teilnehmermobilität und der Adressierung der übrigen Netzkomponenten benötigt werden.

Die wichtigsten Adressen und Kennziffern werden im folgenden vorgestellt.

### 3.2.1 International Mobile Station Equipment Identity (IMEI)

Die *International Mobile Station Equipment Identity* **IMEI** kennzeichnet international eindeutig die Mobilgeräte. Es handelt sich dabei um eine Art Seriennummer. Die IMEI wird vom Hersteller des Geräts vergeben und den Netzbetreibern zur Verfügung gestellt, welche sie im Equipment Identity Register EIR speichern.

Mit der IMEI können veraltete, gestohlene oder nicht mehr funktionsfähige Geräte erkannt und beispielsweise vom Dienstzugang gesperrt werden. Dazu sind die IMEI im EIR in drei Klassen organisiert:

- In der Weißen Liste (*white list*) sind alle Geräte registriert.
- Die Schwarze Liste (*black list*) umfaßt alle gesperrten Geräte. Diese Liste wird in regelmäßigen Abständen von den Betreibern untereinander ausgetauscht.
- Optional kann ein Betreiber eine Graue Liste (*grey list*) führen, die fehlerhafte Geräte oder solche mit veralteten Softwareversionen registriert. Diese Geräte sind zwar nicht gesperrt und besitzen weiterhin Zugang zu den abonnierten Diensten, werden aber dem Betriebspersonal gemeldet, um geeignete Maßnahmen treffen zu können.

Die IMEI wird vom Netz üblicherweise beim Einbuchen angefordert, kann aber jederzeit danach nochmals abgefragt werden.

Die IMEI ist eine hierarchische Adresse. Sie besteht aus folgenden Teilen:

- *Type Approval Code* **TAC** (6 Dezimalstellen), zentral vergeben
- *Final Assembly Code* **FAC** (2 Dezimalstellen), vom Hersteller vergeben
- *Serial Number* **SNR** (6 Dezimalstellen), vom Hersteller vergeben
- *Spare* **SP** (1 Dezimalstelle)

Eine IMEI=TAC+FAC+SNR+SP kennzeichnet also eindeutig ein Mobilgerät und läßt Rückschlüsse auf Hersteller und Produktionsdaten zu.

### 3.2.2 International Mobile Subscriber Identity (IMSI)

Jeder Teilnehmer erhält bei seiner Anmeldung eine eindeutige Kennziffer, die *International Mobile Subscriber Identity* **IMSI** zugewiesen. Diese IMSI wird im *Subscriber Identity Module* **SIM** (vgl. 3.3.1) gespeichert. Eine Mobilstation kann nur betrieben werden, wenn ein SIM mit gültiger IMSI in einem Gerät mit gültiger IMEI vorhanden ist, da beispielsweise nur so die Gebührenabrechnung den korrekten Teilnehmer erreicht.

Auch die IMSI besteht aus mehreren Teilen:

- *Mobile Country Code* **MCC**, 3 Dezimalstellen, international genormt
- *Mobile Network Code* **MNC**, 2 Dezimalstellen zur eindeutigen Kennzeichnung eines Mobilnetzes in einem Land
- *Mobile Subscriber Identification Number* **MSIN**, max. 10 Dezimalstellen, Nummer des Teilnehmers in seinem Mobilnetz

Bei der IMSI handelt es sich um GSM-spezifische Adressierung abweichend vom ISDN-Numerierungsplan. Für jedes der GSM-Länder wurde ein dreistelliger MCC und innerhalb der Länder jeweils zweistellige MNC vergeben (beispielsweise 262 für Deutschland und 01 für D1-Telekom, 02 für D2-Privat und 03 für E-Plus). Eine Teilnehmeridentität IMSI=MCC+MNC+MSIN besitzt demnach max. 15 numerische Dezimalstellen. Während der MCC international festgelegt ist, wird die *National Mobile Subscriber Identity* **NMSI**=MNC+MSIN vom Betreiber des Heimatnetzes vergeben.

### 3.2.3 Mobile Subscriber ISDN Number (MSISDN)

Die eigentliche "Telefonnummer" einer Mobilstation ist die *Mobile Subscriber ISDN Number* **MSISDN**. Sie ist dem Teilnehmer zugeordnet, so daß ein Mobilgerät je nach SIM verschiedene MSISDN besitzen kann. Mit diesem Konzept wird in GSM erstmals in einem Netz unterschieden zwischen Teilnehmeridentität und Rufnummer. Die Trennung zwischen Rufnummer MSISDN und Teilnehmeridentität IMSI dient vor allem dem Schutz und der Vertraulichkeit der IMSI. Die IMSI muß im Gegensatz zur MSISDN nicht publik gemacht werden. Aus der MSISDN kann bei dieser Aufteilung nicht auf die Teilnehmeridentität zurückgeschlossen werden, sofern die im HLR gespeicherte Zuordnung der IMSI zur MSISDN nicht öffentlich bekannt ist, so daß die zur Teilnehmeridentifizierung verwendete IMSI im Regelfall unbekannt und daher das Vortäuschen einer falschen Identität deutlich erschwert ist.

Einem Teilnehmer können darüber hinaus auch mehrere MSISDN zugeordnet sein, die zur Dienstselektion verwendet werden. Jede MSISDN eines Teilnehmers ist dabei für einen entsprechenden Dienst reserviert (Sprache, Daten, Fax etc.). Um diesen Dienst erbringen zu können, müssen sowohl im Netz als auch in der Mobilstation dienstspezifische Ressourcen aktiviert werden. Welcher Dienst gewünscht ist und welche Ressourcen damit für den jeweiligen Ruf benötigt werden, kann anhand der gewählten MSISDN erkannt werden. Somit ist eine automatische Aktivierung der dienstspezifischen Ressourcen bereits während des Verbindungsaufbaus möglich. Die MSISDN orientieren sich am internationalen ISDN-Numerierungsplan und besitzen deshalb folgende Struktur:

- *Country Code* **CC** (bis zu 3 Dezimalstellen)
- *National Destination Code* **NDC** (typ. 2 bis 3 Dezimalstellen)
- *Subscriber Number* **SN** (max. 10 Dezimalstellen)

Die Länderkennziffern CC sind international genormt und nach ITU−T E.164 [18] vergeben. Es gibt ein-, zwei- oder dreistellige Länderkennziffern, der CC für Deutschland beispielsweise ist 49. Ein NDC wird ebenso wie die Teilnehmernummer SN vom jeweiligen nationalen Betreiber bzw. der Regulierungsbehörde vergeben und besitzt eine variable Länge. Die NDC der Mobilnetze in Deutschland beispielsweise sind dreistellig (171, 172, 177). Eine MSISDN=CC+NDC+SN besitzt damit max. 15 numerische Dezimalstellen. Sie wird zentral im HLR gespeichert.

### 3.2.4 Mobile Station Roaming Number (MSRN)

Die *Mobile Station Roaming Number* **MSRN** ist eine temporäre, aufenthaltsabhängige ISDN-Nummer. Sie wird vom lokal zuständigen VLR jeder Mobilstation zugewiesen. Mit Hilfe der MSRN werden Rufe zu einer Mobilstation geroutet. Sie wird vom HLR auf dessen Anfrage hin an das GMSC weitergeleitet. Die MSRN besitzt denselben Aufbau wie eine MSISDN:

- *Country Code* **CC** (des aktuellen VLR)
- *National Destination Code* **NDC** (des besuchten Netzes)
- *Subscriber Number* **SN** (im aktuellen Mobilnetz)

Die Komponenten CC und NDC sind durch das besuchte Netz festgelegt und hängen vom augenblicklichen Aufenthaltsort ab. Die SN wird vom aktuellen VLR vergeben und ist innerhalb eines Mobilnetzes eindeutig. Die Zuweisung einer MSRN erfolgt dabei so, daß aus der Subscriber Number SN der augenblicklich zuständige Vermittlungsknoten (MSC) im besuchten Netz (CC+NDC) ermittelt, somit also eine Wegesuchentscheidung getroffen werden kann.

Die MSRN kann vom VLR auf zwei Arten vergeben werden: je Registrierungsvorgang, wenn die Mobilstation eine neue *Location Area* **LA** betritt oder jeweils auf Anforderung des HLR beim Verbindungsaufbau für Rufe zur Mobilstation.

Im ersten Fall wird die MSRN vom VLR auch an das HLR weitergereicht und dort für die Wegesuche gespeichert. Bei einem kommenden Ruf wird dann zunächst die MSRN aus dem HLR dieser Mobilstation abgefragt. Damit ist das augenblicklich zuständige MSC ermittelbar, und der Ruf kann bis zu diesem Vermittlungsknoten geroutet werden. Dort wird dann aus dem zuständigen VLR weitere Lokalisierungsinformation entnommen.

Im zweiten Fall kann die MSRN nicht im HLR gespeichert werden, da sie ja erst zum Zeitpunkt des Verbindungsaufbaus vergeben wird. Entsprechend muß die Adresse des aktuellen VLR einer Mobilstation in den Tabellen des HLR gespeichert sein. Wird nun die Wegesuchinformation beim HLR angefragt, fordert dieses vom zuständigen VLR mittels der den Teilnehmer eindeutig kennzeichnenden Kennziffern (IMSI und MSISDN) eine gültige Roaming Number MSRN an. Damit kann der Ruf dann wieder geroutet werden.

### 3.2.5 Location Area Identity (LAI)

Jede *Location Area* **LA** eines PLMN besitzt eine eigene Kennziffer. Die *Location Area ID* **LAI** ist ebenfalls hierarchisch gegliedert und international eindeutig (vgl. 3.2.2), wobei die LAI auch aus einem international genormten und einem betreiberabhängigen Teil besteht:

- *Country Code* **CC**, 3 Dezimalstellen
- *Mobile Network Code* **MNC**, 2 Dezimalstellen
- *Location Area Code* **LAC**, max. 5 Dezimalstellen oder max. 2 mal 8 Bit, hexadezimal kodiert ($LAC < FFFF_{hex}$)

Dieser LAI wird von der Basisstation auf dem *Broadcast Control Channel* **BCCH** regelmäßig ausgesendet. Damit wird auf dem Funkkanal jede Zelle eindeutig als einer LA zugeordnet gekennzeichnet und jede MS kann über die LAI ihren aktuellen Aufenthaltsort feststellen. Wechselt der LAI, den die MS vom BSS “hört”, so stellt die MS den Wechsel der LA fest und fordert die Aktualisierung ihrer Aufenthaltsinformation (*Location Update*) in den Registern HLR und VLR an. Das bedeutet also, daß in GSM-Netzen die Mobilstation selbst, nicht das Netz, dafür verantwortlich ist, stets die aktuellen Empfangsbedingungen zu überwachen, die am besten empfangbare Basisstation auszuwählen und sich bei dem zur LA dieser Basisstation gehörenden VLR anzumelden.

Die LAI wird vom VLR erfragt, wenn die Verbindung mittels der MSRN bei einem kommenden Ruf bis zum momentan zuständigen MSC geroutet wurde. Damit ist dann der genaue Aufenthaltsbereich der Mobilstation bestimmt, in dem per Funkrundruf (Paging) anschließend die Mobilstation gesucht wird. Antwortet die Mobilstation, steht die genaue Zelle und damit die Basisstation fest, über welche die Verbindung zur Mobilstation durchgeschaltet werden kann.

### 3.2.6 Temporary Mobile Subscriber Identity (TMSI)

Das für den momentanen Aufenthaltsort eines Teilnehmers zuständige VLR kann einer Mobilstation eine *Temporary Mobile Subscriber Identity* **TMSI** zuweisen, die nur lokale Bedeutung im Gebiet des VLR besitzt und statt der IMSI zur eindeutigen Identifizierung und Adressierung der Mobilstation verwendet wird. Damit kann durch Abhören des Funkkanals kein Rückschluß auf die Teilnehmeridentität gezogen werden, da diese TMSI nur für die Dauer des Aufenthalts im Gebiet eines VLR zugewiesen wird und sogar innerhalb dieses Gebietes gewechselt werden kann (*"ID Hopping"*). Die Mobilstation speichert die TMSI in ihrem SIM. Die TMSI wird netzseitig nur im VLR gespeichert und nicht an das HLR weitergegeben.

Eine TMSI kann somit vollständig betreiberabhängig vergeben werden, wobei sie aus maximal 4 mal 8 Bit bestehen darf und der Wert $\mathrm{FFFFFFFF}_{hex}$ ausgeschlossen ist, weil das SIM intern leere Felder mit logisch 1 vorbelegt.

Zusammen mit der augenblicklichen Location Area identifiziert eine TMSI wiederum eindeutig genau einen Teilnehmer, d.h. für die laufende Kommunikation wird die IMSI ersetzt durch das Tupel (TMSI, LAI).

### 3.2.7 Local Mobile Subscriber Identity (LMSI)

Das VLR kann als zusätzlichen Suchschlüssel zur Beschleunigung seiner Datenbankzugriffe eine *Local Mobile Station Identity* **LMSI** für Mobilstationen in seinem Verwaltungsbereich vergeben. Die LMSI wird beim Registrieren der MS im VLR zugeteilt und an das HLR geschickt. Die LMSI wird vom HLR nicht weiter benutzt, aber jeweils bei allen Nachrichten an das VLR mitgeschickt, das somit den kurzen Suchschlüssel bei allen die Mobilstation betreffenden Transaktionen benützen kann. Diese Form der zusätzlichen Mobilstationskennzeichnung im VLR durch die LMSI wird meist nur dann eingesetzt, wenn die MSRN je Ruf neu vergeben wird. In diesem Fall ist eine schnelle Bearbeitung notwendig, um kurze Verbindungsaufbauzeiten zu erhalten.

Eine LMSI wird genauso wie eine TMSI komplett betreiberspezifisch vergeben und ist nur innerhalb eines VLR-Verwaltungsbereiches eindeutig. Eine LMSI besteht aus 4 Oktetten (4 mal 8 Bit).

### 3.2.8 Cell Identifier (CI)

Innerhalb einer LA werden die einzelnen Zellen mit einem *Cell Identifier* **CI** (max. 2 mal 8 Bit) eindeutig gekennzeichnet. Mit der *Global Cell Identity* (LAI+CI) sind sie damit international eindeutig referenzierbar.

### 3.2.9 Base Transceiver Station Identity Code (BSIC)

Zur Unterscheidung benachbarter Basisstationen erhalten diese einen eindeutigen *Base Transceiver Station Identity Code* **BSIC**. Der BSIC besteht aus zwei Komponenten:

- *Network Colour Code* **NCC**, Farbcode eines PLMN (3 Bit)
- *Base Station Colour Code* **BCC**, BS Farbcode (3 Bit)

Der BSIC wird von der Basisstation auf einem *Broadcast Channel*, dem *Synchronization Channel*, regelmäßig versandt. Direkt benachbarte PLMN müssen natürlich unterschiedliche NCC besitzen.

### 3.2.10 Identifizierung von MSC und Location Register

MSCs und Location Register (HLR, VLR) werden mit internationalen ISDN Nummern adressiert. Zusätzlich können sie innerhalb eines PLMN *Signalling Point Codes* **SPC** besitzen, mit denen sie innerhalb des Signalisierungsnetzes basierend auf dem Signalling System Number 7 (SS#7) eindeutig adressiert werden können.

Die Nummer des VLR, in dessen Bereich sich eine Mobilstation momentan aufhält, muß im HLR-Datensatz dieser MS gespeichert sein, wenn die MSRN-Vergabe auf Ruf-Basis erfolgt (vgl. 3.2.4), um bei kommenden Rufen die MSRN anfordern und den Ruf zum aktuellen MSC der MS durchschalten zu können.

## 3.3 Systemarchitektur

Ein GSM-System hat zwei wesentliche Bestandteile: die fest installierte Infrastruktur (das Netz im eigentlichen Sinne) und die Mobilteilnehmer, welche über die Funk- oder auch Luftschnittstelle (*Air Interface*) die Dienste des Netzes nutzen und kommunizieren.

Das fest installierte GSM-Netz wiederum kann in drei Subnetze untergliedert werden: das Funknetz, das Mobilvermittlungsnetz und das Managementnetz [9]. Diese Subnetze werden in den GSM-Empfehlungen als Subsysteme bezeichnet. Die drei entsprechenden Subsysteme sind: das *Base Station Subsystem* **BSS** (Kap. 3.3.2), das *Switching and Management Subsystem* **SMSS** (Kap. 3.3.3) und das *Operation and Maintenance Subsystem* **OMSS** (Kap. 3.3.4).

## 3.3.1 Mobilstation

Mobilstationen (*Mobile Station* **MS**) sind die Geräte, die von Mobilteilnehmern für den Dienstzugang genutzt werden. Sie bestehen aus zwei wesentlichen Komponenten: dem Gerät selbst (*mobile equipment*) und dem *Subscriber Identity Module* **SIM**. Erst das SIM eines Teilnehmers – ausgeführt als fest eingebauter Chip (*Plug-In SIM*) oder als austauschbare Chipkarte – macht aus einem Mobilgerät eine vollwertige Mobilstation, mit der ein Dienstzugang möglich ist bzw. die angerufen werden kann. Zusätzlich zur Gerätekennung IMEI besitzt ein Mobilgerät abhängig vom aktuellen Benutzer dessen Teilnehmerkennung und Rufnummer (IMSI und MSISDN). GSM Mobilgeräte werden also mit dem SIM personalisiert (Bild 3.3).

**Bild 3.3:** Geräte-Personalisierung mit dem SIM

Durch dieses moderne und bei GSM zum ersten Mal konsequent angewandte Konzept des SIM wird zum einen eine Trennung der Benutzermobilität von der Gerätemobilität erreicht. Internationales Roaming unabhängig von Mobilgerät und Netztechnologie wird dadurch möglich, vorausgesetzt die Schnittstelle zwischen Gerät und SIM ist normiert. Zum anderen übernimmt das SIM wesentlich mehr Aufgaben als nur die Personalisierung von Mobilgeräten mit der IMSI und MSISDN. Im SIM sind auch alle geheimzuhaltenden kryptographischen Algorithmen realisiert, die auf Basis von der Teilnehmerkennung IMSI und von geheimen Schlüsseln wichtige

Funktionen für Authentifizierung und Nutzdatenverschlüsselung implementieren. Darüber hinaus können auf dem SIM Kurznachrichten und Gebühreninformationen gespeichert werden, und es besitzt eine Telefonbuchfunktion mit Kurzwahlliste zur Speicherung von Namen und Telefonnummern für eine effiziente und schnelle Zielwahl. Insbesondere diese Funktionen tragen zu einer echten Personalisierung eines Mobilgerätes bei, da der Teilnehmer mit dem SIM stets auch seine private "Umgebung" mit Telefonbuch und Kurznachrichtenarchiv mit einem beliebigen Mobilgerät nutzen kann. Neben den teilnehmerspezifischen Daten können im SIM auch netzspezifische Daten gespeichert werden, wie z.B. Listen von BCCH-Trägerfrequenzen, auf denen das Netz periodisch Systeminformationen ausstrahlt, oder auch die aktuelle LAI. Die Nutzung des SIM und damit der gesamten MS kann durch eine vierstellige PIN gegen unberechtigten Zugriff geschützt werden.

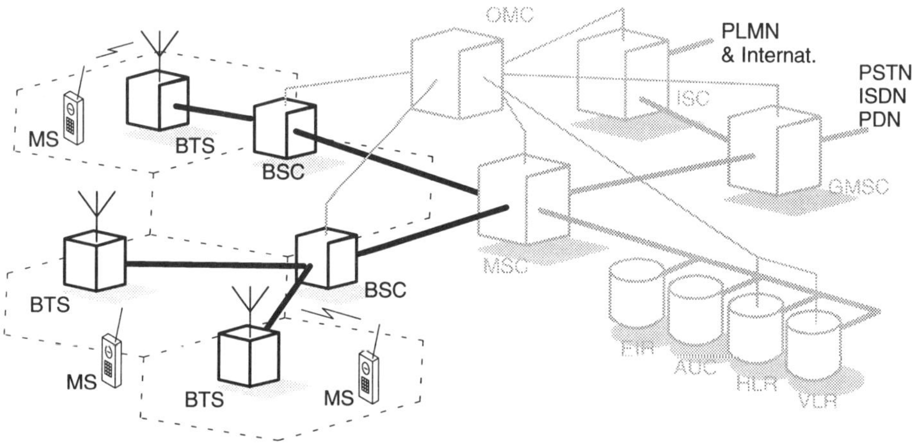


**Bild 3.4:** Komponenten des GSM Funknetzes (Base Station Subsystem BSS)

## 3.3.2 Funknetz – BSS

Die Komponenten des GSM Funknetzes (*Base Station Subsystem* **BSS**) zeigt Bild 3.4. Eine GSM-Zelle wird vom Funkbereich einer **BTS** (*Base Transceiving Station*) aufgespannt. Die BTS stellt in dieser Zelle die Funkkanäle für Signalisierung und Nutzverkehr zur Verfügung. Eine BTS steht also auf der Netzseite der Funkschnittstelle (*air interface*) eines GSM PLMN. Sie besitzt dazu neben dem HF-Teil (Sende- und Empfangseinrichtung, *transmitter & receiver=transceiver*) nur einige wenige Komponenten zur Signal- und Protokollverarbeitung. Beispielsweise werden in der BTS die Fehlerschutzcodierung und -decodierung für den Funkkanal durchgeführt und das Sicherungsprotokoll LAPDm für die Signalisierung auf dem Funkweg terminiert. Um die Basisstationseinheiten klein zu halten, ist die wesentliche Steuerungs- und Protokollintelligenz in den Basisstations-Controller **BSC** (*Base Station Controller*) verlagert. Im BSC wird beispielsweise das Handover-Protokoll abgewikkelt. BTS und BSC bilden gemeinsam das GSM Basisstations-Subsystem **BSS** (*Base Station Subsystem*). Mehrere BTS können gemeinsam von einem BSC gesteuert werden (Bild 3.1). Jeder BTS ist ein eigener Satz von Frequenz-Kanälen, die *Cell Allocation* **CA**, zugeteilt.

An der Funkschnittstelle werden zwei Typen von Kanälen bereitgestellt: Verkehrs- und Signalisierungskanäle. Die Verkehrskanäle werden weiter unterteilt in Vollraten- und Halbraten-Kanäle (*Full/Half Rate Channels*). Für die Verkehrskanäle umfaßt das BSS im wesentlichen alle Funktionen der OSI Schicht 1.

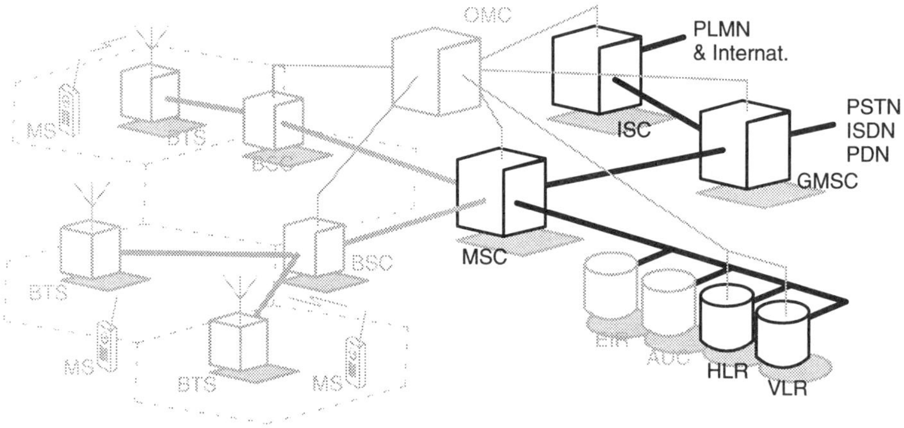


**Bild 3.5:** Komponenten des GSM Mobilvermittlungsnetzes (Switching and Management Subsystem SMSS)

## 3.3.3 Mobilvermittlungsnetz – SMSS

Das Mobilvermittlungsnetz (*Switching and Management Subsystem* **SMSS**, Bild 3.5) besteht aus den Mobilvermittlungszentren und den Datenbanken, welche die zur Vemittlung und Diensterbringung notwendigen Daten speichern. Diese Komponenten und ihre Funktion werden im folgenden kurz vorgestellt. Einzelne Details werden in den nachfolgenden Kapiteln eingehender betrachtet.

#### 3.3.3.1 Mobilvermittlungszentrum – MSC

Der Vermittlungsknoten eines GSM PLMN ist das **MSC** (*Mobile Switching Center*). Das MSC erfüllt alle vermittlungstechnischen Funktionen eines Festnetz-Vermittlungsknotens, wie z.B. Wegesuche, Signalwegschaltung und Dienstmerkmalsbearbeitung. Der Hauptunterschied zwischen einem ISDN-Vermittlungsknoten und einem MSC ist, daß ein MSC die Zuteilung und Verwaltung von Funkressourcen und die Mobilität der Teilnehmer zu berücksichtigen hat. Das MSC hat deshalb zusätzlich Funktionen für die Aufenthaltsregistrierung von Teilnehmern und für den Handover von Verbindungen beim Wechsel von Zellen vorzusehen. Jedes PLMN kann mehrere MSC besitzen, von denen jedes für einen Teil des Dienstgebietes (*service area*) zuständig ist. Die BSC des BSS unterstehen jeweils eindeutig einem MSC.

Zur Aus- und Einkopplung des Gesprächsverkehrs in und aus dem Festnetz stehen dedizierte **GMSC** (*Gateway MSC*) zur Verfügung. Falls bei kommenden Verbindungen zum Mobilnetz das Festnetz wegen fehlender Möglichkeiten zur Abfrage des HLR die Verbindung nicht zum lokalen MSC weiterschalten kann, wird die Verbindung zum nächsten GMSC geroutet. Dieses GMSC fragt die Wegesuchinformationen aus dem HLR ab und routet die Verbindung weiter zum lokalen MSC, in dessen Gebiet sich die Mobilstation momentan aufhält. Verbindungen zu anderen Mobilnetzen und andere Internationale Verbindungen werden meist über das **ISC** (*International Switching Center*) des jeweiligen Landes geroutet.

Einem MSC ist eine Funktionseinheit zugeordnet, die das Zusammenwirken (*Interworking*) zwischen einem PLMN und den Festnetzen (PSTN, ISDN, PDN) ermöglicht. Diese Funktionseinheit, die *Interworking Function* **IWF**, übernimmt abhängig vom verwendeten Dienst und dem jeweiligen Festnetz unterschiedliche Aufgaben. Sie wird benötigt, um die Protokolle des PLMN auf die des jeweiligen Festnetzes abzubilden. In Fällen, in denen die Dienstimplementierung des PLMN mit dem Festnetz kompatibel ist, besitzt die IWF keine Funktion.

#### 3.3.3.2 Heimat- und Besucherregister – HLR und VLR

Ein GSM PLMN besitzt mehrere Datenbanken. Zur Teilnehmerregistrierung und -lokalisierung sind zwei funktionale Einheiten, das Heimatregister **HLR** (*Home Location Register*) und das Besucherregister **VLR** (*Visited Location Register*) definiert. Im allgemeinen ist je PLMN ein zentrales HLR und je MSC ein VLR vorhanden. Diese Verteilung hängt ab von der Teilnehmerzahl, der Leistungsfähigkeit und Speicherkapazität der Geräte und der Organisation des Netzes.

Das HLR ist das Heimatregister, das jeden Teilnehmer und jede Mobil-ISDN-Rufnummer registriert, die in seinem Netz "beheimatet" sind. Es speichert alle permanenten Teilnehmerdaten und die relevanten temporären Daten aller permanent im HLR registrierten Teilnehmer. Zu den gespeicherten Informationen gehört neben festen Einträgen wie abonnierten Diensten und Berechtigungen vor allem auch ein Verweis auf den aktuellen Aufenthaltsort einer Mobilstation (Tabelle 3.2). Das HLR als zentrales Register wird zur Wegesuche für Rufe zu von ihm verwalteten Mobilteilnehmern benötigt. Das HLR besitzt keine direkte Kontrolle über ein MSC. Alle administrativen Aktionen einen Teilnehmer betreffend werden in den Datenbasen des HLR vorgenommen.

Das VLR als Besucherregister speichert die Daten aller Mobilstationen, die sich momentan im Verwaltungsbereich des zugehörigen MSC aufhalten. Ein VLR kann für das Gebiet eines oder mehrerer MSC verantwortlich sein. Mobilstationen können sich frei bewegen (*roaming*) und damit je nach Aufenthaltsort in den VLR ihres Heimatnetzes eingebucht sein, aber auch in den VLR "fremder" Netze anderer Betreiber, sofern zwischen den Betreibern ein Roaming-Abkommen besteht. Eine Mobilstation startet dazu jeweils beim Betreten einer *Location Area* **LA** eine Registrierungsprozedur. Das zuständige MSC leitet dabei die Identität der MS und ihre momentane LAI an das VLR weiter, das diese Werte in seine Datenbasis einträgt und damit die MS registriert. Wenn die Mobilstation noch nicht in diesem VLR registriert war, wird das HLR über den aktuellen Aufenthaltsort der MS informiert. Dabei werden Informationen an das HLR übergeben, welche die Wegesuche für Rufe zu dieser Mobilstation ermöglichen.

## 3.3.4 Betrieb und Wartung – OMSS

### 3.3.4.1 Netzüberwachung und Wartung

Der laufende Netzbetrieb wird mit dem *Operation and Maintenance Subsystem* **OMSS** gesteuert und gewartet. Steuerfunktionen des Netzes werden vom **OMC** (*Operation and Maintenance Center*) aus überwacht und ausgelöst. Zu den Funktionen des OMC gehören:

- Verwaltung und kommerzieller Betrieb (Teilnehmer, Endgeräte, Abrechnungen, Statistik)
- Sicherheitsmanagement
- Netzkonfiguration, Netzbetrieb und Performance Management
- Wartungsarbeiten

Die Netzkontrolle kann in einem oder mehreren Netzwerk-Management-Zentren (*Network Management Centre* **NMC**) zentralisiert werden. Die Betriebs- und Wartungsfunktionen basieren auf dem in der Reihe CCITT M.30 standardisierten Konzept des *Telecommunication Management Network* **TMN**.

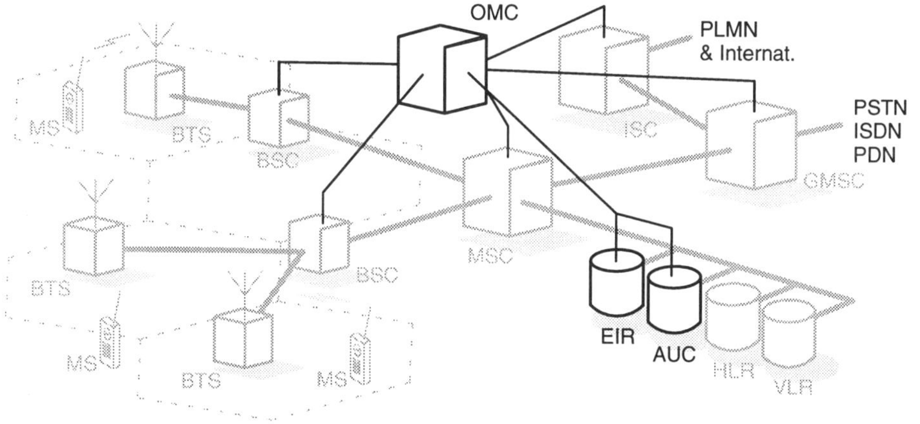


**Bild 3.6:** Komponenten des GSM OMSS

### 3.3.4.2 Benutzerauthentifizierung und Geräteregistratur

Im GSM sind neben HLR und VLR zwei weitere Datenbanken definiert. Sie sind verantwortlich für verschiedene Aspekte der Systemsicherheit. Die Systemsicherheit von GSM-Netzen basiert im wesentlichen auf der Überprüfung von Geräte- und Benutzeridentität; entsprechend dienen die Datenbanken zur Teilnehmeridentifizierung und -authentifizierung sowie zur Geräteregistrierung. Vertrauliche Daten und Schlüssel werden im **AUC** (*Authentication Center*) gespeichert bzw. erzeugt. Die Schlüssel dienen zur Benutzerauthentifizierung und autorisieren den jeweiligen Dienstzugang. Das Geräteregister **EIR** (*Equipment Identity Register*) speichert die (herstellerabhängigen) Seriennummern der Endgeräte (IMEI), so daß z.B. jede Mobilstation auf veraltete Software geprüft oder einem bestimmten, als gestohlen gemeldeten Endgerät der Dienstzugang gesperrt werden kann.

## 3.4 Teilnehmerdaten im GSM

Neben den Adressen, den wichtigsten Teilnehmerdaten eines Kommunikationsnetzes, existieren in GSM-Netzen eine ganze Reihe weiterer dienst- und vertragsspezifischer Daten. Mit den Adressen werden Teilnehmer identifiziert, authentisiert und lokalisiert bzw. Gespräche zu den Teilnehmern vermittelt. Dienstspezifische Daten dienen der Parameterisierung und Personalisierung von Zusatzdiensten. Schließlich kann in Teilnehmerverträgen ein unterschiedlicher Leistungsumfang festgelegt werden, etwa die Buchung von speziellen Zusatzdiensten oder das Abonnement von Daten- oder Telematikdiensten. Diese Vertragsinhalte werden zur korrekten Dienstrealisierung/-erbringung natürlich auch in entsprechenden Datenstrukturen in den Registern abgelegt.

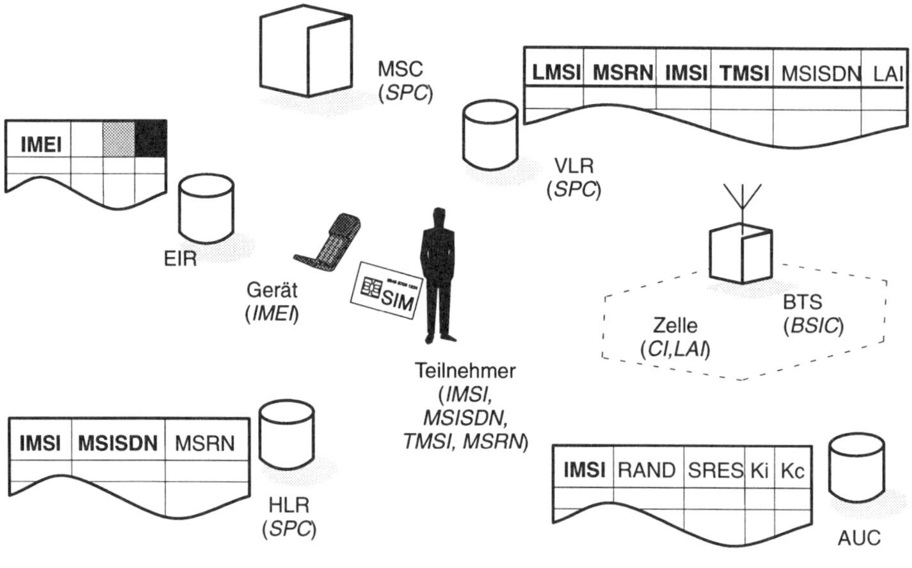


**Bild 3.7:** Übersicht Adressen und zugehörige Datenbanken in GSM

Die Zuordnung der wichtigsten Kennziffern und deren Speicherorte sind in Bild 3.7 noch einmal zusammengefasst. Teilnehmerbezogene Adressen sind auf dem Subscriber Identity Module SIM gespeichert und in HLR und VLR abgelegt. Diese Daten (IMSI, MSISDN, TMSI, MSRN) dienen der Adressierung, Identifizierung und Lokalisierung eines Teilnehmers bzw. einer Mobilstation. Während es sich bei IMSI und MSISDN um permanente Daten handelt, sind TMSI und MSRN temporäre Daten, die sich abhängig vom aktuellen Aufenthaltsort des Teilnehmers ändern. Die darüber hinaus definierten geräte- oder netzelementbezogenen Daten wie IMEI, LAI oder SPCs werden nur teilweise (LAI, SPC) für Lokalisierung und Verbindungsrouting verwendet. Eine Sonderstellung nehmen IMEI und BSIC/CI ein, die allein zur Identifizierung des Endgeräts bzw. der Netzelemente dienen.

Im AUC werden sicherheitsrelevante Daten eines Teilnehmers gespeichert und zur Abwicklung kryptographischer Funktionen notwendige Kennziffern und Schlüssel vorausberechnet. Jeder Datensatz des AUC enthält dazu die IMSI dieses Teilnehmers. Zur Identifizierung/Authentifizierung des Teilnehmers wird dessen geheimer Schlüssel Ki im AUC aufbewahrt, aus dem ein Schlüsselpaar RAND/SRES im AUC vorausberechnet und gespeichert wird. Bei einer konkreten Authentifizierungsabfrage wird dieses Schlüsselpaar vom VLR angefordert, um dann die eigentliche Identifikation/Authentifizierung durchzuführen. Auch der Schlüssel zur Nutzdatenverschlüsselung auf dem Funkkanal Kc wird im AUC aus dem geheimen Schlüssel Ki im voraus berechnet und beim Verbindungsaufbau angefordert.

**Tabelle 3.2:** Daten eines Mobilteilnehmers im HLR

| **Teilnehmerdaten und Daten über das Teilnehmerverhältnis** | **Lokalisierungs- und Wegesuchinformationen** |
|---|---|
| *International Mobile Subscriber Identity IMSI* | Mobile Station Roaming Number MSRN |
| *International Mobile Subscriber ISDN Number MSISDN* | Adresse des aktuellen VLR (falls verfügbar) |
| Abonnement von Träger- und Telematikdiensten | Adresse des aktuellen MSC (falls verfügbar) |
| Dienstrestriktionen, z.B. Einschränkungen beim Roaming | Local Mobile Subscriber Identity LMSI (falls verfügbar) |
| Parameter für Zusatzdienste | |
| Informationen über Geräte, die vom Teilnehmer genutzt werden (falls verfügbar) | |
| Authentifizierungsdaten (implementierungsabhängig) | |

Die weiteren Daten über den Teilnehmer und sein Vertragsverhältnis mit dem Dienstanbieter sind in Tabelle 3.2 und Tabelle 3.3 zusammengestellt. Im HLR sind vor allem die permanenten Daten über das Teilnehmervertragsverhältnis abgelegt, also Informationen über abonnierte Träger- und Telematikdienste (Daten, Fax etc.), Dienstrestriktionen und Parameter für Zusatzdienste. Darüber hinaus werden in den Registern auch Informationen über vom Teilnehmer genutzte Geräte (IMEI) gespeichert und – abhängig von der Implementierung des Authentication Centers AUC und der Sicherheitsmechanismen – Daten und Schlüssel, die für Authentifizierung der Teilnehmer und Verschlüsselung notwendig sind.

**Tabelle 3.3:** Daten eines Mobilteilnehmers im VLR

| Teilnehmerdaten & Daten über das Teilnehmerverhältnis | Lokalisierungs- und Wegesuchinformationen |
|---|---|
| International Mobile Subscriber Identity IMSI | *Mobile Station Roaming Number MSRN* |
| International Mobile Subscriber ISDN Number MSISDN | *Temporary Mobile Station Identity TMSI* |
| Parameter für Zusatzdienste | *Local Mobile Subscriber Identity LMSI (falls verfügbar)* |
| Informationen über Geräte, die vom Teilnehmer genutzt werden (falls verfügbar) | Location Area Identity LAI der LA, in der die MS registriert wurde (verwendet für Paging und Rufaufbau) |
| Authentifizierungsdaten (implementierungsabhängig) | |

Die Suchschlüssel, unter denen die Informationen über einen Mobilteilnehmer in den Datenbanken abgefragt werden können, sind jeweils die fett (Bild 3.7) respektive kursiv (Tabelle 3.2 und Tabelle 3.3) gedruckten Felder (IMSI, MSISDN, MSRN, TMSI und LMSI).

## 3.5 PLMN-Konfigurationen und Schnittstellen

Die Festverbindungen für den Signalisierungs- und Nutzdatentransport in einem GSM PLMN (Bild 3.8) sind digitale Standard-Übertragungsstrecken. Innerhalb des SMSS werden Leitungen (Festverbindungen, meist Richtfunkstrecken oder *leased lines*) mit 2 Mbit/s Übertragungsrate eingesetzt, innerhalb des BSS Leitungen mit 64 kbit/s. Die Signalisierung besteht aus zwei grundsätzlich verschiedenen Teilen: der GSM-spezifischen Signalisierung innerhalb des BSS, was auch die Luftschnittstelle mit einschließt, und die zum Signalisierungssystem Nr. 7 (SS#7) konforme Signalisierung im SMSS sowie zwischen PLMN. Nutzdatenverbindungen werden über ein Protokoll des SS#7 zur Signalisierung zwischen Netzknoten, den *ISDN User Part* **ISUP**, geschaltet. Zur mobilnetzspezifischen Signalisierung besitzen MSC, HLR und VLR eine Erweiterung des SS#7, den *Mobile Application Part* **MAP**. Die Signalisierung zwischen MSC und BSS erfolgt über den *Base Station System Application Part* **BSSAP**. Innerhalb des BSS und an der Luftschnittstelle ist die Signalisierung mobilnetzspezifisch, d.h. hier wird kein SS#7-Protokoll mehr für den Signalisierungstransport verwendet.

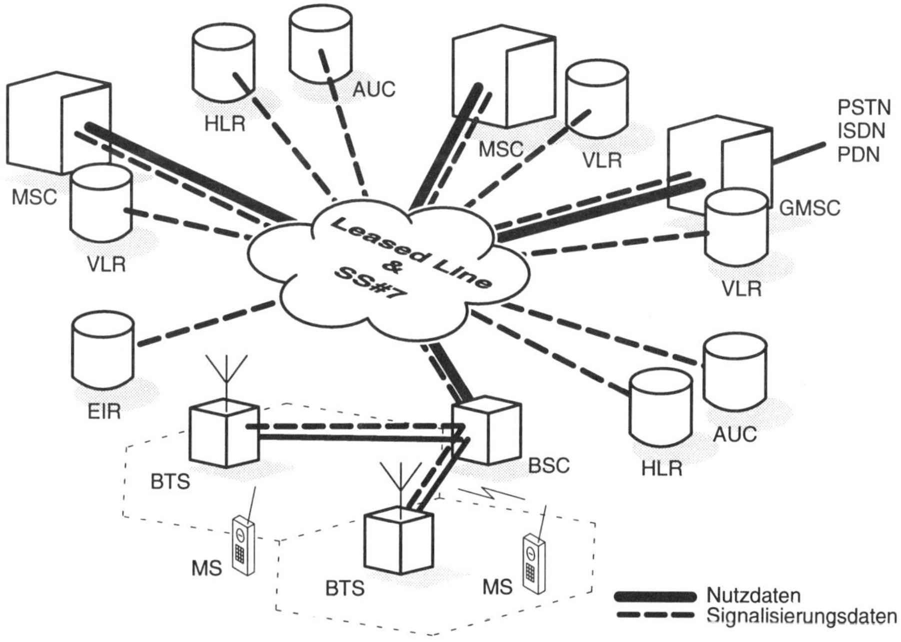


**Bild 3.8:** Signalisierungs- und Nutzdatentransport in GSM PLMN

Die sich damit ergebenden vielfältigen Kommunikationsbeziehungen für Nutzdatentransport und Signalisierung innerhalb eines PLMN wurden zur einfacheren Strukturierung und Standardisierung an mehreren Schnittstellen aufgetrennt (Bild 3.9).

Die A-Schnittstelle zwischen BSS und MSC wird zur Übertragung von Daten für das BSS Management, für Verbindungssteuerung und Mobilitätsmanagement genutzt. Innerhalb des BSS sind die Schnittstellen Abis zwischen BTS und BSC und die Luftschnittstelle Um definiert.

Ein MSC, das Daten über eine Mobilstation benötigt, die sich in seinem Verwaltungsbereich aufhält, erfragt diese Daten von dem für diesen Verwaltungsbereich zuständigen VLR über die B-Schnittstelle. Umgekehrt leitet das MSC Daten, die bei Aufenthaltsaktualisierungen von Mobilstationen anfallen, an das VLR weiter. Werden vom Mobilteilnehmer spezielle Dienstmerkmale umkonfiguriert oder Zusatzdienste aktiviert, so wird ebenfalls zunächst das VLR informiert, das dann die Daten im HLR auf den neuesten Stand bringt.

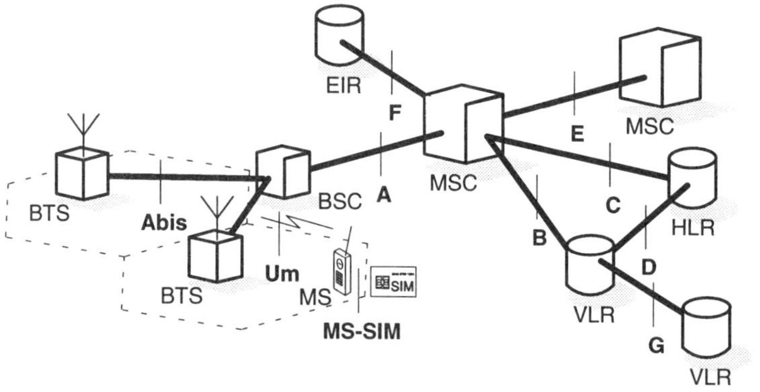


**Bild 3.9:** Schnittstellen in einem GSM PLMN

Diese Aktualisierung des HLR geschieht über die D-Schnittstelle. Die D-Schnittstelle wird zum Austausch von aufenthaltsbezogenen Teilnehmerdaten und zum Teilnehmermanagement verwendet. Das VLR informiert das HLR über den aktuellen Aufenthaltsbereich des Mobilteilnehmers und teilt ihm die momentane MSRN mit. Das HLR übergibt dem VLR alle Teilnehmerdaten, die notwendig sind, um lokal dem Teilnehmer seinen gewohnten Dienstzugang zu ermöglichen. Das HLR ist außerdem dafür verantwortlich, dem alten VLR den Auftrag zum Löschen der Teilnehmerdaten zu erteilen, wenn die Aufenthaltsaktualisierung eines neuen VLR eintrifft. Benötigt das neue VLR während der Aufenthaltsaktualisierung Daten aus dem alten VLR, werden diese direkt angefordert, wozu eine Schnittstelle G definiert ist. Außerdem können während der Aufenthaltsaktualisierung die Identitäten von Gerät und Teilnehmer überprüft werden. Für die Abfrage und Prüfung der Geräteidentität steht dem MSC eine Schnittstelle F zum EIR zur Verfügung.

Ein MSC besitzt neben der A- und B-Schnittstelle noch zwei weitere, nämlich die C- und die E-Schnittstelle. Über die C-Schnittstelle kann Vergebührungsinformation an das HLR gesendet werden. Außerdem muß ein MSC beim Verbindungsaufbau zu einer Mobilstation Wegesuchinformationen aus dem HLR abfragen können. Dies gilt sowohl für Rufe, die aus einem Mobilnetz kommen, als auch für Rufe aus dem Festnetz. Rufe aus dem Festnetz werden, wenn die Festvermittlungsstelle das

HLR nicht abfragen kann, zunächst zu einem GMSC geroutet, das dann die HLR-Abfrage durchführt. Wechselt ein Mobilteilnehmer während eines Gesprächs von einem MSC-Bereich zum nächsten, so muß zwischen diesen beiden MSC ein Handover durchgeführt werden. Dazu ist die E-Schnittstelle definiert.

Wie bereits angedeutet, ist die Konfiguration eines PLMN in weiten Teilen dem Betreiber freigestellt. Bild 3.10 zeigt die Basiskonfiguration eines GSM-Mobilkommunikationsnetzes. Die Basiskonfiguration besitzt ein zentrales HLR und ein zentrales VLR. Alle Datenbankaktionen (Aktualisierungen, Abfragen etc.) und Handover-Vorgänge zwischen MSC werden mit Hilfe des *Mobile Application Part* **MAP** über das SS#7-Netz getätigt. Dazu besitzt jedes der MSC und Register jeweils eine *Signalling Point* **SP** Adresse (*Signalling Point Code* **SPC**) im SS#7-Netz.

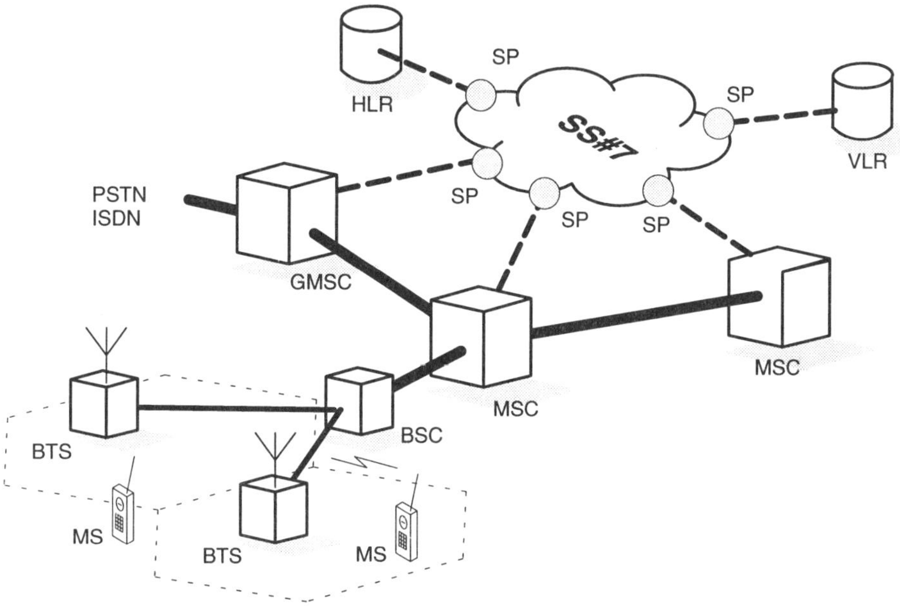


**Bild 3.10:** Basiskonfiguration eines GSM PLMN

Das VLR ist vor allem eine Datenbank, in der die Lokalisierungsinformationen der Mobilstationen gespeichert werden. Bei jedem Wechsel eines Aufenthaltsbereichs muß diese Information aktualisiert werden. Außerdem muß bei jedem Verbindungsaufbau diese Datenbank abgefragt werden: das MSC benötigt für den erfolgreichen Verbindungsaufbau neben Aufenthaltsdaten auch Teilnehmerparameter wie Diensteinschränkungen und aktivierte Zusatzdienste. Zwischen MSC und VLR fließt daher ein nicht unbedeutender Nachrichtenverkehr, der eine entsprechende Belastung des Signalisierungsnetzes zur Folge hat. Es liegt daher nahe, diese beiden funktionalen Einheiten physikalisch zusammenzufassen, das heißt, das VLR verteilt zu realisieren und jedem MSC ein VLR zuzuordnen (Bild 3.11). Der Meldungsfluß zwischen MSC und VLR muß entsprechend nicht mehr über das SS#7-Netz geführt werden.

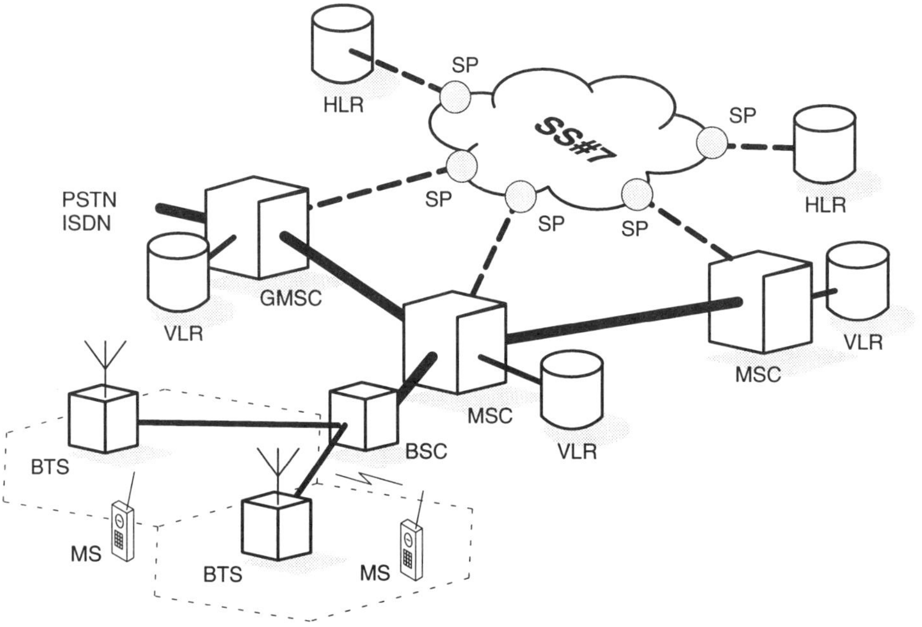


**Bild 3.11:** Konfiguration eines GSM PLMN mit einem VLR je MSC

In einem weiteren Schritt könnte auch die Datenbank des HLR verteilt realisiert und mehrere HLR in einem Mobilnetz eingeführt werden. Das ist besonders bei wachsendem Teilnehmerstamm interessant, da eine Zentralisierung der Daten in einem einzelnen HLR in diesem Fall zu einer hohen Belastung dieser Datenbank führt. Existieren in einem PLMN mehrere HLR, muß der Netzbetreiber eine Zuordnung zwischen MSISDN und HLR festlegen, damit bei einem kommenden Verbindungsaufbau die Routinginformationen zu einer MSISDN aus dem jeweiligen HLR ermittelt werden können. Eine mögliche Zuordnung ist die geographische Partitionierung des gesamten Teilnehmerkennungsraumes (Feld SN der MSISDN, siehe Kap. 3.2.3), wobei beispielsweise aus den ersten beiden Ziffern der SN die Region und damit das zuständige HLR abgelesen werden kann. Im Extremfall können die

HLR mit den VLR in einer physikalischen Einheit realisiert werden. Damit würde dann auch jedem MSC ein HLR zugeordnet sein. Ein MSC übernimmt in dieser Konfiguration alle Rufbearbeitungsfunktionen für die Mobilstationen, die in seinem HLR registriert sind und sich tatsächlich auch momentan in seinem Verwaltungsbereich aufhalten. Eine MSRN muß für diese Mobilstationen nicht vergeben werden, der Rufaufbau wird allein aufgrund der Zuordnung der MSISDN zum jeweiligen HLR vorgenommen. Bewegen sich die MS allerdings außerhalb des Versorgungsbereiches des mit ihrem HLR assoziierten MSC, ist wieder eine MSRN notwendig.

# 4 Dienste

Die Dienste des GSM, die an der Benutzer-Netz-Schnittstelle zur Verfügung stehen, orientieren sich an den Diensten, die das digitale, dienstintegrierende Netz ISDN [24] für feste, leitungsgebundene Endgeräte anbietet. Die GSM-Dienste sind deshalb wie im ISDN auch aufgeteilt in die drei Kategorien Trägerdienste (*Bearer Services*), Telematikdienste (*Teleservices*) und Zusatzdienste (*Supplementary Services*). Ein Trägerdienst stellt die grundlegenden technischen Möglichkeiten zur Übertragung von binär vorliegenden Daten zur Verfügung, realisiert also die Datenübertragung zwischen Endgeräten am Referenzpunkt R oder S des Referenzmodells (Bild 9.1, Bild 4.1). Diese Trägerdienste werden wiederum von den Telematikdiensten zur Übertragung von Daten mit höherschichtigen Protokollen genutzt.

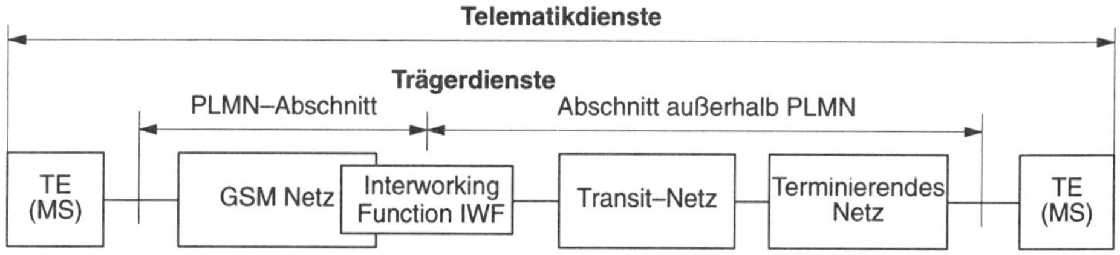


**Bild 4.1:** Träger- und Telematikdienste

Wichtig dabei ist, zu erkennen, daß Träger- und Telematikdienste im GSM-Netz nicht nur an der Luftschnittstelle besonderer Maßnahmen zur Realisierung bedürfen, sondern natürlich ein PLMN auch die entsprechende Festnetz-Infrastruktur und die Netzübergangsvermittlungsfunktionen (*Interworking Function* **IWF**) zur Verfügung stellen muß. Insbesondere auf der Ebene der Trägerdienste muß in der IWF eine Abbildung von der Dienstrealisierung innerhalb des GSM-PLMN mit ihren Dienstmerkmalen auf entsprechende Trägerdienste und Dienstmerkmale der übrigen Netze (z.B. PSTN, ISDN) vorgenommen werden. Telematikdienste sind Ende-zu-Ende-Dienste, für die in der Regel keine Umsetzung in der IWF stattfindet. Allerdings nutzen sie die Trägerdienste, welche wiederum Funktionen der IWF benötigen.

Die Träger- und Telematikdienste werden unter dem Oberbegriff Telekommunikationsdienste zusammengefasst. Die gleichzeitige Nutzung von zwei Telekommunikationsdiensten an einem Endgerät ist ausgeschlossen, bis auf den Fall der Kurznachrichtendienste. Kurznachrichten können während der Nutzung eines anderen Telekommunikationsdienstes zumindest empfangen werden. Zusatzdienste sind ergänzende Dienste zur erweiterten Dienststeuerung und -modifikation und nur in Verbindung mit einem Telekommunikationsdienst nutzbar.

Für die Telekommunikationsdienste sind im GSM-Standard auch klare zeitliche Ziele bezüglich ihrer Einführung vereinbart worden. Dies ist besonders wichtig, da es sich bei GSM um einen internationalen Standard handelt, der die Kompatibilität von Mobilstationen und betriebenen Netzen weltweit sicherstellen soll. Entsprechend wurde auch jeweils ein Minimum an Diensten definiert, die von den Betreibern zu verschiedenen zeitlichen Phasen zur Verfügung gestellt werden müssen. Die Dienste sind dazu in die Gruppen *essential* (E) und *additional* (A) eingeteilt. Die Gruppe E muß von allen Netzbetreibern spätestens zum angegebenen Zeitpunkt implementiert sein, die Gruppe A sind zusätzliche Dienste, deren Implementierung der Entscheidung des jeweiligen Netzbetreibers überlassen bleibt. Tabelle 4.1 gibt einen groben Überblick der Implementierungs-/Einführungsphasen. Die wichtigsten Dienste, die in der jeweiligen Phase zu implementieren bzw. einzuführen waren, werden im folgenden kurz beschrieben.

**Tabelle 4.1:** Implementierungs-/Einführungsphasen

| Klasse | Einführung | Dienste |
|---|---|---|
| E1 | 1991 | Basisbetrieb mit Telefondienst und einigen dafür geeigneten Zusatzdiensten |
| E2 | 1994 | Erweiterter Betrieb mit Telefondienst, ersten Nicht-Sprachdiensten (z.B. BS26) und einem erweiterten Satz von Zusatzdiensten |
| E3 | 1996 | Erweiterung der Dienstpalette um weitere Telekommunikations- und Zusatzdienste |

## 4.1 Trägerdienste (Bearer Services)

Die Basisdienste eines GSM-Netzes bilden die Grundlage für die Datenübertragung, d.h. ein Basisdienst stellt an der Endgeräteschnittstelle (Referenzpunkte R und S, Bild 9.1) die grundlegenden technischen Möglichkeiten zur Verfügung, um gesichert Nutzdaten zu transportieren. Die Basisdienste werden im ISDN – entsprechend auch im GSM – Übermittlungsdienste [24] oder Trägerdienste (*Bearer*

*Services*) genannt. Die Bearer Services des GSM bieten asynchrone und synchrone Datentransportmöglichkeiten mit leitungs- oder paketorientierter Vermittlung und Datenraten von 300 bit/s bis zu 9,6 kbit/s bzw. 13 kbit/s. Der Trägerdienst mit einer Bitrate von 13 kbit/s ist allerdings nur zur Sprachübertragung vorgesehen.

Trägerdienste stellen nur den code- und anwendungsunabhängigen Informationstransport zwischen den Benutzer-Netz-Schnittstellen (Bild 4.1) sicher und entsprechen damit den Diensten der Schichten 1,2 und evtl. 3 des OSI-Schichten-Modells. Die Betreiber der Endeinrichtungen (TE) können unter Nutzung dieser Trägerdienste beliebige Protokolle höherer Schichten einsetzen, sind für die Kompatibilität der in den TEs betriebenen Protokolle aber selbst verantwortlich, ganz im Gegensatz zu den Telematikdiensten, bei denen auch die Protokolle in den Endeinrichtungen standardisiert werden [24]. Eine Übersicht der wichtigsten Trägerdienste ist in Tabelle 4.2 zusammengestellt. Jeder der Trägerdienste erhält eine eigene Nummer: beispielsweise ist BS26 der Trägerdienst zur durchschaltevermittelten, asynchronen Datenübertragung mit 9600 Bit pro Sekunde.

Neben den asynchronen und synchronen, durchschaltevermittelten Datendiensten (BS21 – BS34) sind auch paketvermittelte Dienste vorgesehen. Diese Paketdienste werden entweder als asynchroner Zugang zu einem *Packet Assembler/Disassembler* **PAD** (*PAD Access*, BS41-BS46) realisiert oder als direkter, synchroner Paketdatennetz-Zugang (*Packet Access*, BS51 – BS53).

Die Trägerdienste zur Datenübertragung in GSM werden in zwei grundsätzlich verschiedenen Modi angeboten (Tabelle 4.2): transparent (T) und nicht-transparent (NT). Im transparenten Fall besteht zur Datenübertragung eine durchschaltevermittelte Verbindung zwischen mobilem Terminal TE und dem Interworking-Modul im MSC, von wo aus die Verbindung dann in andere Netze weitervermittelt wird. Diese Verbindung ist durch Vorwärtsfehlerkorrektur gesichert. Die wichtigsten kennzeichnenden, allen transparenten Diensten gemeinsamen Eigenschaften sind eine konstante Bitrate, konstante Übertragungsverzögerung und abhängig vom jeweiligen Kanalzustand schwankende Restbitfehlerhäufigkeit. Der nicht-transparente Modus aktiviert für die zusätzliche Sicherung der Datenübertragung ein Protokoll der Schicht 2, das speziell auf den GSM-Funkkanal angepaßte *Radio Link Protocol* **RLP**. Dieses Protokoll terminiert in der Mobilstation und im MSC. Durch das ARQ-Verfahren des RLP werden Blöcke mit Restbitfehlern, die nach der Vorwärtsfehlerkorrektur eventuell noch im Datenstrom enthalten sind, zur Wiederübertragung angefordert.

Die Restbitfehlerhäufigkeit wird dadurch noch einmal deutlich reduziert – in der Regel wird ein fehlerfreier Informationstransport erreicht – und ist somit annähernd unabhängig vom augenblicklichen Kanalzustand. Allerdings schwankt mit der Fehlerwahrscheinlichkeit des Funkkanals die Anzahl von Blockwiederholungen und damit auch die mittlere Übertragungsverzögerung und die Nettobitrate des Datendienstes. Die Aktivierung des nicht-transparenten Übertragungsmodus ist besonders interessant für sich (schnell) bewegende Mobilstationen oder für Situationen mit schlechter Funkversorgung, wo hohe Fadingraten und tiefe Fading-/Abschattungslöcher auftreten. In solchen Situationen kann eine sinnvolle Kommunikation – abhängig von den transportierten Nutzdaten – mit dem transparenten Modus nicht mehr möglich sein. Unter Einbuße von Nettodatendurchsatz realisiert dann der nicht-transparente Modus noch einen verläßlichen Transportdienst.

**Tabelle 4.2:** GSM Trägerdienste (Auszug)

| Dienst | Struktur | BS Nr. | Bitrate [bit/s] | Modus | Übertragung |
|---|---|---|---|---|---|
| Daten | Asynchron | 21 | 300 | T oder NT | UDI oder 3.1 kHz |
| | | 22 | 1200 | T oder NT | UDI oder 3.1 kHz |
| | | 23 | 1200/75 | T oder NT | UDI oder 3.1 kHz |
| | | 24 | 2400 | T oder NT | UDI oder 3.1 kHz |
| | | 25 | 4800 | T oder NT | UDI oder 3.1 kHz |
| | | 26 | 9600 | T oder NT | UDI oder 3.1 kHz |
| Daten | Synchron | 31 | 1200 | T | UDI oder 3.1 kHz |
| | | 32 | 2400 | T oder NT | UDI oder 3.1 kHz |
| | | 33 | 4800 | T oder NT | UDI oder 3.1 kHz |
| | | 34 | 9600 | T oder NT | UDI oder 3.1 kHz |
| PAD | Asynchron | 41 | 300 | T oder NT | UDI |
| | | 42 | 1200 | T oder NT | UDI |
| | | 43 | 1200/75 | T oder NT | UDI |
| | | 44 | 2400 | T oder NT | UDI |
| | | 45 | 4800 | T oder NT | UDI |
| | | 46 | 9600 | T oder NT | UDI |
| Packet | Synchron | 51 | 2400 | NT | UDI |
| | | 52 | 4800 | NT | UDI |
| | | 53 | 9600 | NT | UDI |
| Altern. Sprache/ Daten | | 61 | 13000 oder 9600 | | |
| Sprache gefolgt von Daten | | 81 | 13000 oder 9600 | | |

T, NT transparent, nicht transparent UDI Unrestricted Digital Information PAD Packet Assembler/Disassembler

Die GSM Bearer Services 21 bis 53 sind noch in weitere Kategorien unterteilt: *Unrestricted Digital Information* **UDI** und 3.1 kHz (Tabelle 4.2). Dabei unterscheiden sich die Dienste hauptsächlich in der Art, wie sie außerhalb des PLMN weiterübertragen werden und bestimmen also die Art von Interworking-Funktionalität, die beim Netzübergang für den jeweiligen Dienst aktiviert werden muß. Die Kategorie der UDI-Dienste entspricht der *Unrestricted Digital Information* des ISDN und liefert einen Kanal zur uneingeschränkten Übertragung digitaler Informationen. Die Datenübertragung ist dabei in dem Sinne uneingeschränkt, als keine Bitmuster reserviert oder explizit von der Übertragung ausgeschlossen sind. Die Kategorie 3.1 kHz wird benutzt, um im MSC eine Interworking-Funktion für 3.1 kHz Audio zu aktivieren und ein Modem zu selektieren. Innerhalb des GSM PLMN (vom Netzzugangspunkt des Teilnehmers bis zur IWF) werden die Daten nach wie vor als *Unrestricted Digital Information* übertragen. Die Bezeichnung 3.1 kHz Audio bezieht sich vielmehr darauf, daß die weitere Übertragung der Daten außerhalb des PLMN mit einem Dienst "3.1 kHz Audio" erfolgt. Diesen Dienst stellen sowohl herkömmliche Telefonnetze (PSTN) als auch ISDN-Netze zur Verfügung. Zur Übertragung mit diesem Dienst müssen die Daten in der IWF des MSC mit einem Modem in ein Audiosignal mit 3.1 kHz Bandbreite gewandelt werden.

Weitere wichtige Kategorien von Trägerdiensten in GSM beinhalten den Dienst zur Sprachübertragung (BS61 und BS81), der auf Teilnehmerwunsch sich während eines Rufes mit einem Sprachdienst mehrmals abwechseln kann (Alternate Speech/Data). Eine Alternative ist, daß der Teilnehmer zunächst eine Sprachverbindung etabliert und während dieser Verbindung auf einen Datendienst wechseln kann, dann aber nicht mehr zum Sprachdienst zurück wechseln darf (*Speech followed by Data*).

## 4.2 Telematikdienste (Teleservices)

Aufbauend auf den auch allein nutzbaren Trägerdiensten ist in GSM eine Reihe von Telematikdiensten (*Teleservices*) definiert. Die wichtigsten Kategorien sind Sprache, Kurznachrichtendienste (*Short Message Services* **SMS**), Zugang zu Message Handling Systemen (MHS-Zugang) und zum Bildschirmtext-System sowie die Teletext- und Fax-Übertragung (siehe Tabelle 4.3).

**Tabelle 4.3:** GSM Telematikdienste (Auszug)

| Kategorie | TS Nr. | Dienst | | Klasse |
|---|---|---|---|---|
| Sprache | 11 | Telefondienst | | E1 |
| | 12 | Notruf | | E1 |
| Faxübertragung | 61 | Sprache und Fax Gruppe 3 alternierend | T | E2 |
| | | | NT | A |
| | 62 | Fax Gruppe 3 automatisch | T | - |
| | | | NT | - |
| Kurznachrichtendienste | 21 | Short Message Mobile Terminated, Point to Point | | E3 |
| | 22 | Short Message Mobile Originated, Point to Point | | A |
| | 23 | Short Message Cell Broadcast | | - |
| MHS-Zugang | 31 | Zugang zu Message Handling Systemen | | A |
| Videotex Zugang | 41 | Videotext Zugang Profil 1 | | A |
| | 42 | Videotext Zugang Profil 2 | | A |
| | 43 | Videotext Zugang Profil 3 | | A |
| Teletextübertragung | 51 | Teletext | | A |

## 4.2.1 Sprache

Die Sprachdienste waren von jedem Netzbetreiber in der Anfangsphase bis 1991 (E1) zu implementieren. Zwei Teleservices werden in dieser Kategorie unterschieden: der reine Telefondienst (TS11) und der Notrufdienst (TS12). Beide Dienste nutzen für die Übertragung digital kodierter Sprachsignale eine bidirektionale, symmetrische, vollduplex Punkt-zu-Punkt-Verbindung, die auf Benutzerwunsch hin aufgebaut wird. Die Dienste TS11 und TS12 unterscheiden sich lediglich darin, daß für reguläre Sprachverbindungen eine internationale IWF benötigt wird, während für Notrufe nur ein nationaler Netzübergang notwendig ist.

## 4.2.2 Faxübertragung

In der zweiten Implementierungsphase E2 sollte von den Telematikdiensten der transparente Faxdienst TS61 für Fax Gruppe 3 implementiert werden. Transparent heißt der Faxdienst, weil er einen transparenten Trägerdienst zur Übertragung der Faxdaten nutzt. Die Faxcodierung- und Übertragung erfolgt mit dem Faxprotokoll entsprechend der ITU-T-Empfehlung T.30. Optional kann der Netzbetreiber zur

Qualitätsverbesserung die Faxübertragung des TS61 auch per nicht-transparentem Trägerdienst implementieren. Der TS61 wird auf einem im Wechsel mit dem Sprachdienst genutzten Verkehrskanal übertragen. Eine optionale Alternative ist als Faxtransfer mit automatischer Rufannahme (TS62) definiert. Dieser Dienst kann von einem Netzbetreiber angeboten werden beim Einsatz von *Multinumbering* als Interworkinglösung. Beim Multinumbering werden einem Teilnehmer mehrere MSISDN zugeteilt, für die jeweils ein Interworking-Profil abgespeichert ist. Damit kann mit jeder MSISDN ein entsprechender Telekommunikationsdienst assoziiert werden – so auch der Faxdienst. Wird ein Mobilteilnehmer dann mit seiner "GSM-Faxnummer" gerufen, können automatisch sowohl die entsprechenden Ressourcen in der IWF des MSC als auch auf der MS-Seite aktiviert werden, während beispielsweise beim TS61 die Faxrufe mit derselben Rufnummer wie die Sprachrufe eintreffen können (kein Multinumbering notwendig) und dann per manueller Selektion auf den Faxdienst umgeschaltet werden kann.

### 4.2.3 Kurznachrichtendienst: Short Message Service SMS

Ein weiterer Telematikdienst, dem in der Dienstimplementierungsstrategie hohe Priorität eingeräumt wurde, ist die Möglichkeit, an der Mobilstation Kurznachrichten zu empfangen und zu versenden (*Short Message Service* **SMS**, TS21 und TS22). Dieser Dienst sollte in der dritten Phase E3 spätestens ab 1996 in allen GSM-Netzen zur Verfügung stehen. Beim TS21 handelt es sich um die Punkt-zu-Punkt Version des Kurznachrichtendienstes, bei dem gezielt einzelnen Mobilstationen eine bis zu 160 alphanumerische Zeichen lange Nachricht gesendet werden kann. Umgekehrt ist zur optionalen Implementierung auch der TS22 definiert, der es Mobilstationen erlaubt, auch Kurznachrichten zu versenden. Gerade mit den Punkt-zu-Punkt-Kurznachrichtendiensten in Verbindung mit Mehrwertdiensten – beispielsweise Mailboxsysteme mit automatischem Versand einer Kurznachricht bei gespeicherten Anrufen oder die Übermittlung des aktuell aufgelaufenen Rechnungsbetrages per Kurznachricht – geht das Dienstangebot der GSM-Netze teilweise deutlich über den Umfang der Dienste in den Festnetzen hinaus.

Für den Kurznachrichtendienst muß ein Netzbetreiber ein Dienstzentrum (*Service Center*) einrichten, das im Store-and-Forward-Betrieb Kurznachrichten aus dem Festnetz auf nicht näher spezifizierte Weise (per DTMF-Signalisierung, Auftragsdienst, e-mail, Fax etc.) entgegennimmt und diese dann gegebenenfalls zeitversetzt an den Empfänger unabhängig von seinem Aufenthaltsort weiterleitet. Umgekehrt kann das Dienstzentrum auch Kurznachrichten von Mobilstationen entgegennehmen, wobei diese Kurznachrichten auch an Festnetzkunden weitergeleitet werden können (wiederum per Fax, e-mail etc.). Die Übertragung von Kurznachrichten erfolgt mit einem verbindungslosen, paketvermittelnden Protokoll. Der Empfang einer Nachricht muß von der Mobilstation bzw. dem Service Center quittiert werden. Die Übertragung von Kurznachrichten ist gesichert. Treten während der Übertragung einer Nachricht Störungen auf, wird sie wiederholt. Allerdings gibt es keine Rückmeldung darüber, wann bzw. ob überhaupt eine Nachricht auch gelesen wurde. Die Telematikdienste TS21 und TS22 sind die einzigen Telematikdienste, welche gleichzeitig mit anderen Diensten zusammen genutzt werden können, d.h. Kurznachrichten können auch während eines aktiven Rufes gesendet und empfangen werden.

Als weitere Variante der Kurznachrichtendienste ist der Cell Broadcast Service (*Short Message Service Cell Broadcast* **SMSCB**, TS23) vorgesehen. Die SMSCB-Nachrichten werden in einem begrenzten, regionalen Teil eines Netzes ausgestrahlt. Sie können von Mobilstationen nur im Ruhezustand (Idle-Mode) empfangen werden und der Empfang wird nicht quittiert. Eine Mobilstation kann keine SMSCB-Nachrichten senden. Bei diesem Dienst erhalten die Kurznachrichten nach Kategorien eine eindeutige Kennzeichnung, so daß eine Mobilstation gezielt nur die sie interessierenden Kategorien von Nachrichten empfangen und speichern kann. Die maximale Länge einer SMSCB-Nachricht sind 93 Zeichen, wobei allerdings mit einem speziellen Verkettungsmechanismus längere Nachrichten bestehend aus bis zu 15 aufeinanderfolgenden SMSCBs versendet werden können.

**Tabelle 4.4:** Übersicht der GSM Zusatzdienste (GSM Phase 1)

| Kategorie | Kürzel | Dienst | Klasse |
|---|---|---|---|
| Call Offering | CFU | Call Forwarding Unconditional | E1 |
| | CFB | Call Forwarding on Mobile Subscriber Busy | E1 |
| | CFNRy | Call Forwarding on No Reply | E1 |
| | CFNRc | Call Forwarding on Mobile Subscriber Not Reachable | E1 |
| Call Restriction | BAOC | Barring of All Outgoing Calls | E1 |
| | BOIC | Barring of Outgoing International Calls | E1 |
| | BAIC | Barring of All Incoming Calls | E1 |
| | BOIC-exHC | Barring of Outgoing International Calls except those to Home PLMN | A |
| | BIC-Roam | Barring of Incoming Calls when Roaming Outside the Home PLMN | A |

## 4.3 Zusatzdienste (Supplementary Services)

Die Zusatzdienste in GSM entsprechen im ISDN den ergänzenden Dienstmerkmalen oder Leistungsmerkmalen. Sie sind stets nur zusammen mit einem Telekommunikationsdienst nutzbar, d.h. Zusatzdienste modifizieren oder ergänzen die Funktionalität eines GSM Telekommunikationsdienstes (Träger-/Telematikdienste). Die Einführung von umfangreichen ISDN-ähnlichen Zusatzdiensten ist neben der verbesserten Netzorganisation der Mobiltelefone das hauptsächliche Merkmal der Phase 2 des GSM-Standards. Einige der *Supplementary Services* in GSM sind identisch oder ähnlich den ISDN-Leistungsmerkmalen, deren Implementierung allerdings durch die Teilnehmermobilität teilweise erheblich komplexer ist. Darüber hinaus bietet GSM auch neue Leistungsmerkmale, die in ISDN-Netzen nicht oder nur eingeschränkt verfügbar sind.

### 4.3.1 GSM Zusatzdienste in der Phase 1

Für die Phase 1 von GSM wurde nur ein kleiner Satz von Zusatzdiensten betreffend die Anrufweiterschaltung/Rufumleitung (*Call Forwarding*) und die Rufnummernsperre (*Call Restriction*) spezifiziert (Tabelle 4.4). Aktiviert eine MS die Rufumleitung, werden Anrufe nicht mehr zu dieser MS durchgestellt, sondern zu einer beliebig konfigurierbaren Rufnummer umgeleitet. Dabei werden mehrere Varianten unterschieden: einerseits die unbedingte Rufumleitung (CFU), die jeden Anruf umleitet, und andererseits die bedingte Rufumleitung, auch Anrufweiterschaltung genannt, bei der Anrufe nur unter bestimmten Bedingungen weitergeschaltet werden, wie etwa wenn die Mobilstation belegt ist (CFB) oder nicht erreichbar (CFNRc).

In Verbindung mit der Rufumleitung wird von den Netzbetreibern üblicherweise ein Sprachmailboxdienst angeboten, d.h. eine Anrufbeantworterfunktion im Netz, die bei ankommenden Rufen und aktivierter Rufumleitung Sprachnachrichten aufzeichnet, die später vom Teilnehmer abgerufen werden können. Mit diesem Angebot gehen die GSM-Mobilnetze bereits deutlich über das Dienstangebot von ISDN-Festnetzen hinaus. Natürlich ist bei der Rufweiterleitung auch ein anderes Ziel als die Sprachmailbox konfigurierbar.

Ebenfalls in GSM Phase 1 bereits eingeführt wurden Zusatzdienste zum Sperren (*Barring*) von sowohl abgehenden (*outgoing)* als auch kommenden (*incoming*) Anrufen. Auch hier existieren wieder mehrere Varianten, bei denen entweder alle Rufe gesperrt werden können (BAOC, BAIC) oder beispielsweise nur abgehende internationale Rufe (BOIC) oder ankommende Rufe, wenn sich die MS außerhalb ihres Heimatnetzes befindet und Roamingentgelte anfallen würden (BIC-Roam).

### 4.3.2 GSM Zusatzdienste in der Phase 2

Im Zuge der Weiterentwicklung des GSM-Standards wird die vom ISDN her bekannte Palette der Zusatzdienste [24] in GSM schrittweise verfügbar gemacht und um einige neue, GSM-spezifische Leistungsmerkmale ergänzt. In der seit 1996 standardisierten und in der Einführung befindlichen GSM Phase 2 werden bereits einige neue Dienste zur Verfügung gestellt (Tabelle 4.5), so etwa Anklopfen (*Call Waiting* CW) oder Halten (HOLD) und damit auch Rückfragen und Makeln [24].

**Tabelle 4.5:** Übersicht der GSM Zusatzdienste (GSM Phase 2)

| Kategorie | Kürzel | Dienst | Klasse |
|---|---|---|---|
| Number Identification | CLIP | Calling Line Identification Presentation | A |
| | CLIR | Calling Line Identification Restriction | A |
| | COLP | Connected Line Identification Presentation | A |
| | COLR | Connected Line Identification Restriction | A |
| | MCI | Malicious Call Identification | A |
| Call Offering | CT | Call Transfer | A |
| | MAH | Mobile Access Hunting | A |
| Community of Interest | CUG | Closed User Group | A |
| Charging | AoC | Advice of Charge | E2 |
| | FPH | Freephone Service | A |
| | REVC | Reverse Charging | A |
| Add. Information Transfer | UUS | User-to-User Signalling | A |
| Call Completion | CW | Call Waiting | E3 |
| | HOLD | Call Hold | E2 |
| | CCBS | Completion of Call to Busy Subscriber | A |
| Multi Party | 3PTY | Three Party Service | E2 |
| | CONF | Conference Calling | E3 |

Sehr leistungsfähige Zusatzdienste sind auch die Konferenzschaltung (CONF), mit der mehrere Teilnehmer gleichzeitig miteinander verbunden werden können, und die Gesprächsweitergabe (*Call Transfer* CT), bei der ein Ruf an einen dritten Teilnehmer übergeben werden kann. Im Zusammenhang mit den Zusatzdiensten CW und CT sind auch die Dienste der Kategorie *Number Identification* (Tabelle 4.5) von besonderem Interesse. Das Leistungsmerkmal CLIP sorgt dafür, daß die MSISDN des Anrufers beim gerufenen Teilnehmer angezeigt wird. Das kann der Anrufer seinerseits durch Aktivierung des Zusatzdienstes CLIR verhindern, falls er seine Rufnummer dem Angerufenen nicht bekanntgeben möchte. Die gerufene Nummer muß sich nicht immer mit der Nummer decken, mit der ein Teilnehmer tatsächlich verbunden ist, etwa nach einem *Call Transfer*. Mit dem Dienstmerkmal COLP kann sich der rufende Teilnehmer die Nummer anzeigen lassen, mit der er tatsächlich verbunden ist, während der gerufene Teilnehmer mit dem Zusatzdienst COLR genau diese Anzeige der tatsächlichen Rufnummer verhindern kann. Auch die Abfrage von aktuellen Entgeltinformationen wird in einem Zusatzdienst angeboten, genau so wie das *Reverse Charging* REVC, bei dem der angerufene Teilnehmer die Gesprächskosten übernimmt. Insbesondere diese ISDN-Leistungsmerkmale sind es, die einen großen Teil des Gesprächskomforts in GSM-Netzen ausmachen und die erst durch die digitale Technik möglich gemacht wurden.

## 4.4 GSM Dienste in der Phase 2+

Die Standardisierung und Weiterentwicklung von GSM-Systemen ist allerdings mit der Phase 2 noch nicht abgeschlossen und wird ständig weitergeführt. Diese Weiterentwicklung läuft allgemein unter dem Namen GSM Phase 2+.

Dabei wird eine breite Palette von Einzelthemen als voneinander unabhängige Standardisierungseinheiten behandelt, deren Einführung weitgehend unabhängig voneinander vorgenommen werden kann. Die Themen betreffen fast alle Aspekte von GSM. Zum Beispiel wurden neue Trägerdienste mit höheren Bitraten entwicklet. Für verbindungslose, paketvermittelte Datenkommunikation auf der Luftschnittstelle wurde der Paketdatendienst *General Packet Radio Service* **GPRS** standardisiert. Dieser ist besonders interessant für verschiedenste Anwendungen der mobilen Datenkommunikation mit bursthaftem Charakter, die keinen kompletten Verkehrskanal für die Dauer einer Verbindung belegen müssen. Auch neue Sprachdienste für Gruppenkommunikation wurden standardisiert.

In Kapitel 12 ("GSM – Wie geht es weiter?") werden exemplarisch einige der neuen Dienste vorgestellt. Kapitel 11 behandelt ausführlich den Paketdatendienst GPRS.

# 5 Funkschnittstelle – Physical Layer

Die auf der ersten der sieben Schichten des OSI-Referenzmodells liegende physikalische Schicht beinhaltet in GSM sehr komplexe Funktionen. Auf dieser untersten Schicht liegen die durch ein TDMA-Vielfachzugriffsverfahren definierten *physikalischen* Kanäle. Zur Erbringung einer Vielzahl von Funktionen an der Teilnehmer-Netz-Schnittstelle (z.B. Signalisierung, Broadcast von allgemeinen Systeminformationen, Synchronisierung, Kanalzuteilung, Paging, Nutzdatenübertragung) sind darüber eine Reihe von *logischen* Kanälen definiert.

Diese werden zunächst im folgenden Kapitel 5.1 erläutert. Sie bilden die Grundlage für das Verständnis der Funktionen und Signalisierungsprozeduren an der Luftschnittstelle. Logische Kanäle können einen ganzen physikalischen Kanal oder einen Teil des physikalischen Kanals belegen. Für die Übertragung der *Nutzdaten* steht stets ein physikalischer Kanal mit der vollen oder der halben Datenrate zur Verfügung. Im Gegensatz dazu müssen sich logische *Signalisierungs*kanäle einen physikalischen Kanal teilen und werden in verschiedenen Kombinationen im Zeitmultiplex übertragen. Hierbei können nicht alle logischen Kanäle gleichzeitig im Zeitmultiplex auf einem physikalischen Kanal genutzt werden, sondern nur bestimmte Kombinationen davon.

Die Realisierung der physikalischen Kanäle und die Abbildung der logischen auf die physikalischen Kanäle folgt in den Kapiteln 5.2 bis 5.4, wobei dabei auch auf die für das zeitliche Multiplexen logischer Kanäle definierten Rahmen (Multiframes) eingegangen wird. Eine Diskussion der wichtigsten Steuerungsmechanismen für die Funkstrecke und ein Einschaltszenario mit den Abläufen beim Einschalten einer Mobilstation bis zum synchronisierten, sendebereiten Zustand schließen dieses Kapitel ab.

## 5.1 Logische Kanäle

GSM definiert auf der Schicht 1 des OSI Referenzmodells eine Reihe von logischen Kanälen, die je nach Aufgabe entweder im wahlfreien Vielfachzugriff (*Random Access*) oder dediziert je Benutzer zur Verfügung stehen. Die logischen Kanäle können in zwei Kategorien unterteilt werden: Verkehrskanäle (*Traffic Channels*) und Signalisierungskanäle (*Control Channels*).

**Tabelle 5.1:** Klassifizierung logischer Kanäle in GSM

| Gruppe | | Kanal | Funktion | Richtung |
|---|---|---|---|---|
| Verkehrskanäle | Traffic Channel (TCH) | TCH/F, Bm | Full Rate TCH | MS <-> BSS |
| | | TCH/H, Lm | Half Rate TCH | MS <-> BSS |
| Signalisierungskanäle (Dm) | Broadcast Channel | BCCH | Broadcast Control | MS <- BSS |
| | | FCCH | Frequency Correction | MS <- BSS |
| | | SCH | Synchronization | MS <- BSS |
| | Common Control Channel (CCCH) | RACH | Random Access | MS -> BSS |
| | | AGCH | Access Grant | MS <- BSS |
| | | PCH | Paging | MS <- BSS |
| | | NCH | Notification | MS <- BSS |
| | Dedicated Control Channel (DCCH) | SDCCH | Stand–alone Dedicated Control | MS <-> BSS |
| | | SACCH | Slow Associated Control | MS <-> BSS |
| | | FACCH | Fast Associated Control | MS <-> BSS |

## 5.1.1 Klassifizierung logischer Kanäle in GSM

### 5.1.1.1 Verkehrskanäle

Die Verkehrskanäle *(Traffic Channel* TCH) werden zur Übertragung von Benutzerdatenströmen (Sprache, Fax, Daten) genutzt. Sie transportieren keinerlei Signalisierungsinformation der Schicht 3.

Die Kommunikation über einen TCH kann leitungsvermittelt oder paketvermittelt erfolgen. Im leitungsvermittelten Fall stellt der TCH entweder eine transparente Datenverbindung oder eine speziell auf den Dienst (z.B. Telefondienst) abgestimmte Verbindung zur Verfügung. Für den paketvermittelten Betriebsmodus transportiert der TCH Nutzdaten der OSI Schichten 2 und 3 entsprechend den X.25 Empfehlungen oder ähnlichen standardisierten Paketprotokollen.

Ein TCH kann entweder voll genutzt werden (*Full Rate* TCH, TCH/F, Vollraten-Verkehrskanal) oder in zwei Halbraten-Verkehrskanäle (*Half Rate* TCH, TCH/H) aufgespalten werden, die auch verschiedenen Teilnehmern zugewiesen werden können. In Anlehnung an die ISDN-Terminologie werden die GSM-Verkehrskanäle auch Bm-Kanäle (mobiler B-Kanal) bzw. Lm-Kanäle (*Lower-rate mobile channel*, Bm-Kanal der halben Bitrate) genannt (siehe Tabelle 5.1). Ein Bm-Kanal ist ein TCH zur

Übertragung entweder eines Bitstroms von 13 kbit/s für digital kodierte Sprache (TCH/FS) oder von 14.5, 12, 6 bzw. 3.6 kbit/s für Datenkommunikation geeignet. Lm-Kanäle transportieren Sprachsignale der halben Bitrate (TCH/HS) oder Bitströme der Datendienste mit 6 bzw. 3.6 kbit/s.

#### 5.1.1.2 Signalisierungskanäle

Die Steuerung und das Management eines Mobilfunknetzes erfordern einen sehr hohen Signalisierungsaufwand. Selbst wenn keine Verbindung aufgebaut ist, werden ständig Informationen, z.B. für *Location Updates*, über die Luftschnittstelle ausgetauscht. Die GSM Signalisierungskanäle (*Control Channels*) bieten allen aktiven Mobilstationen einen kontinuierlichen, paketorientierten Signalisierdienst über die Funkschnittstelle an, um jederzeit Nachrichten von BTS empfangen bzw. Nachrichten an BTS senden können.

Die Signalisierungskanäle werden in Anlehung an ISDN auch als Dm-Kanäle (mobiler D-Kanal) bezeichnet und sind unterteilt in die drei Gruppen: *Broadcast Channels, Common Control Channel* **CCCH** und *Dedicated Control Channel* **DCCH** (siehe Tabelle 5.1).

Die unidirektionalen *Broadcast Channels* werden vom *Base Station Subsystem* BSS benutzt, um die gleiche Information an alle Mobilstationen MS einer Zelle zu senden. Die Gruppe der *Broadcast Channels* besteht aus drei Kanälen. Dies sind:

- *Broadcast Control Channel* **BCCH**
  Über den BCCH werden eine Reihe von funknetzspezifischen Organisationsinformationen an die Mobilstationen ausgestrahlt, u.a. Funkkanalkonfiguration (eigene und benachbarte Zellen), Synchronisierinformationen und Kennungen zur Registrierung (LAI, CI, BSIC). Im besonderen gehören dazu auch Informationen über die Organisation des CCCH einer Basisstation. Der BCCH wird jeweils auf der ersten der Zelle zugeteilten Frequenz ausgestrahlt (*BCCH Carrier*).

- *Frequency Correction Channel* **FCCH**
  Über den FCCH werden den Mobilstationen Daten zur eventuellen Korrektur der Sendefrequenz mitgeteilt.

- *Synchronization Channel* **SCH**
  Im SCH werden Informationen zur Identifizierung einer BTS (*Base Station Identity Code* BSIC, siehe 3.2.9) und Daten zur Rahmensynchronisierung einer Mobilstation (die reduzierte Nummer des aktuell ausgestrahlten TDMA-Rahmens, *Reduced* **RFN**, siehe Kap. 5.3.1) ausgesandt.

FCCH und SCH sind nur innerhalb der Protokollschicht 1 sichtbar, da sie nur zum Betrieb des *Radio Subsystem* gebraucht werden. Auf sie kann von der Schicht 2 aus nicht zugegriffen werden. Dennoch enthalten die SCH-Nachrichten Daten, die in der Schicht 3 für die Verwaltung der Funkressourcen verwendet werden. Diese beiden Kanäle werden stets gemeinsam mit dem BCCH ausgestrahlt.

Der *Common Control Channel* CCCH ist ein bidirektionaler Punkt-zu-Mehrpunkt-Signalisierungskanal, für die Funktionen des Zugriffsmanagements. Dazu gehört zum Beispiel die Zuteilung von dedizierten Kanälen und das Paging zur exakten Lokalisierung einer Mobilstation. Zum CCCH gehören:

- *Random Access Channel* **RACH**
  Der RACH ist der Uplink-Teil des CCCH. Er wird im wahlfreien Vielfachzugriff (nach dem Prinzip des *Slotted-Aloha*-Verfahrens [30]) von den MS genutzt, um für eine Signalisierungstransaktion einen dedizierten, exklusiv nur einer Mobilstation zugewiesenen Signalisierungskanal (SDCCH) anzufordern.

- *Access Grant Channel* **AGCH**
  Der AGCH ist der Downlink-Teil des CCCH und wird genutzt, um einer MS einen SDCCH oder direkt einen TCH zuzuteilen.

- *Paging Channel* **PCH**
  Der PCH ist ebenfalls ein Teil des Downlinks im CCCH. Er wird für Funkrundrufe (Paging) zur Lokalisierung von Mobilstationen benötigt.

- *Notification Channel* **NCH**
  Der NCH wird verwendet um MS über ankommende Gruppen- und Broadcastrufe zu benachrichtigen (siehe Kapitel 12.4).

Ein dedizierter Steuerkanal (*Dedicated Control Channel* DCCH) ist ein bidirektionaler Punkt-zu-Punkt-Signalisierungskanal. Ein assoziierter Steuerkanal (*Associated Control Channel* ACCH) ist ebenfalls ein dedizierter Steuerkanal DCCH, der aber nur zusammen mit einem TCH oder einem SDCCH zugewiesen wird. Die Gruppe der D/ACCH besteht aus:

- *Stand-alone Dedicated Control Channel* **SDCCH**
  Der SDCCH ist ein dedizierter Punkt-zu-Punkt-Signalisierungskanal (DCCH) und nicht an die Zuteilung eines TCH gebunden (*stand alone*), d.h. er wird für Signalisierungen zwischen einer Mobilstation und dem BSS benutzt wenn keine Verbindung aufgebaut ist. Der SDCCH wird über den RACH von der Mobilstation angefordert und über den AGCH zugeteilt. Nach Ablauf einer Signalisierungstransaktion wird ein SDCCH wieder freigegeben und kann erneut an eine MS vergeben werden. Beispiele für Signali-

sierungstransaktionen, die einen SDCCH nutzen, sind die Aktualisierung von Aufenthaltsinformationen oder auch Teile des Verbindungsaufbaus bis zum Durchschalten der Verbindung (siehe Bild 5.1).

- *Slow Associated Control Channel* **SACCH**
  Ein SACCH wird stets zusammen mit einem TCH oder einem SDCCH zugeteilt und belegt. Im SACCH wird Information für den optimalen Funkbetrieb transportiert, z.B. Kommandos für Synchronisierung und Sendeleistungsregelung und Reports der Kanalvermessung (siehe 5.5). Im SACCH müssen kontinuierlich Daten übertragen werden, da das Eintreffen von SACCH-Paketen als Indikator für die Existenz einer physikalischen (Funk-)Verbindung verwendet wird (siehe Kap. 5.5.3). Sind keine Signalisierungsdaten zu übertragen, sendet die MS einen sogenannten *Measurement Report* mit den aktuellen Ergebnissen der kontinuierlich durchgeführten Funkfeldmessung (siehe Kapitel 5.5.1).

- *Fast Associated Control Channel* **FACCH**
  Durch dynamisches unterbrechendes Multiplexen (*Preemptive Multiplexing*) auf einem TCH kann zusätzliche Bandbreite für die Signalisierung bereitgestellt werden. Der so entstehende Signalisierungskanal wird FACCH genannt. Ein FACCH wird also nur in Verbindung mit einem TCH zugewiesen, und seine kurzfristig belegte Bandbreite steht nicht mehr für die Nutzdatenübertragung zur Verfügung.

Zusätzlich zu den obigen logischen Kanälen ist noch der *Cell Broadcast Channel* **CBCH** definiert, in dem die Nachrichten des *Short Message Service Cell Broadcast* **SMSCB** in einer Zelle ausgestrahlt werden. Der CBCH benutzt einen physikalischen Kanal zusammen mit dem SDCCH.

#### 5.1.1.3 Beispiel zum Verbindungsaufbau in GSM

Bild 5.1 zeigt ein Beispiel für einen kommenden Verbindungsaufbau an der Benutzer-Netz-Schnittstelle. Es verdeutlicht, wie die verschiedenen logischen Kanäle prinzipiell verwendet werden. Die Mobilstation wird über den PCH gerufen und fordert zunächst im RACH einen Signalisierungskanal an. Diesen SDCCH erhält sie mit einer ASSIGNMENT-Nachricht über den AGCH zugewiesen. Danach erfolgen Authentifizierung, Start der Chiffrierung und Start des Verbindungsaufbaus über den SDCCH. Mit einem ASSIGN COMMAND erhält die Mobilstation einen Verkehrskanal zugewiesen, dessen Annahme sie im FACCH quittiert. Der weitere Verbindungsaufbau erfolgt im FACCH.

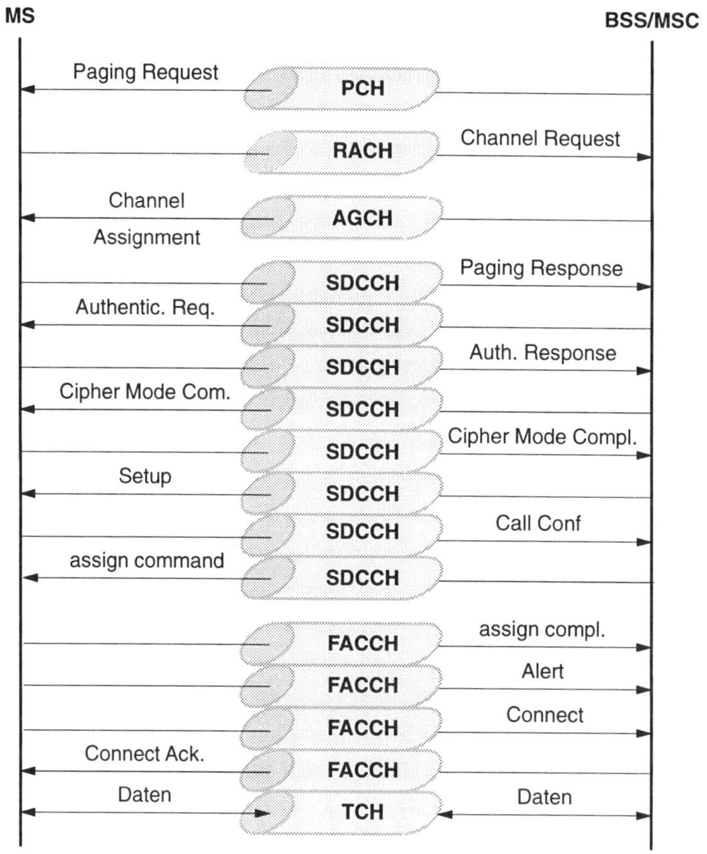


**Bild 5.1:** Verbindungsaufbau kommend: Logische Kanäle und Signalisierung

#### 5.1.1.4 Datenraten, Blocklängen und Blockabstände der logischen Kanäle

Die Tabelle 5.2 gibt einen Überblick über die logischen Kanäle der Schicht 1, die verfügbaren Bitraten, die verwendeten Blocklängen und die Zeitabstände, in denen die jeweiligen Blöcke gesendet werden. Zu beachten ist auch, daß die logischen Kanäle abhängig vom jeweils verwendeten Fehlerschutz zur Vorwärtsfehlerkorrektur (Codier- und Interleavingverfahren, siehe Kap. 6.2) zum Teil beträchtliche Übertragungsverzögerungen aufweisen (siehe Tabelle 6.8).

**Tabelle 5.2:** Logische Kanäle der GSM Protokollschicht 1

| Kanaltyp | Nettodaten-rate / kbit/s | Block-länge / Bit | Blockabstand / ms |
|---|---|---|---|
| TCH (Full-Rate Sprache) | 13.0 | 182+78 | 20 |
| TCH (Half-Rate Sprache) | 5.6 | 95+17 | 20 |
| TCH (Daten, 14.4 kbit/s) | 14.5 | 290 | 20 |
| TCH (Daten, 9.6 kbit/s) | 12.0 | 60 | 5 |
| TCH (Daten, 4.8 kbit/s) | 6.0 | 60 | 10 |
| TCH (Daten, $\leq$ 2.4 kbit/s) | 3.6 | 36 | 10 |
| FACCH Full-Rate | 9.2 | 184 | 20 |
| FACCH Half-Rate | 4.6 | 184 | 40 |
| SDCCH | 598/765 | 184 | 3060/13 |
| SACCH (mit TCH) | 115/300 | 168+16 | 480 |
| SACCH (mit SDCCH) | 299/765 | 168+16 | 6120/13 |
| BCCH | 598/765 | 184 | 3060/13 |
| AGCH | n*598/765 | 184 | 3060/13 |
| NCH | m*598/765 | 184 | 3060/13 |
| PCH | p*598/765 | 184 | 3060/13 |
| RACH | r*27/765 | 8 | 3060/13 |
| CBCH | 598/765 | 184 | 3060713 |

## 5.1.2 Kombinationen logischer Kanäle

Die logischen Kanäle sind nicht alle gleichzeitig an der Funkschnittstelle nutzbar. Sie können nur in bestimmten Kombinationen eingesetzt und auf physikalische Kanäle gemultiplext werden. Dazu sind im GSM verschiedene Kanalkonfigurationen definiert (Tabelle 5.3), die von Basisstationen realisiert und angeboten werden.

Eine Mobilstation kann abhängig von ihrem momentanen Zustand nur auf eine Teilmenge der logischen Kanäle zugreifen, die in den Kanalkonfigurationen von Tabelle 5.3 auf der Luftschnittstelle von der Basisstation angeboten werden. Hier sind neun Kanalkombinationen, die eine Mobilstation nutzen kann, definiert, d.h. eine Mobilstation nutzt die von einer Basisstation angebotenen Kanalkonfigurationen nur in den in Tabelle 5.4 angebotenen Kombinationen.

**Tabelle 5.3:** Kanalkombinationen der Basisstation (angeboten)

| | B1 | B2 | B3 | B4 | B5 | B6 | B7 | B8 | B9 |
|---|---|---|---|---|---|---|---|---|---|
| Bm | ■ | | | | | | | ■ | ■ |
| Lm | | ■ | ■ | | | | | | |
| Lm | | | ■ | | | | | | |
| BCCH | | | | ■ | ■ | ■ | | | |
| FCCH | | | | ■ | ■ | | | | |
| SCH | | | | ■ | ■ | | | | |
| CCCH | | | | ■ | ■ | ■ | | | |
| SDCCH | | | | | ■ | | ■ | | |
| SACCH | ■ | ■ | ■ | | ■ | | ■ | ■ | ■ |
| FACCH | ■ | ■ | ■ | | | | | ■ | |

Die Kombination M1 wird nur in der Phase genutzt, in der keine physikalische Verbindung besteht, d.h. direkt nach dem Einschalten einer Mobilstation oder nach einer Unterbrechung wegen ungünstiger Funkfeldbedingungen. Kanalkombinationen M2 und M3 werden von aktiven Mobilstationen im Ruhezustand verwendet, während in Phasen, in denen ein dedizierter Steuerkanal notwendig ist, von einer Mobilstation die Kombination M4 eingesetzt wird. Die Kombinationen M5 bis M8 werden speziell dann verwendet, wenn eine Verkehrsverbindung besteht, wobei Kombination M8 eine Multislot-Kombination ist. Dabei ist n die Anzahl der bidirektionalen Kanäle und m die Anzahl der unidirektionalen Kanäle (n=1..8, m=0..7, n+m= 1..8).

**Tabelle 5.4:** Kanalkombinationen der Mobilstation (genutzt)

| | M1 | M2 | M3 | M4 | M5 | M6 | M7 | M8 |
|---|---|---|---|---|---|---|---|---|
| Bm | | | | | ■ | | | n+m |
| Lm | | | | | | ■ | ■ | |
| Lm | | | | | | | ■ | |
| BCCH | ■ | | ■ | | | | | |
| CCCH | | ■ | ■ | | | | | |
| SDCCH | | | | ■ | | | | |
| SACCH | | | | ■ | ■ | ■ | ■ | n+m |
| FACCH | | | | | ■ | ■ | ■ | ■ |

Wichtig ist auch, daß in jeder Kanalkombination ein SACCH stets und ausschließlich zusammen mit einem dedizierten Kanal (Verkehrskanal TCH oder Signalisierungskanal SDCCH) vergeben wird. Der SACCH ist jeweils mit diesem Kanal assoziiert, daher auch der Name.

# 5.2 Physikalische Kanäle

## 5.2.1 Modulation

Die Modulationsart auf dem Funkkanal wird kurz als GMSK (Gauß Minimum Shift Keying) bezeichnet. Sie gehört zur Familie der kontinuierlichen Phasenmodulationsverfahren. Besonderer Vorteil dieser Verfahren ist einerseits das schmale Sendeleistungsspektrum mit geringen Nachbarkanalinterferenzen und andererseits die konstante Hüllkurve, welche in der Sendestufe den Einsatz einfacher Verstärker ohne besondere Linearitätsanforderungen (Klasse C Verstärker) ermöglicht. Diese Verstärker sind besonders kostengünstig herzustellen und besitzen einen hohen Wirkungsgrad, was geringen Verbrauch und lange Betriebsdauern von akku-betriebenen Geräten zur Folge hat. [33][35]

Das digitale Modulationsverfahren für die GSM-Luftschnittstelle besitzt mehrere Schritte, um aus den kodierten und verschlüsselten Datenblöcken ein HF-Signal zu erzeugen (Bild 5.2).

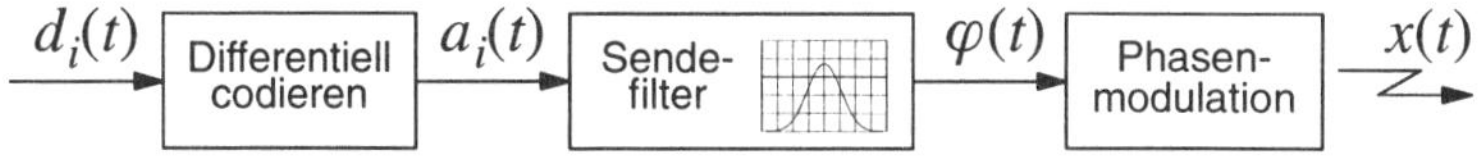


**Bild 5.2:** Stufen der Kanalcodierung

Die Daten $d_i$ kommen am Modulator mit der Modulationsbitrate von 1625/6 kbit/s = 270,833 kbit/s (Bruttodatenrate) an und werden zunächst differentiell codiert:

$$\hat{d}_i = (d_i + d_{i-1})\, mod\, 2; \quad d_i \in (0; 1)$$

Daraus werden die Modulationsdaten, eine Folge $a_i$ von Dirac-Impulsen, gebildet:

$$a_i = 1 - 2\hat{d}_i$$

Diese bipolare Folge von Modulationsdaten wird anschließend auf das Sendefilter – auch Frequenzfilter genannt – gegeben, um daraus die Phase $\varphi(t)$ des Modulationssignals zu erhalten.

Die Impulsantwort $g(t)$ dieses linearen Filters wird durch die Faltung der Impulsantwort $h(t)$ eines Gauß-Tiefpasses mit einer Rechteckfunktion beschrieben:

$$g(t) = h(t) * rect(t/T)$$

$$rect(t/T) = \begin{cases} 1/T & \text{für } |t| < T/2 \\ 0 & \text{für } |t| \geq T/2 \end{cases}$$

$$h(t) = \frac{1}{\sqrt{2\pi}\,\sigma T} exp(\frac{-t^2}{2\sigma^2 T^2}) \qquad \sigma = \frac{\sqrt{ln2}}{2\pi BT};\ BT = 0,3$$

Dabei ist $B$ die 3dB-Bandbreite des Filters $h(t)$ und $T$ die Bitdauer des eingehenden Bitstroms. Die verwendete Rechteckfunktion und die Impulsantwort des Gauß-Tiefpasses sind in Bild 5.3 dargestellt, die resultierende Impulsantwort $g(t)$ des Sendefilters zeigt Bild 5.4 für einige $BT$-Werte. Man erkennt, daß mit abnehmendem $BT$ die Impulsantwort breiter wird. Für $BT \rightarrow \infty$ geht sie in die *rect()*-Funktion über.

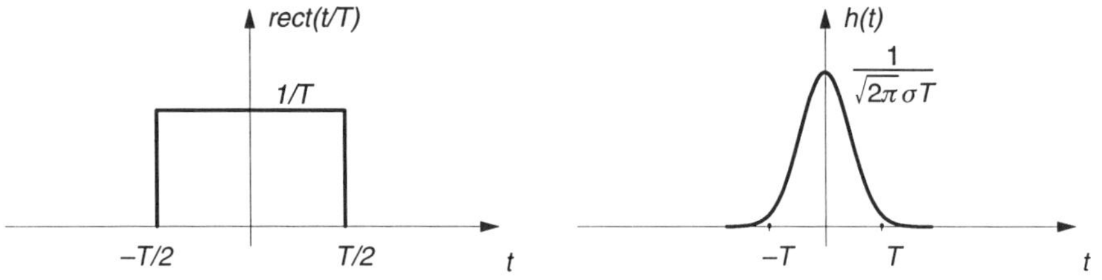


**Bild 5.3:** Impulsantworten der Bausteine des GMSK–Sendefilters

Im wesentlichen besteht dieses Verfahren also aus einem Minimum-Shift-Keying-Verfahren (MSK), bei dem die Daten vor der kontinuierlichen Phasenmodulation mit dem Rechteckfilter (*Continuous Phase Modulation* **CPM**) noch zusätzlich durch einen Gauß-Tiefpaß gefiltert werden [35]. Entsprechend wird diese Art der Modulation Gaußsches MSK (GMSK) genannt. Die Gauß-Tiefpaßfilterung bewirkt eine zusätzliche Glättung, aber auch eine Verbreiterung der Impulsantwort $g(t)$, was einerseits das Leistungsdichtespektrum des Signals verschmälert, andererseits aber auch zum "Verschmieren" der einzelnen Impulsantworten über mehrere Bitdauern hinweg und damit zu Intersymbolinterferenzen [35] führt (*Partial Response*-Verhalten), die durch spezielle Maßnahmen im Empfänger (Entzerrer) wieder kompensiert werden müssen.

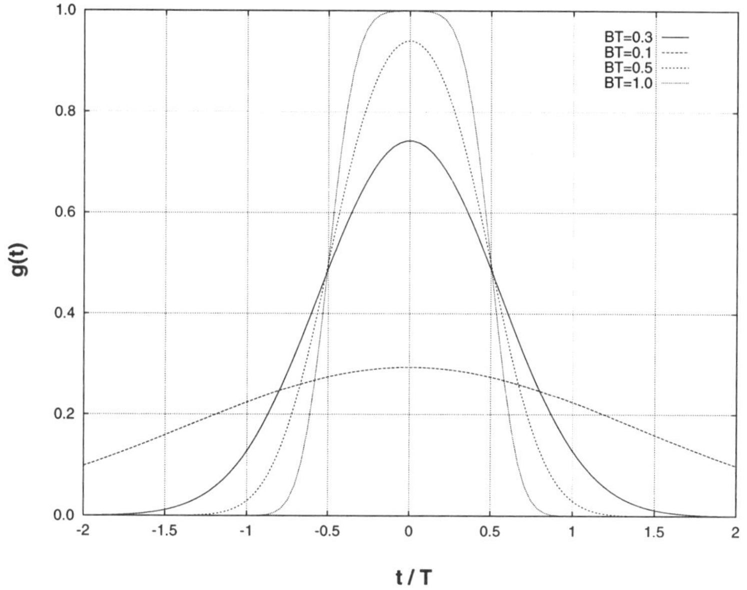


**Bild 5.4:** Impulsantwort $g(t)$ des Frequenzfilters (Sendefilter)

Die Phase des Modulationssignals ist die Faltung der Impulsantwort $g(t)$ des Frequenzfilters mit der Dirac-Impulsfolge $a_i$ des Modulationsdatenstroms:

$$\varphi(t) = \sum_i \alpha_i \pi\eta \int_{-\infty}^{t-iT} g(u)du$$

wobei der Modulationsindex $\eta$=1/2 gesetzt ist, d.h. die maximale Phasenänderung (Phasenshift) beträgt π/2 je Bitintervall. Entsprechend spricht man beim GSM-Modulationsverfahren von 0.3-GMSK mit +π/2 Phasenshift. Diese Phase $\varphi(t)$ wird nun auf einen Phasenmodulator gegeben. Das modulierte HF-Trägersignal kann dann mit der Energie pro Modulationsdatenbit $E_c$, der Trägermittenfrequenz $f_0$ und einer zufälligen, während eines Bursts konstanten, Phasenkomponente $\varphi_0$ ausgedrückt werden als:

$$x(t) = \sqrt{\frac{2E_c}{T}} \cos(2\pi f_0 t + \varphi(t) + \varphi_0)$$

### 5.2.2 Vielfachzugriff, Duplexing und Übertragungsbursts

Auf der Physical Layer (Schicht 1 des OSI-Modells) wird in GSM für den Vielfachzugriff eine FDMA/TDMA-Kombination eingesetzt. Zwei Frequenzbänder mit 45 MHz Bandabstand sind für den GSM-Betrieb reserviert (Bild 5.5): 890 MHz – 915 MHz als Mobilstations-Sendeband (Uplink) und der Bereich 935 MHz – 960 MHz als Basisstations-Sendeband (Downlink). Jedes dieser Bänder von 25 MHz Breite ist in 124 einzelne Kanäle mit 200 kHz Abstand unterteilt. Diese Variante eines FDMA-Verfahrens wird auch mit *Multi Carrier* **MC** bezeichnet. In jedem der Up-/Downlink-Bänder bleibt am Ende ein Guard Band von 200 kHz übrig. Jeder Frequenzkanal (*Radio Frequency Channel* **RFCH**) ist eindeutig numeriert und jeweils ein Paar gleicher Nummern aus dem Up- und Downlink bildet einen Duplexkanal mit 45 MHz Duplexabstand (Bild 5.5).

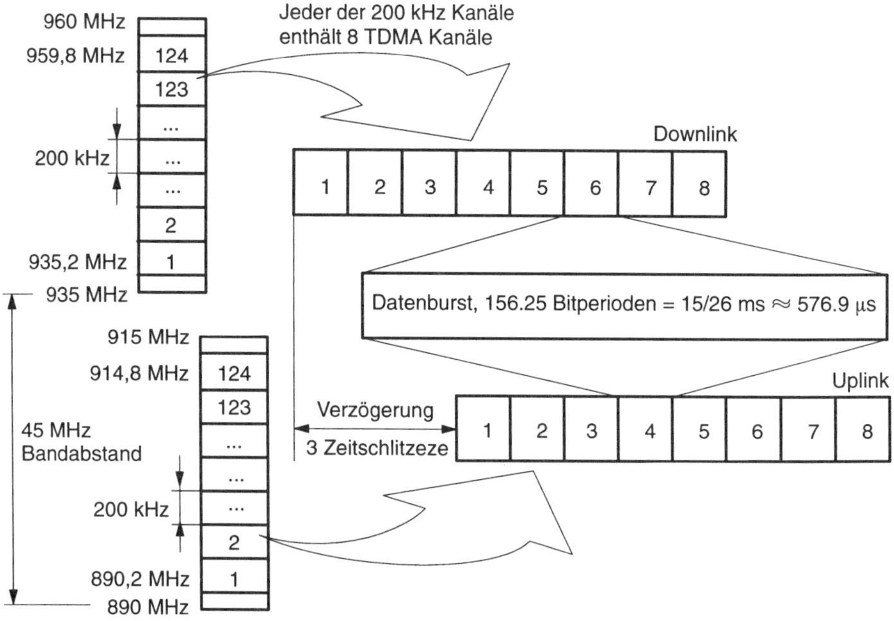


**Bild 5.5:** Trägerfrequenzen, Duplexing und TDMA-Rahmen

Eine Teilmenge der Frequenzkanäle, die *Cell Allocation* **CA**, wird jeweils einer Zelle, d.h. einer Basisstation BTS zugewiesen. Einer der Frequenzkanäle der CA wird dazu benutzt, Synchronisationsdaten (FCCH und SCH) und den BCCH auszustrahlen. Deshalb wird dieser Kanal auch der BCCH-Träger (*BCCH Carrier*) genannt (siehe Kapitel 5.4). Jeweils eine Teilmenge der verbleibenden Frequenzkanäle der CA wiederum wird einer Mobilstation zugewiesen (*Mobile Allocation* **MA**). Die *Mobile Allocation* findet unter anderem beim optionalen Frequenzsprungverfahren (*Frequency Hopping*, siehe 5.2.3) Anwendung. In Ländern, in denen mehrere GSM-Netze parallel betrieben werden, muß zusätzlich der Frequenznummernraum durch eine Lizenzierungsstelle (in Deutschland das Bundesamt für Post und Telekommunikation BAPT) auf die Netzbetreiber aufgeteilt werden, um Kollisionen zu vermeiden und den Betreibern eine unabhängige Netzplanung zu erlauben. Eine mögliche Aufteilung lautet beispielsweise: Betreiber A nutzt die RFCH 2-13, 52-81 und 106-120, während Betreiber B die RFCH 15-50 und 83-103 zugeteilt erhält, wobei die RFCH 1,14,51,82,104, 105 und 121-124 als zusätzliche Trennbänder ungenutzt bleiben.

Jeder dieser 200 kHz-Kanäle enthält 8 TDMA-Kanäle durch die Aufteilung in jeweils 8 Zeitschlitze. Die 8 Zeitschlitze dieser TDMA-Kanäle werden in einem TDMA-Rahmen zusammengefaßt (Bild 5.5). Die TDMA-Rahmen des Uplink werden mit drei Zeitschlitzen Verzögerung gegenüber dem Downlink gesendet (vgl. auch Bild 5.7). Eine Mobilstation verwendet im Uplink und im Downlink jeweils den gleichen Zeitschlitz, d.h. den Zeitschlitz mit der gleichen Nummer (*Time Slot Number* **TN**). Sie muß also wegen der Verschiebung um drei Zeitschlitze nicht gleichzeitig senden und empfangen.

Das GSM-Zugriffsverfahren beinhaltet somit neben der Aufteilung in Uplink-Band und Downlink-Band (Frequenzduplex, *Frequency Division Duplex* **FDD**) mit 45 MHz Duplexabstand auch eine Zeitduplexkomponente (*Time Division Duplex* **TDD**). Es ist keine eigene HF-Duplexing-Einheit in Mobilstationen notwendig, was wiederum die Komplexität der Mobilgeräte verringert sowie den Stromverbrauch senkt. Dadurch reduzieren sich die Anforderungen an das HF-Frontend einer Mobilstation, das damit kompakter und kostengünstiger hergestellt werden kann.

In jedem Zeitschlitz eines TDMA-Rahmens werden Datenbursts von 156.25 Bitperioden Dauer gesendet. Ein Zeitschlitz dauert (15/26) ms $\approx$ 576.9 µs, so daß ein TDMA-Rahmen insgesamt 4,613 ms lang ist. Das ergibt sich auch direkt aus dem GMSK-Verfahren, mit dem eine Bruttodatenübertragungsrate von 271 kbit/s je Trägerfrequenz realisiert ist.

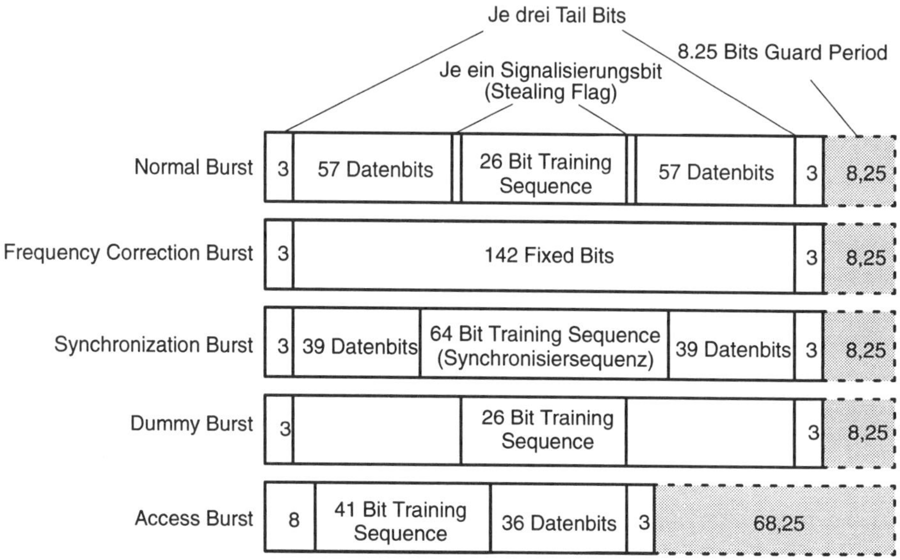


**Bild 5.6:** Bursts des TDMA-Verfahrens

Es werden fünf Arten von Bursts unterschieden (Bild 5.6):

- *Normal Burst* **NB**

  Der Normale Burst wird verwendet, um Informationen von Verkehrs- und Steuerkanälen (außer RACH) zu übertragen.

  Die einzelnen Bursts sind durch eine 8.25 Bitperioden lange *guard period* voneinander getrennt – während dieses Burstabschnittes werden keine Bits übertragen. Am Anfang und am Ende des Bursts stehen drei *Tail Bits*, die stets auf logisch '0' gesetzt werden. Diese Bits füllen die kurze Zeitspanne aus, während der die Sendeleistung am Anfang und Ende eines Bursts hoch- bzw. heruntergetastet wird (*power ramp up/down*), da in dieser Zeit keine normale Datenübertragung stattfinden kann. Darüber hinaus werden die '0'-Bits am Anfang eines Bursts auch für die Demodulation des Signals benötigt.

  Die *stealing flags* sind Signalisierungsbits, die angeben, ob der Burst Nutzdaten oder Signalisierungsinformationen transportiert. Sie werden gesetzt, wenn für schnelle Signalisierungstransaktionen z.B. während eines Handover durch unterbrechendes Multiplexen (*preemptive multiplexing*) einzelne Zeitschlitze des Verkehrskanals TCH zur Übertragung von Signalisierungsdaten des FACCH genutzt werden. Dadurch gehen Nutzdaten verloren, d.h. diese Zeitschlitze werden dem Verkehrskanal 'gestohlen', daher auch der Name *stealing flag*.

Ein normaler Burst enthält neben diesen Synchronisations- und Signalisierungsbits (Bild 5.6) 2 mal 57 Bit fehlerschutzcodierte und verschlüsselte Nutzdaten, getrennt von der 26 Bit langen *Midambel.* Die Midambel besteht aus vordefinierten, bekannten Bitmustern (Trainingssequenz, *training sequence*), die zur Kanalschätzung (Empfangsoptimierung mit Entzerrer, *equalizer*) und Synchronisation verwendet werden. Mit Hilfe dieser Trainingssequenzen werden im Entzerrer vor allem die unter anderem durch Laufzeitunterschiede bei der Mehrwegeausbreitung entstehenden Intersymbolinterferenzen eliminiert bzw. korrigiert. Es können Laufzeitunterschiede bis zu 16 μs ausgeglichen werden. Dazu sind acht verschiedene Trainingssequenzen für den NB definiert, identifiziert durch einen *Training Sequence Code* **TSC**, von denen jeweils eine einem *Base Station Colour Code* **BCC** (Teil des BSIC, siehe 3.2.9) zugeordnet ist. Darüber hinaus können einer Mobilstation verschiedene Trainingssequenzen zugewiesen werden. Der TSC ist dabei in der Schicht 3-Nachricht zur Zuteilung eines Kanals (TCH, SDCCH) enthalten. Damit signalisiert eine Basisstation der jeweiligen Mobilstation, welche Trainingssequenz in den normalen Bursts NB des aktuellen physikalischen Kanals verwendet werden soll.

- *Frequency Correction Burst* **FB**
  Dieser Burst wird zur Frequenzsynchronisierung einer Mobilstation verwendet. Die wiederholte Aussendung von FBs wird auch *Frequency Correction Channel* **FCCH** genannt. Sowohl die Tail-, als auch die festen Datenbits sind im FB sämtlich auf logisch 0 gesetzt. Durch das bei GSM eingesetzte Modulationsverfahren (0.3GMSK) entspricht damit die Ausstrahlung eines FB einem unmodulierten Träger (Frequenzkanal) mit einer Frequenzverschiebung von 1625/24 kHz über der nominalen Trägermittenfrequenz. Dieses Signal wird von der Basisstation periodisch auf dem BCCH-Träger ausgestrahlt. Er erlaubt damit sowohl eine genaue Abstimmung der zeitlichen Synchronisation des TDMA-Timings einer Mobilstation, als auch die Abstimmung auf die Trägerfrequenz. Abhängig von der Genauigkeit ihrer eigenen Taktreferenz kann sich eine Mobilstation ebenfalls periodisch anhand des FCCH mit der Basisstation synchronisieren.

- *Synchronization Burst* **SB**
  Mit diesem Burst werden Informationen übertragen, mit Hilfe derer sich eine Mobilstation zeitlich mit der BTS synchronisiert. Neben einer langen Midambel enthält dieser Burst die laufende Nummer des TDMA-Rahmens (*Reduced TDMA Frame Number* **RFN**, vgl. 5.3) und den BSIC. Bei wiederholter Aussendung von SBs spricht man vom *Synchronization Channel* **SCH**.

- *Dummy Burst* **DB**
  Dieser Burst wird von der BTS auf einer speziellen der ihr zugeteilten Frequenzen (*Cell Allocation* **CA**) ausgesandt, wenn keine anderen Bursts zu versenden sind. Dieser Frequenz-Kanal ist gleichzeitig der, auf dem der BCCH ausgestrahlt wird. Damit wird gewährleistet, daß jede Basisstation auf zumindest einem Kanal, nämlich dem BCCH-Träger, in jedem Zeitschlitz einen Burst versendet und so den Mobilstationen Leistungsmessungen (*quality monitoring*) von ihrem BCCH ermöglicht.
- *Access Burst* **AB**
  Dieser Burst wird für wahlfreien Vielfachzugriff (*random access*) auf dem RACH eingesetzt. Er besitzt eine wesentlich längere *guard period* als die übrigen Bursts. Damit wird die Wahrscheinlichkeit von Kollisionen, die auf dem RACH wegen nicht zeitsynchronisierter Mobilstationen auftreten, möglichst gering gehalten (siehe Kap. 5.3.2).

Einem Nutzer stehen 271 kbit/s : 8 = 33.9 kbit/s an Bruttodatenrate zur Verfügung. Betrachtet man einen Normalen Burst, so entfallen davon 9.2 kbit/s auf Signalisierung und Synchronisierung (*tail bits*, *stealing flags*, Trainingssequenz) sowie Guard Period des Bursts. Die restlichen 24.7 kbit/s stehen somit physikalisch für die Übertragung von Nutz- und Signalisierungsdaten zur Verfügung.

### 5.2.3 Optionales Frequenzsprungverfahren

Mobilfunkkanäle weisen frequenzselektive Störungen auf, z.B. frequenzselektiven Schwund aufgrund von Mehrwegeausbreitungserscheinungen. Mit steigendem Abstand von der Basisstation, insbesondere an den Zellrändern und unter ungünstigen Ausbreitungsbedingungen, kann diese Frequenzselektivität der Störungen noch zunehmen. Frequenzsprungverfahren, bei denen während der Übertragung periodisch die Frequenz gewechselt wird, mitteln frequenzselektive Störungen über die Frequenzen einer Zelle aus. Damit wird das Signal-Geräusch-Verhältnis SNR, das für gute Sprachqualität erforderlich ist, weiter gesenkt, und auch unter ungünstigen Bedingungen können Gespräche mit akzeptabler Qualität geführt werden. GSM-Systeme erreichen ohne Frequenzsprungverfahren bei einem SNR-Wert von ca. 11 dB eine gute Sprachqualität. Wird das Frequenzsprungverfahren aktiviert, so ist ein SNR von 9 dB ausreichend.

GSM sieht ein optionales Frequenzsprungverfahren (*frequency hopping*) vor, bei dem mit jedem gesendeten Burst auf eine andere Frequenz gewechselt wird (*slow frequency hopping*). Es ergibt sich eine Frequenzsprungrate von etwa 217 Sprüngen pro Sekunde entsprechend der TDMA-Rahmendauer. Die für das Hopping zur Verfügung stehenden Frequenzen (*hopping assignment*) werden aus der Frequenzgruppe der jeweiligen Zelle (*cell allocation*) zusammengestellt. Das Prinzip zeigt Bild 5.7 am Beispiel der Zeitschlitzbelegung eines Vollraten-TCH. Die genaue Synchronisation zwischen Mobilstation und Basisstation beim GSM Frequenzsprungverfahren basiert auf der *Mobile Allocation* **MA**, einem *Mobile Allocation Index Offset* **MAIO**, einer *Hopping Sequence Number* **HSN** und der TDMA-Rahmennummer (*Frame Number* **FN,** siehe 5.3).

Jeder Betreiber kann optional *Frequency Hopping* in seinem Netz einsetzen. Diese Entscheidung kann in jeder Zelle individuell getroffen werden. Entsprechend muß jede Mobilstation bei Bedarf diese Funktion zuschalten können, wenn z.B. eine Basisstation ungünstige Bedingungen feststellt und entscheidet, das Frequenzsprungverfahren für diese Mobilstation zu aktivieren.

### 5.2.4 Zusammenfassung

Ein physikalischer GSM-Kanal wird beschrieben durch eine Folge von Sendefrequenzen und eine Folge von Zeitschlitzen/TDMA-Rahmen. Während die RFCH-Sequenz durch die Vorschriften für das Frequenzsprungverfahren bestimmt wird, ist die zeitliche Folge von Zeitschlitzen eines physikalischen Kanals durch eine Folge von TDMA-Rahmennummern und die Nummer des Zeitschlitzes (Modulo 8) innerhalb dieses Rahmens definiert. Frequenzen für den Up- und Downlink werden einer Mobilstation stets paarweise so zugewiesen, daß ein Abstand von 45 MHz zwischen Up- und Downlink-Carrier gewahrt bleibt.

In GSM existieren dazu, wie oben dargestellt, eine Reihe von Parametern, die einen spezifischen physikalischen Kanal einer Basisstation definieren. Zusammenfassend sind diese Parameter hier noch einmal aufgelistet:

- *Mobile Allocation Index Offset* **MAIO**
- *Hopping Sequence Number* **HSN**
- *Training Sequence Code* **TSC**
- *Time Slot Number* **TN**
- *Mobile Allocation* **MA**, auch *mobile RFCH allocation* genannt
- Typ des logischen Kanals, der in diesem physikalischen Kanal transportiert wird
- evtl. Nummer des logischen Unterkanals (*Sub Channel Number* **SCN**)

Innerhalb eines logischen Kanals können mehrere Unterkanäle (z.B. desselben Typs im Subratenmultiplex transportiert werden. Aus dem Typ des logischen Kanals und des eventuell vorhandenen logischen Unterkanals (*subchannel*) kann die TDMA-Rahmenfolge abgeleitet werden.

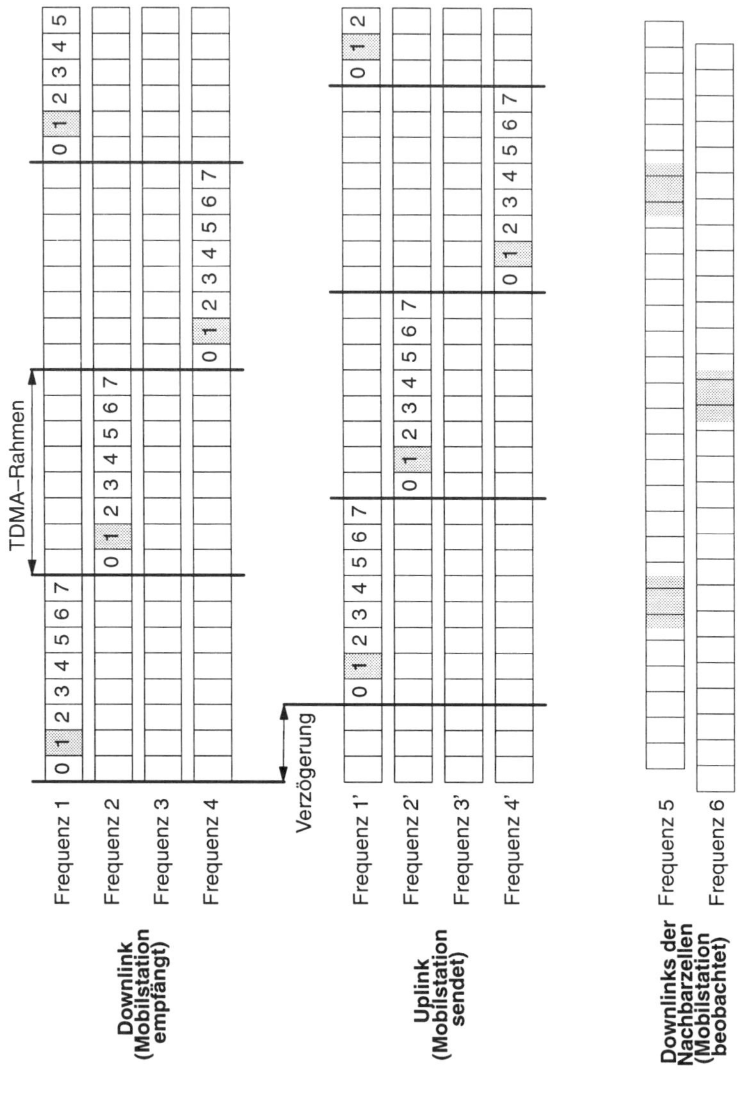


**Bild 5.7:** GSM Vollraten-Verkehrskanal mit Frequenzsprungverfahren

# 5.3 Synchronisierung

Zum erfolgreichen Betrieb eines Mobilfunksystems ist die Synchronisierung zwischen Mobil- und Basisstation notwendig. Dabei werden zwei Arten von Synchronität unterschieden: die Frequenzsynchronität und die (zeitliche) Bit- und Rahmensynchronität. Frequenzsynchronisierung ist notwendig, damit die Sende- und Empfangsfrequenzen von Mobil- und Basisstation übereinstimmen. Dabei sollen im wesentlichen eventuelle Toleranzen der kostengünstigen und daher weniger leistungsfähigen Oszillatoren in Mobilstationen anhand der exakten Referenz der Basisstation ermittelt und ausgeglichen werden. Die Bit- und vor allem die Rahmensynchronisierung ist bei einem TDMA-System in zweierlei Hinsicht von entscheidender Bedeutung. Zum einen sind die Laufzeitunterschiede zwischen Signalen verschiedener Mobilstationen auszugleichen, damit die gesendeten Bursts synchron mit den Zeitschlitzen des TDMA-Verfahrens an der Basisstation empfangen werden und Bursts in benachbarten Zeitschlitzen sich nicht überlappen und gegenseitig beeinträchtigen. Zum anderen erfordert die Definition von TDMA-Rahmen und übergeordneten Rahmenstrukturen beispielsweise zum Multiplexen logischer Signalisierungskanäle auf einen physikalischen Kanal die zeitliche Synchronität auf Rahmenebene. Die in GSM definierten und realisierten Verfahren zur Synchronisierung werden im folgenden erläutert.

## 5.3.1 Frequenz- und Taktsynchronisierung von Mobilstationen

Auf dem Frequenzträger des *Broadcast Control Channel* **BCCH** sendet eine GSM-Basisstation Signale, die es einer Mobilstation erlauben, sich auf die Basisstation zu synchronisieren. Dabei bedeutet Synchronisation zum einen die zeitliche Synchronisierung (Bit- und Rahmensynchronisierung) der MS mit der BTS und zum anderen die Anpassung der Sende-/Empfangsfrequenz einer Mobilstation.

Die dafür von der BTS bereitgestellten Signale sind:

- *Synchronization Channel* **SCH** mit seinen langen, eine sichere Synchronisation erlaubenden Synchronisationsbursts (*Synchronization Burst* **SB**, Bild 5.6)
- *Frequency Correction Channel* **FCCH** mit seinen Frequenzkorrekturbursts (*Frequency Correction Burst* **FB**, Bild 5.6)

Aufgrund des in GSM eingesetzten 0.3GMSK-Modulationsverfahrens wird durch eine feste Datenfolge von logischen '0' ein reines Sinussignal erzeugt, d.h. die Ausstrahlung eines FB entspricht einem unmodulierten Träger (Frequenzkanal) mit einer Frequenzverschiebung von 1625/24 kHz ($\approx$ 67.7 kHz) über der nominalen Trägerfrequenz (Bild 5.8). Damit kann die Mobilstation einerseits durch periodisches Abhören des FCCH ihre Frequenzsynchronisierung exakt vornehmen. Andererseits sucht sie, wenn ihr die Frequenz des BCCH-Trägers noch gar nicht bekannt ist, nach dem Kanal mit der höchsten Sendeleistung. Dieser Kanal ist mit hoher Wahrscheinlichkeit bereits ein BCCH-Träger, weil auf diesem in jedem Zeitschlitz ein Daten- bzw. Dummyburst gesendet werden muß, während auf allen anderen Trägerfrequenzen nicht immer alle Zeitschlitze gleichzeitig belegt sind. Anhand des FCCH-Sinussignals kann dann ein BCCH-Träger zweifelsfrei identifiziert werden und die Mobilstation ihren Oszillator synchronisieren.

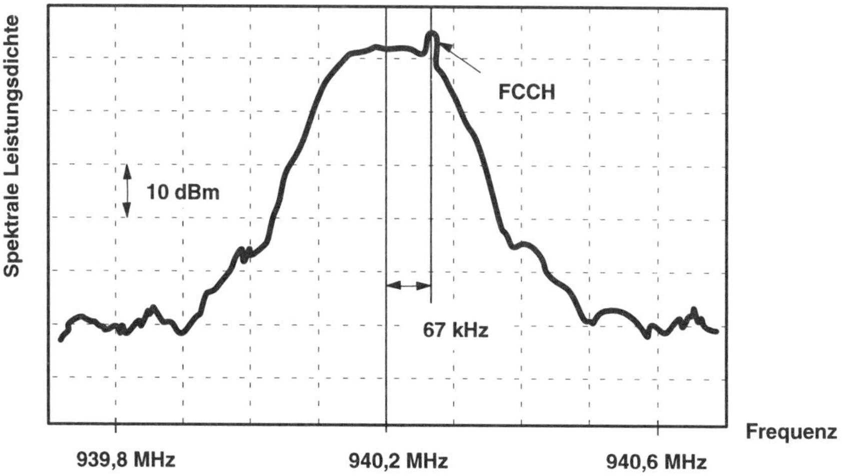


**Bild 5.8:** Typisches Spektrum eines BCCH-Trägers (schematisch)

Für die zeitliche Synchronisation werden die TDMA-Rahmen in GSM zyklisch modulo 2715648 ($2715648=26*51*2^{11}$) durchnumeriert (*TDMA Frame Number* **FN**). Durch jeweils einen Zyklus entsteht somit die sogenannte Hyperframe-Struktur, die 2715648 TDMA-Rahmen umfaßt. Dieser lange Numerierungszyklus der TDMA-Rahmen wird eingesetzt zur Synchronisierung des Chiffrieralgorithmus an der Luftschnittstelle (vgl. Kap. 6.3). Jede Basisstation (BTS) sendet die reduzierte laufende Nummer der TDMA-Rahmen (*Reduced TDMA Frame Number* **RFN**) im *Synchroni-*

*zation Channel* SCH periodisch aus. Mit jedem *Synchronization Burst* **SB** erhalten die Mobilstationen einer Zelle damit Informationen über die Nummer des laufenden TDMA-Rahmens. Dadurch ist die zeitliche Synchronisation jeder Mobilstation mit der Basisstation möglich.

Die reduzierte TDMA-Rahmennummer RFN ist 19 Bit lang. Sie besteht aus drei Feldern T1 (11 Bit), T2 (5 Bit) und T3' (3 Bit). Diese drei Felder sind definiert als (*div* bezeichnet eine Ganzzahldivision):

$$\begin{aligned} T1 &= FN\ div\ (26 \cdot 51) && [0..2047] \\ T2 &= FN \bmod 26 && [0..25] \\ T3' &= (T3 - 1)\ div\ 10 && [0..4] \\ mit\ T3 &= FN \bmod 51 && [0..50] \end{aligned}$$

Der Verlauf von T2 und T3 ist in Bild 5.9 dargestellt. Entscheidend für die Rekonstruktion der FN aus der RFN ist die Differenz (T3-T2) der beiden Felder.

Die Zeitsynchronisation einer Mobilstation mit ihren Zeitschlitzen, TDMA-Rahmen, TCH-Rahmen und Steuerkanälen basiert auf einem Satz von vier Zählern, die stets laufen, unabhängig davon, ob die Mobil- bzw. Basisstation sendet oder nicht. Sind diese Zähler also gestartet und korrekt initialisiert, befindet sich die Mobilstation in einem Zustand synchron zu der Basisstation.

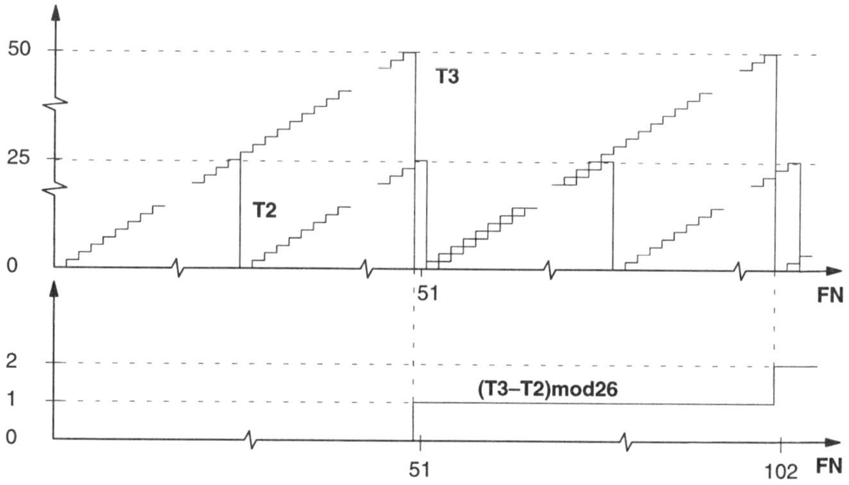


**Bild 5.9:** Felder T2 und T3 zur Berechnung der RFN

Dazu existieren die folgenden vier Zähler:

- Viertelbitzähler (*Quarter Bit Number* **QN**)
- Bitzähler (*Bit Number* **BN**)
- Zeitschlitzzähler (T*imeslot Number* **TN**)
- Rahmenzähler (*TDMA Frame Number* **FN**)

Diese Zähler sind aufgrund des Bit-/Rahmen-Timings natürlich verknüpft, und zwar derart, daß vom Konzept her jeweils der nachfolgende Zähler die Überläufe des vorhergehenden zählt. Das Prinzip dabei ist folgendes (vgl. Bild 5.10): QN wird alle 12/13 µs inkrementiert, BN ist der daraus durch Ganzzahldivision mit 4 entstehende Wert (BN=QN div 4). Bei jedem Übergang des Zählers QN von 624 nach 0 wird die Zeitschlitznummer TN inkrementiert und jeder Überlauf von TN erhöht den Rahmenzähler FN um 1.

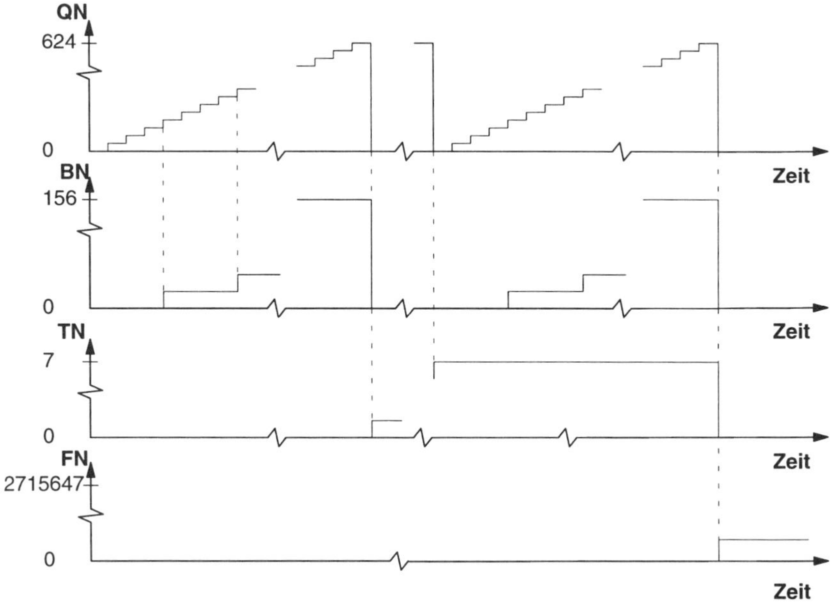


**Bild 5.10:** Synchronisationstimer

Mit dem Empfang eines *Synchronization Burst* **SB** können diese Timer zurückgesetzt und gestartet werden. Der Viertelbitzähler wird anhand des Timings der Trainingssequenz im Burst gesetzt, während die *Timeslot Number* **TN** mit dem Ende des Bursts auf 0 gesetzt wird. Die TDMA-Rahmennummer FN kann dann aus der im *Synchronization Channel* **SCH** gesendeten *Reduced TDMA Frame Number* **RFN** errechnet werden:

$$FN = 51 \cdot ((T3 - T2) \bmod 26) + T3 + 51 \cdot 26 \cdot T1$$

$$mit\ T3 = 10 \cdot T3' + 1$$

Wichtig ist, daß mit Hilfe von T2 bei dieser Rechnung T3 exakt aus T3' zurückberechnet wird, obwohl in der binären Darstellung natürlich nur der Integer-Anteil und keine Nachkommastellen der Division durch 10 bei der Bestimmung von T3' berücksichtigt wurde.

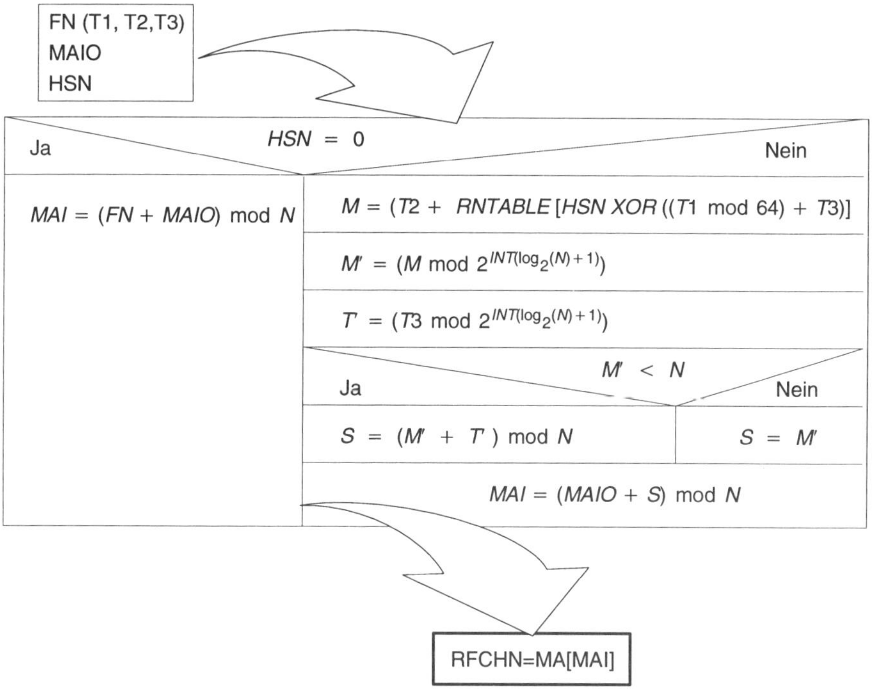


**Bild 5.11:** Generierung der GSM Frequenzsprungfolge

Zusätzlich zur Auswertung der Signale von FCCH und SCH ist für die Synchronisierung bei Einsatz des optionalen Frequenzsprungverfahrens (siehe Kap. 5.2.3) eine Abbildung der TDMA-Rahmennummer auf die jeweils zu verwendende Frequenz notwendig. Dabei wird anhand einer vordefinierten Tabelle RNTABLE aus der Rahmennummer FN, dem Offset MAIO und einer *Hopping Sequence Number* **HSN** die Indexnummer des Frequenzkanals in der *Mobile Allocation* **MA** berechnet, auf dem der jeweilige Burst gesendet werden muß (Bild 5.11). Die MA besteht aus N Frequenzen, wobei N maximal den Wert 64 annehmen kann, d.h. die MA kann bis zu 64 Frequenzen umfassen. Damit wird jeder Burst auf einer anderen Frequenz gesendet.

## 5.3.2 Adaptive Rahmensynchronisierung

Mobilstationen können sich innerhalb einer Zelle an beliebigen Orten aufhalten. Dadurch ergeben sich unterschiedliche Entfernungen zur Basisstation, und somit besitzen die Signale auch unterschiedliche Laufzeiten zwischen MS und BTS. Bedingt durch die Mobilität der Teilnehmer würden die einzelnen Datenbursts also zeitlich versetzt an der Basisstation empfangen.

Für ein TDMA-Verfahren ist dieser Zeitversatz nicht tolerierbar. Es basiert auf genau synchronisiertem Senden und Empfangen der einzelnen Datenbursts. Datenbursts, die von zwei verschiedenen Mobilstationen in aufeinanderfolgenden Zeitschlitzen gesendet wurden, dürfen sich auch bei unterschiedlichen Laufzeiten beim Empfang an der BTS nicht mehr als durch die *guard period* (Bild 5.6) vorgesehen zeitlich überlappen. Um derartige Kollisionen zu vermeiden, wird die Übertragung der Mobilstationen zeitlich umso mehr vorverlegt, je weiter sie von der Basisstation entfernt sind. Dieser Prozeß, mit dem die Übertragungen der Mobilstationen adaptiv an den TDMA-Rahmen der Basisstation ausgerichtet werden, wird *adaptive frame alignment* genannt.

Dazu wird der Parameter *Timing Advance* **TA** in jedem SACCH-Block (siehe auch Bild 5.18) verwendet. Die Mobilstation erhält von der Basisstation im SACCH-Downlink den TA-Wert, den sie einzustellen hat, und berichtet ihren aktuellen TA-Wert im SACCH-Uplink. Es stehen 64 Stufen für das *timing advance* zur Verfügung, die mit den Werten 0 – 63 kodiert werden. Eine Stufe entspricht einer Bitperiode. Stufe 0 bedeutet keine Zeitverschiebung, d.h. die Rahmen des Uplink werden mit drei Schlitzdauern (468,75 Bitdauern) Verzögerung gegenüber den Rahmen des Downlink gesendet. Bei Stufe 63 wird das Timing der Uplink-Rahmen um 63 Bitdauern vorverlegt, so daß die TDMA-Rahmen des Uplink gegenüber denen des Downlink nur noch um 405,75 Bitdauern verzögert gesendet werden. Die einzustellende *timing advance* entspricht also stets der doppelten Laufzeit oder *round trip delay time* (Bild 5.12). Damit kann mit dem verfügbaren Wertebereich eine maximale Laufzeit von 31,5 Bitperioden ($\approx$ 116,3 μs) kompensiert werden. Das entspricht einer maximalen Entfernung zwischen MS und BTS von etwa 35 km. Eine GSM Zelle kann daher einen maximalen Durchmesser von etwa 70 km besitzen. Die Entfernung von der Basisstation bzw. der aktuelle TA-Wert einer Mobilstation ist somit auch ein wichtiges Handover-Kriterium in GSM-Netzen (siehe 8.4.3).

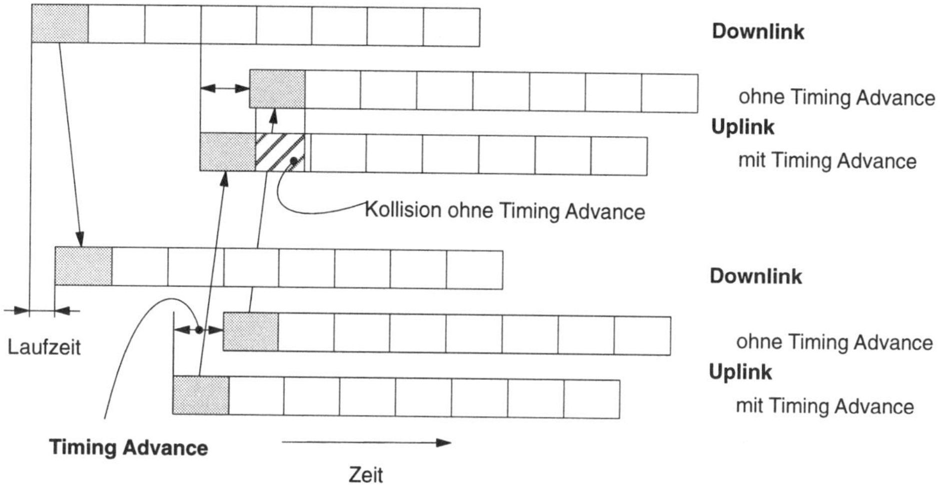


**Bild 5.12:** Wirkungsweise der *Timing Advance*

Die Technik des *adaptive frame alignment* basiert darauf, daß in einem etablierten Kanal die Basisstation kontinuierlich die Zeitverzögerung der Mobilstationssignale mißt und entsprechend den *timing advance* Wert der jeweiligen Mobilstation anpasst. Zum Zeitpunkt eines wahlfreien Vielfachzugriffs (*random access*) auf dem RACH wird ein Kanal erst etabliert. Die Basisstation hatte also zu diesem Zeitpunkt noch keine Gelegenheit, die Entfernung der Mobilstation festzustellen und ein entsprechendes *timing advance*-Kommando zu senden. Sendet eine Mobilstation im aktuellen Zeitschlitz also einen *Access Burst* AB, so wird dieser mit *timing advance* TA=0 oder mit einem Defaultwert gesendet.

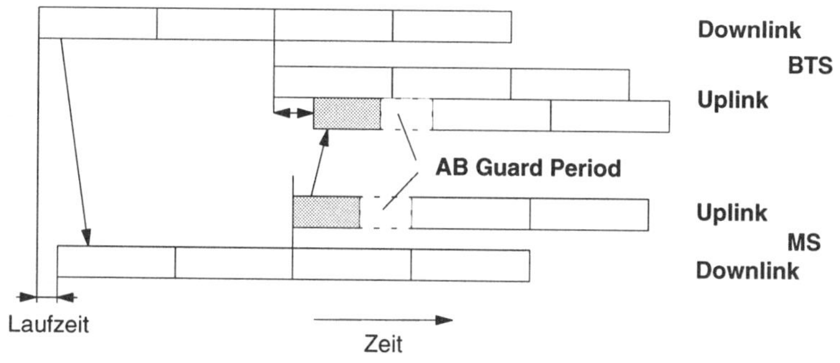


**Bild 5.13:** Timing beim RACH-Vielfachzugriff

Um eventuelle Kollisionen mit nachfolgenden TDMA-Zeitschlitzen an der Basisstation zu vermeiden, muß der *access burst* AB entsprechend kürzer als die Dauer eines Zeitschlitzes sein (Bild 5.13). So erklärt sich auch die Dauer der langen Guard Period eines AB von 68,25 Bitperioden, mit der auch die Laufzeit der Signale einer Mobilstation am Rand einer Zelle von etwa 70 km Durchmesser ausgeglichen werden kann.

## 5.4 Abbildung von logischen Kanälen auf physikalische Kanäle

Die Abbildung von logischen Kanälen auf physikalische Kanäle besitzt zwei Komponenten: die Abbildung in der Frequenz und die Abbildung in der Zeit.

Die Abbildung eines logischen auf einen physikalischen Kanal in der Frequenzebene basiert auf der TDMA-Rahmennummer FN, den Frequenzen die jeweils der Basisstation und der Mobilstation zugewiesen sind (*Cell Allocation* **CA**, *Mobile Allocation* **MA**) und den Vorschriften für das optional einzusetzende Frequenzsprungverfahren (siehe 5.2.3 und 5.3).

Zeitlich sind die logischen Kanäle durch die Definition komplexer, dem TDMA-Verfahren übergeordneter Strukturen, sog. Multi-, Super- und Hyperframes organisiert (Bild 5.14). Für die Abbildung der logischen Kanäle auf die physikalischen ist die Multiframe-Ebene von Interesse. Diese Multiframes dienen der Definition von (logischen) Subkanälen auf den physikalischen Kanälen. Zwei Arten von Multiframes sind definiert (Bild 5.15): ein Multiframe mit 26 TDMA-Rahmen und ein Multiframe mit 51-TDMA-Rahmen.

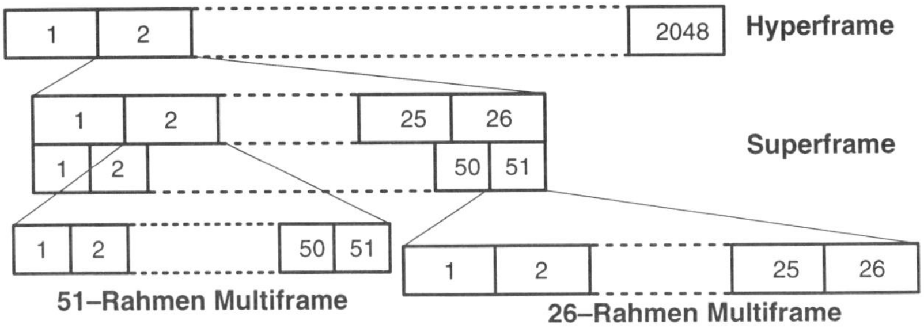


**Bild 5.14:** GSM Rahmenstrukturen

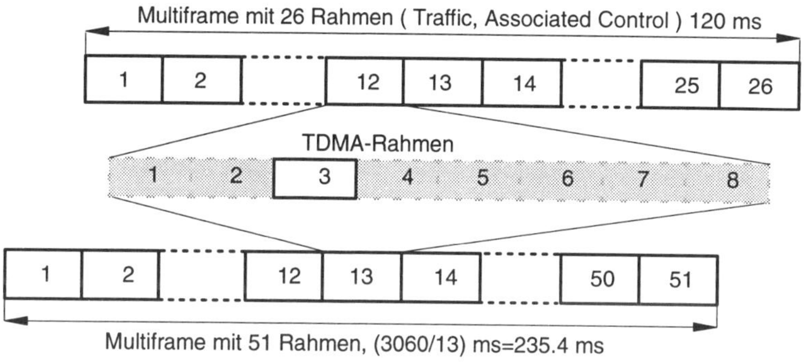


**Bild 5.15:** GSM Multiframes

Ein Hyperframe ist in jeweils 2048 Superframes unterteilt und wird mit seiner langen Zyklusdauer (3h 28min 53s 760ms) zur Synchronisierung der Nutzdatenverschlüsselung verwendet. Ein Superframe besteht aus 1326 aufeinanderfolgenden TDMA-Rahmen und dauert damit so lang (6.12 s), wie entweder 51 Multiframes zu 26 TDMA Rahmen oder 26 Multiframes zu 51 TDMA Rahmen. Diese Multiframes wiederum werden benutzt, um die verschiedenen logischen Kanäle auf einen physikalischen Kanal zu multiplexen, wie nachfolgend beschrieben.

### 5.4.1 26-Rahmen Multiframe

Jeweils 26 aufeinanderfolgende TDMA-Rahmen bilden einen Multiframe, der zwei logische Kanäle, einen *Traffic Channel* TCH und den dazugehörigen *Slow Associated Control Channel* SACCH, in den physikalischen Kanal multiplext (Bild 5.16). Dabei wird stets nur ein Zeitschlitz je TDMA-Rahmen für den jeweiligen Multiframe berücksichtigt (z.B. Zeitschlitz 3 in Bild 5.15), weil der physikalische Kanal ja nur aus einem Zeitschlitz je TDMA-Rahmen besteht. Neben 24 TC-Rahmen für die Nutzdaten des Verkehrskanals (TCH) ist in diesem Multiframe auch ein AC-Rahmen für Signalisierungsdaten (SACCH) reserviert (Bild 5.16). Der 26. Rahmen bleibt im Falle eines Full-Rate TCH ungenutzt (IDLE), im Falle von zwei Half-Rate TCH wird er ebenfalls als SACCH-Rahmen genutzt (AC).

Die Daten des *Fast Associated Control Channel* FACCH werden übertragen, indem in 8 aufeinanderfolgenden TC-Rahmen jeweils die Hälfte der Bits eines Bursts mit Signalisierungsdaten belegt, diese Bits also dem TCH "gestohlen" werden. Dazu werden die *stealing flags* des *Normal Bursts* (Bild 5.6) verwendet.

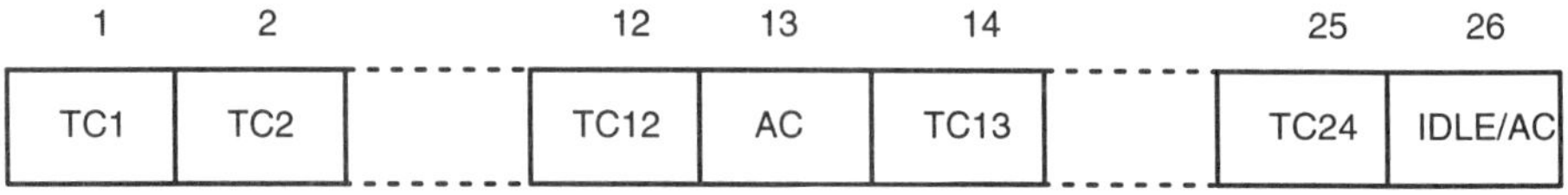


**Bild 5.16:** Kanalorganisation im 26-Rahmen Multiframe

Einem Nutzer stehen 271 kbit/s : 8 = 33.9 kbit/s an Bruttodatenrate (vgl. 11.4, S. 310) zur Verfügung. Davon entfallen 9.2 kbit/s auf Signalisierung, Synchronisierung und Guard Period des Bursts. Von den verbleibenden 24.7 kbit/s entfallen bei der Multiframe-Struktur mit 26 Rahmen noch 22.8 kbit/s auf die kodierten und verschlüsselten Nutzdaten eines Full-Rate TCH und 1.9 kbit/s auf SACCH und IDLE.

#### 5.4.1.1 51-Rahmen Multiframe

Jeweils 51 aufeinanderfolgende TDMA-Rahmen bilden einen Multiframe, mit dem die Übertragung der Steuerkanäle organisiert wird, die nicht mit einem TCH assoziiert sind (alle außer FACCH und SACCH). Je nach Kanalkonfiguration (vgl. 5.1) wird der Multiframe unterschiedlich genutzt. In jedem Fall dienen die 51-Rahmen Multiframes dazu, mehrere logische Kanäle auf einen physikalischen Kanal zu multiplexen.

Außerdem sind diese Steuerkanäle teilweise unidirektional, so daß sich unterschiedliche Strukturen für Uplink und Downlink ergeben. Für manche Konfigurationen sind zwei aufeinanderfolgende Multiframes nötig, um alle logischen Kanäle abbilden zu können. In Bild 5.17 sind einige Beispiele dargestellt – sie entsprechen den Kombinationen B2, B3 und B4 in Tabelle 5.3, wobei für SDCCH und SACCH jeweils vier bzw. acht logische Unterkanäle (*subchannels*) definiert sind (D0, D1, ..., A0, A1, ...).

Einer der Frequenzkanäle der CA einer Basisstation wird dazu benutzt, Synchronisationsdaten (FCCH und SCH) und den BCCH auszustrahlen. Da die Basisstation in jedem Zeitschlitz dieses BCCH-Trägers senden muß, um eine kontinuierliche Messung des BCCH-Trägers durch die Mobilstationen zu ermöglichen, wird in allen Zeitschlitzen des BCCH-Trägers, in denen kein Datenburst eines anderen Kanals zum Senden bereitsteht, ein *Dummy Burst* DB gesendet.

Auf dem Zeitschlitz 0 des BCCH-Trägers dürfen nur zwei Kombinationen logischer Kanäle gesendet werden, nämlich entweder die Kombinationen 2 oder 3 aus Tabelle 5.3 (BCCH+CCCH+FCCH+SCH+SDCCH+SACCH, BCCH+CCCH+FCCH+SCH). Kein anderer Zeitschlitz der CA darf diese Kombination logischer Kanäle transportieren.

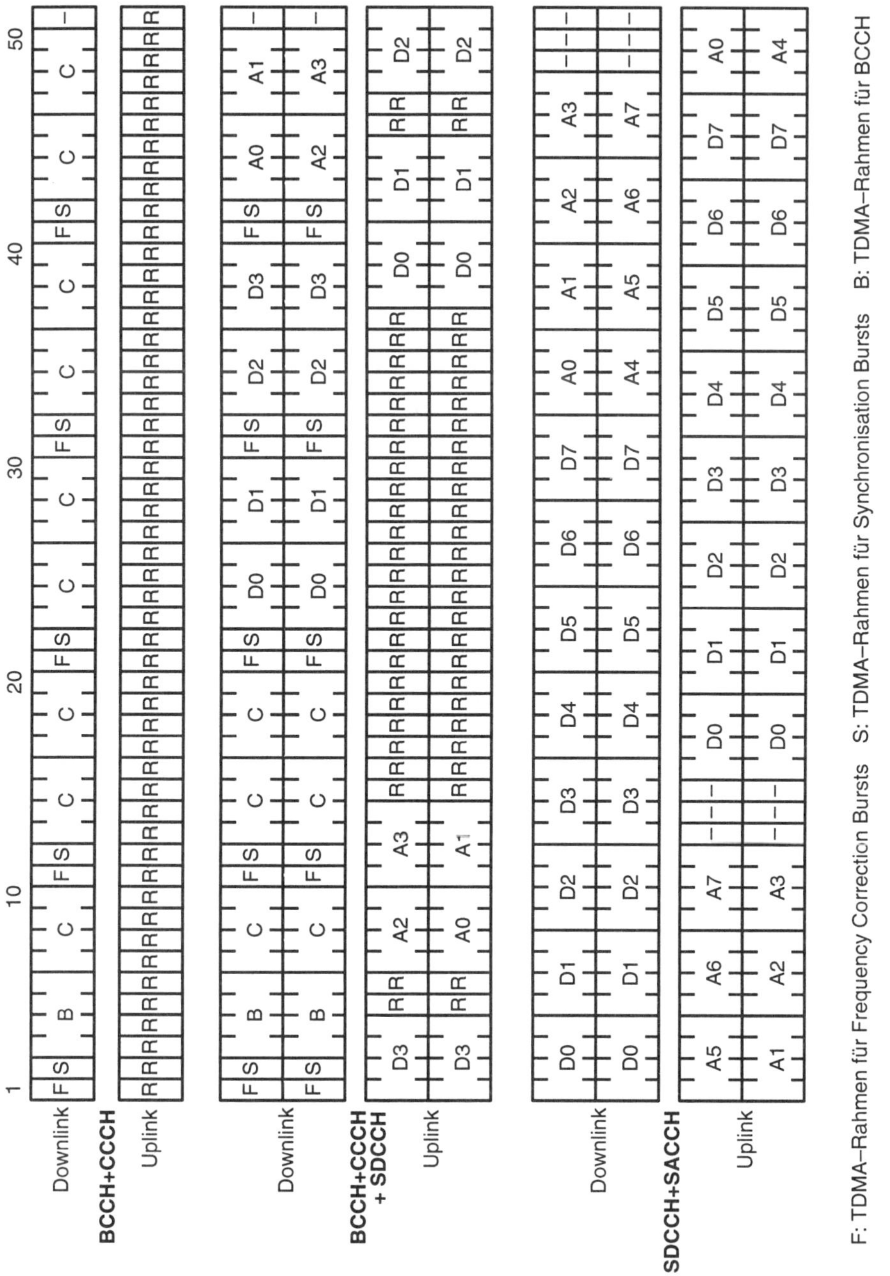


**Bild 5.17:** Kanalorganisation im 51-Rahmen Multiframe

Wie in Bild 5.17 zu erkennen ist, sind damit im Zeitschlitz 0 des BCCH-Trägers einer Basisstation (Downlink) die Rahmen 1,11,21,... ein FCCH-Rahmen und die jeweils direkt darauffolgenden Rahmen 2,12,22,... ein SCH-Rahmen. Die Rahmen 3,4,5,6 des 51-Rahmen-BCCH-Multiframes transportieren jeweils die eigentlichen BCCH-Informationen, während die restlichen Rahmen mit unterschiedlichen Kombinationen logischer Kanäle belegt sein können. Hat sich die Mobilstation mit den Informationen aus FCCH und SCH aufsynchronisiert, kann sie aus den im BCCH übertragenen Informationen die Belegung des restlichen BCCH-Trägers ermitteln. Dazu werden im Rahmen des Radio Ressource Managements von der Basisstation eine Reihe von Nachrichten periodisch im BCCH an alle Mobilstationen ausgestrahlt. Von diesen sogenannten *System Information Messages* sind sechs Typen definiert, wobei hier nur die Typen 1 bis 4 interessieren. Anhand der TDMA-Rahmennummer FN wird bestimmt, welcher Typ im aktuellen Zeitschlitz gesendet werden soll. Dazu wird ein Typcode TC berechnet:

$$TC = (FN\ div\ 51) \bmod 8$$

Die Zuordnung des Typs der zu sendenden *System Information Message* zum Code TC und damit zum aktuellen Multiframe gibt Tabelle 5.5.

Von den in einer solchen Nachricht übertragenen Parametern sind vor allem folgende interessant: BS_CC_CHANS legt die Anzahl physikalischer Kanäle fest, die einen *Common Control Channel* CCCH unterstützen, wobei der erste CCCH im Zeitschlitz 0, der zweite im Zeitschlitz 2, der dritte im Zeitschlitz 4 und der vierte im Zeitschlitz 6 des BCCH-Trägers transportiert wird. Ein weiterer Parameter, BS_CCCH_SDCCH_COMB, gibt an, ob CCCH zusammen mit *Dedicated Control Channel* DCCH SDCCH(0...3) und SACCH(0...3) auf demselben physikalischen Kanal übertragen werden. Jeder dieser dedizierten Steuerkanäle besteht in diesem Fall aus vier Unterkanälen.

**Tabelle 5.5:** Zuordnung Rahmennummer – BCCH-Nachricht

| TC | System Information Message |
|---|---|
| 0 | Typ 1 |
| 1 | Typ 2 |
| 2,6 | Typ 3 |
| 3, 7 | Typ 4 |
| 4,5 | beliebig (optional) |

Jedem der CCCHs einer Basisstation ist eine eigene Gruppe CCCH_GROUP von Mobilstationen zugeordnet, die nur auf diesem CCCH wahlfreie Zugriffe (RACH) ausführen und Paging-Nachrichten (PCH) empfangen können. Darüber hinaus muß eine Mobilstation normalerweise nur jeden N-ten Block des *Paging Channel* PCH auf für sie bestimmte Paging-Nachrichten abhören. Die Anzahl Paging-Blöcke N ergibt sich aus der Anzahl Paging-Blöcke je 51-Rahmen-Multiframe eines CCCH multipliziert mit der Anzahl Multiframes BS_PA_MFRMS zwischen Paging-Nachrichten an Mobilstationen derselben Paging-Gruppe (PAGING_GROUP).

Die CCCH- und Paging-Gruppen dienen besonders in Zellen mit hohem Verkehrsaufkommen zur Trennung des Verkehrs und zur Reduktion der Last auf den einzelnen CCCHs. Dazu ermittelt jede Mobilstation aus ihrer IMSI mit einem einfachen Algorithmus basierend auf den Parametern BS_CC_CHANS, BS_PA_MFRMS und N ihre jeweilige CCCH_GROUP und PAGING_GROUP.

## 5.5 Radio Subsystem Link Control

Die Funkschnittstelle weist noch einige weitere Funktionen und Merkmale auf, von denen hier nur die wichtigsten diskutiert werden. Dazu gehört auch die Steuerung des Funklinks (*radio subsystem link control*). Diese beinhaltet vor allem die Messung der Empfangsqualität (*quality monitoring*) zur Zellauswahl und Handover-Vorbereitung und die Sendeleistungsregelung (*power control*).

Besteht keine aktive Verbindung, befindet sich eine Mobilstation also im Ruhezustand, fallen dem *Base Station Subsystem* BSS keine Aufgaben zu. Die MS ist im Ruhezustand allerdings zu einer kontinuierlichen Beobachtung der BCCH-Träger in der aktuellen und allen benachbarten Zellen verpflichtet, um stets diejenige Zelle als aktuelle auswählen zu können, in der mit größtmöglicher Wahrscheinlichkeit gesichert kommuniziert werden kann. Eine eventuelle Neuwahl der aktuellen Zelle macht dann auch unter Umständen einen *Location Update* notwendig.

Die Funktionen der Kanalmessung und Sendeleistungsregelung dienen während einer Verbindung (TCH, SDCCH) neben *Adaptive Frame Alignment* (siehe 5.3.2) und *frequency hopping* (siehe 5.2.3) zur Aufrechterhaltung und Optimierung des Funkkanals, solange bis die aktuelle Verbindung gesichert an die nächste Basisstation übergeben werden kann (*handover*).

Diese Funktionen werden über den SACCH gesteuert. Dazu sind in einem SACCH-Block zwei Felder definiert, das Leistungsniveau und die *Timing Advance* **TA** (Bild 5.18). Im Downlink enthalten diese Felder die Werte, die vom BSS angeordnet werden, im Uplink setzt die MS ihre aktuellen Werte ein. Die Meßwerte des *quality monitoring* werden im Datenteil des SACCH-Blocks übertragen.

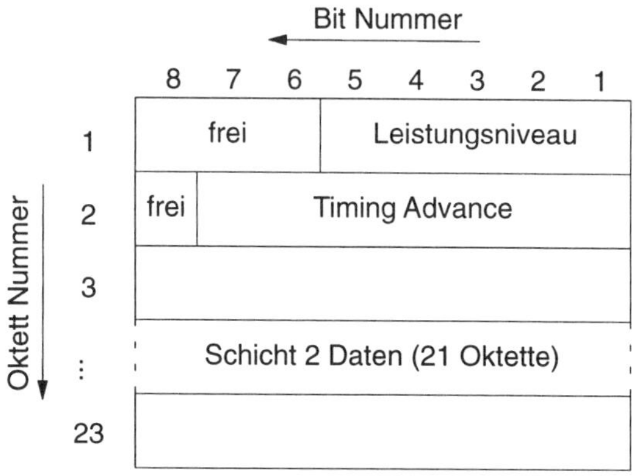


**Bild 5.18:** Format eines SACCH-Blocks

Zur Veranschaulichung der *Radio Subsystem Link Control* für etablierte Verbindungen soll kurz der Ablauf auf der BSS-Seite vorgestellt werden, bevor im folgenden auf die einzelnen Funktionen detailliert eingegangen wird. Prinzipiell läßt sich die Funklinksteuerung in drei Aufgabenbereiche teilen: die Meßwerterfassung- und verarbeitung, die Sendeleistungsregelung und die Handover-Steuerung.

Im Beispiel von Bild 5.19 startet der Prozeß BSS_Link_Control bei der Initialisierung die Prozesse BSS_Power_Control und BSS_HO_Control, um dann in eine Schleife (Measuring) zu gehen, die durch das Ende der Verbindung wieder verlassen wird. In dieser Schleife werden periodisch (alle 480ms) Meßdaten entgegengenommen und aktuelle Mittelwerte errechnet. Diese Meßdaten werden nun zunächst der Sendeleistungsregelung zur eventuell notwendigen Anpassung der Sendeleistungen von MS und BSS an die neue Situation übergeben. Danach werden die Meßdaten und das Ergebnis der Leistungsregelung dem Handover-Prozeß signalisiert, der damit eine Handoverentscheidung treffen kann.

## 5.5.1 Kanalmessung

Im Rahmen der *radio subsystem link control* werden die erreichbaren Basisstationen von der Mobilstation identifiziert und die jeweilige Empfangsfeldstärke und Kanalqualität ermittelt (*quality monitoring*). Im Ruhezustand (*idle mode*) dienen diese Messungen dazu, die aktuelle Basisstation auszuwählen, deren Paging-Kanal (*Paging Channel* **PCH**) dann periodisch abgehört wird und auf deren RACH Verbindungswünsche signalisiert werden.

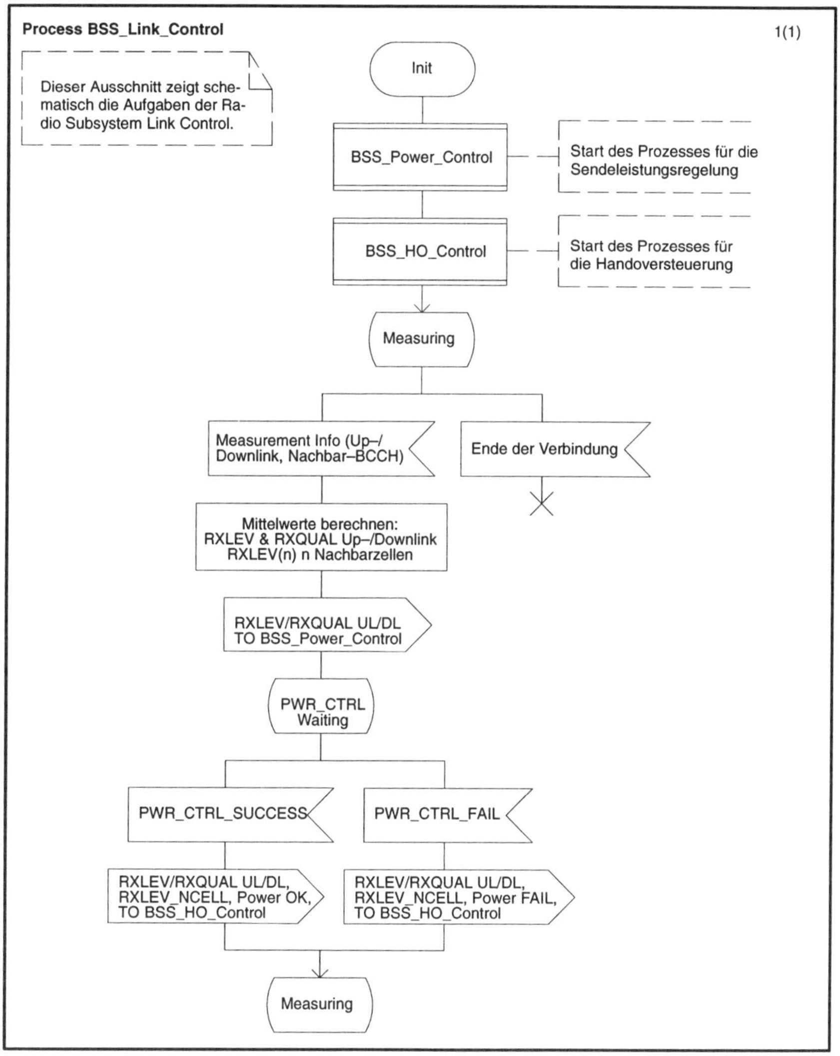


**Bild 5.19:** Prinzipablauf der Radio Subsystem Link Control

Während einer aufgebauten Verbindung (TCH oder SDCCH jeweils mit SACCH/FACCH) werden diese Meßergebnisse auf dem SACCH als Meßbericht (*measurement report/measurement info*) an die aktuelle Basisstation versandt. Auf diesen Reports basieren die Algorithmen für Handover und Sendeleistungsregelung.

Grundlage für diese Messungen sind zum einen der Up- und Downlink des aktuellen Kanals (TCH, SDCCH) und zum anderen die BCCH-Träger, die von jeder BTS kontinuierlich in allen Zeitschlitzen mit konstanter Leistung abgestrahlt werden. Es ist dabei besonders wichtig, daß die Sendeleistung der BCCH-Träger konstant gehalten wird, um eine vergleichende Messung benachbarter Basisstationen zu ermöglichen. Eine Liste von BCCH-Trägern der benachbarten Zellen (*BCCH Allocation*) wird der Mobilstation von ihrer aktuellen BTS zur Verfügung gestellt, so daß sie in der Lage ist, alle für einen Handover in Frage kommenden benachbarten Zellen zu vermessen. Die Identität der jeweiligen Zelle wird mit dem BSIC im BCCH ausgestrahlt. Bis zu 36 BCCH-Träger-Frequenzen und zugehörige BSICs können auch auf der SIM-Karte gespeichert sein.

Grundsätzlich existieren in GSM zwei Parameter, um die Qualität eines Kanals zu beschreiben: die Empfangsfeldstärke **RXLEV**, gemessen in dBm, und die Signalqualität **RXQUAL**, gemessen als Bitfehlerhäufigkeit vor der Fehlerkorrektur in Prozent (Tabelle 5.6 und Tabelle 5.7). Die Empfangsfeldstärke wird von Mobil- und Basisstation mit einem Meßbereich von -110 dBm bis -48 dBm kontinuierlich in jedem empfangenen Burst gemessen. Durch Mittelung entsteht daraus der jeweilige RXLEV-Wert.

**Tabelle 5.6:** Meßbereich der Empfangsfeldstärke

| Stufe | Empfangsfeldstärke | |
|---|---|---|
| | von | bis |
| RXLEV_0 | ... | -110 dBm |
| RXLEV_1 | -110 dBm | -109 dBm |
| ... | ... | ... |
| RXLEV_62 | -49 dBm | -48 dBm |
| RXLEV_63 | -48 dBm | ... |

Die Bitfehlerhäufigkeit vor der Fehlerkorrektur kann durch mehrere verschiedene Verfahren ermittelt werden, z.B. kann sie durch Informationen aus dem Kanalschätzverfahren (vgl. *equalization*) anhand der Trainingssequenzen geschätzt werden, oder es kann durch erneutes Kodieren der dekodierten, fehlerkorrigierten Datenblöcke und Vergleich mit dem jeweiligen empfangenen Datenblock die Anzahl fehlerhafter (korrigierter) Bits ermittelt werden. Da die Daten vor der Fehlerkorrektur in Blöcken von 456 Bit vorliegen (siehe Kap. 6.2 und Bild 6.9), kann die Bitfehlerhäufigkeit maximal mit einer Quantisierungsauflösung von etwa $2*10^{-3}$ angegeben werden. Wiederum durch Mittelung wird aus dieser Information der RXQUAL-Wert bestimmt.

**Tabelle 5.7:** Meßbereich der Bitfehlerhäufigkeit

| Stufe | Bitfehlerhäufigkeit | |
|---|---|---|
| | von | bis |
| RXQUAL_0 | ... | 0.2 % |
| RXQUAL_1 | 0.2 % | 0.4 % |
| RXQUAL_2 | 0.4 % | 0.8 % |
| RXQUAL_3 | 0.8 % | 1.6 % |
| RXQUAL_4 | 1.6 % | 3.2 % |
| RXQUAL_5 | 3.2 % | 6.4 % |
| RXQUAL_6 | 6.4 % | 12.8 % |
| RXQUAL_7 | 12.8 % | ... |

#### 5.5.1.1 Kanalmessung im Ruhezustand

Im Ruhezustand (*idle mode*, siehe auch Bild 7.17) ist es die Aufgabe der Mobilstation, stets über ihre Umgebung Bescheid zu wissen. Das dient vor allem dazu, die Mobilstation einer Zelle zuzuordnen, deren BCCH-Träger sie verläßlich dekodieren kann. Ist dies der Fall, ist die Mobilstation in der Lage, Systeminformationen und Paging-Nachrichten auszulesen. Sollte ein Verbindungswunsch vorliegen, kann die Mobilstation nun in dieser Zelle mit hoher Wahrscheinlichkeit kommunizieren.

Dabei gibt es zwei mögliche Ausgangszustände:

- die MS besitzt kein a-priori-Wissen über das aktuelle Netz, insbesondere darüber, welche Frequenzen BCCH-Träger sind

oder

- die MS besitzt eine gespeicherte Liste von BCCH-Trägern.

Im ungünstigeren ersten Fall muß die Mobilstation alle 124 Frequenzen absuchen, Empfangsfeldstärken messen und jeweils einen Mittelwert, basierend auf mindestens fünf Meßwerten, bilden. Die Messungen der einzelnen Träger sollen dabei gleichmäßig verteilt über eine Periode von drei bis fünf Sekunden erfolgen. Nach spätestens fünf Sekunden liegen also mindestens 620 Meßwerte vor, mit denen 124 RXLEV-Werte bestimmt werden. Die Träger mit den höchsten RXLEV-Werten sind am wahrscheinlichsten auch BCCH-Träger, da auf diesen Trägern kontinuierlich gesendet werden muß. Endgültig identifiziert werden die BCCH anhand der Frequenzkorrekturbursts des FCCH. Sind die empfangbaren BCCH-Träger gefunden, synchronisiert sich die Mobilstation, beginnend beim Träger mit dem höchsten RXLEV-Wert, auf jeden BCCH auf und liest die Systeminformationen aus.

Diese “Standortbestimmung” der Mobilstation kann wesentlich beschleunigt werden, wenn eine Liste von BCCH-Trägern im SIM des Teilnehmers gespeichert ist. Die Mobilstation versucht dann zunächst anhand dieser Liste, sich auf bekannte BCCH-Träger aufzusynchronisieren. Erst wenn sie keinen der gespeicherten BCCH-Träger finden kann, beginnt sie mir der normalen BCCH-Suche. Eine Mobilstation kann für mehrere der zuletzt besuchten Netze jeweils eine Liste von BCCH-Trägern führen.

#### 5.5.1.2 Kanalmessung während einer Verbindung

Während einer aufgebauten Verkehrs- (TCH) oder Signalisierungsverbindung (SDCCH) erfolgt die Kanalmessung der Mobilstation jeweils über ein SACCH-Intervall, das im Falle eines TCH 104 TDMA-Rahmen (480 ms) und im Falle eines SDCCH 102 TDMA-Rahmen (470.8 ms) lang dauert.

Für den aktuellen Kanal werden dabei zwei Parameter ermittelt: die Empfangsfeldstärke RXLEV und die Signalqualität RXQUAL. Diese beiden Werte werden über ein SACCH-Intervall (480 ms bzw. 470.8 ms) gemittelt und an die Basisstation übertragen. Das geschieht mit einem Meßbericht (*measurement report/measurement info*) im SACCH. Damit kann die Downlink-Qualität des augenblicklich der Mobilstation zugeteilten Kanals vom BSS beurteilt werden. Zusätzlich zu diesen Messungen des Downlinks durch die Mobilstation mißt die Basisstation auch die RXLEV- und RXQUAL-Werte des entsprechenden Uplinks.

Um eine Handoverentscheidung treffen zu können, müssen auch Informationen über mögliche Handover-Ziele vorliegen. Deshalb muß die Mobilstation während eines Gesprächs kontinuierlich die BCCH-Träger von bis zu sechs benachbarten Basisstationen beobachten. Gemessen wird dabei jeweils während der von der MS nicht genutzten Zeitschlitze die Empfangsfeldstärke RXLEV der benachbarten BCCH-Träger (siehe Bild 5.7). Für die sechs stärksten Signale fließen die BCCH-Meßergebnisse in den *Measurement Report* mit ein und werden an das BSS übertragen.

Die Empfangsfeldstärke und die Frequenz eines BCCH-Trägers alleine sind allerdings noch kein eindeutiges Kriterium für einen erfolgreichen Handover. Aufgrund der Frequenzwiederholung in zellularen Netzen – vor allem mit kleinen Clustern – kann eine Zelle eventuell mehr als eine Nachbarzelle mit derselben BCCH-Träger-Frequenz besitzen, d.h. es existieren mehrere Nachbarzellen, die den gleichen BCCH-Träger nutzen. Damit ist es in jedem Fall notwendig, auch die Identität (BSIC) der jeweiligen Nachbarzelle zu kennen. Gleichzeitig mit der Empfangsfeldstärkenmeßung muß sich deshalb eine Mobilstation auch auf den BCCH dieser sechs Nachbarzellen aufsynchronisieren und zumindest die SCH-Informationen auslesen.

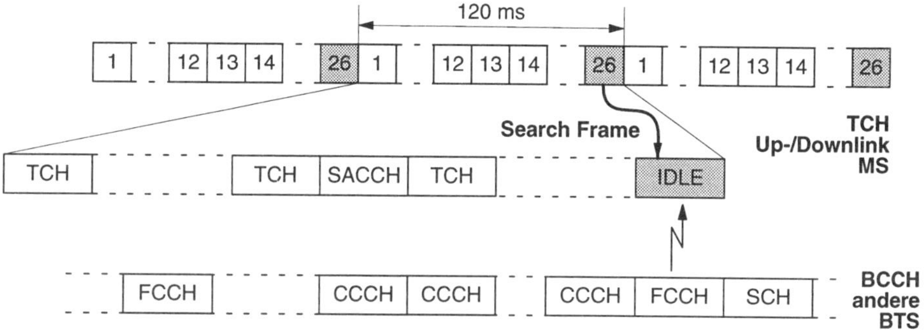


**Bild 5.20:** Synchronisation mit Nachbarzellen während eines Gesprächs

Dazu ist zunächst jeweils der FCCH-Burst des BCCH-Trägers zu suchen, um dann den SCH im darauffolgenden TDMA-Rahmen lesen zu können. Da der FCCH/SCH/BCCH immer im Zeitschlitz 0 des BCCH-Trägers gesendet wird, kann während eines Gesprächs diese FCCH-Suche nur in unbelegten Rahmen erfolgen, d.h. im Falle eines Vollraten-TCH im IDLE-Rahmen des Multiframes (Rahmen Nummer 26, Bild 5.16 und Bild 5.20). Diese freien Rahmen werden deshalb auch *search frames* genannt.

Innerhalb eines SACCH-Blocks von 480 ms (vier 26-Rahmen-Multiframes zu 120 ms) gibt es also genau vier *search frames*. In diesen Rahmen muß die Mobilstation nun die umliegenden BCCH-Träger nach FCCH-Bursts absuchen, um sich aufsynchronisieren und den SCH dekodieren zu können. Wie aber können im synchronisierten Betrieb innerhalb genau dieser Rahmen die Träger nach den Synchronisationspunkten abgesucht werden?

Das ist dadurch möglich, daß im aktuellen Verkehrskanal und den jeweiligen BCCH-Trägern unterschiedliche Multiframes eingesetzt werden. Während der Verkehrskanal einen 26-Rahmen-Multiframe benutzt, ist der Zeitschlitz 0 des BCCH-Trägers mit dem FCCH/SCH/BCCH in 51-Rahmen-Multiframes organisiert. Dieses Verhältnis der unterschiedlichen Multiframe-Längen bewirkt, daß sich die relative Lage des *search frames* (Rahmen 26 im TCH-Multiframe) gegenüber dem BCCH-Multiframe innerhalb von 240 ms genau um eine Rahmendauer verschiebt (Bild 5.21). Der *search frame* läuft also sozusagen den BCCH-Multiframe entlang, so daß spätestens nach 11 TCH-Multiframes (= 1,320 s) im *search frame* ein Frequenzkorrekturburst einer benachbarten Basisstation sichtbar wird.

Damit ist die Mobilstation in der Lage, den BSIC zu dem entsprechenden RXLEV-Meßwert zu ermitteln. Nur solche BCCH-Träger-Messungen, bei denen die Identität der Basisstation zweifelsfrei ermittelt werden konnte, werden in einem Meßreport an die aktuelle Basisstation gesandt.

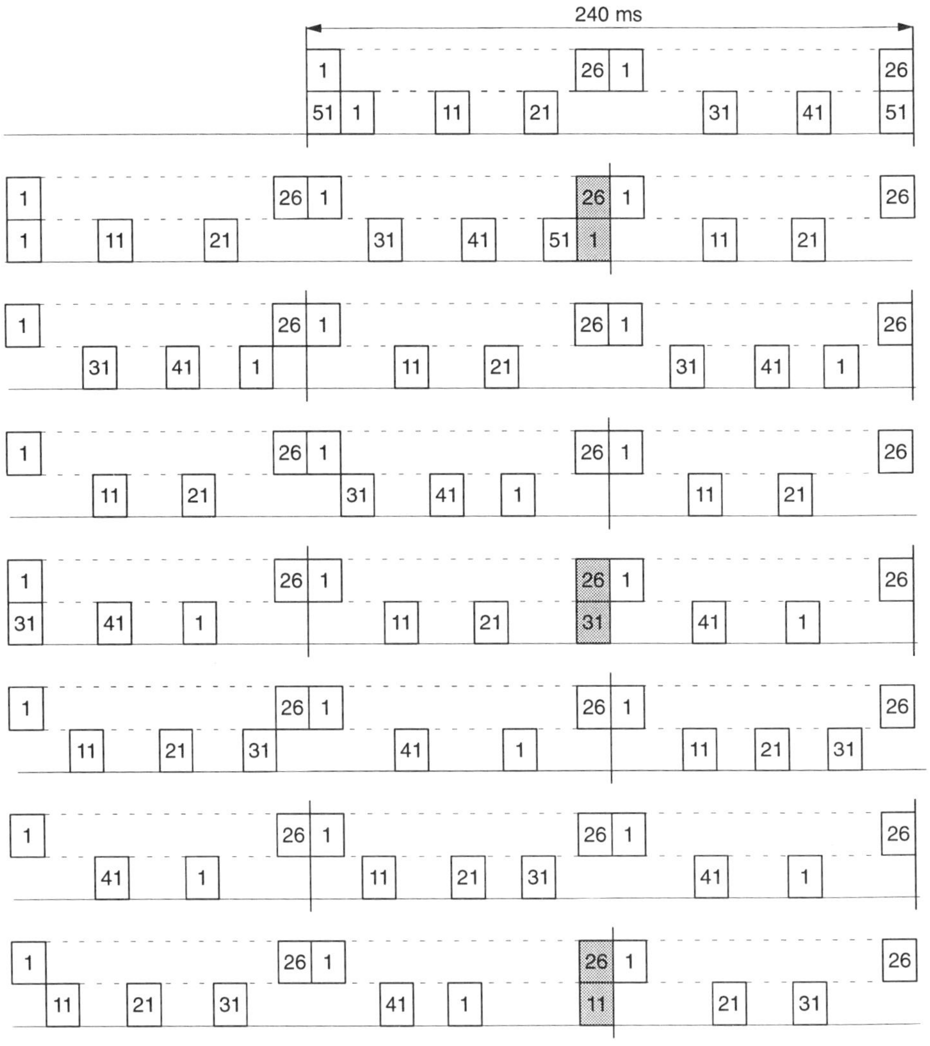


**Bild 5.21:** Prinzip FCCH-Suche im Search Frame

Basierend auf diesen Werten zusammen mit der Entfernung der Mobilstation und der augenblicklichen Interferenz in nicht zugewiesenen Zeitschlitzen kann die Basisstation eine Handover-Entscheidung treffen.

Der Algorithmus zur Handover-Entscheidung ist dabei nicht im GSM-Standard festgelegt, es können jeweils vom Netzbetreiber für das Netz und die lokale Situation optimierte Algorithmen eingesetzt werden. Der GSM-Standard macht lediglich einen Basis-Vorschlag, der die minimalen Anforderungen an einen Handover-Entscheidungsalgorithmus erfüllt. Dieser Algorithmus definiert Schwellwerte, die jeweils über- bzw. unterschritten werden müssen, um eine gesicherte Handover-Entscheidung treffen zu können und sog. Ping-Pong-Handover, die zwischen zwei Zellen mehrfach hin und her pendeln, zu vermeiden. Der Entscheidungsalgorithmus gehört zwar zur Radio Subsystem Link Control, seine Diskussion erfolgt aber aus Gründen der Übersichtlichkeit zusammen mit der Handover-Signalisierung (siehe Kap. 8.4.3).

## 5.5.2 Sendeleistungsregelung

Zusätzlich zu den Leistungsklassen (Tabelle 5.8), in die Basis- und Mobilstationen eingeteilt werden, kann die Sendeleistung jeweils adaptiv geregelt werden. Im Rahmen der Funktionen der *Radio-Subsystem Link Control* wird dabei vor allem die Sendeleistung der Mobilstation in Schritten von 2 dBm geregelt.

**Tabelle 5.8:** GSM Leistungsklassen

| Leistungsklasse | Max. Spitzensendeleistung | |
|---|---|---|
| | Mobilstation | Basisstation |
| 1 | 20 W (43 dBm) | 320 W |
| 2 | 8 W (39 dBm) | 160 W |
| 3 | 5 W (37 dBm) | 80 W |
| 4 | 2 W (33 dBm) | 40 W |
| 5 | 0,8 W (29 dBm) | 20 W |
| 6 | – | 10 W |
| 7 | – | 5 W |
| 8 | – | 2,5 W |

Die Sendeleistungsregelung ist in GSM vorgesehen, damit alle Mobilstations-Signale nur mit der minimal notwendigen Energie abgestrahlt werden und an der Basisstation die Signale verschiedener Mobilstationen mit annähernd gleichem Pegel empfangen werden. Dazu sind 16 Stufen der Sendeleistungskontrolle definiert: Stufe 0 (43 dBm = 20 W) bis Stufe 15 (13 dBm). Beginnend auf der niedrigsten Stufe 15 kann die Basisstation die Sendeleistung eines Mobilgerätes bis zur maximalen Spitzensendeleistung der jeweiligen Leistungsklasse in Schritten von 2 dBm erhöhen und entsprechend auch wieder reduzieren. Genauso kann die Sendeleistung der GSM-Basisstation in Schritten von 2 dBm geregelt werden. Eine Ausnahme bildet der BCCH-Träger einer Basisstation: für diesen Träger muß die Sendeleistung konstant sein, um den Mobilstationen eine vergleichende Messung der benachbarten BCCH-Träger zu ermöglichen.

Die Regelung der Sendeleistung basiert auf den Meßwerten RXLEV und RXQUAL, für die jeweils untere und obere Schwellenwerte im Uplink und im Downlink definiert sind (Tabelle 5.9). Liegen P der letzten N (P und N durch Netzmanagement einstellbar) errechneten Mittelwerte des jeweiligen Qualitätskriteriums (RXLEV, RXQUAL) über bzw. unter dem jeweiligen Schwellenwert, so kann das BSS die Sendeleistung nachregeln (Bild 5.22).

Sind die Schwellen U_xx_UL_P des Uplink überschritten, so wird die Sendeleistung der Mobilstation reduziert und entsprechend die Mobilstation angewiesen, ihre Sendeleistung zu erhöhen, wenn die Schwelle L_xx_UL_P unterschritten wird. Analog kann die Sendeleistung der Basisstation nachgeregelt werden, wenn die Kriterien des Downlink über- bzw. unterschritten werden.

Selbst wenn die Schwellwerte für die Nachregelung der Sendeleistung nicht über- bzw. unterschritten werden, können die aktuellen RXLEV/RXQUAL-Mittelwerte aufgrund der Handover-Schwellwerte (Tabelle 8.1) das Wechseln der Verbindung (Handover) auf einen anderen Kanal der aktuellen oder einer anderen Zelle notwendig machen.

Deshalb folgt auf die Prüfung der Sendeleistungs-Grenzwerte sofort eine Prüfung der Handover-Schwellwerte als zweiter Teil der Radio Subsystem Link Control (Bild 5.19 und Bild 8.17).

Wird einer der Schwellwerte unter- bzw. überschritten und kann die Sendeleistung nicht mehr entsprechend nachgeregelt werden, d.h. die jeweilige Sendeleistung hat ihren minimalen bzw. maximalen Wert erreicht, so liegt eine zwingende Ursache für einen Handover vor (PWR_CTRL_FAIL, vgl. Tabelle 8.2), dessen Notwendigkeit das BSS umgehend dem MSC signalisiert (siehe Kap. 8.4).

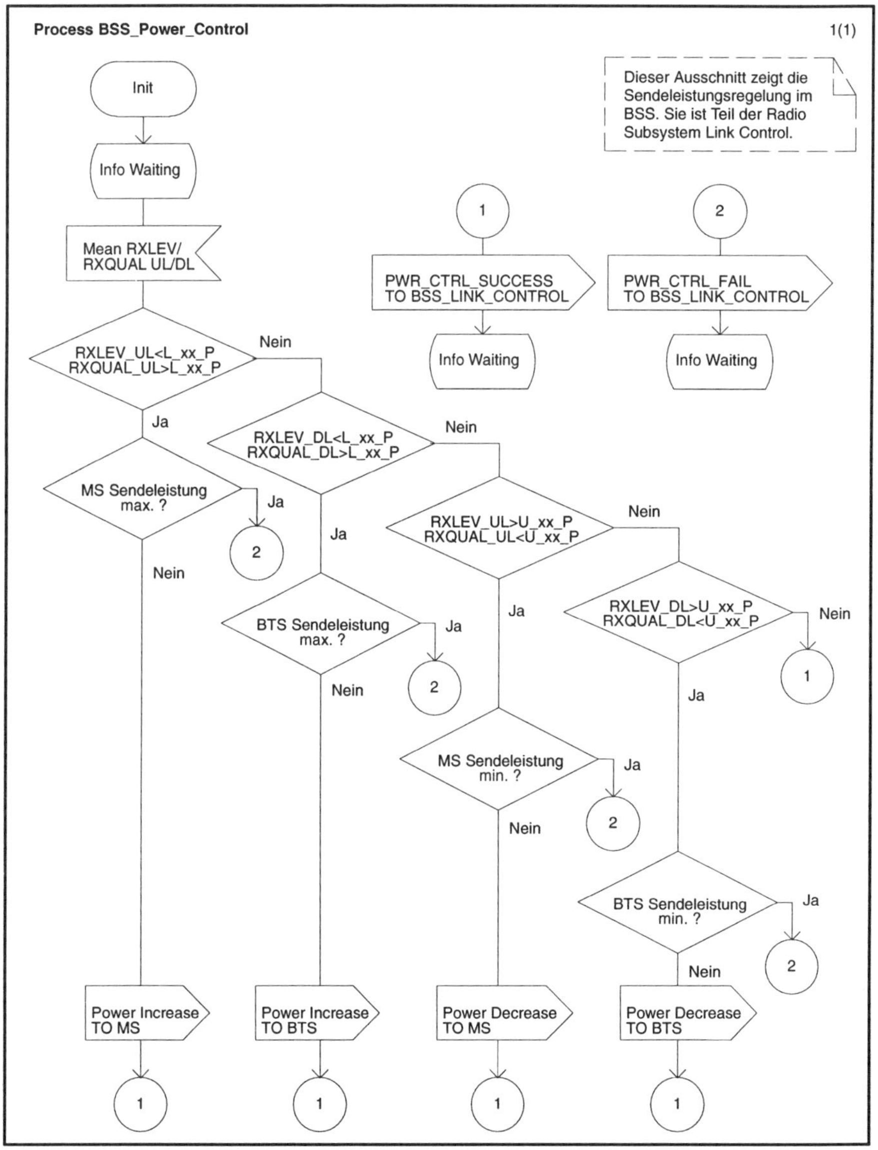


**Bild 5.22:** Ablauf der Sendeleistungsregelung (schematisch)

**Tabelle 5.9:** Schwellwerte für die Sendeleistungsregelung

| Schwellwert | Typ. Wert | Bedeutung |
|---|---|---|
| L_RXLEV_UL_P | -103 bis -73 dBm | Schwellen für Erhöhung der Sendeleistung in Up-/Downlink |
| L_RXLEV_DL_P | -103 bis -73 dBm | |
| L_RXQUAL_UL_P | - | |
| L_RXQUAL_DL_P | - | |
| U_RXLEV_UL_P | - | Schwellen für Reduktion der Sendeleistung in Up-/Downlink |
| U_RXLEV_DL_P | - | |
| U_RXQUAL_UL_P | - | |
| U_RXQUAL_DL_P | - | |

## 5.5.3 Verbindungsabbruch wegen Ausfall der Funkverbindung

Während einer bestehenden Verbindung kann der Kanal in seiner Qualität erheblich schwanken oder sogar, im Falle von Abschattungen, vollständig ausfallen. Dabei soll nicht augenblicklich ein Verbindungsabbruch erfolgen, da solche Ausfallerscheinungen oft sehr kurzzeitig sind. Deshalb wurde in GSM ein spezieller Algorithmus in die *Radio Subsystem Link Control* eingebaut, der eine ständige Konnektivitätsprüfung vornimmt. Dabei wird der Ausfall einer Funkverbindung (*radio link failure*) anhand nicht decodierbarer Signalisierungsnachrichten (im SACCH) erkannt. Diese Konnektivitätsprüfung wird sowohl von der Mobilstation als auch vom BSS durchgeführt. Der Abbruch der Verbindung erfolgt nicht sofort, sondern verzögert, dadurch daß erst mehrere Ausfälle (fehlerhafte Protokollnachrichten) in Folge als gültiges Abbruchkriterium gewertet werden.

Im Downlink (Mobilstation) ist die Prüfung basierend auf der Häufigkeit fehlerhafter (nicht decodierbarer) SACCH-Meldungen vorgeschrieben. Der Fehlerschutz im SACCH besitzt sehr leistungsfähige Fehlerkorrektureigenschaften und garantiert eine sehr geringe Wahrscheinlichkeit in der Größenordnung von $10^{-10}$ für nicht erkannte falsch korrigierte Bit in SACCH-Meldungen.

Dadurch kann anhand fehlerhafter SACCH-Meldungen auch die Qualität des Downlinks abgelesen werden, die bereits relativ schlecht ist, wenn Fehler im SACCH nicht mehr korrigiert werden können. Ist eine Anzahl SACCH-Meldungen in Folge fehlerhaft, wird der Link als zu schlecht eingestuft und die entsprechende Verbindung abgebrochen. Dazu ist ein Zähler S definiert, der mit jeder fehlerfrei empfangenen SACCH-Meldung um 2 inkrementiert und mit jeder fehlerhaften SACCH-Meldung um 1 dekrementiert wird (Bild 5.23). Erreicht der Zähler den Stand S=0, wird der Downlink als ausgefallen deklariert und die Verbindung abgebrochen. Dieser Ausfall wird den höheren Schichten (*Mobility Management* MM) signalisiert, die dann ihrerseits einen Wiederaufbau der Verbindung (*call reestablishment*) einleiten können. Der Wert, den der Zähler S maximal annehmen kann, RADIO_LINK_TIMEOUT, bestimmt damit die Zeitspanne, die ein Kanal mindestens ausfallen muß, bis eine Verbindung abgebrochen wird. Nach der Zuweisung eines dedizierten Kanals (TCH, SDCCH) startet die MS diesen Prozeß und initialisiert den Zähler S mit diesem Wert (Bild 5.23), der für jede Zelle individuell festgelegt werden kann und im BCCH bekanntgegeben wird.

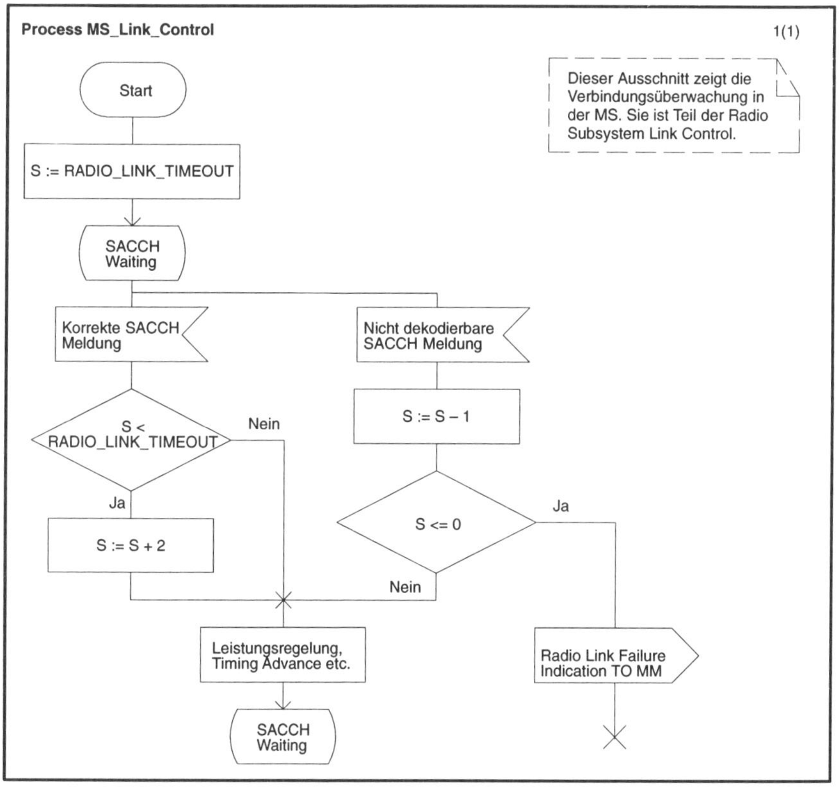


**Bild 5.23:** Prozedur der MS für den Verbindungsabbruch

Entsprechend wird diese Prüfung auch im Uplink durchgeführt. Beide Male setzt dies allerdings voraus, daß im SACCH kontinuierlich Daten übertragen werden, d.h.

wenn keine Signalisierungsnachrichten vorliegen, werden Fülldaten gesandt. Im Uplink werden dazu stets aktuelle Kanalmeßberichte (*measurement report*) versandt, während im Downlink Systeminformationen (Typ 5 und 6) verschickt werden (siehe auch Kap. 7.4.3).

## 5.5.4 Zellauswahl und Stromsparbetrieb

### 5.5.4.1 Cell Selection und Cell Reselection

Eine Mobilstation im Ruhezustand (*idle mode*) ist verpflichtet, periodisch die Empfangsfeldstärke der empfangbaren BCCH-Träger umliegender Basisstationen zu messen und zu einem Mittelwert RXLEV(n) zu verarbeiten (siehe Kap. 5.5.1.1). Basierend auf diesen Meßwerten wählt die Mobilstation die am besten empfangbare Zelle aus. Sobald eine Mobilstation sich auf eine Zelle festgelegt hat (*camping on a cell*), ist ein Dienstzugang möglich. In dieser Zelle hört sie periodisch den Paging-Kanal PCH ab.

Für die automatische Zellauswahl sind zwei Kriterien, das Pfadverlustkriterium C1 und das Reselektionskriterium C2 definiert. Anhand des Pfadverlustkriteriums C1 werden mögliche Zellen für das *Camping* identifiziert. Für diese Zellen muß C1 größer als Null sein. Spätestens alle fünf Sekunden muß eine Mobilstation die Kriterien C1 und C2 für die aktuelle und die benachbarten Zellen berechnen. Wenn das Pfadverlustkriterium C1 der aktuellen Zelle kleiner Null wird, ist der Pfadverlust zu dieser Basisstation zu groß geworden. Eine neue Zelle muß gewählt werden. Dazu wird das Kriterium C2 benötigt. Besitzt in diesem Fall eine der benachbarten Zellen ein C2 größer Null, wird sie die neue aktuelle Zelle.

Der Algorithmus für die Zellauswahl (*cell selection*) verwendet zwei weitere Schwellwerte, die im BCCH für die jeweilige Zelle bekanntgegeben werden:

- die minimale Empfangsleistung RXLEV_ACCESS_MIN (typ. -98 dBm bis -106dBm), ab der ein Einbuchen ins Netz in dieser Zelle erlaubt ist
- die maximale Sendeleistung MS_TXPWR_MAX_CCH (typ. 31 dBm bis 39 dBm), mit der ein Mobilgerät auf einem Steuerungskanal (RACH) senden darf, bevor es das erste Kommando zur Sendeleistungsregelung erhalten hat

Unter Berücksichtigung der maximalen Sendeleistung P einer Mobilstation, der Schwelle RXLEV_ACCESS_MIN für den Netzzugang und der maximalen Sendeleistung MS_TXPWR_MAX_CCH, die für den Zugriff einer Mobilstation erlaubt ist, wird das Pfadverlustkriterium C1 definiert als:

$$\begin{aligned} C1(n) \;=\; (\; & RXLEV(n) - RXLEV\_ACCESS\_MIN \\ & - Maximum(\,0, (MS\_TXPWR\_MAX\_CCH - P))\;) \end{aligned}$$

Das Pfadverlustkriterium C1 wird für jede Zelle n, für die ein RXLEV(n) ihres BCCH-Trägers ermittelt werden konnte, berechnet. Anhand dieses Kriteriums kann die zu jedem Zeitpunkt optimale Zelle mit dem geringsten Pfadverlust ermittelt werden. Das ist die Zelle, für die das größte C1>0 festgestellt werden konnte. Während der *Cell Selection* darf die Mobilstation nicht in den Stromsparmodus (DTX, siehe Kap. 5.5.4.2) gehen.

Voraussetzung für die *cell selection* ist, daß die Zelle entweder zum Heimat-PLMN der Mobilstation gehört, oder daß der Mobilstation der Zugriff im PLMN der aktuellen Zelle erlaubt ist. Darüber hinaus ist der Zustand eingeschränkter Dienstzugangsmöglichkeit (*limited service state*) vorgesehen, da gewährleistet sein muß, daß zumindest Notrufe abgesetzt werden können. Eine Mobilstation darf sich daher im *limited service mode* auch auf eine solche Zelle festlegen (campen), wobei dann allerdings ausschließlich Notrufe erlaubt sind. Im *limited service mode* befindet sich die Mobilstation, wenn kein SIM vorhanden ist, die IMSI im Netz unbekannt oder die IMEI gesperrt ist, oder auch, wenn die Zelle, die das beste C1 besitzt, nicht zu einem erlaubten PLMN gehört.

Wenn eine Mobilstation sich auf eine Zelle festgelegt hat, soll sie weiterhin alle BCCH-Träger, die ihr über den BCCH genannt werden (*BCCH Allocation* **BA**) beobachten, solange sie sich im Ruhezustand befindet. Befindet sie sich nicht mehr im Ruhezustand, z.B. wenn ein TCH belegt wurde, dann beobachtet sie nur noch die sechs stärksten benachbarten BCCH-Träger. Diese Liste der sechs stärksten benachbarten BCCH-Träger wird bereits im Ruhezustand angelegt und kontinuierlich geführt. Den BCCH der Zelle, auf die sich die Mobilstation festgelegt hat, soll sie dabei mindestens alle 30 Sekunden dekodieren. Mindestens einmal in fünf Minuten sind auch die vollständigen Informationen der sechs stärksten benachbarten BCCH-Träger auszulesen, mindestens alle 30 Sekunden ist der BSIC dieser sechs BCCH-Träger zu ermitteln. Damit ist die Mobilstation in der Lage, Veränderungen ihrer "Umgebung" festzustellen und entsprechend darauf zu reagieren. Im ungünstigsten Fall haben sich die Bedingungen so stark geändert, daß eine Neuwahl der Zelle, auf die sich die Mobilstation festgelegt hat, notwendig wird (*cell reselection*).

Für die *cell reselection* ist neben dem Pfadverlustkriterium C1 noch das Reselektionskriterium C2 definiert:

$$\begin{aligned} C2(n) &= C1(n) + CELL\_RESELECT\_OFFSET \\ &\quad - (\, TEMPORARY\_OFFSET \times H(PENALTY\_TIME - T)\,) \end{aligned}$$

$$wobei \quad H(x) = \begin{cases} 0 & f\ddot{u}r \quad x < 0 \\ 1 & f\ddot{u}r \quad x \geq 0 \end{cases}$$

Die Zeitspanne T ist in diesem Kriterium die Zeit, die vergangen ist, seit die Mobilstation die Zelle n zum ersten Mal mit einem C1>0 beobachtet hat. Sie wird auf 0 zurückgesetzt, wenn das Pfadverlustkriterium auf C1<0 sinkt. Die Parameter CELL_RESELECT_OFFSET, TEMPORARY_OFFSET und PENALTY_TIME werden im BCCH bekannt gegeben. Im Regelfall sind sie allerdings gleich Null. Sind sie ungleich Null, wird im wesentlichen durch das Kriterium C2 eine zeitliche Hysterese bei der Zell-Neuwahl eingeführt. Es stellt sicher, daß die Mobilstation sich immer auf die Zelle festgelgt hat, in der sie mit der höchsten Wahrscheinlichkeit erfolgreich kommunizieren kann.

Eine Ausnahme bei der Zell-Neuwahl ist, wenn die neue Zelle einer anderen Location Area angehört. In diesem Fall muß C2 nicht nur größer Null sein, sondern es muß C2 > CELL_RESELECT_HYSTERESIS gelten, um zu häufige Location Updates zu vermeiden.

#### 5.5.4.2 Discontinuous Reception (DRX)

Um die Leistungsaufnahme im Ruhezustand in Grenzen zu halten und die Akku-Lebensdauer zu erhöhen (*standby*), kann die Mobilstation den Modus der *Discontinuous Reception* **DRX** aktivieren. In diesem Modus aktiviert sie den Eingangsverstärker nur für die Phasen der Paging-Nachrichten und geht ansonsten in einen besonderen Stromsparmodus, in dem aber trotzdem durch interne Timer die Synchronität mit den BCCH-Signalen aufrechterhalten wird. Die Messung der BCCH-Träger erfolgt im DRX-Modus auch nur in den ungenutzten Zeitschlitzen während der Paging-Blöcke.

## 5.6 Einschaltszenario

Nun sind alle Funktionen, Protokolle und Mechanismen der GSM Funkschnittstelle vorgestellt, die notwendig sind, um ein grundlegendes Einschaltszenario vorzustellen. Das nachfolgende Szenario beschreibt grob die Vorgänge, die beim Einschalten einer Mobilstation ablaufen. Dieser Einschaltvorgang kann in mehrere Schritte unterteilt werden:

1) Unmittelbar nach dem Einschalten – vorausgesetzt ein SIM ist vorhanden – beginnt eine Mobilstation zunächst mit der Suche nach BCCH-Trägern. Im Regelfall besitzt sie eine gespeicherte Liste von bis zu 32 BCCH-Trägern (Bild 5.24) des aktuellen Netzes, die sie nun der Reihe nach durchgeht und bei denen sie eine Leistungsmessung vornimmt (RXLEV). Alternativ, falls sie keine Liste gespeichert hat, wird sie alle Kanäle messen, um eventuelle BCCH-Träger zu finden. Anhand des Pfadverlustkriteriums C1 kann unter Verwendung von in der Liste der BCCH-Träger gespeicherten Schwellwerten (RXLEV_ACCESS_MIN, MS_TXPWR_MAX_CCH) bereits für jeden Träger eine erste Einordnung erfolgen.

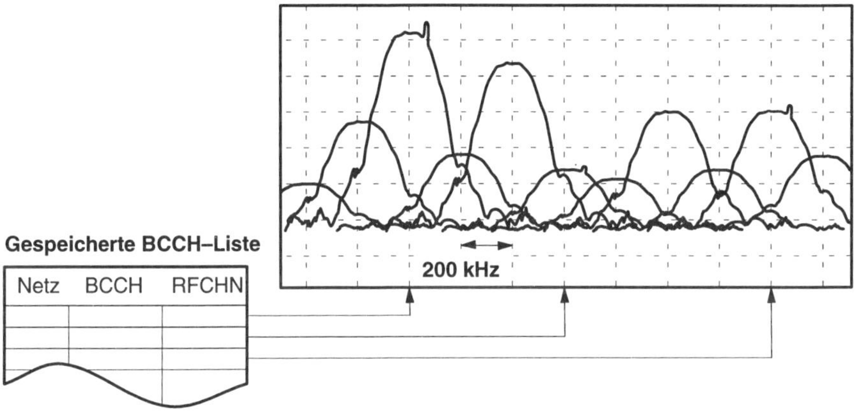


**Bild 5.24:** BCCH-Suche im Leistungsdichtespektrum (schematisch)

2) Nachdem aufgrund der Empfangsfeldstärke RXLEV geeignete Kandidaten gefunden sind, wird, beginnend beim stärksten BCCH-Träger nach dem Sinussignal, der zum BCCH gehörenden FCCH-Bursts gesucht, um die gewählte Frequenz auch als BCCH-Träger zu identifizieren und um synchronisieren zu können. Anhand des Sinussignals des FCCH ist jetzt sowohl eine grobe zeitliche Synchronisation als auch eine Feinabstimmung des Oszillators möglich.

3) Der Synchronisationsburst SB des SCH im direkt auf den FCCH-Burst folgenden TDMA-Rahmen (Bild 5.17) besitzt eine lange Trainingssequenz (Bild 5.6) von 64 Bit, mit der die Feinabstimmung der Frequenzkorrektur und der zeitlichen Synchronisation vorgenommen wird. Damit ist die Mobilstation nun in der Lage, die Synchronisationsinformationen des SCH, den BSIC und die reduzierte TDMA-Rahmennummer RFN, auszulesen. Das geschieht, beginnend mit dem stärksten, für alle BCCH-Träger. Ist aufgrund des BSIC und des Pfadverlustkriteriums C1 eine Zelle geeignet, wird die Mobilstation sich auf diese Zelle festlegen (*cell selection*).

4) Desweiteren erfährt sie aus den Daten des BCCH die genaue Kanalkonfiguration der aktuellen Zelle und die Frequenzen der BCCH-Träger von benachbarten Zellen. Damit kann sie nun in der aktuellen Zelle beginnen, periodisch den *Paging Channel* PCH abzuhören und die Empfangsfeldstärke der benachbarten BCCH-Träger zu messen. Sie legt eine Liste der sechs stärksten benachbarten BCCH-Träger an.

5) Auf die sechs Zellen mit dem stärksten Signal (RXLEV) muß die Mobilstation sich periodisch aufsynchronisieren und ebenfalls die BCCH/SCH-Informationen auslesen, d.h. die Schritte 1 bis vier sind für die sechs Nachbarzellen mit dem besten RXLEV kontinuierlich durchzuführen.
6) Werden anhand des Pfadverlustkriteriums C1 und des Reselektionskriteriums C2 signifikante Änderungen festgestellt, kann die Mobilstation sich auf eine neuen Zelle festlegen (*cell reselection*). Die Bestimmung der beiden Kriterien erfolgt periodisch für den aktuellen BCCH und die sechs stärksten Nachbarzellen.

Zur Begrenzung der Leistungsaufnahme und Verlängerung der *Standby*-Zeit kann eine Mobilstation den Modus der *Discontinuous Reception* **DRX** aktivieren.

# 6 Codierung, Authentifizierung und Chiffrierung

## 6.1 Quellencodierung und Sprachbearbeitung

Die Quellencodierung reduziert die Redundanz im Sprachsignal, woraus eine Kompression des Signals resultiert, so daß zur Übertragung eine deutlich geringere Bitrate notwendig ist, als sie das digitale Sprachsignal aufweist. Der Sprachcoder/-decoder ist der zentrale Teil der GSM Sprachbearbeitungsfunktionen auf der Sender- (Bild 6.1) und der Empfängerseite (Bild 6.2). Die Funktionen des GSM-Sprachcoders und -decoders sind meist in einem Baustein zusammengefaßt, der CODEC (COder/DECoder) genannt wird.

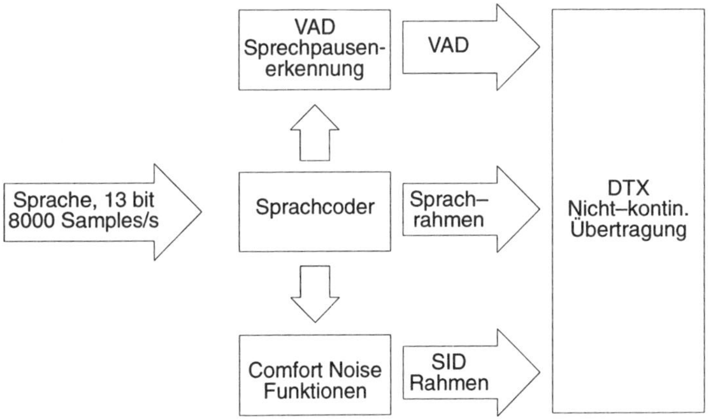


**Bild 6.1:** Schema der Sprachfunktionen auf der Senderseite

Das Sprachsignal wird senderseitig mit einer Rate von 8000 Abtastwerten pro Sekunde abgetastet, wobei die Abtastwerte mit einer Auflösung von 13 Bit dargestellt werden. Das entspricht einer Bitrate von 104 kbit/s je Sprachsignal. Alle 20 Millisekunden liegt damit am Eingang des Sprachcoders ein Sprachrahmen von 160 Abtastwerten zu je 13 Bit an. Der Sprachcoder komprimiert das Sprachsignal zu einem quellencodierten Sprachsignal mit Blöcken von 260 Bit Länge und einer Bitrate von 13 kbit/s. Der GSM Sprachcoder ist also in der Lage, Sprachsignale um den Faktor 8 zu komprimieren. Das Quellencodierverfahren wird im folgenden kurz vorgestellt, detaillierte Darstellungen von Sprachcodierverfahren finden sich z.B. in [32].

Weiterer Bestandteil der senderseitigen Sprachsignalbearbeitung ist die Erkennung von Sprechpausen, die *Voice Activity Detection* **VAD**. Der Sprechpausen-Detektor (Bild 6.1) entscheidet aufgrund eines vom Sprachcoder gelieferten Parametersatzes, ob der aktuelle Sprachrahmen (Dauer: 20 ms) Sprache oder eine Sprechpause enthält. Diese Entscheidung dient zur Abschaltung des Sendeverstärkers in Sprechpausen, die vom DTX-Block gesteuert wird.

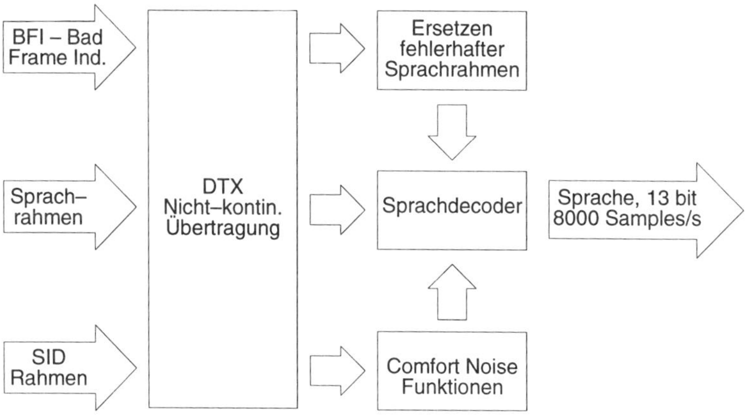


**Bild 6.2:** Schema der Sprachfunktionen auf der Empfängerseite

Die *Discontinuous Transmission* **DTX** nutzt die Tatsache aus, daß während eines normalen Telefongesprächs selten beide Seiten gleichzeitig sprechen und daher jede Übertragungsrichtung nur etwa für die Hälfte der Gesprächsdauer auch tatsächlich Sprachdaten transportieren muß. Im DTX-Modus wird der Sender entsprechend nur dann aktiviert, wenn im aktuellen Rahmen auch tatsächlich Sprachinformationen enthalten sind. Diese Entscheidung basiert auf dem VAD-Signal der Sprechpausenerkennung. Durch die Aktivierung des DTX-Modus kann zum einen die Leistungsaufnahme gesenkt und die Akkulebensdauer verlängert werden. Zum anderen wird durch die Reduktion der gesendeten Energie insgesamt das Interferenzniveau gesenkt und damit die spektrale Effizienz des GSM-Mobilfunksystems verbessert. Die fehlenden Sprachrahmen werden empfängerseitig durch ein synthetisiertes Hintergrundgeräusch (*Comfort Noise*, Bild 6.2) ersetzt. Die Parameter für den *Comfort-Noise-Synthesizer* werden in einem speziellen SID-Rahmen übertragen.

Durch laufende Messung des (akustischen) Hintergrundgeräusches wird senderseitig dieser *Silence Descriptor* **SID** generiert. Es handelt sich dabei um einen Sprachrahmen, der am Ende eines Sprachbursts, also zu Beginn einer Sprechpause, als speziell gekennzeichneter Sprachrahmen gesendet wird. Damit wird dem Empfänger gleichzeitig das Ende des Sprachbursts signalisiert, und er kann mit den Parametern des erhaltenen SID-Rahmens den Synthesizer für den Comfort Noise aktivieren. Auch während einer Sprechpause wird zur Aktualisierung der Geräuschcharakteristik periodisch ein SID-Rahmen gesendet. Die Generierung dieses künstlichen Hintergrundgeräusches verhindert, daß im DTX-Modus das während eines Sprachbursts mitübertragene, hörbare Hintergrundgeräusch in einer Sprechpause abrupt auf ein minimales Niveau absinkt. Diese Modulation des Hintergrundgeräusches würde vom menschlichen Gehör als äußerst störend empfunden und die Verständlichkeit des Sprachsignals deutlich verschlechtern. Das Einfügen von Comfort Noise ist für diesen sog. Geräusch-Kontrast-Effekt eine wirkungsvolle Gegenmaßnahme.

Ein weiterer Verlust von Sprachrahmen passiert, wenn bei der Übertragung aufgetretene Bitfehler nicht durch den Fehlerschutz der Kanalcodierung korrigiert werden können und der Block im Empfänger nur noch als fehlerhafter Sprachrahmen ankommt und verworfen werden muß. Diese fehlerhaften Sprachrahmen werden vom Kanaldecoder mit dem BFI-Flag (*Bad Frame Indication* **BFI**) signalisiert. In diesem Fall wird der betroffene Sprachrahmen verworfen und dieser verlorene Rahmen durch einen prädiktiv aus den vorhergehenden Sprachrahmen berechneten Rahmen ersetzt. Diese Technik wird als Fehlerverdeckung (*Error Concealment*) bezeichnet. Simples Einsetzen von Comfort Noise ist nicht erlaubt. Nach dem 16. Verlust eines Sprachrahmens in Folge wird der Empfänger stummgeschaltet, um den temporären Ausfall des Kanals akustisch zu signalisieren.

Die eigentliche Sprachkompression findet im Sprachcoder statt. Der GSM-Sprachcoder arbeitet mit einem Verfahren, das *Regular Pulse Excitation – Long Term Prediction – Linear Predictive Coder* **RPE-LTP** genannt wird. Es handelt sich dabei um ein linear-prädiktives Verfahren mit Langzeitvorhersage, das zur Familie der hybriden Sprachcoder gehört. Dieses hybride Verfahren überträgt einen Teil des Informationsgehalts eines Sprachsignals als reines Abtastsignal (Hüllkurvencodierung, *waveform encoding*), während der restliche Anteil in einem Parametersatz codiert ist, der empfängerseitig zur Rekonstruktion dieses Signalanteils durch Sprachsynthese

(Vocoder-Technik) ausgewertet wird. Beispiele für die Hüllkurvencodierung sind Pulscodemodulation PCM oder Adaptive Delta-Pulscodemodulation ADPCM. Ein reines Vocoder-Verfahren ist die Linear-Prädiktive Codierung LPC. Mischformen sind das GSM-Verfahren RPE-LTP oder das CELP-Verfahren [13][32][35].

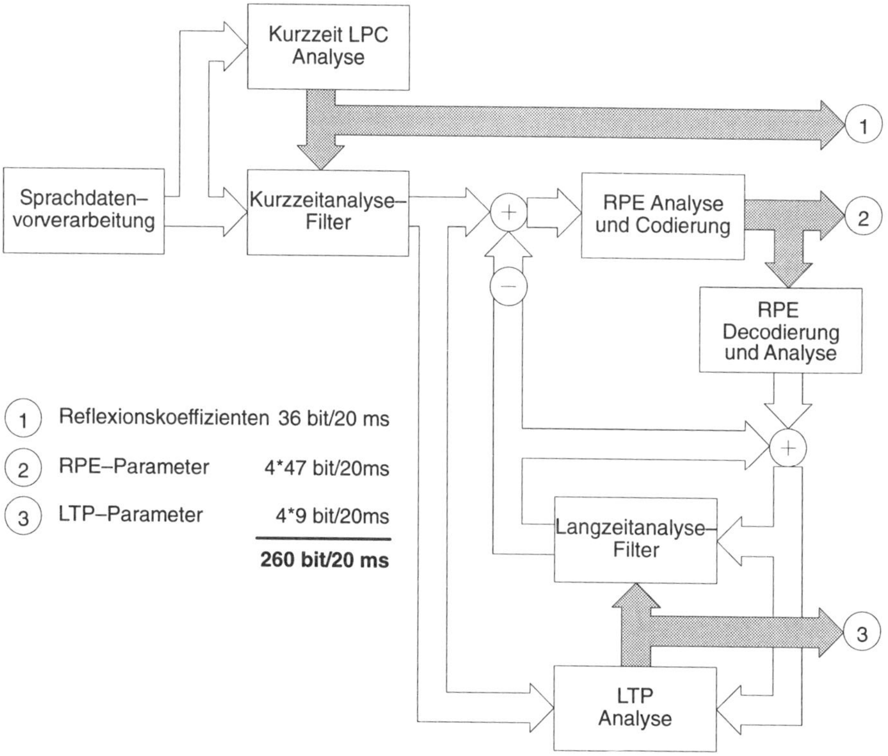


**Bild 6.3:** Vereinfachtes Blockdiagramm des GSM-Sprachcoders

Ein vereinfachtes Blockschaltbild des RPE-LTP-Coders ist in Bild 6.3 dargestellt. Die Sprachdaten, abgetastet mit einer Samplingrate von 8000 Samples/s und 13 Bit Auflösung, liegen in Blöcken von 160 Samples am Eingang des Coders an. Das Sprachsignal wird dann in drei Komponenten zerlegt: einen Parametersatz zur Einstellung des Kurzzeitanalyse-Filters (*Linear Predictive Coding* **LPC**), auch Reflexionskoeffizienten genannt, ein irrelevanzbereinigtes hochkomprimiertes Erregersignal des RPE-Teils und einen Parametersatz zur Steuerung des LTP

Langzeitanalyse-Filters. Die LPC- und LTP-Analyse liefert für jeden Sample-Block jeweils 36 Bit Filterparameter und die RPE-Codierung komprimiert den Sample-Block auf 188 Bit RPE-Parameter, so daß alle 20 Millisekunden ein Sprachrahmen von 260 Bit Länge generiert wird, resultierend im 13 kbit/s-GSM-Sprachsignal.

In der Sprachdatenvorverarbeitung (Bild 6.3) des Coders wird ein eventuell vorhandener Gleichanteil im Signal beseitigt und in einem Preemphasize-Filter die höheren Frequenzen des Sprachspektrums angehoben. Die so vorbereiteten Sprachdaten werden auf ein nichtrekursives Lattice-Filter (LPC-Filter, Bild 6.3) gegeben, um den Dynamikumfang des Signals zu reduzieren. Da das Filter ein "Gedächtnis" von etwa einer Millisekunde besitzt, wird es auch als Kurzzeitvorhersage-Filter bezeichnet. Die Koeffizienten des Filters, Reflexionskoeffizienten genannt, werden in der LPC-Analyse berechnet und in einer logarithmischen Darstellung als Bestandteil des Sprachrahmens (*Log Area Ratios* **LAR**) übertragen.

Vor der Weiterverarbeitung der Sprachdaten werden die Koeffizienten des Langzeitvorhersage-Filters neu berechnet (LTP-Analyse, Bild 6.3) und basierend auf einem vorhergehenden Block von Sprachdaten und den aktuell anliegenden Sprachdaten eine neue Vorhersage berechnet. Dieser geschätzte Block wird vom aktuellen Block Sprachdaten subtrahiert und das entstehende Signal an den RPE-Coder weitergereicht.

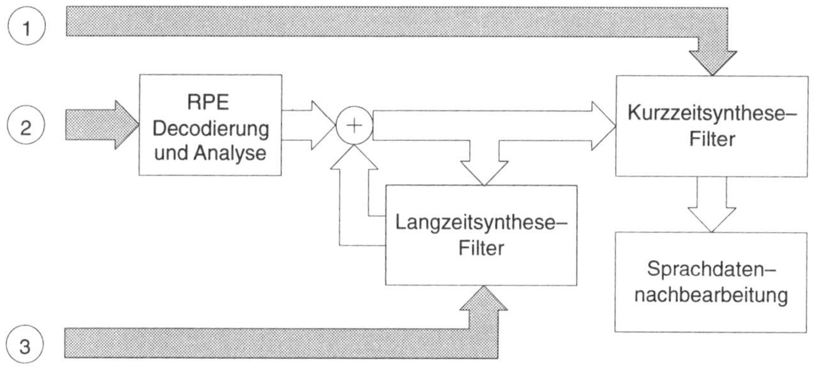


**Bild 6.4:** Vereinfachtes Blockdiagramm des GSM-Sprachdecoders

Das Sprachsignal ist nach der LPC- und LTP-Filterung redundanzreduziert, d.h. es benötigt bereits eine geringere Bitrate als das Sample-Signal, allerdings kann das ursprüngliche Signal aus den berechneten Parametern noch vollständig rekonstruiert werden. Die im Sprachsignal vorhandene Irrelevanz verringert der RPE-Coder. Bei der Irrelevanz handelt es sich um Sprachinformationen, die zur Verständlichkeit des

Signals nicht vorhanden sein müssen, weil sie vom menschlichen Gehör kaum wahrgenommen werden, und daher entfernt werden können. Das resultiert einerseits in einer deutlichen Kompression (Kompressionsfaktor: 160*13/188 $\approx$ 11) der Sprachinformationen und bewirkt andererseits, daß nun das ursprüngliche Sprachsignal nicht mehr eindeutig rekonstruierbar ist. Die Rekonstruktion des Sprachsignals aus den RPE-Daten sowie die Langzeit- und Kurzzeit-Synthese anhand der LTP- und LPC-Filterparameter ist schematisch in Bild 6.4 zusammengefasst. Prinzipiell werden die inversen Funktionen auf der Empfängerseite in der umgekehrten Reihenfolge ausgeführt wie beim Codierprozeß.

Durch die Irrelevanzreduktion wird die subjektiv empfundene Qualität des Sprachsignals nur minimal beeinträchtigt, wie überhaupt der gesamte GSM-CODEC nicht nur auf möglichst hohe Sprachkompression, sondern vor allem auf möglichst gute subjektive Sprachqualität hin entwickelt wurde. Zur Messung und Objektivierung der Sprachqualität wurden Testreihen mit einer großen Anzahl von Kandidaten und einer Reihe von konkurrierenden CODECs durchgeführt.

Als Vergleichsbasis diente dabei der *Mean Opinion Score* **MOS** (MOS=1: Qualität sehr schlecht, nicht akzeptabel; MOS=5: Qualität sehr gut, voll akzeptabel). Eine Reihe von Codierverfahren standen für das GSM-System zur Diskussion und wurden in umfangreichen Hörtests auf ihre jeweils erzielte subjektive Sprachqualität untersucht [13]. Eine Übersicht gibt Tabelle 6.1, wobei auch ADPCM und eine frequenzmodulierte (analoge) Sprachübertragung als Referenz aufgeführt sind. Der GSM-CODEC nach dem RPE-LTP-Verfahren generiert über weite Bereiche ein Sprachsignal, das mit einem MOS von etwa 4 gewertet wurde.

**Tabelle 6.1:** MOS-Ergebnisse von CODEC-Hörtests [13]

| CODEC | Verfahren | Bitrate | MOS |
|---|---|---|---|
| FM | Frequency Modulation | - | 1.95 |
| SBC-ADPCM | Subband-CODEC – Adaptive Delta-PCM | 15 kbit/s | 2.92 |
| SBC-APCM | Subband-CODEC – Adaptive PCM | 16 kbit/s | 3.14 |
| MPE-LTP | Multi-Pulse Excited LPC-CODEC – Long Term Prediction | 16 kbit/s | 3.27 |
| RPE-LPC | Regular-Pulse Excited LPC-CODEC | 13 kbit/s | 3.54 |
| RPE-LTP | Regular Pulse Excited LPC-CODED – Long Term Prediction | 13 kbit/s | $\approx 4$ |
| ADPCM | Adaptive Delta Modulation | 32 kbit/s | $\geq 4$ |

# 6.2 Kanalcodierung

## 6.2.1 Übersicht

Die stark schwankenden Eigenschaften des Mobilfunkkanals (siehe Kap. 2.1) resultieren in einer teilweise sehr hohen Bitfehlerhäufigkeit in der Größenordnung von $10^{-3}$ bis $10^{-1}$, womit Sprachkommunikation in akzeptabler Qualität bei der hochkomprimierten, redundanzreduzierten Quellencodierung und vor allem auch Datenkommunikation nicht sinnvoll möglich wären. Durch entsprechende Fehlerkorrekturverfahren muß diese Bitfehlerhäufigkeit auf den akzeptablen Bereich von in der Größenordnung $10^{-5}$ bis $10^{-6}$ reduziert werden. Bei der Kanalcodierung wird im Gegensatz zur Quellencodierung dem Datenstrom Redundanz hinzugefügt, die dann das Erkennen und die Korrektur von Übertragungsfehlern erlaubt. Die leistungsfähigen modernen Codierungs- und Fehlerkorrekturverfahren machen ein digitales Mobilfunksystem überhaupt erst möglich.

Beim GSM-System hat man sich für eine Kombination mehrerer Verfahren entschieden: neben einem Blockcode (*Block Code*), der Paritätsbits für die reine Fehlererkennung erzeugt, sorgt ein Faltungscode (*Convolutional Code*) für die zur Fehlerkorrektur notwendige Redundanz. Ein aufwendiges Verschränken (*Interleaving*) der Daten über mehrere Blöcke hinweg verringert zusätzlich die Auswirkungen von Bündelfehlern.

Die einzelnen Stufen der Kanalcodierung in GSM sind damit (Bild 6.5):

- Berechnen von Paritätsprüfbits (Blockcode) und Anfügen von Füllbits,
- Fehlerschutzcodierung mit Faltungscode und
- Interleaving.

Abschließend werden die codierten und verschränkten Blöcke verschlüsselt, auf Bursts abgebildet, moduliert und auf der aktuellen Trägerfrequenz übertragen.

Die Daten werden zunächst in Blöcken zusammengefasst, teilweise (je nach logischem Kanal) durch Paritätsbits ergänzt und dann auf eine für den Faltungscodierer brauchbare Blockgröße aufgestockt. Dabei werden an das Ende jedes Datenblocks vier Nullbits angehängt, die ein definiertes Zurücksetzen des Faltungsdecoders und damit eine korrekte Decodierentscheidung erlauben. Anschließend werden diese Blöcke faltungscodiert. Das Verhältnis von uncodierter zu codierter Blocklänge wird als Rate des Faltungscodes bezeichnet. Aus den entstehenden Codeworten werden bei einem Teil der logischen Kanäle einige der im Faltungscoder erzeugten Redundanzbits wieder herausgestrichen, d.h. der Faltungscode wird punktiert. Punktieren erhöht die Rate des Faltungscodes, verringert damit die zu übertragende Redundanz je Datenblock und senkt den Bandbreitenbedarf zur Übertragung des Signals und stellt sicher, daß das faltungscodierte Signal mit der verfügbaren Kanalbitrate übertragen werden kann. Die faltungscodierten Blöcke werden an den Interleaver weitergereicht, der die Bitströme vor der Übertragung über die Funkschnittstelle zeitlich verschränkt. Auf der Empfängerseite werden die entsprechenden Umkehrfunktionen (Deinterleaving, Faltungsdecodierung, Paritätsprüfung) ausgeführt. Abhängig von der Position in der Übertragungskette unterscheidet man auch äußeren Fehlerschutz (Blockcode) und inneren Fehlerschutz (Faltungscode, Bild 6.5).

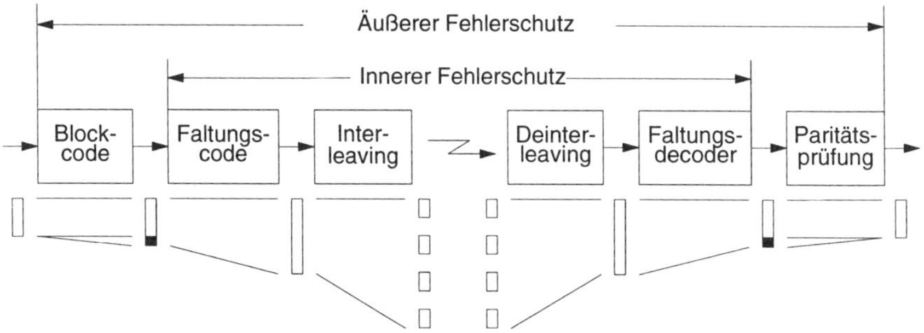


**Bild 6.5:** Stufen der Kanalcodierung

Anhand dieser Schritte gegliedert wird im folgenden die GSM-Kanalcodierung vorgestellt. Die Fehlerschutzmaßnahmen unterscheiden sich in ihren Parametern je nach Kanal und transportierten Daten. Die Tabelle 6.2 gibt eine Übersicht. Bei der Angabe der Tail-Bits in Spalte 2 der Tabelle ist zu beachten, daß es sich hierbei um beim Decodierprozeß benötigte Füllbits des Blockcoders handelt. Sie sind nicht mit den Tail-Bits der Bursts (siehe Kap. 11.4) zu verwechseln.

Die grundlegende Einheit, auf die alle Codierverfahren angewandt werden, ist der Block von Daten. Dieser Datenblock besitzt abhängig vom logischen Kanal eine unterschiedliche Länge, allerdings werden die Daten in allen Kanälen spätestens nach der Faltungscodierung in einheitlichen Blöcken von 456 Bit Länge organisiert. Ein solcher Block von 456 Bit transportiert einen vollständigen Sprachrahmen oder eine Protokollnachricht der meisten Signalisierungskanäle, ausgenommen des RACH und SCH.

**Tabelle 6.2:** Fehlerschutzcodierung und Interleaving der logischen Kanäle

| Kanaltyp | Kürzel | Bit per Block | | | Rate des Faltungs-codes | Codierte Bit per Block | Inter-leaving-tiefe |
|---|---|---|---|---|---|---|---|
| | | data | parity | tail | | | |
| TCH, Full Rate, Sprache | TCH/FS | | | | | 456 | 8 |
| Klasse I | | 182 | 3 | 4 | 1/2 | 378 | |
| Klasse II | | 78 | 0 | 0 | - | 78 | |
| TCH, Half Rate, Sprache | TCH/HS | | | | | 228 | 4 |
| Klasse I | | 95 | 3 | 6 | 104/211 | 211 | |
| Klasse II | | 17 | 0 | 0 | - | 17 | |
| TCH, Full Rate, 14.4 kbit/s | TCH/F14.4 | 290 | 0 | 4 | 294/456 | 294/456 | 19 |
| TCH, Full Rate, 9.6 kbit/s | TCH/F9.6 | 4*60 | 0 | 4 | 244/456 | 456 | 19 |
| TCH, Full Rate, 4.8 kbit/s | TCH/F4.8 | 60 | 0 | 16 | 1/3 | 228 | 19 |
| TCH, Half Rate, 4.8 kbit/s | TCH/H4.8 | 4*60 | 0 | 4 | 244/456 | 456 | 19 |
| TCH, Full Rate, 2.4 kbit/s | TCH/F2.4 | 72 | 0 | 4 | 1/6 | 456 | 8 |
| TCH, Half Rate, 2.4 kbit/s | TCH/H2.4 | 72 | 0 | 4 | 1/3 | 228 | 19 |
| FACCH, Full rate | FACCH/F | 184 | 40 | 4 | 1/2 | 456 | 8 |
| FACCH, Half rate | FACCH/H | 184 | 40 | 4 | 1/2 | 456 | 6 |
| SDCCH, SACCH | dto. | 184 | 40 | 4 | 1/2 | 456 | 4 |
| BCCH, NCH, AGCH, PCH | dto. | 184 | 40 | 4 | 1/2 | 456 | 4 |
| RACH | dto. | 8 | 6 | 4 | 1/2 | 36 | 1 |
| SCH | dto. | 25 | 10 | 4 | 1/2 | 78 | 1 |
| CBCH | dto. | 184 | 40 | 4 | 1/2 | 456 | 4 |

Ausgangspunkt sind jeweils die Blöcke, die von der Protokollverarbeitung höherer Schichten am Eingang des Kanalcodierers anliegen (Bild 6.6). Ein Block des Sprachcodecs besteht aus 260 Bit Sprachdaten. Er ist in zwei, gegenüber Bitfehlern unterschiedlich sensitive und daher auch unterschiedlich wichtige Abschnitte gegliedert entsprechend den vom Sprachcoder generierten zwei Klassen von Bits. Zur Klasse I gehören Bits, die empfindlicher gegen Störungen sind (größerer Einfluß auf die Sprachqualität) und entsprechend besser geschützt werden müssen. Sprachbits der Klasse II dagegen sind weniger sensitiv gegen Übertragungsfehler. Sie werden deshalb ohne Faltungscode übertragen, sind allerdings in die Interleaving-Prozedur mit eingebunden. Die einzelnen Abschnitte des Sprachrahmens werden deshalb unterschiedlich stark gegen Übertragungsfehler geschützt (*Unequal Error Protection*). Die Blöcke der Verkehrskanäle für Datendienste sind jeweils N0 Bit lang, wobei N0 von der Bitrate des Datendienstes abhängt. Die Datenströme der meisten Signalisierungskanäle sind in Blöcke zu je 184 Bit gegliedert, bis auf RACH und SCH, die jeweils Blöcke der Länge P0 am Eingang des Kanalcodierers abliefern. Die Blöcke von 184 Bit Länge resultieren aus der festen Länge der Protokollnachrichten von 23 Oktetten in den Signalisierungskanälen. Die Kanalcodierung verarbeitet die Daten so, daß zur Abbildung auf die Burstebene jeweils Paare von Unterblöcken zu je 57 Bit vorliegen, so daß jeweils ein normaler Datenburst NB (Bild 5.6) damit gefüllt werden kann.

### 6.2.2 Äußerer Fehlerschutz: Blockcodierung

Die Stufe der Blockcodierung dient in GSM dazu, jeweils für einen Block von Daten Paritätsprüfbits zu generieren, mit deren Hilfe Fehler in diesem Block erkannt werden können. Zusätzlich werden die Blöcke bei Bedarf auf eine für die Weiterverarbeitung geeignete Länge durch Anfügen von Füllbits (*Tail Bits*) aufgestockt. Da es sich bei der Blockcodierung um die erste, äußere Stufe der Kanalcodierung handelt, wird der Blockcode auch äußerer Fehlerschutz genannt. In Bild 6.6 ist kurz zusammengestellt, welche Codes in welchem Kanal verwendet werden. Prinzipiell handelt es sich nur um zwei Arten von Codes: ein zyklischer Code (*Cyclic Redundancy Check* **CRC**) und ein *Fire Code*.

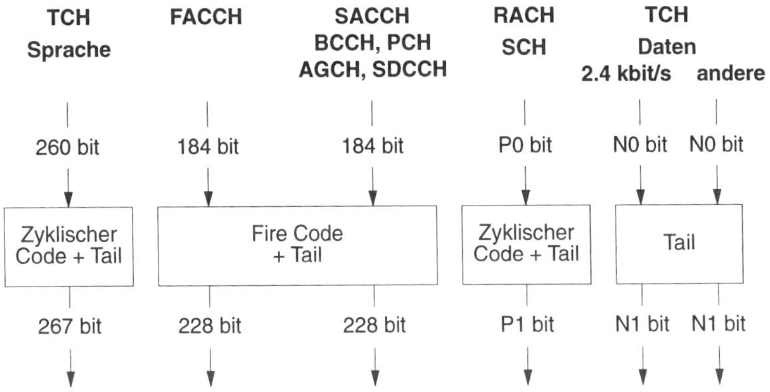


**Bild 6.6:** Übersicht Blockcodierung logischer Kanäle

#### 6.2.2.1 Blockcodierung für Sprach-Verkehrskanäle

Die gängigste Form eines Verkehrskanals ist der Sprachkanal. Die Sprachdaten liegen im TCH in Sprachrahmen (Blöcke) von 260 Bit vor. Davon gehören 182 Bit zur Sprachdatenklasse 1 und erhalten einen Fehlerschutz, während die restlichen 78 Bit der Sprachdatenklasse 2 nicht geschützt werden. Für die ersten 50 Bit der Klasse 1 wird ein 3 Bit langer zyklischer Code (*Cyclic Redundancy Check* **CRC**) berechnet. Das Generatorpolynom für diesen CRC lautet:

$$G_{CRC}(x) = x^3 + x + 1$$

Da zyklische Codes leicht mit einem rückgekoppelten Schieberegister zu realisieren sind, werden sie auch oft direkt in dieser Registerdarstellung angegeben (Bild 6.7). Zur Initialisierung wird das Register mit den ersten drei Bits des Datenblocks vorbesetzt. Die weiteren Daten werden dann bitweise in das rückgekoppelte Schieberegister geschoben und nachdem das letzte Datenbit aus dem Register herausgeschoben wurde enthält dieses Register die Prüfsummenbits, die dann aus dem Register ausgelesen und an den Block angehängt werden.

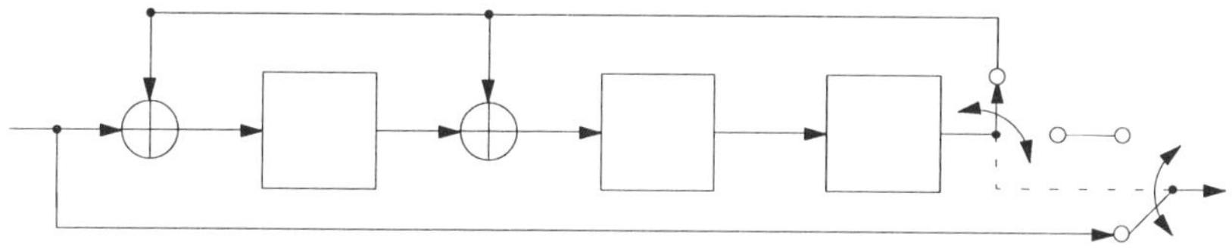

**Bild 6.7:** Rückgekoppeltes Schieberegister für CRC

Die Funktion dieses Schieberegisters kann gut beschrieben werden, wenn auch die Bitfolgen wie die Generatorfunktion in die Polynomdarstellung gebracht werden. Die ersten 50 Bits eines Sprachrahmens $D_0, D_1, ..., D_{49}$ werden in Polynomdarstellung notiert als:

$$D(x) = D_{49} \cdot x^{49} + D_{48} \cdot x^{48} + ... + D_1 \cdot x + D_0$$

Wird diese Datenfolge durch das Schieberegister von Bild 6.7 geschoben (Schieberegister vorbesetzen mit $D_{47}, D_{48}, D_{49}$, dann folgen 50 Schiebetakte), so entsprechen die Prüfsummenbits $R(x)$ dem Rest, der bei der Division der um drei Nullbits ergänzten Datenfolge $x^3 \cdot D(x)$ durch das Generatorpolynom entsteht:

$$R(x) = Rest\left[\frac{x^3 \cdot D(x)}{G_{CRC}(x)}\right]$$

Das Codewort $C'(X)=x^3 \cdot D(x)+R(x)$ ist damit bei fehlerfreier Übertragung durch $G_{CRC}(x)$ ohne Rest teilbar. Da aber die Prüfsummenbits $R(x)$ invertiert übertragen werden, bleibt bei der Division ein Rest:

$$S(x) = Rest\left[\frac{C(x)}{G_{CRC}(x)}\right] = Remainder\left[\frac{x^3 \times D(x) + \overline{R}(x)}{G_{CRC}(x)}\right] = x^2 + x + 1$$

Das ist gleichbedeutend damit, daß auf der Decoderseite das gesamte Codewort $C(x)$ durch ein identisches Schieberegister geschoben wird (nach Vorbelegung mit $C_{50}$, $C_{51}$ und $C_{52}$) und dieses Schieberegister dann, nachdem das letzte Prüfsummenbit hineingeschoben wurde (50 Schiebevorgänge), auf allen Registerplätzen eine 1 enthält. Ist das nicht der Fall, enthält der Block fehlerhafte Bits. Das Invertieren der Paritätsbits vermeidet, daß Nullcodeworte entstehen, d.h. nur aus Nullen bestehende Bursts können dadurch im Verkehrskanal nicht vorkommen.

Die Sprachdaten $d(k)$ (k=1,..,182) der Klasse 1 eines Blocks werden mit den Paritätsbits $p(k)$ (k=1,2,3) zu einem neuen Block $u(k)$ (k=1,...,189) kombiniert und aufgefüllt:

$$u(k) = \begin{cases} d(2k), & k = 0,\ldots,90 \\ d(2 \times (184 - k) + 1), & k = 94,\ldots,184 \\ p((k - 91) + 1), & k = 91, 92, 93 \\ 0, & k = 185,\ldots,189 \end{cases}$$

Die Bits an gerader bzw. ungerader Stelle werden also, getrennt durch die 3 Prüfbits in der Mitte, in die untere bzw. obere Hälfte des Blockes verschoben und die Reihenfolge der ungeraden Bits wird zusätzlich umgedreht. Abschließend wird der Block mit Nullbits auf 189 Bits aufgefüllt. Kombiniert mit den Sprachbits der Klasse II ergibt sich ein Block von 267 Bit, der dann an den Faltungscodierer übergeben wird.

Dieser große Aufwand wird betrieben, weil die Sprachsignale stark komprimiert und deshalb sehr empfindlich gegen Bitfehler sind. Ein Sprachrahmen, in dem die Bits der Klasse I als fehlerhaft erkannt wurden, kann so dem Sprachcodec auch als fehlerhaft gemeldet werden (*Bad Frame Indication* BFI, siehe Kap. 6.1). Um eine möglichst konstant gute Sprachqualität halten zu können, werden als fehlerhaft erkannte Rahmen vom Sprachcodec verworfen und der letzte korrekt empfangene Rahmen wiederholt bzw. eine Extrapolation der bisher empfangenen Sprachdaten vorgenommen.

**Tabelle 6.3:** Blockbildung für Daten-Verkehrskanäle

| Datenkanal | N0 | Füllbits | N1 |
|---|---|---|---|
| TCH/F9.6 | 4 * 60 | 4 | 244 |
| TCH/F4.8 | 2 * 60 | 2 * 16 | 2 * 76 |
| TCH/F2.4 | 2 * 36 | 4 | 76 |
| TCH/H4.8 | 4 * 60 | 4 | 244 |
| TCH/H2.4 | 4 * 36 | 2 * 4 | 2 * 76 |

#### 6.2.2.2 Blockcodierung für Daten-Verkehrskanäle

Etwas einfacher ist die Blockcodierung der Verkehrskanäle, wenn sie Datendienste transportieren. In diesem Fall werden keine Paritätsbits berechnet, die Blöcke der Länge N0, wie sie am Eingang des Coders anliegen, werden nur durch Füllbits auf eine für weitere Codierschritte taugliche Größe N1 aufgestockt. Die Übersicht in Tabelle 6.3 zeigt, daß unterschiedliche Blocklängen definiert sind, abhängig von der Datenrate und davon, ob der Dienst in einem Vollraten- (TCH/Fxx) oder Halbraten-TCH (TCH/Hxx) realisiert ist.

Der 9.6 kbit/s-Dienst wird in einem Vollraten-Verkehrskanal angeboten. Diese Daten liegen in Blöcken von 60 Bit am Kanalcodierer an. Jeweils vier Blöcke werden zusammengefasst und durch vier angehängte *Tail Bits* (Nullbits) ergänzt. Diese vier Blöcke entsprechen im Fall nicht-transparenter Datendienste genau einem Protokollrahmen des RLP (240 Bit).

Für die übrigen Datendienste wird ähnlich verfahren. Abhängig davon, ob sie im Voll- oder Halbratenkanal (siehe Tabelle 5.1 und Tabelle 6.3) angeboten werden, sind jeweils Blöcke der Länge 60 Bit (4.8 kbit/s) bzw. 36 Bit ($\leq$2.4 kbit/s) zusammenzufassen und durch *Tail Bits* (Nullbits) auf Blöcke der Länge 76 Bit respektive 244 Bit zu ergänzen.

#### 6.2.2.3 Blockcodierung für Signalisierungskanäle

Ein großer Teil der Signalisierungskanäle (SACCH, FACCH, SDCCH, BCCH, PCH, AGCH) besitzt zur Fehlererkennung einen äußerst leistungsfähigen Blockcode. Es handelt sich dabei um einen FIRE-Code, also einen verkürzten, binären, zyklischen Code, der 40 Redundanzbits an den Datenblock von 184 Bit anfügt und dessen reine Fehlererkennungseigenschaften[4] nur mit einer Wahrscheinlichkeit von etwa $2^{-40}$ Fehler in einer Nachricht unentdeckt lassen. Die Fehlererkennung mit dem FIRE-Code wird im SACCH zur Konnektivitätsprüfung (Bild 5.23) und gegebenenfalls zur Entscheidung über einen Verbindungsabbruch verwendet. Der FIRE-Code kann wie der CRC durch ein Generatorpolynom beschrieben werden:

$$G_F(x) = (x^{23} + 1) \cdot (x^{17} + x^3 + 1)$$

Die Prüfsummenbits $R_F(x)$ werden bei diesem Code so berechnet, daß nach der Division des Codewortes $C_F(x)$ durch das Generatorpolynom $G_F(x)$ ein 40 Bit langer Rest $S_F(x)$ übrigbleibt, der im fehlerfreien Fall nur '1'-Bits enthält:

$$S_F(x) = Rest\left[\frac{C_F(x)}{G_F(x)}\right] = Rest\left[\frac{x^{40} \cdot D_F(x) + R_F(x)}{G_F(x)}\right]$$

$$= x^{39} + x^{38} + \ldots + x^2 + x + 1$$

Das mit den Redundanzbits des FIRE-Code entstehende Codewort wird mit '0'-Bits auf insgesamt 228 Bit verlängert und ist dann bereit zur Faltungscodierung.

Ein anderer Weg wurde für die Fehlererkennung im RACH beschritten. Der sehr kurze Burst des RACH erlaubt nur einen Datenblock von P0=8 Bit Länge, der dann durch einen zyklischen Code mit sechs Redundanzbits ergänzt wird. Das Generatorpolynom hierfür lautet:

$$G_{RACH}(x) = x^6 + x^5 + x^3 + x^2 + x + 1$$

Im *Access Burst* AB muß die MS außerdem angeben, an welche Basisstation dieser Burst gerichtet ist. Dazu wird der BSIC der jeweiligen Basisstation verwendet. Die sechs Bit des BSIC werden mit den sechs Redundanzbits modulo 2 addiert und diese Sequenz als Redundanz des Datenblocks eingesetzt. Das gesamte Codewort, das für den RACH faltungscodiert wird, ist 18 Bit lang, es werden also auch im RACH vier Füllbits ('0') an diesen Block angefügt. Die Blockcodierung des *Handover Access Bursts*, der ja im wesentlichen auch ein *Access Burst* ist, erfolgt auf genau die gleiche Weise.

Der SCH als wichtiger Synchronisationskanal besitzt einen etwas aufwendigeren Fehlerschutz als der RACH. Die Datenblöcke im SCH sind 25 Bit lang und erhalten neben vier Füllbits noch 10 Bit Redundanz zur Fehlererkennung durch einen zyklischen Code mit etwas besseren Fehlererkennungseigenschaften als im RACH:

$$G_{SCH}(x) = x^{10} + x^8 + x^6 + x^5 + x^4 + x^2 + 1$$

Damit sind die Codeworte, die im SCH an den Kanalcodierer übergeben werden, insgesamt 39 Bit lang. Die Blockparameter von RACH und SCH faßt Tabelle 6.4 zusammen, Tabelle 6.5 gibt einen Überblick der in GSM verwendeten zyklischen Codes.

---

4. Der FIRE-Code kann auch zur Fehlerkorrektur genutzt werden, ist hier aber nur für die Fehlererkennung eingesetzt.

**Tabelle 6.4:** Blocklängen von RACH und SCH

| Datenkanal | P0 | Redundanzbits | Füllbits | P1 |
|---|---|---|---|---|
| RACH | 8 | 6 | 4 | 18 |
| SCH | 25 | 10 | 4 | 39 |

**Tabelle 6.5:** Zyklische Codes für Blockcodierung in GSM

| Kanal | Polynom |
|---|---|
| TCH/FS | $x^3 + x + 1$ |
| DCCH und CCCH (teilw.) | $(x^{23} + 1)(x^{17} + x^3 + 1)$ |
| RACH | $x^6 + x^5 + x^3 + x^2 + x + 1$ |
| SCH | $x^{10} + x^8 + x^6 + x^5 + x^4 + x^2 + x + 1$ |

## 6.2.3 Innerer Fehlerschutz: Faltungscodierung

Nachdem durch die Blockcodierung die Daten teilweise durch Redundanzbits für die Fehlererkennung (Paritätsbits) ergänzt und zu geeigneten Blöcken sortiert und aufgefüllt wurden, ist die nächste Stufe die Berechnung zusätzlicher Redundanz zur Fehlerkorrektur, um Übertragungsfehler des Funkkanals korrigieren zu können. Die innere Fehlerkorrektur in GSM basiert ausschließlich auf Faltungscodes.

Auch Faltungscodes können wie ein CRC mit Schieberegistern realisiert und durch Generatorpolynome beschrieben werden. Das Prinzip eines Faltungscodierers ist in Bild 6.8 dargestellt. Er besteht im wesentlichen aus einem Schieberegister, dessen K Speicherplätze (K=5 in Bild 6.8) auch als *Constraint Length* des Faltungscodes bezeichnet werden. Pro Takt wird ein Datensymbol $d_i$ eingelesen und in das Register geschoben. Ein Datensymbol $d_i$ besteht aus $k$ (hier: $k=1$) Datenbits, die jeweils in einen Speicherplatz des Schieberegisters eingelesen werden. Theoretisch kann ein Datensymbol auch aus mehreren Bits bestehen ($k>1$), was jedoch bei GSM nicht zur Anwendung kommt. Das eingelesene Datensymbol wird mit bis zu ($K$-1) seiner Vorgängersymbole $d_{i-1},..., d_{i-(K-1)}$ in mehreren Modulo-2-Additionen verknüpft. Die Ergebnisse dieser Verknüpfungsvorschriften werden als codierte Nutzdatensymbole $c_j$ dem Interleaver übergeben. Der Wert ($K$-1) bestimmt die Anzahl der Vorgängersymbole, mit der ein Datensymbol verknüpft wird und wird deshalb auch das Gedächtnis des Faltungscodierers genannt. Die Anzahl $v$ der Verknüpfungsvorschriften ($v$=2 in Bild 6.8) bestimmt die Anzahl codierter Bits in einem Codesymbol $c_j$, die pro Eingangssymbol $d_i$ generiert werden. In Bild 6.8 werden die Verknüpfungsergebnisse von oben nach unten “abgetastet”, um das Codesymbol $c_j$ zu generieren. Die Verknüpfungsvorschriften werden durch Generatorpolynome $G_i(d)$ beschrieben.

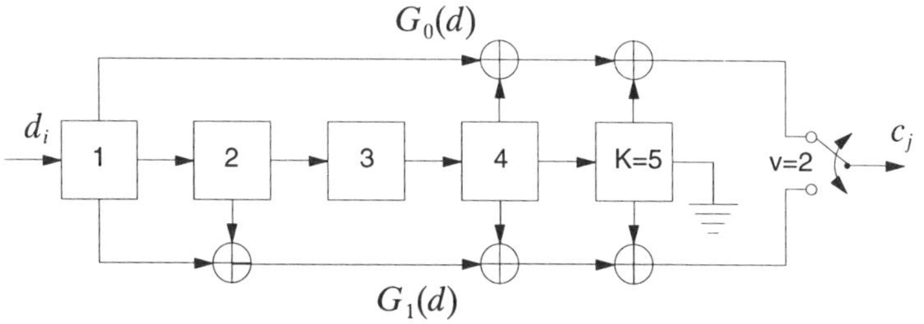


**Bild 6.8:** Prinzip eines Faltungscoders

Die Rate $r$ des Faltungscodierers gibt an, wieviele Datenbits pro codiertem Bit verarbeitet werden (1/$r$ ist die Anzahl codierter Bits, die pro Datenbit generiert werden) und ist ein entscheidendes Maß für die Redundanz, die der Code erzeugt und damit auch für seine Fehlerkorrektureigenschaften:

$$r = \frac{k}{v}\,; \qquad in\,GSM: \; r = \frac{1}{v} = \frac{1}{2}$$

Die Coderate eines Faltungscodes wird also bestimmt durch die Anzahl der Bits $k$ je Eingangsdatensymbol und der Anzahl Verknüpfungsvorschriften $v$, die zur Berechnung eines Codesymboles benutzt werden. Zusammen mit dem Gedächtnis ($K$-1) bestimmt die Coderate $r$ die Fehlerkorrektureigenschaften des Codes. Vereinfacht kann man sagen, daß jeweils mit sinkendem $r$ und mit steigendem $K$ die Anzahl korrigierbarer Fehler in einem Codewort zunimmt, die Fehlerkorrekturfähigkeiten des Codes also verbessert werden.

In der Art der Verknüpfungen (Modulo-2-Additionen) liegt die eigentliche Codierungsvorschrift. Diese Codierungsvorschrift kann mit Polynomen beschrieben werden. Im Fall des Faltungscoders von Bild 6.8 lauten diese beiden Generatorpolynome:

$$G_0(d) = 1 + d^3 + d^4$$
$$G_1(d) = 1 + d + d^3 + d^4$$

Die Angabe der Generatorpolynome erlaubt eine kompakte Darstellung der Codiervorschrift. Der maximale Exponent gibt das Gedächtnis ($K$-1) des Faltungscodierers an, während aus der Anzahl der Polynome die Rate $r$ abgelesen werden kann.

Für die verschiedenen logischen Kanäle sind in GSM jeweils eigene Faltungscodiervorschriften definiert (Bild 6.9). Sie alle besitzen die gleiche *constraint length* $K=5$ und unterscheiden sich in der Coderate und den verwendeten Polynomen.

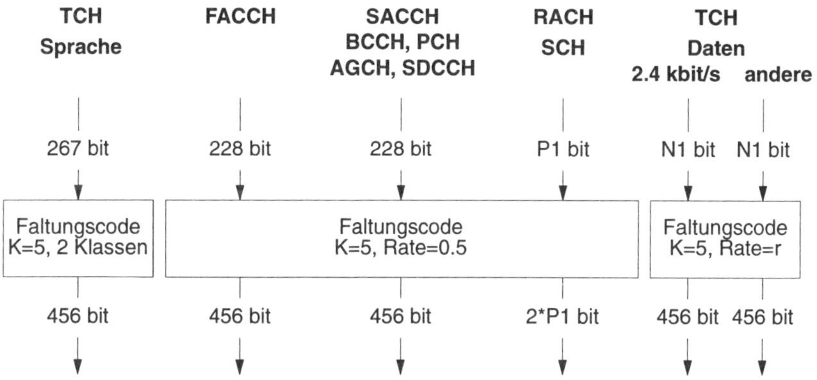


**Bild 6.9:** Übersicht Faltungscodierung logischer Kanäle

Die Codierungsvorschriften für die verschiedenen logischen Kanäle sind in vier Polynomen festgeschrieben. In Tabelle 6.6 sind diese vier Polynome G0, G1, G2 und G3 aufgelistet. Sie werden in unterschiedlichen Kombinationen zur Faltungscodierung der logischen Kanäle eingesetzt.

**Tabelle 6.6:** Generatorpolynome der Faltungscodes

| Typ | Polynom |
|---|---|
| G0 | $1 + d^3 + d^4$ |
| G1 | $1 + d + d^3 + d^4$ |
| G2 | $1 + d^2 + d^4$ |
| G3 | $1 + d + d^2 + d^3 + d^4$ |

Eine Übersicht über die Verwendung und Kombination der Generatorpolynome ist in Tabelle 6.7 zusammengestellt. Wie man sieht, wird in den meisten logischen Kanälen ein Faltungscode der Rate 1/2 basierend auf den Polynomen G0 und G1 benutzt.

Einzig der 4.8 kbit/s Datendienst im Vollratenkanal und der 2.4 kbit/s Datendienst im Halbratenkanal verwenden einen Code der Rate 1/3, basierend auf den Polynomen G1, G2 und G3. Der 2.4 kbit/s Datendienst im Vollratenkanal wendet diese drei Polynome jeweils zweimal an, um einen Faltungscode der Rate 1/6 zu generieren. Durch die Faltungscodierung der Klasse I der Sprachbits entsteht im Sprachkanal ein Block von 2*189+78=456 Bits. Dies ist die einheitliche Blockgröße, die zur Abbildung dieser Datenblöcke auf die Bursts mit 114 Nutzdatenbits notwendig ist. Ähnlich verhält es sich auch mit den meisten der übrigen Kanäle, bei denen jeweils zwei codierte Blöcke von 228 Bit zusammengefasst werden.

**Tabelle 6.7:** Verwendung der Generatorpolynome

| Kanaltyp | Generatorpolynom | | | |
|---|---|---|---|---|
| | G0 | G1 | G2 | G3 |
| TCH, Full Rate | | | | |
| Sprache Klasse I | x | x | | |
| Sprache Klasse II | | | | |
| TCH, Full Rate, 9.6 kbit/s | x | x | | |
| TCH, Full Rate, 4.8 kbit/s | | x | x | x |
| TCH, Half Rate, 4.8 kbit/s | x | x | | |
| TCH, Full Rate, 2.4 kbit/s | | x | x | x |
| TCH, Half Rate, 2.4 kbit/s | | x | x | x |
| FACCH | x | x | | |
| SDCCH, SACCH | x | x | | |
| BCCH, AGCH, PCH | x | x | | |
| RACH | x | x | | |
| SCH | x | x | | |

Etwas anders stellt sich die Situation für die Dienste TCH/F9.6 und TCH/H4.8 dar. Aus den bei diesen Kanälen am Eingang des Faltungscodierers angelieferten Blöcken von 244 Bit werden durch den Faltungscodierer zunächst Blöcke von 488 Bit Länge. Diese Blöcke werden auf 456 Bit Länge reduziert, indem – beginnend beim elften Bit – jedes 15. Bit, insgesamt also 32 Bit, wieder entfernt wird. Diesen Vorgang nennt man Punktierung (*Puncturing*), den entstehenden Code einen punktierten Faltungscode (*Punctured Convolutional Code*, [37][38][39]). Durch das Punktieren wird einerseits der fehlergeschützte Block auf eine für die Weiterverarbeitung geeignete Länge gebracht, andererseits wird dem Codewort durch das Punktieren auch wieder Redundanz entzogen. Die entstehende "Netto"-Coderate von $r'=244/456$ ist entsprechend auch etwas größer als die Rate 1/2 des eingesetzten Faltungscodes. Dadurch erhält der Code geringfügig schlechtere Fehlerkorrektureigenschaften. Durch die Punktierung wird der faltungscodierte Datenblock in TCH/F9.6

und TCH/H4.8 auf das Standardformat von 456 Bits “zurechtgestutzt”. Damit können auch die Blöcke dieser Kanäle standardisiert weiterverarbeitet werden (Interleaving etc.), andererseits wird so die Redundanzmenge eines Blocks der zur Übertragung zur Verfügung stehenden Bitrate angepaßt.

Bei der Blockcodierung werden an jeden Block mindestens vier Nullbits angehängt (siehe Kap. 6.2.2). Diese Nullbits dienen nicht nur am Ende des Blocks als Füllbits, sondern sind auch für den Kanalcodierprozeß von entscheidender Bedeutung. Am Ende jedes Datenblocks, der in den Faltungscodierer geschoben wird, sorgen diese Bits für ein Rücksetzen des Faltungscoders in den definierten Nullzustand, so daß aufeinanderfolgende Datenblöcke im Prinzip unabhängig voneinander codiert werden können.

Die Decodierung von Faltungscodes erfolgt meist nach dem Prinzip des Viterbi-Algorithmus, der anhand einer geeigneten Metrik diejenige Folge codierter Daten ermittelt, die am wahrscheinlichsten gleich der gesendeten Folge ist [34]. Aus der Kenntnis der Generatorpolynome kann der Decodierer dann die ursprüngliche Datenfolge ermitteln.

### 6.2.4 Interleaving

Das Decodierergebnis der Faltungscodes ist stark anhängig von der Häufigkeit und Anordnung der Bitfehler, die bei der Übertragung auftreten. Ganz besonders negativ auf die Fehlerkorrektur wirken sich die während längerer tiefer Fadingperioden entstehenden Bündelfehler aus, also Serien von fehlerhaften Bits in Folge. In solchen Fällen handelt es sich beim Mobilfunkkanal nicht mehr um einen symmetrischen Binärkanal ohne Gedächtnis, vielmehr besitzen die einzelnen Bitfehler statistische Abhängigkeiten, die das Ergebnis der Fehlerkorrektur mit dem Faltungscode verschlechtern. Um gute Korrekturergebnisse erzielen zu können, sollte der Kanal kein Gedächtnis besitzen, die Bitfehler also möglichst statistisch unabhängig sein. Um das zu erreichen, müßten die im Mobilfunkkanal häufig auftretenden Bündelfehler gleichmäßig auf die übertragenen Codeworte verteilt werden. Das kann näherungsweise durch die nachfolgend beschriebene Technik des Interleaving erreicht werden.

Beim Interleaving beschreitet man den Weg, die Codeworte des Faltungscoders durch zeitliche Spreizung und Verschränkung aufeinanderfolgender Codeworte auf mehrere Bursts zur Übertragung zu verteilen. Das Prinzip ist in Bild 6.10 dargestellt. Durch die zeitliche Spreizung wird jedes der drei Codeworte auf die dreifache Länge verteilt. Das Verschränken der damit entstandenen Bitfolgen sorgt schließlich dafür, daß die einzelnen Bits von jedem der drei Codeworte abwechselnd in die Bursts einsortiert werden und dabei jedes Codewort auf insgesamt drei Bursts verteilt gesendet wird, so daß niemals zwei Bits eines Datenblocks direkt hintereinander gesendet werden.

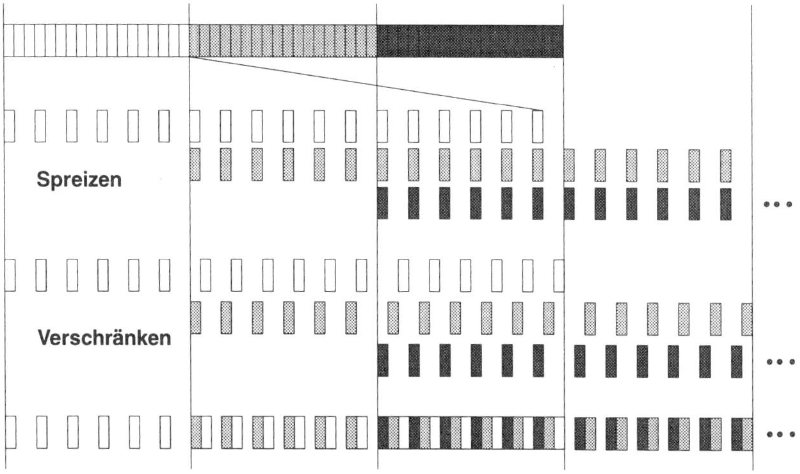


**Bild 6.10:** Interleaving: Spreizen und Verschränken

Diese Art des Interleaving wird auch diagonales Interleaving genannt. Die Anzahl von Bursts, auf die ein Codewort gespreizt wird, heißt Interleavingtiefe, entsprechend kann auch ein Spreizfaktor angegeben werden. Ein Bündelfehler in einem Übertragungsburst wird aufgrund der Verteilung auf mehrere Bursts beim umgekehrten Vorgang, dem Deinterleaving, gleichmäßig auf mehrere aufeinanderfolgende Codeworte verteilt, so daß sich die für den besten Fehlerkorrekturerfolg notwendigen unabhängigen Bitfehlerfolgen im Datenstrom einstellen. Bild 6.11 zeigt ein Beispiel dafür.

Im dritten Burst der Übertragung tritt während eines Fadingeinbruchs des Signals ein massiver Bündelfehler auf. Dieser Burst ist mit insgesamt sechs Einzelbitfehlern entsprechend stark gestört. Beim Deinterleaving (Auflösen der Verschränkung, Entspreizen) werden diese Bitfehler dann auf drei Datenblöcke verteilt, entsprechend der Bitpositionen, die beim Interleaving in den betroffenen Burst umsortiert worden waren. Die Anzahl der Fehler pro Datenblock beträgt jetzt nur noch zwei, was wesentlich leichter korrigiert werden kann.

Eine weitere Art des Interleaving ist das Blockinterleaving. Dabei werden die Codeworte zeilenweise in eine Matrix geschrieben (Bild 6.12), die dann spaltenweise ausgelesen wird. Die Anzahl Zeilen der Interleaving-Matrix bestimmt die Interleavingtiefe. Solange die Länge eines Bündelfehlers kürzer bleibt als die Interleavingtiefe, resultiert beim Block-Interleaving dieser Bündelfehler ausschließlich in Einzelbitfehlern je Datenblock [32][34].

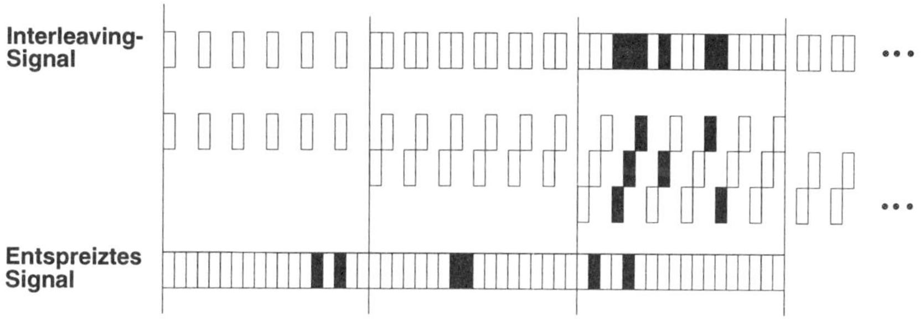


**Bild 6.11:** "Verteilen" der Bitfehler beim Deinterleaving

Der große Vorteil der Entschärfung von Bündelfehlern zur optimalen Fehlerkorrektur mit dem Faltungscode muß allerdings beim Interleaving mit einem für Sprach- und Datenkommunikation nicht unerheblichen Nachteil erkauft werden. Wie man aus Bild 6.10 und Bild 6.12 sieht, werden die Codeworte über mehrere Bursts (hier: drei) hinweg zeitlich gespreizt. Zur vollständigen Rekonstruktion eines Codewortes muß also in beiden Beispielen die vollständige Übertragung von drei Bursts abgewartet werden. Das führt zwangsläufig zu einer Übertragungsverzögerung, die abhängt von der Interleavingtiefe. In GSM werden beide Arten des Interleaving angewandt (Bild 6.13), sowohl block- als auch bitweise, was mit einer maximalen Interleavingtiefe von 19 zu Verzögerungen von bis zu 360 ms führt (Tabelle 6.8).

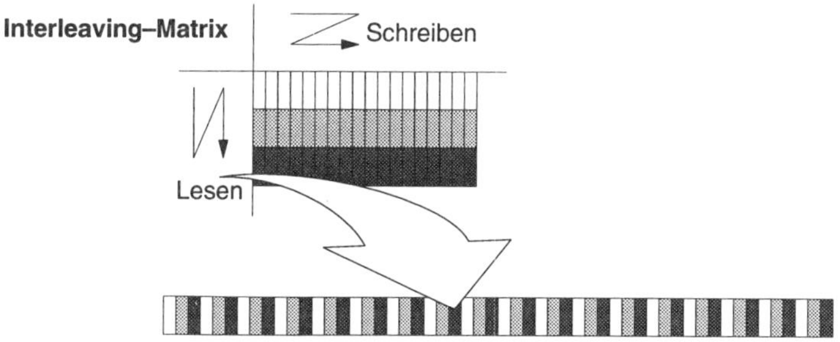


**Bild 6.12:** Prinzip Blockinterleaving

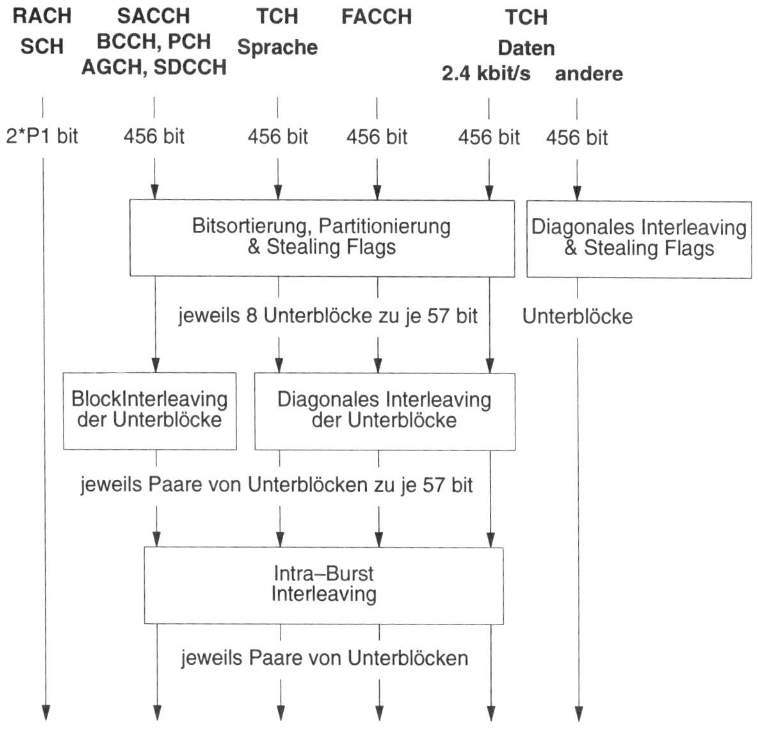


**Bild 6.13:** Übersicht Interleaving logischer Kanäle

Das Interleaving für den Sprachkanal TCH/FS in GSM ist ein block-diagonales Interleaving, bei dem ein Datenblock mit 456 codierten Bit auf 8 Blöcke verteilt wird, wobei nach jedem vierten verschränkten Block ein neuer Datenblock beginnt.

Die genaue Interleavingvorschrift zur Abbildung des n-ten Codewortes c(n,k) mit k=456 Bits auf den B-ten Interleavingblock i(B,j) mit j=114 Bits lautet:

$$i(b,j) = c(n,k)$$

$$mit \begin{cases} n = 0, 1, 2, \ldots, N, N+1, \ldots \\ k = 0, 1, 2, \ldots, 455 \\ b = b_0 + 4 \times n + k \bmod 8 \\ j = 2 \times ((49 \times k) \bmod 57) + ((k \bmod 8)\ div\ 4) \end{cases}$$

**Tabelle 6.8:** Übertragungsverzögerung durch Interleaving

| Kanaltyp | Interleaving-tiefe | Übertragungs-verzögerung |
|---|---|---|
| TCH, Full Rate, Sprache | 8 | 38 ms |
| TCH, Full Rate, 9.6 kbit/s | 22 (19) | 93 ms |
| TCH, Full Rate, 4.8 kbit/s | 22 (19) | 93 ms |
| TCH, Half Rate, 4.8 kbit/s | 22 (19) | 185 ms |
| TCH, Full Rate, 2.4 kbit/s | 8 | 38 ms |
| TCH, Half Rate, 2.4 kbit/s | 22 (19) | 185 ms |
| FACCH, Full Rate | 8 | 38 ms |
| FACCH, Half Rate | 8 | 74 ms |
| SDCCH | 4 | 14 ms |
| SACCH/TCH | 4 | 360 ms |
| SACCH/SDCCH | 4 | 14 ms |
| BCCH, AGCH, PCH | 4 | 14 ms |

Die Daten des n-ten Codewortes (Datenblock n in Bild 6.14) werden auf acht Interleavingblöcke zu je 114 Bit beginnend beim Block $B=b_0+4n$ verteilt. Dabei werden von den ersten vier Blöcken (B+0,1,2,3) nur die geraden Bits, von den letzten vier Blöcken (B+4,5,6,7) nur die ungeraden Bits verwendet. Die geraden Bits der letzten vier Blöcke (B+4,5,6,7) werden durch Daten des Blockes n+1 besetzt. Jeder Interleavingblock enthält also 57 Bits des aktuellen Datenblocks n und 57 Bits des folgenden Datenblocks n+1.

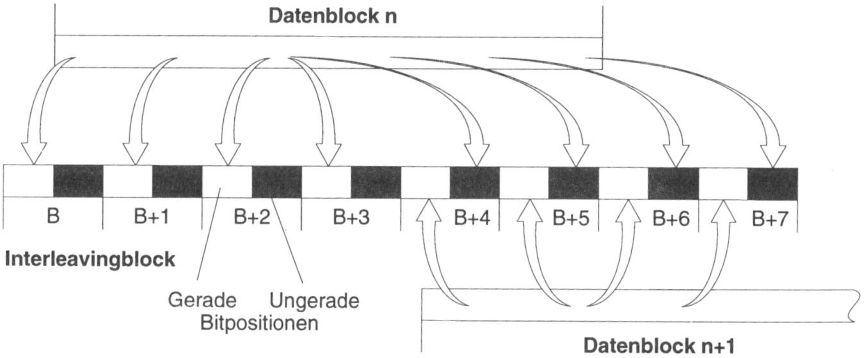


**Bild 6.14:** Interleaving TCH/FS: Prinzip Abbildung auf Blocks

Die einzelnen Bits des Datenblocks n werden abwechselnd auf die Interleavingblöcke verteilt, entsprechend dem Term (k mod 8) liegt also jedes achte Bit im selben Interleavingblock, während die Bitposition j innerhalb eines Interleavingblocks b=B+0,1,2,...,7 von zwei Termen bestimmt wird: mit (k mod 8) div 4 werden die geraden/ungeraden Bitpositionen ausgewählt und mit dem Term 2*((49*k) mod 57) der Offset innerhalb des Interleavingblocks bestimmt. Der erste vom Datenblock n abgeleitete Interleavingblock B enthält also jeweils Bits Nr. 0,8,16,...,448,456 dieses Datenblocks.

Die Plazierung dieser Bits im Interleavingblock ist in Bild 6.15 für den ersten Block B dargestellt. Sie ist so gewählt, daß zum einen aufgrund der Trennung in gerade und ungerade Bits keine zwei direkt nebeneinanderliegende Bits des Interleavingblocks zum selben Datenblock gehören. Die abgebildeten Bits werden zusätzlich in Gruppen zu je acht zusammengefasst, die möglichst gleichmäßig über den gesamten Interleavingblock verteilt werden. Dadurch wird eine zusätzliche Auflösung von Fehlerbündeln innerhalb eines Datenblocks erreicht. Das Interleaving für den TCH/FS ist also ein Blockdiagonalinterleaving mit einer zusätzlichen Verschränkung der Datenbits innerhalb eines Interleavingblocks, auch Intra-Burst Interleaving genannt (Bild 6.13). Der Datenkanal TCH/F2.4 und der FACCH in GSM verwenden dieselben Interleavingmethoden wie der TCH/FS.

Etwas einfacher ist das Interleaving für die übrigen Datendienste im Verkehrskanal (TCH/F9.6, TCH/F4.8, TCH/H4.8, TCH/H2.4). Es handelt sich dabei um ein reines bitweises Diagonalinterleaving mit einer Interleavingtiefe von 19. Die Interleavingvorschrift lautet in diesem Fall:

$$i(b,j) = c(n,k)$$

$$mit \begin{cases} n = 0, 1, 2, \ldots, N, N+1, \ldots \\ k = 0, 1, 2, \ldots, 455 \\ b = b_0 + 4 \times n + k \bmod 19 + k \, div \, 114 \\ j = k \bmod 19 + 19 \times (k \bmod 6) \end{cases}$$

Die Bits eines Datenblocks c(n,k) werden in Gruppen von 114 Bits auf 19 Interleavingblöcke aufgeteilt, jeweils sechs Bit gleichmäßig über den Interleavingblock verteilt. Bei diesem diagonalen Interleaving beginnt mit jedem Interleavingblock auch ein neuer Block mit 114 Bit. Betrachtet man diese Interleavingvorschrift etwas genauer, stellt man fest, daß als Codewort am Eingang des Interleavers ein Block von 456 Bit codierten Daten anliegt. Das gesamte Codewort wird also real über 22 Interleavingblöcke gespreizt, die Bezeichnung mit Interleavingtiefe 19 resultiert historisch aus dem Interleaving von Blöcken mit 114 Bit Länge.

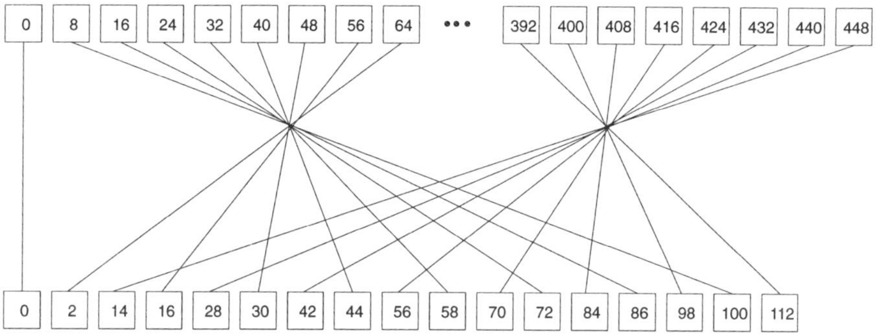


**Bild 6.15:** Abbildung Datenblock n auf Interleavingblock B für TCH/FS

Die meisten der Signalisierungskanäle verwenden eine Interleavingtiefe von 4, so der SACCH, BCCH, PCH, AGCH und SDCCH. Das Interleavingschema hierfür ist fast identisch mit dem des TCH/FS, allerdings werden die Codeworte c(n,k) nicht über acht, sondern über vier Interleavingblöcke gespreizt:

$$i(b,j) = c(n,k)$$

$$mit \begin{cases} n = 0,1,2,\ldots,N,N+1,\ldots \\ k = 0,1,2,\ldots,455 \\ b = b_0 + 4 \times n + k \bmod 4 \\ j = 2 \times ( (49 \times k) \bmod 57 ) + ( (k \bmod 8)\ div\ 4 ) \end{cases}$$

Bei dieser Art des Interleaving werden zwar auch wie im TCH/FS jeweils vier Blöcke von geraden und ungeraden Bits generiert, allerdings auch gleichzeitig je ein Block von 57 geraden Bits mit einem Block von 57 ungeraden Bits zu einem kompletten Interleavingblock zusammengefasst. Das hat zur Folge, daß aufeinanderfolgende codierte Signalisierungsnachrichten nicht block-diagonal verschränkt werden, sondern daß jeweils vier aufeinanderfolgende Interleavingblöcke voll besetzt sind mit den Daten eines, und nur eines, Codewortes und nach vier Interleavingblöcken ein neues Codewort beginnt. Deshalb ist das Interleaving dieser GSM-Signalisierungskanäle im Kern auch ein Blockinterleavingverfahren. Das ist besonders wichtig für die Signalisierungskanäle, damit einzelne Protokollnachrichten unabhängig von vorhergehenden oder nachfolgenden Nachrichten versandt werden können. Das ermöglicht auch eine Art asynchrone Übertragung einzelner Signalisierungsnachrichten. Die Signalisierungsnachrichten des RACH und des SCH müssen jeweils in einem Datenburst gesendet werden, für sie findet kein Interleaving statt.

### 6.2.5 Abbildung auf die Burst-Ebene

Nach der Block-/Faltungscodierung und dem Interleaving liegen die Daten in Interleavingblöcken von 114 Bit Länge vor. Das entspricht exakt der Menge an Daten, die ein *Normal Burst* (Bild 5.6, S. 84) aufnehmen kann. Die Interleavingblöcke werden direkt auf jeweils einen Burst abgebildet (Bild 6.16). Nachdem die *Stealing Flags* gesetzt sind, können die Bursts zusammengesetzt und dem Modulator übergeben werden. Die *Stealing Flags* signalisieren den Einsatz des Bursts für die Übertragung hochpriorisierter Signalisierungsmeldungen (FACCH-Meldungen), die möglichst schnell ohne Verzögerung übertragen werden müssen, statt für die ursprünglich in diesem Burst vorgesehenen Daten eines Verkehrskanals.

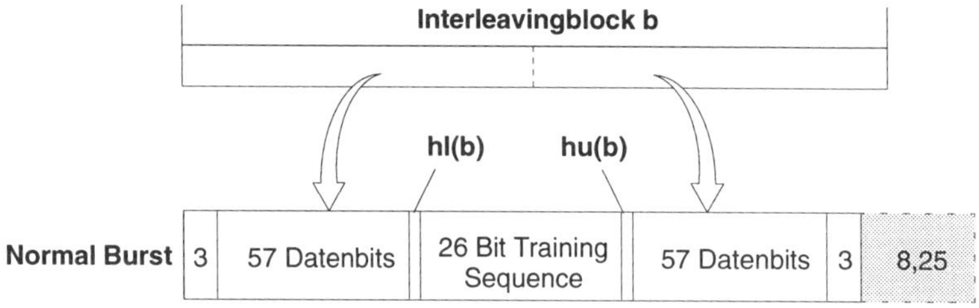


**Bild 6.16:** Abbildung auf einen Burst

Ein zentraler Bestandteil der GSM-Kanalcodierung ist die korrekte Berücksichtigung der preemptiv in den Verkehrskanal gemultiplexten FACCH-Nachrichten auf der Interleaving-Ebene. Die FACCH-Codeworte verdrängen auf Burstebene jeweils ein Codewort des aktuellen Verkehrskanals, müssen also statt eines TCH-Datenblocks in die Interleaving-Struktur des Verkehrskanals eingebunden werden. Die Interleavingvorschrift des FACCH ist dieselbe wie die des TCH/FS – es werden aus einem FACCH-Codewort in jeweils vier Interleavingblöcken die geraden und in weiteren vier Interleavingblöcken die ungeraden Bitpositionen besetzt und zusätzlich die Bitpositionen innerhalb der Interleavingblöcke verschränkt (Intra-Burst Interleaving).

Wenn eine FACCH-Meldung zur Übertragung ansteht (z.B. ein Handover-Kommando), wird der aktuelle Datenblock n durch die faltungscodierte FACCH-Meldung ersetzt und blockdiagonal mit den Datenblöcken (n-1) und (n+1) des Verkehrskanals verschränkt (Bild 6.17). In den acht betroffenen Interleavingblöcken B,B+1,...,B+7 müssen dann entsprechend die *Stealing Flags* hl(b) und hu(b) (Bild 6.16) gesetzt werden. Sind beide Flags nicht gesetzt, enthält der Burst Daten des Verkehrskanals. Werden die geraden Bits des Bursts von FACCH-Daten genutzt, ist hu(b) gesetzt, im Falle der ungeraden Bits ist hl(b) gesetzt (Bild 6.17).

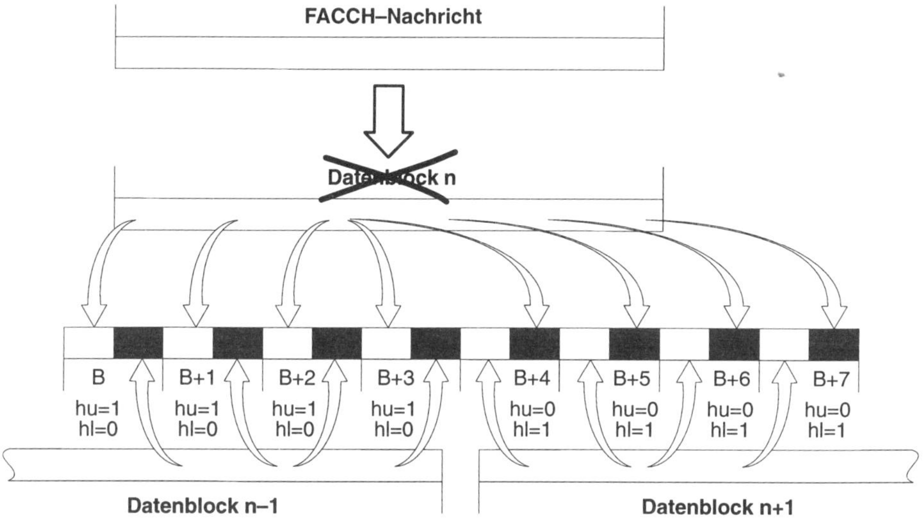


**Bild 6.17:** Einfügen einer FACCH-Nachricht in den Verkehrsdatenstrom

Der aktuelle Burst steht damit nicht mehr für die Daten des Verkehrskanals zur Verfügung, der Datenblock n muß verworfen werden. Diese "gestohlenen Bits" haben abhängig vom transportierten Dienst unterschiedliche Auswirkungen:

- dem TCH/FS geht ein kompletter Sprachrahmen (20 ms Sprache) verloren
- im Fall von TCH/F9.6 und TCH/H4.8 werden in jedem der acht Interleavingblöcke drei Bits gestohlen, die zum gleichen Datenblock gehören; maximal werden einem Datenblock in diesem Fall also 24 codierte Datenbits gestört
- dem TCH/F4.8 und dem TCH/H2.4 werden in jedem der acht betroffenen Interleavingblöcke sechs Bits, die zum gleichen Datenblock gehören, gestohlen, so daß dabei in einem Datenblock maximal 48 Bits gestört sind
- im TCH/F2.4 werden dieselben Interleavingvorschriften wie im TCH/FS angewandt, so daß hier ein kompletter Datenblock durch den FACCH verdrängt wird

Insgesamt verursacht das für schnelle Reaktionen notwendige Signalisieren im FACCH also Datenverluste bzw. Bitfehler im dazugehörigen Verkehrskanal, die wiederum vom Faltungscode (partiell) korrigiert werden können bzw. korrigiert werden müssen.

## 6.3 Sicherheitsrelevante Netzfunktionen und Chiffrierung

Methoden der Nutzdatenverschlüsselung und der Teilnehmerauthentifizierung, kurz alle Techniken der Datensicherheit und des Datenschutzes gewinnen in modernen digitalen Systemen enorm an Bedeutung [5]. Entsprechend wurden im GSM leistungsfähige Algorithmen und Verschlüsselungstechniken eingeführt. Die verschiedenen sicherheitsrelevanten Dienste und Funktionen eines GSM PLMN werden in mehrere Gruppen eingeteilt:

- *Subscriber Identity Confidentiality* (Vertraulichkeit der Teilnehmeridentität)
- *Subscriber Identity Authentication* (Sicherstellen/Nachweis der Teilnehmeridentität)
- *Signalling Information Element Confidentiality* (Vertraulichkeit von Informationselementen der Signalisierungsprozeduren auf dem Funkweg)
- *Data Confidentiality for Physical Connections* (Vertraulichkeit der physikalisch übertragenen Daten)

Im folgenden werden die den Teilnehmer betreffenden Funktionen vorgestellt.

### 6.3.1 Schutz der Teilnehmeridentität

Mit dieser Funktion soll ausgeschlossen werden, daß durch Abhören des Signalisierungsverkehrs auf dem Funkkanal festgestellt werden kann, welcher Teilnehmer bestimmte Ressourcen im Netz belegt. Damit soll einerseits Vertraulichkeit von Benutzerdaten und Signalisierungsverkehr gewährleistet, andererseits auch die Lokalisierung und Verfolgung einer Mobilstation verhindert werden. Das heißt vor allem, daß die *International Mobile Subscriber Identity* **IMSI** normalerweise nicht im Klartext, also unverschlüsselt übertragen werden darf.

Statt der IMSI wird zur Teilnehmeridentifizierung auf dem Funkkanal die *Temporary Mobile Subscriber Identity* **TMSI** verwendet. Die TMSI ist temporär und besitzt nur lokale Gültigkeit, weswegen eine MS durch die TMSI auch nur in Verbindung mit der *Location Area ID* **LAI** eindeutig identifizierbar ist. Die Zuordnung IMSI – TMSI wird im VLR gespeichert.

Die TMSI wird vom VLR vergeben, spätestens dann, wenn die MS von einer *Location Area* **LA** in die andere wechselt (*Location Updating*). Wenn eine neue Location

Area betreten wurde, erkennt das die MS (vgl. 3.2.5, S. 41) und meldet sich beim neuen VLR mit alter LAI und TMSI (LAIalt und TMSIalt, Bild 6.18) an. Das VLR vergibt daraufhin eine neue TMSI für die MS. Diese neue TMSI wird verschlüsselt an die MS übertragen.

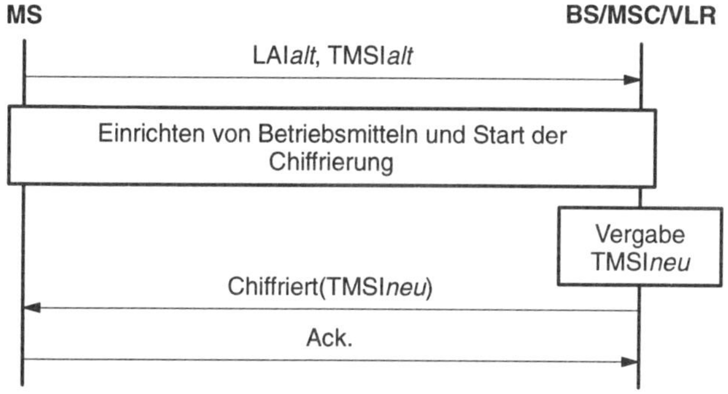


**Bild 6.18:** Verschlüsselte Übertragung der temporären Teilnehmerkennung

Die Teilnehmeridentität (IMSI) ist damit durch zwei Komponenten vor unberechtigtem Abhören geschützt: erstens wird die temporär vergebene TMSI statt der IMSI auf dem Funkkanal verwendet, und zweitens wird jede neu zugewiesene TMSI verschlüsselt übertragen.

Für den Notfall, daß ein Teil der VLR-Datenbasis verloren geht oder keine korrekten oder vollständigen Teilnehmerdaten vorliegen (Verlust der TMSI, TMSI im VLR unbekannt etc.) sieht der GSM-Standard die positive Bestätigung der Teilnehmeridentität vor. Für diese Identifizierung des Teilnehmers muß vor dem erneuten Aufsetzen der Chiffrierung die IMSI im Klartext (Bild 6.19) übertragen werden. Ist diese IMSI dann bekannt, kann die Chiffrierung erneut gestartet und dem Teilnehmer eine neue TMSI zugewiesen werden.

## 6.3.2 Verifizierung der Teilnehmeridentität

Zur Verifizierung der Teilnehmeridentität (Authentifizierung) wird zum Zeitpunkt der Neuaufnahme im Heimatnetz zusätzlich zur IMSI jedem Teilnehmer ein geheimer Authentifizierungsschlüssel (*Subscriber Authentication Key*) **Ki** zugeteilt. Der Schlüssel Ki wird netzseitig im AUC des Heimat-PLMN gespeichert. Benutzerseitig muß dieser Schlüssel Ki im SIM des Teilnehmers gespeichert sein.

Die Authentifizierung des Teilnehmers beruht im wesentlichen auf dem Algorithmus **A3**, der sowohl in der Mobilstation als auch netzseitig durchgeführt wird

(Bild 6.20). Dieser Algorithmus berechnet auf beiden Seiten (MS und Netz) unabhängig die Signatur **SRES** aus dem Authentifizierungsschlüssel Ki und der Zufallszahl **RAND**. Die SRES wird von der MS an das Netz übertragen und mit dem dort ermittelten SRES verglichen. Stimmen sie überein, ist die Teilnehmeridentität verifiziert. Damit auch durch Kanalaufzeichnung und späteres Abspielen keine falsche Identität vorgetäuscht werden kann, wird jeder Durchlauf des Algorithmus A3 mit einer nicht vorherbestimmbaren Zufallszahl RAND gestartet.

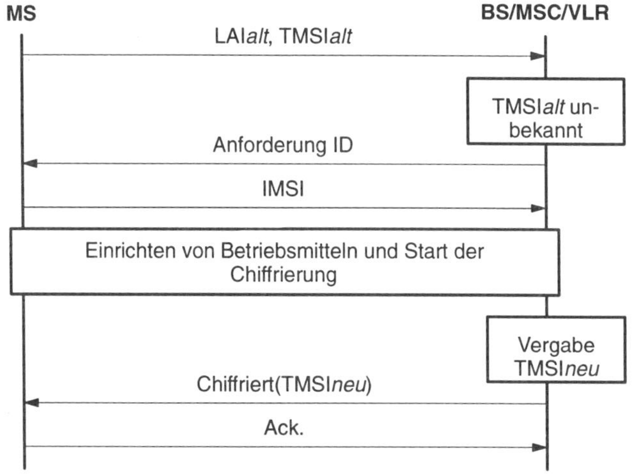


**Bild 6.19:** Klartext-Übertragung der IMSI bei unbekannter TMSI

## 6.3.3 Generierung von Sicherheitsdaten

Die Tupel (RAND,SRES) müssen netzseitig nicht erst zum Zeitpunkt der Authentifizierung berechnet werden. Das AUC kann einen Satz von (RAND,SRES) Tupeln je Teilnehmer vorausberechnen, im HLR speichern und diesen Satz auf dessen Anforderung an das aktuelle VLR senden. Das VLR speichert diesen Satz (RAND[n],SRES[n]) und verwendet für jeden Authentifizierungsvorgang eines dieser Tupel. Jedes Tupel wird nur einmal verwendet, so daß ständig neue Tupel vom HLR/AUC nachgefordert werden.

**Bild 6.20:** Prinzip Teilnehmerauthentifizierung

Dieses Vorgehen, die Sicherheitsdaten (Kc,RAND,SRES) vom AUC im voraus berechnen zu lassen, hat den Vorteil, daß netzseitig der geheime Authentifizierungsschlüssel Ki des Teilnehmers ausschließlich im AUC gehalten werden kann, was ein erhöhtes Maß an Vertraulichkeit gewährleistet. Eine weniger sichere Variante ist, dem aktuellen VLR den Schlüssel Ki zur Verfügung zu stellen – in diesem Fall werden die Sicherheitsdaten vom lokalen VLR bestimmt.

Wird der Schlüssel Ki im AUC gehalten, so generiert das AUC auf Anforderung des HLR einen Satz Sicherheitsdaten für die angegebene IMSI (Bild 6.21): die Zufallszahl RAND wird erzeugt und ihre Signatur SRES mit dem Algorithmus A3 berechnet, während A8 den Chiffrierschlüssel Kc bestimmt.

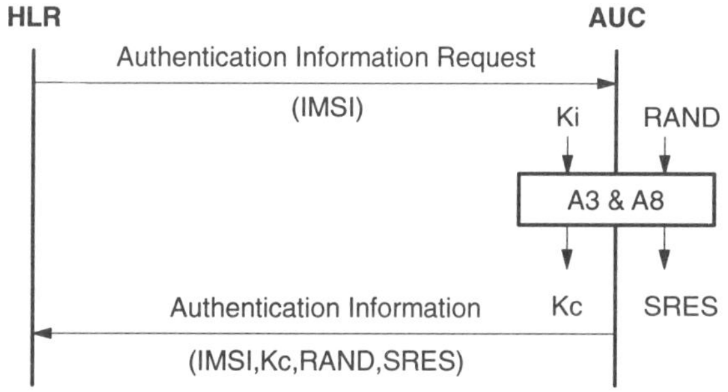


**Bild 6.21:** Anlegen eines Sicherheitsdatensatzes im HLR

Der Sicherheitsdatensatz, ein Tripel bestehend aus Kc, RAND und SRES, wird dann ans HLR gegeben und dort gespeichert. Meist werden im HLR mehrere Sicherheitsdatensätze (z.B. 5) auf Vorrat gehalten, die dann zur Authentifizierung und Chiffrierung an das lokale VLR übergeben werden können, so daß nicht bei jedem Authentifizierungsvorgang gewartet werden muß, weil ein neuer Schlüssel vom AUC anzufordern ist. Beim Wechsel in eine LA, die einem neuen VLR untersteht, werden diese Sicherheitsdatensätze vom alten VLR an das neue VLR weitergereicht. Damit ist garantiert, daß die Teilnehmeridentität IMSI nur einmal übertragen werden muß, dann nämlich, wenn die MS noch keine TMSI zugewiesen bekommen hatte (siehe Einbuchen) oder wenn diese Daten verloren gegangen sind. Danach kann die (verschlüsselte) TMSI zur Kommunikation mit der MS verwendet werden.

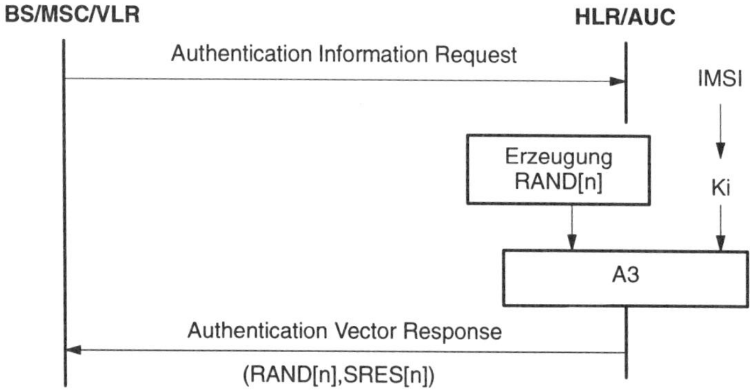


**Bild 6.22:** Hochsichere Authentifizierung (keine Übertragung von Ki)

Sofern die IMSI netzseitig nur im AUC gespeichert ist, können alle Authentifizierungsvorgänge mit den vom AUC vorausberechneten Tupeln (RAND,SRES) abgewickelt werden. Diese Art der Teilnehmeridentifizierung (Bild 6.22) hat neben einer geringen Verkehrsbelastung des VLR (keine Ausführung von A3) den Vorteil, besonders sicher zu sein, weil vertrauliche Daten, insbesondere der Schlüssel Ki, nicht übertragen werden müssen. Sie soll vor allem dann angewandt werden, wenn sich der Teilnehmer im Netz eines fremden Betreibers bewegt, da dann nur die in geringerem Maße sicherheitskritischen Informationen die Netzgrenze passieren.

Die weniger sichere Variante (Bild 6.23) darf nur innerhalb eines PLMN angewandt werden. Hier wird der geheime (sicherheitskritische) Schlüssel Ki vom HLR/AUC jeweils zum aktuellen VLR übertragen und der Algorithmus A3 bei jedem Authentifizierungsvorgang im VLR ausgeführt.

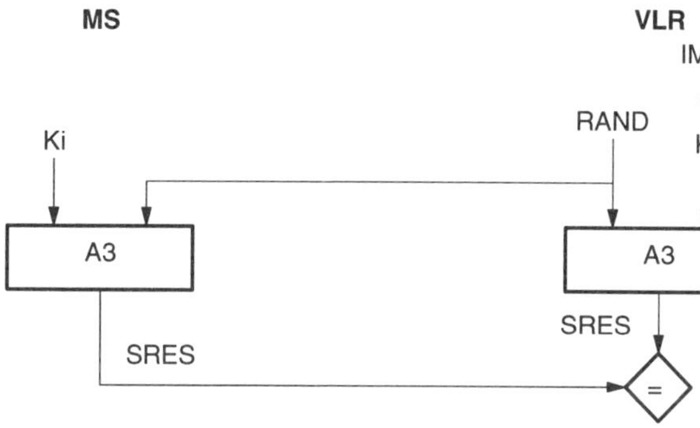


**Bild 6.23:** Schwach sichere Authentifizierung (Übertragung Ki zum VLR)

## 6.3.4 Verschlüsselung von Signalisierungs- und Nutzdaten

Als besonderes Merkmal, das die Dienstqualität der GSM-Netze über die von ISDN-Festnetzen hinaushebt, ist die Verschlüsselung von übertragenen Daten. Diese Chiffrierung erfolgt auf der sendenden Seite nach Kanalcodierung und Interleaving direkt vor der Modulation (Bild 6.24), auf der empfangenden Seite entsprechend direkt nach der Demodulation des Datenstroms.

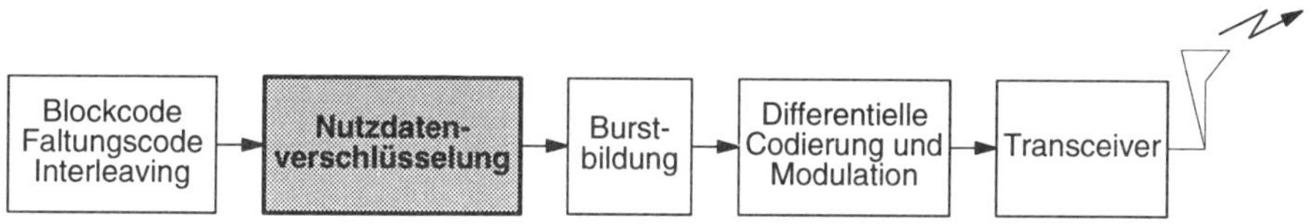


**Bild 6.24:** Nutzdatenverschlüsselung in der GSM-Übertragungskette

Zur Verschlüsselung der Nutzdaten wird ausgehend von der RAND des Authentifizierungsprozesses beidseitig mit dem Generator-Algorithmus **A8** ein Chiffrierungs-Schlüssel (*Cipher Key*) **Kc** bestimmt (Bild 6.25). Dieser Schlüssel Kc wird dann im Chiffrier-Algorithmus **A5** zur symmetrischen Verschlüsselung der Nutzdaten verwendet. Netzseitig werden die Werte des Schlüssels Kc gleichzeitig mit den SRES-Werten im AUC berechnet. Die Kc-Schlüssel werden mit (RAND,SRES)-Tupeln zu Triplets zusammengefasst, die vom HLR/AUC gespeichert und dann zur Verfügung gestellt werden, falls der Schlüssel Ki (*Subscriber Identification Key*) nur dem HLR bekannt ist (vgl. 6.3.2, hochsichere Authentifizierung). Falls Ki auch dem VLR zur Verfügung steht, kann der Schlüssel Kc direkt im VLR bestimmt werden.

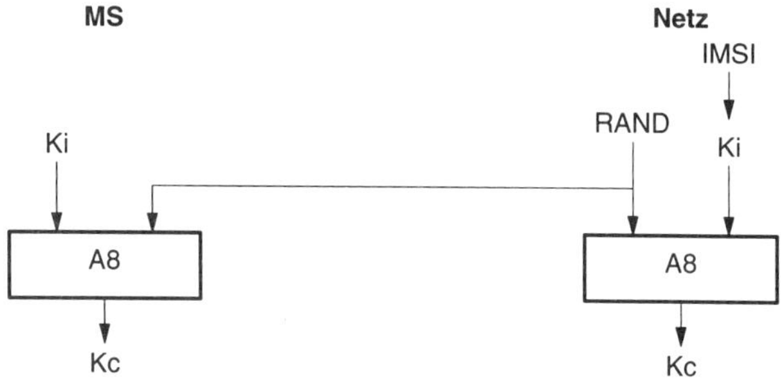


**Bild 6.25:** Erzeugen des Chiffrier-Schlüssels Kc

Die Chiffrierung von Signalisierungs- und Nutzdaten erfolgt jeweils in der Mobilstation MS und in der Basisstation BTS (Bild 6.26). Es handelt sich dabei um ein symmetrisches Kryptoverfahren, d.h. Chiffrierung und Dechiffrierung werden mit dem gleichen Schlüssel Kc und dem Algorithmus A5 durchgeführt.

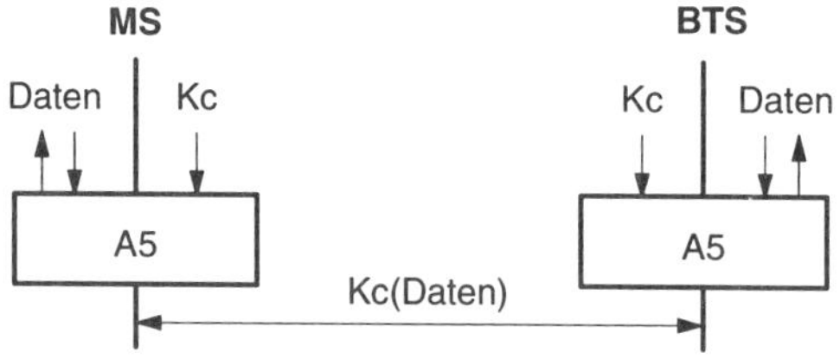


**Bild 6.26:** Prinzip symmetrische Nutzdatenverschlüsselung

Aufgrund des im Netz gespeicherten geheimen Schlüssels Ki kann der für eine Verbindung bzw. Signalisierungstransaktion gültige Kc auf beiden Seiten berechnet werden, so daß die BTS die Entschlüsselung der MS-Daten vornehmen kann und umgekehrt für die MS mit ihrem Kc die BTS-Signale dechiffrierbar sind. Signalisierungs- und Nutzdaten werden gemeinsam verschlüsselt (TCH/SACCH/FACCH) bzw. für dedizierte Signalisierungskanäle (SDCCH) dieselbe Verschlüsselungsmethode angewendet wie für Verkehrskanäle. Es handelt sich dabei um einen *Stream Cipher*, d.h. bei der Verschlüsselung wird ein Bitstrom berechnet, der dann bitweise mit dem zu chiffrierenden Datenstrom binär addiert wird (Bild 6.27).

Die Dechiffrierung erfolgt durch eine nochmalige EXKLUSIV-ODER-Verknüpfung des chiffrierten Datenstroms mit dem Schlüsselstrom. Neben dem geheimen, für jede Verbindung oder Transaktion neu generierten Schlüssel Kc wird als weiterer Parameter für den Algorithmus A5 die Nummer des aktuellen TDMA-Rahmens innerhalb eines Hyperframes (*TDMA Frame Number* **FN,** siehe Kap. 5.3.1) verwendet.

Diese Rahmennummer wird im *Synchronization Channel* SCH ausgestrahlt und steht damit auch allen Mobilstationen innerhalb einer Zelle jederzeit zur Verfügung. Anhand der Rahmennummer FN werden der Chiffrier- und der Dechiffrierprozeß synchronisiert.

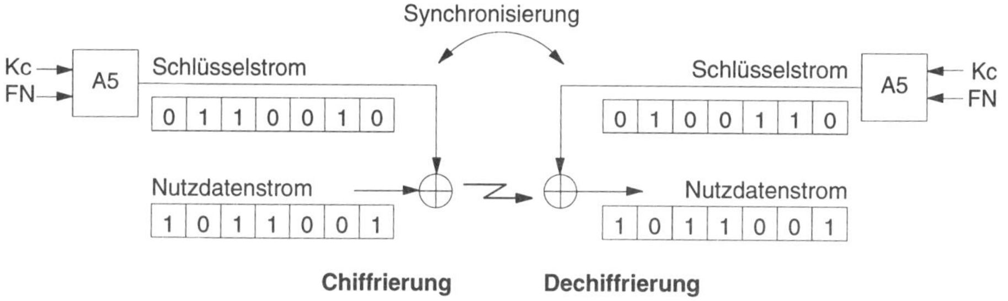


**Bild 6.27:** Verknüpfung von Nutzdatenstrom und Schlüsselstrom

Doch zuvor muß das Problem der synchronisierten Aktivierung des Schlüsselmodus gelöst werden: der Dechiffriermechanismus einer Seite muß zum exakt richtigen Zeitpunkt gestartet werden. Dieser Prozeß wird vom Netz gesteuert gestartet, direkt nachdem die Authentifizierungsprozedur abgeschlossen bzw. der Schlüssel Kc der Basisstation BS zur Verfügung gestellt wurde (Bild 6.28).

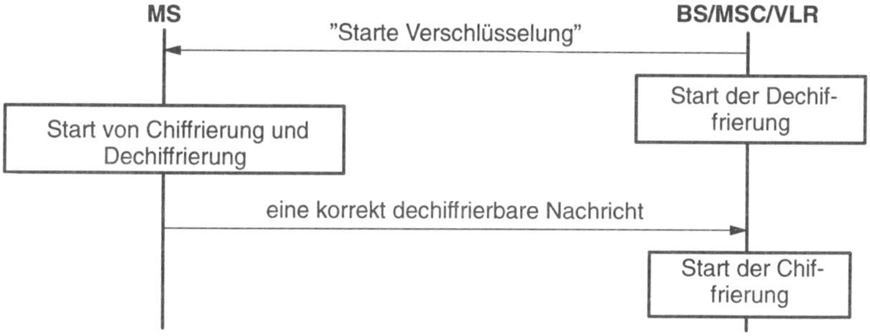


**Bild 6.28:** Synchronisierter Start der Chiffrierprozesse

Das Netz, d.h. die BTS sendet der MS die Aufforderung, ihren (De-)Chiffrierprozeß zu starten und startet ihren eigenen Dechiffrierprozeß. Die Mobilstation startet daraufhin Chiffrierung und Dechiffrierung. Die erste chiffrierte Meldung der MS, die das Netz erreicht und die korrekt dechiffriert wird, führt dann zum Start des Chiffrier-Prozesses auf der Netzseite.

# 7 Protokollarchitekturen

## 7.1 Ebenen der Protokollarchitektur

In Kapitel 5 wurden die verschiedenen physikalischen Aspekte der Funkübertragung an der GSM-Luftschnittstelle und die Realisierung der physikalischen und der logischen Kanäle erläutert. In der Terminologie des OSI-Modells stehen diese logischen Kanäle am Dienstzugangspunkt der Schicht 1 (*Physical Layer*) den höheren Schichten als die nach oben sichtbaren Übertragungskanäle der *Physical Layer* zur Verfügung. Dieser Begriff der *Physical Layer* beinhaltet auch die Vorwärtsfehlerkorrektur und die Nutzdatenverschlüsselung (siehe Kap. 6.2 und 6.3).

Die Trennung der logischen Kanäle an der Luftschnittstelle in die zwei Kategorien Signalisierungskanäle und Verkehrskanäle (*Control Channel* und *Traffic Channel*, Tabelle 5.1) entspricht der Unterscheidung zwischen Nutzdaten-Ebene (*User Plane*) und Signalisierungs-Ebene (*Control Plane*) im ISDN-Referenzmodell. In Bild 7.1 ist ein vereinfachtes Referenzmodell für die GSM-Benutzer-Netz-Schnittstelle Um dargestellt, wobei die schichtenübergreifende Managementebene im folgenden nicht näher betrachtet wird. In der Nutzdatenebene sind Protokolle der sieben OSI-Schichten definiert, um die Daten eines Teilnehmers oder Datenendgerätes zu übertragen. Nutzdaten werden im GSM an der Funkschnittstelle über die Verkehrskanäle TCH übertragen, die somit der Schicht 1 der Nutzdatenebene (Bild 7.1) zuzuordnen sind.

In der Signalisierungsebene werden Protokolle eingesetzt zur Abwicklung des Teilnehmerzugangs zum Netz und zur Steuerung der Nutzdatenebene (Reservieren, Aktivieren, Wegesuche und Durchschalten von Kanälen und Verbindungen), zu deren Realisierung auch Signalisierungsprotokolle zwischen Netzknoten (netzinterne Signalisierung) notwendig sind. Die Dm-Kanäle der Luftschnittstelle in GSM sind Signalisierungskanäle, damit also in der Schicht 1 der Signalisierungsebene (Bild 7.1) realisiert.

Da Signalisierungskanäle zwar physikalisch vorhanden, aber während einer aktiven Nutzdatenverbindung weitestgehend ungenutzt sind, liegt es nahe, sie auch für die Nutzdatenübertragung einzusetzen. Im ISDN ist entsprechend auch die paketorientierte Datenübertragung im D-Kanal erlaubt, d.h. auf dem physikalischen D-Kanal wird ein Signalisierungsdatenstrom (s-Daten) und ein paketorientierter Nutzdatenstrom (p-Daten) gemultiplext übetragen. Diese Möglichkeit existiert auch im GSM. Die Datenübertragung ohne gesonderte Belegung eines Verkehrskanals unter Nutzung freier Kapazitäten in Signalisierungskanälen wird zur Realisierung des Kurznachrichtendienstes (*Short Message Service* **SMS**) verwendet. Dazu wird ein separater SDCCH belegt, oder es werden – bei bestehender Gesprächsverbindung – die SMS-Protokolldateneinheiten in den Signalisierungsdatenstrom des SACCH gemultiplext (Bild 7.2).

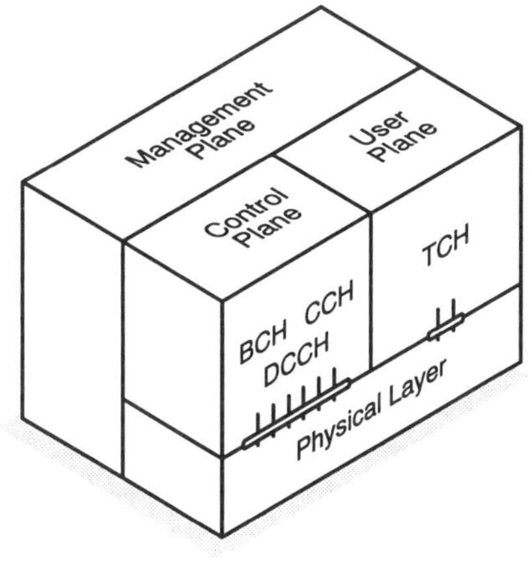


**Bild 7.1:** Logische Kanäle der Luftschnittstelle im ISDN-Referenzmodell

Die Signalisierungs- und Nutzdatenebene können getrennt voneinander definiert und implementiert werden, abgesehen davon, daß an der Funkschnittstelle Signalisierungs- und Nutzdaten über dasselbe physikalische Medium übertragen werden müssen und einzelne Signalisierungsprozeduren natürlich auch Vorgänge der Nutzdatenebene initiieren und steuern. Für jede Ebene existiert entsprechend eine separate Protokollarchitektur des GSM-Systems: die Nutzdaten-Protokollarchitektur (siehe Kap. 7.2) und die Signalisierungs-Protokollarchitektur (siehe Kap. 7.3), wobei für die Übertragung von p-Daten in der Signalisierungsebene ebenfalls eine eigene Protokollarchitektur definiert ist (siehe Kap. 7.3.2). Eine Protokollarchitektur umfaßt jeweils nicht nur die Protokollinstanzen der Funkschnittstelle Um, sondern auch alle Protokollinstanzen der Komponenten eines GSM-Netzes.

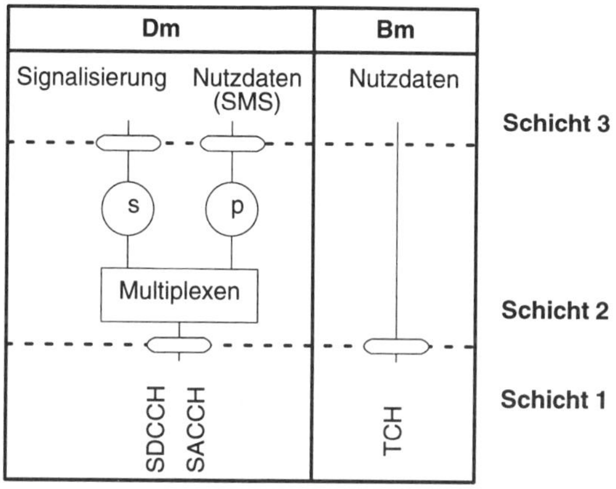


**Bild 7.2:** Nutzdaten und Signalisierungsdaten an der Luftschnittstelle

# 7.2 Protokollarchitektur der Nutzdatenebene

Ein GSM PLMN kann beschrieben werden durch einen Satz von Zugangs-Schnittstellen (vgl. 9.1) und einen Satz von Verbindungstypen zur Realisierung der verschiedenen Kommunikationsdienste. Eine Verbindung in einem PLMN ist definiert zwischen Referenzpunkten. Verbindungen werden zusammengesetzt aus einzelnen Verbindungselementen, zwischen denen Signalisierungs- und Übertragungssystem gewechselt werden. Innerhalb einer GSM-Verbindung existieren daher zwei Elemente: das Funkinterface-Verbindungselement und das A-Interface-Verbindungselement (Bild 7.3).

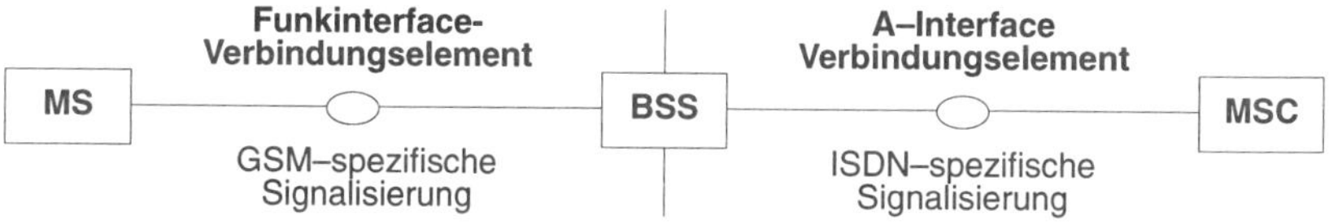


**Bild 7.3:** Verbindungselemente

Die Funkschnittstelle und das zugehörige Verbindungselement sind zwischen Mobilstation und Basisstationssubsystem BSS definiert, während zwischen BSS und MSC die A-Schnittstelle mit dem A-Interface-Verbindungselement angesiedelt ist. An der Funkschnittstelle wird ein GSM-spezifisches Signalisierungssystem eingesetzt, während an der A-Schnittstelle Nutzdatenübertragung und Signalisierung ISDN-kompatibel erfolgen. Das BSS ist weiter untergliedert in BTS und BSC und implementiert dazwischen die Abis-Schnittstelle, für die aber kein eigenes Verbindungselement definiert ist, da diese Schnittstelle im allgemeinen für die Nutzdaten transparent ist.

Ein GSM Verbindungstyp ist eine Möglichkeit, die GSM-Verbindungen zu beschreiben. Verbindungstypen repräsentieren die Fähigkeiten der unteren Schichten eines GSM PLMN. Die Definition von Verbindungstypen reicht aus, um die Leistungsmerkmale eines PLMN zu bestimmen. Im folgenden werden die Protokollmodelle als Basis für einige der in den GSM-Standards definierten Verbindungstypen vorgestellt. Es handelt sich um Sprachverbindungen und sowohl transparente als auch nicht-transparente Datenverbindungen. Detaillierte Diskussionen einzelner Verbindungstypen finden sich in Kap. 9 bei der Beschreibung von Realisierungen verschiedener Datendienste.

### 7.2.1 Sprachübertragung

Das digitale, quellencodierte Sprachsignal der Mobilstation wird fehlerschutzcodiert und verschlüsselt über die Luftschnittstelle übertragen. In der BTS wird das Signal entschlüsselt und der Fehlerschutz vor der Weiterleitung des Signals wieder entfernt. Diese auf dem Funkweg speziell gesicherte Sprachübertragung erfolgt transparent zwischen der Mobilstation und einer Transcodiereinheit (*Transcoding and Rate Adaptation Unit* **TRAU**), in der die GSM-kodierten Sprachsignale auf das Standard-ISDN-Format (ITU-T A-Law) gewandelt werden. Ein möglicher Transportpfad für Sprachsignale ist in Bild 7.4 unter Vernachlässigung der Bittransportebene (Verschlüsselung und TDMA/FDMA) dargestellt.

Das einfache GSM-Sprachterminal (MT0) besitzt zur Sprachcodierung den *GSM Speech Codec* **GSC**. Dessen Sprachsignale werden nach der Kanalcodierung (FEC) verschlüsselt an die BTS übertragen und dort wieder entschlüsselt und dekodiert bzw. fehlerkorrigiert. Mehrere GSM Sprachsignale können im BSS für die Übertragung zwischen BTS und BSC in einen ISDN-Kanal gemultiplext werden. Dabei sind bis zu vier GSM-Sprachsignale (je 13 kbit/s) pro ISDN-B-Kanal (64 kbit/s) vorgesehen. Vor der Übergabe an das MSC werden die Sprachsignale im BSS vom GSM-Format ins ISDN-Format (ITU-T A-Law) umcodiert.

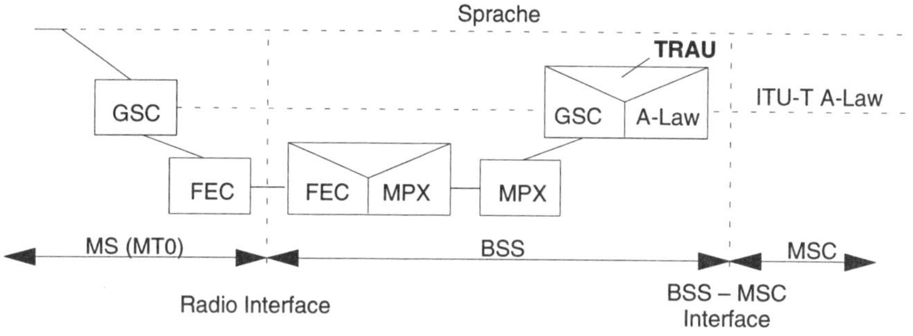


**Bild 7.4:** Sprachübertragung im GSM

Die BTS sind über digitale Festverbindungen – häufig Mietleitungen (*leased lines*) oder Richtfunkstrecken – mit einer Übertragungsrate von 2048 kbit/s oder 64 kbit/s (ITU-T G.703, G.705, G.732) an den BSC angebunden. Für die Sprachübertragung werden damit im BSS Kanäle von 64 kbit/s oder Subraten-Kanäle mit 16 kbit/s implementiert. Welcher Sprachkanal im Festnetz verwendet wird, hängt vor allem davon ab, wo die Sprachtranscodiereinheit (*Transcoding and Rate Adaptation Unit* **TRAU**) physikalisch angesiedelt wird. Die TRAU nimmt die Transcodierung der Sprachdaten vom GSM-Format (13 kbit/s) in ein A-Law-Signal des ISDN mit 64 kbit/s vor. Darüber hinaus ist sie für die eventuell notwendige Bitratenanpassung von Datensignalen zuständig. Für die Positionierung der TRAU stehen zwei Alternativen zur Verfügung: die TRAU kann entweder in der BTS plaziert werden, oder außerhalb der BTS im BSC. Vorteil der Plazierung der TRAU außerhalb der BTS ist, daß bis zu vier Sprachsignale im Submultiplex (MPX in Bild 7.4) auf einem ISDN-B-Kanal übertragen werden können, so daß auf der Strecke BTS-BSC insgesamt weniger Bandbreite benötigt wird. Darüber hinaus kann bei einer Plazierung der TRAU außerhalb der BTS die TRAU-Funktionalität für alle BTS eines BSS in einer separaten Hardwareeinheit komplett von einem eigenen Hersteller realisiert werden – dennoch wird die TRAU stets als Bestandteil des BSS und nicht als eigene Netzkomponente betrachtet.

In Bild 7.5 sind einige Varianten einer BTS-Konfiguration zusammengestellt. Eine BTS besteht aus einer *Base Control Function* **BCF** (allgemeine Steuerungsfunktionen, z.B. Frequenzspringen) und mehreren (mindestens einem) Transceiver-Modulen **TRX**, welche die acht physikalischen TDMA-Basiskanäle auf jeweils einem Frequenzträger realisieren. Die TRX-Module sind auch verantwortlich für die Kanalcodierung/-decodierung und Verschlüsselung von Sprach- und Datensignalen. Ist die TRAU in die BTS integriert, wird außerdem in der BTS die Sprachtranscodierung vom GSM-Format ins ISDN A-Law vorgenommen.

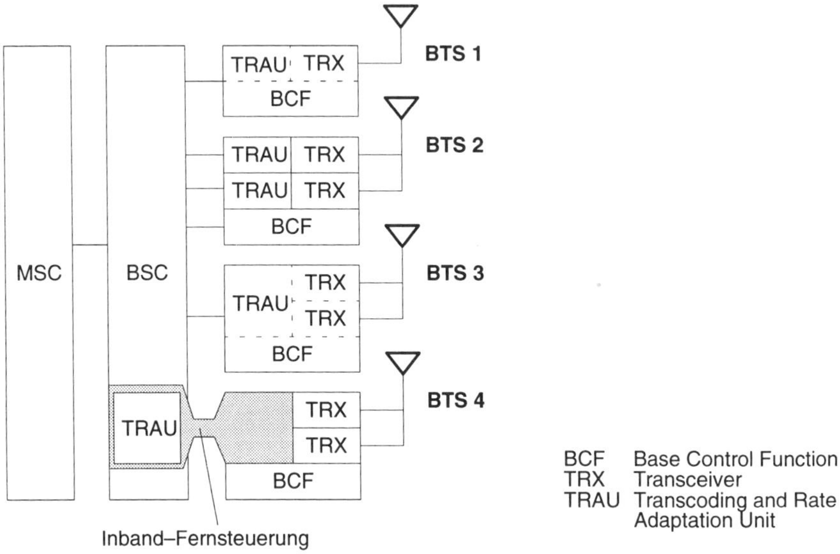


**Bild 7.5:** Struktur einer BTS und Plazierung der TRAU

Im ersten Fall, TRAU in der BTS (BTS 1,2,3 in Bild 7.5), wird das Sprachsignal in der BTS in ein 64 kbit/s A-Law-Signal umcodiert und ein Sprachsignal je B-Kanal (64 kbit/s) zum BSC/MSC übertragen. Die Bitraten von Datensignalen werden auf 64 kbit/s adaptiert oder mehrere Datensignale in einem ISDN-B-Kanal im Submultiplex übertragen. Die sich dadurch ergebende Protokollarchitektur in der Nutzdatenebene für den Sprachtransport ist in Bild 7.6 dargestellt.

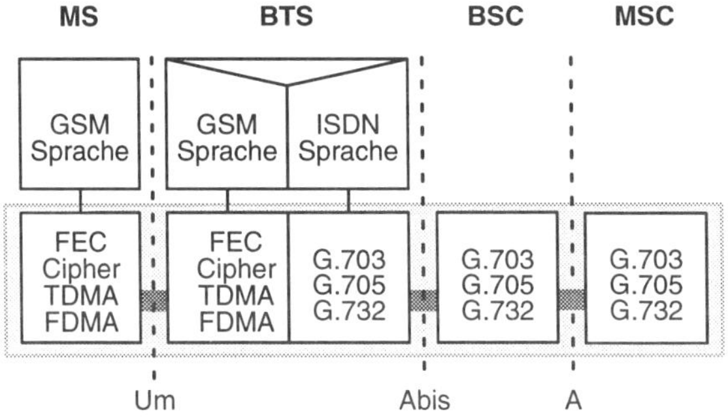


**Bild 7.6:** GSM Protokollarchitektur (Sprache, TRAU in der BTS)

Die GSM-kodierte Sprache (13 kbit/s) wird fehlerschutzcodiert und verschlüsselt auf dem Funkweg übertragen (Schnittstelle Um). In der BTS wird das GSM-Sprachsignal dann in ein ISDN-Sprachsignal umgewandelt und transparent durch das BSC zum ISDN-Koppelnetz des MSC übertragen.

Im zweiten Fall befindet sich die TRAU außerhalb der BTS (BTS 4 in Bild 7.5) und wird als Teil des BSC betrachtet. Physikalisch kann sie allerdings auch am MSC-Standort, d.h. auf der MSC-Seite des Links zwischen MSC und BSC (Bild 7.7), aufgebaut sein. Die Kanalcodierung/-decodierung und Verschlüsselung findet nach wie vor im TRX-Modul der BTS statt, während die Sprachtranscodierung im BSC erfolgt. Steuerungstechnisch benötigt die TRAU dazu einige Synchronisations- und Decodierinformationen der BTS (z.B. *Bad Frame Indication* zur Fehlerverschleierung, siehe Kap. 6.1). Wird die TRAU nicht in der BTS plaziert, muß sie deshalb von der BTS durch Inband-Signalisierung ferngesteuert werden. Dazu wird für das GSM-Sprachsignal auf der Strecke BTS-BSC ein Subkanal mit 16 kbit/s reserviert, so daß insgesamt 3 kbit/s für die Inband-Signalisierung zur Verfügung stehen. Alternativ kann das GSM-Sprachsignal (13 kbit/s) auch in einem vollen B-Kanal übertragen werden.

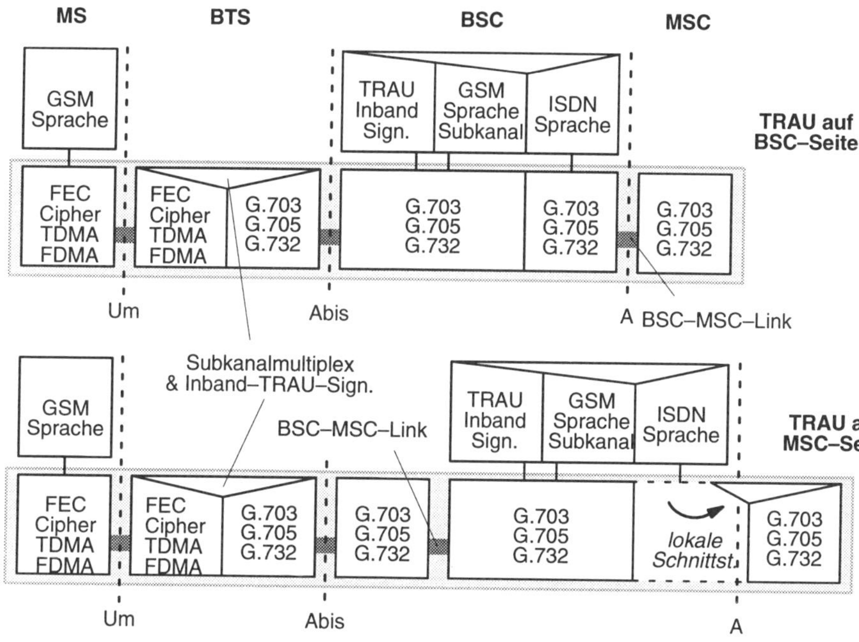


**Bild 7.7:** GSM Protokollarchitektur (Sprache, TRAU im BSC)

## 7.2.2 Transparente Datenübertragung

Der digitale Mobilfunkkanal ist starken Qualitätsschwankungen unterworfen und generiert Bündelfehler, die man durch Interleaving und Faltungskodes zu korrigieren versucht (siehe Kap. 6.2). Ist die Signalqualität aufgrund von Fadingeinbrüchen oder Interferenzen allerdings zu schlecht, können die dadurch verursachten Fehler nicht mehr korrigiert werden. Für die Datenübertragung an der Luftschnittstelle Um resultiert daraus eine entsprechend dem Kanalzustand in der Größenordnung zwischen $10^{-2}$ und $10^{-5}$ schwankende Restbitfehlerhäufigkeit [6]. Diese schwankende Qualität der Datenübertragung an der Luftschnittstelle bestimmt im wesentlichen die Dienstgüte der transparenten Datenübertragung. Damit ist ein Verbindungstyp in GSM definiert, basierend auf dem einige grundlegende Trägerdienste realisiert werden (transparente asynchrone und synchrone Daten, Tabelle 4.2). Die zugehörige Protokollarchitektur ist in Bild 7.8 zusammengestellt.

Das Prinzip des transparenten Verbindungstyps ist es, Nutzdaten nur an der Funkschnittstelle durch Vorwärtsfehlerkorrektur gegen Übertragungsfehler zu schützen. Die weitere Übertragung im GSM-Netz bis zum nächstgelegenen MSC mit einer Interworkingfunktion IWF zum ISDN oder PSTN erfolgt ungesichert auf digitalen Leitungsabschnitten, die im Vergleich zum Funkkanal ohnehin eine sehr niedrige Bitfehlerhäufigkeit besitzen.

Der transparente GSM-Datendienst bietet konstanten Datendurchsatz und Übertragungsverzögerung. Wegen der begrenzten Korrekturfähigkeit des FEC wird aber die Restbitfehlerhäufigkeit mit der Kanalqualität schwanken.

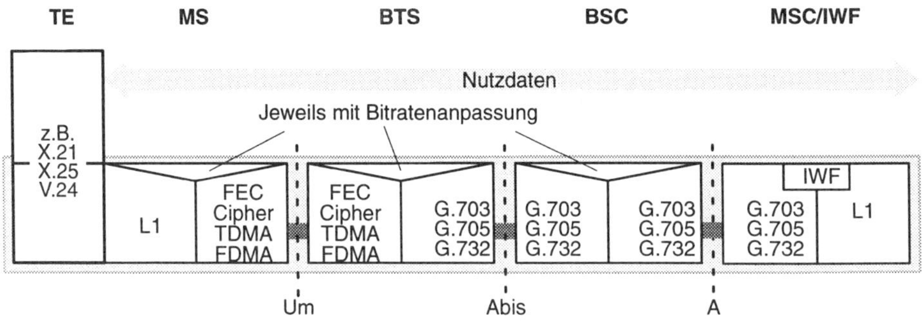


**Bild 7.8:** GSM Protokollarchitektur (Daten, transparent)

Ein beispielsweise über eine serielle Schnittstelle (V.24) kommunizierendes Datenendgerät TE erhält mit einem transparenten Trägerdienst über einen Terminaladapter oder direkt an der Mobilstation einen GSM-Dienstzugang (siehe auch R-Referenzpunkt Bild 9.1). Über eine entsprechende Bitratenanpassungsfunktion kann basierend auf der Übertragungskapazität der Luftschnittstelle eine Datenrate von bis zu 9600 bit/s zur Verfügung gestellt werden. Die Bitratenanpassung nimmt gleichzeitig die notwendige asynchron-synchron-Wandlung vor. Dabei werden die auf der seriellen Schnittstelle asynchron ankommenden Zeichen durch Fülldaten ergänzt, da die Daten am Kanalcodierer mit einer festen Blockrate anliegen müssen. Zwischen Endgerätedienstzugang und der Interworkingfunktion IWF im MSC besteht damit über die Luftschnittstelle und die digitalen B-Kanal-Übertragungsabschnitte im GSM-Netz hinweg eine synchrone, leitungsvermittelte digitale Verbindung, die für die asynchronen Nutzdaten des Datenendgerätes TE vollständig transparent ist.

### 7.2.3 Nicht-transparente Datenübertragung

Gemessen an den Bitfehlerhäufigkeiten des Festnetzes in der Größenordnung von $10^{-6}$ bis $10^{-9}$ reicht die Dienstqualität der transparenten Datendienste für viele Anwendungen insbesondere unter ungünstigen Bedingungen noch nicht aus. Zur weiteren Korrektur von Übertragungsfehlern muß also zusätzliche Redundanz in den Datenstrom eingefügt werden. Da diese Redundanz nicht ständig benötigt wird, sondern nur dann, wenn tatsächlich Restfehler im Datenstrom vorhanden sind, kommt kein Vorwärtsfehlerkorrekturschema in Frage, sondern ein Fehlererkennungsschema mit automatischer Wiederübertragung von gestörten Blöcken (*Automatic Repeat Request* **ARQ**). Ein solches ARQ-Schema, das spezifisch auf den GSM-Kanal angepaßt wurde, ist im *Radio Link Protocol* **RLP** realisiert. RLP geht davon aus, daß die darunter liegende Vorwärtsfehlerkorrektur des Faltungskodes im Mittel einen Kanal mit einer Blockfehlerrate kleiner als 10% realisiert, wobei ein Block hier einem RLP-Protokollrahmen mit einer Länge von 240 Bit entspricht. Unabhängig von der schwankenden Übertragungsqualität des Kanals wird der nicht-transparente im Gegensatz zum transparenten Datendienst zwar eine konstant niedrige Restbitfehlerhäufigkeit aufweisen; allerdings wird wegen des RLP-ARQ-Verfahrens sowohl der Datendurchsatz als auch die Übertragungsverzögerung mit der Kanalqualität Schwankungen unterliegen.

Mit dem Sicherungsschichtprotokoll RLP wird die Datenübertragung zwischen Mobilstation und der Interworkingfunktion IWF des nächsten MSC gesichert, d.h. das RLP terminiert jeweils in einer Instanz in der MS und der IWF (Bild 7.9). An der Schnittstelle zum Datenendgerät TE wird lokal ein nicht-transparentes Protokoll **NTP** und ein Interfaceprotokoll **IFP** definiert, das von der jeweiligen Schnittstelle des Datenendgerätes abhängt. Im allgemeinen wird auch hier eine V.24-Schnittstelle eingesetzt werden, über die asynchron zeichenorientiert Nutzdaten übertragen werden. Diese Zeichen des NTP werden im *Layer 2 Relay* **L2R** gepuffert und zu Blöcken zusammengefaßt, um dann in RLP-Rahmen verpackt übertragen zu werden. Der Datentransport vom und zum lokalen Datenendgerät hin wird durch eine Flußkontrolle geregelt. Damit ist die Übertragung innerhalb des PLMN nicht mehr transparent für das Datenendgerät. Auf der Luftschnittstelle wird alle 20 Millisekunden ein RLP-Rahmen übertragen, so daß das L2R gegebenenfalls die Datenblöcke mit Füllzeichen ergänzen muß, falls zum Sendezeitpunkt noch kein vollständiger Rahmen mit Nutzdaten gefüllt werden kann.

Das RLP orientiert sich in Rahmenaufbau und Protokollprozeduren stark am HDLC des ISDN, wobei das RLP allerdings – im Gegensatz zum HDLC – Rahmen fester Länge (240 Bit) mit 16 Bit Protokollheader, 200 Bit Informationsfeld und 24 Bit Prüfsumme (*Frame Check Sequence* **FCS**) verwendet (Bild 7.10). Wegen der festen Rahmenlänge sind beim RLP auch keine Rahmenkennungsworte reserviert. Die sehr kurzen, und damit auch weniger fehleranfälligen[5] Protokollrahmen werden exakt an den Blöcken der Kanalcodierung ausgerichtet übertragen, eine spezielle Prozedur zur Realisierung von Codetransparenz wie beim HDLC (*Bitstuffing*) entfällt. Wie das HDLC ist auch das RLP ein verbindungsorientiertes Sicherungsprotokoll.

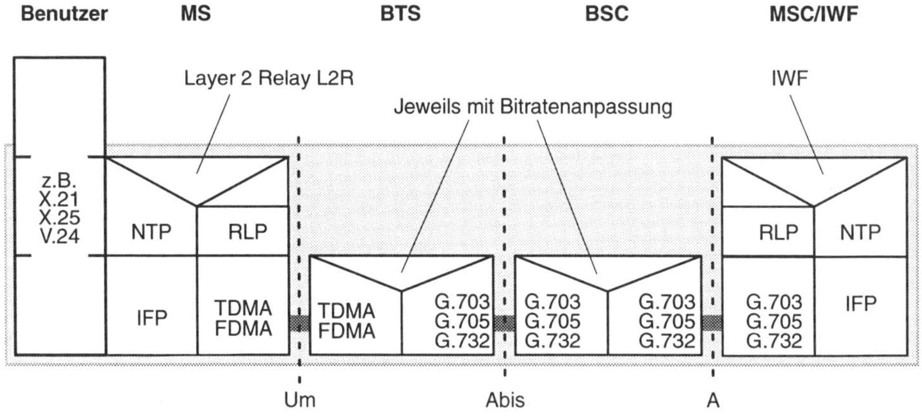


**Bild 7.9:** GSM Protokollarchitektur (Daten, nicht-transparent)

Das RLP verwendet die Dienste der darunterliegenden Schichten zum Transport seiner Protokolldateneinheiten. Der für das RLP sichtbare Kanal ist damit neben den eventuell vorhandenen Restbitfehlern vor allem durch eine erhebliche Übertragungsverzögerung von etwa 200 Millisekunden gekennzeichnet. Diese setzt sich zum größten Teil aus Interleaving- und Codierverzögerungen zusammen, die Übertra-

5. Die Rahmenfehlerwahrscheinlichkeit wächst mit der Rahmenlänge.

gungsdauer eines RLP-Rahmens schlägt bei einer Datenrate von z.B. 9.6 kbit/s nur mit etwa 25 Millisekunden zu Buche. Bis zur positiven Bestätigung eines korrekt übertragenen RLP-Rahmens verstreichen also mindestens 400 ms, was bei der Wahl einiger Protokollparameter wie Sendefenstergröße und Wiederübertragungs-Timer eine wesentliche Rolle spielt.

Der Aufbau des RLP-Headers ähnelt dem des HDLC [17], mit dem Unterschied, daß der RLP-Header keine Adress-, sondern nur Steuerinformationen enthält und für diese Steuerinformationen bei RLP 16 Bit zur Verfügung stehen. Es werden Kontroll- und Informationsrahmen unterschieden. Während in Informationsrahmen Nutzdaten transportiert werden, dienen die Kontrollrahmen zur Verbindungssteuerung (Aufbau, Auslösen, Zurücksetzen) und zur Steuerung der Wiederübertragung von Informationsrahmen in der Datentransferphase. Die Informationsrahmen werden zur eindeutigen Kennzeichnung mit einer sequentiellen Sendefolgenummer N(S) versehen. Für die Kodierung der Sendefolgenummer stehen im RLP-Header sechs Bits zur Verfügung (Bild 7.10). Aus Platzgründen wird dieses Feld gleichzeitig zur Kodierung des Rahmentyps verwendet. Alle Werte des Sendefolgefeldes kleiner als 62 zeigen an, daß der Rahmen im Informationsfeld Nutzdaten transportiert (Informationsrahmen). Andernfalls wird das Informationsfeld verworfen, es sind nur die Informationen im Header interessant (Kontrollrahmen). Diese Rahmen sind durch die reservierten Werte 62 und 63 des Sendefolgefeldes gekennzeichnet (Bild 7.10).

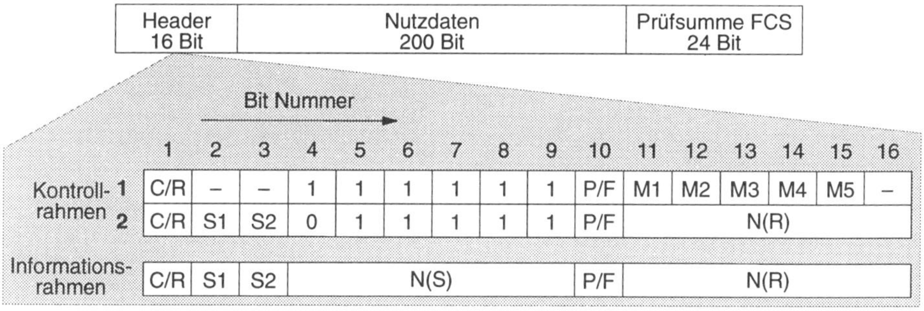


**Bild 7.10:** Rahmenaufbau des RLP

Durch diesen Aufbau des Headers können die Informationsrahmen implizit auch Kontrollinformationen transportieren (*piggy-backing*). Die Header-Informationen eines Kontrollrahmens der Variante 2 können vollständig im Header eines Informationsrahmens untergebracht werden. Dies ist ein weiterer Punkt, in dem das RLP spezifisch auf den Funkkanal angepaßt wurde, denn es brauchen damit in der Informationstransferphase keine zusätzlichen Kontrollrahmen gesendet zu werden, was den Protokolloverhead reduziert und den Nutzdatendurchsatz erhöht.

Die Sendefolgenummer eines RLP-Informationsrahmens wird also modulo 62 gezählt, was einem maximal 61 RLP-Rahmen großen Sendefenster entspricht. Es können somit maximal 61 Rahmen gesendet werden und unbestätigt bleiben, bevor der Sender auf die Bestätigung von mindestens dem ersten Rahmen warten muß. Die Bestätigung von Rahmen erfolgt bei RLP positiv. Der Empfänger quittiert explizit mit einem Kontrollrahmen oder implizit mit einem Informationsrahmen. Ein solcher quittierender Rahmen enthält eine Empfangsfolgenummer N(R), die den korrekten Empfang aller Rahmen bis einschließlich des Rahmens mit der Sendefolgenummer N(S)=N(R)-1 bestätigt.

Jeweils mit dem Versand des letzten Informationsrahmens wird beim Sender ein Timer T1 neu gestartet. Trifft eine Quittung für einen Teil oder auch alle der gesendeten Rahmen nicht rechtzeitig ein, weil beispielsweise der RLP-Rahmen mit der Quittung fehlerhaft empfangen wurde und daher verworfen werden mußte, läuft dieser Timer ab und veranlasst den Sender, explizit eine Quittung anzufordern. Diese explizite Quittungsanforderung kann N2-mal wiederholt werden – liegt dann immer noch keine Quittung für die unbestätigten Rahmen vor, wird die Verbindung abgebrochen. Kann der Sender nach Ablauf des Timers T1 erfolgreich eine Quittung N(R) einfordern, werden alle gesendeten Rahmen ab einschließlich N(R) erneut übertragen. Im Fall einer explizit angeforderten Quittung realisiert RLP also ein modifiziertes *Go-back-N*-Verfahren. Eine solche Wiederübertragung eines Informationsrahmens ist ebenfalls max. N2-mal möglich. Kann für eine Folge von Rahmen auch beim N2-ten Versuch keine Quittung empfangen werden, wird die RLP-Verbindung zurückgesetzt oder abgebrochen.

Für den Umgang mit fehlerhaft übertragenen Informationsrahmen sind in RLP zwei Prozeduren vorgesehen: die selektive, nicht-quittierende Ablehnung von einzelnen Informationsrahmen (*Selective Reject*) und die implizit quittierende Neuanforderung von Informationsrahmen (*Reject*). Mit einem *Selective Reject* fordert die empfangende RLP-Instanz explizit die erneute Übertragung eines fehlerhaft empfangenen Informationsrahmens mit der Nummer N(R) an. Damit werden keine anderen Rahmen quittiert. Der in jeder RLP-Implementierung mindestens vorhandene Weg der Neuanforderung von fehlerhaften Informationsrahmen ist der *Reject*-Betrieb. Mit einem *Reject* fordert der Empfänger die erneute Übertragung aller Rahmen ab einschließlich dem ersten fehlerhaft empfangenen Rahmen mit der Nummer N(R) an (*Go-back-N*). Gleichzeitig werden damit implizit die Rahmen bis einschließlich N(R)-1 als korrekt empfangen bestätigt. Die Realisierung der selektiven Wiederübertragung ist in RLP-Implementierungen nicht verpflichtend vorgeschrieben, empfiehlt sich aber, da eine *Go-back-N*-Wiederübertragung stets auch eventuell korrekt übertragene Informationsrahmen erneut überträgt und so einen deutlich schlechteren Datendurchsatz als die selektive Wiederübertragung ermöglicht.

# 7.3 Protokollarchitektur der Signalisierungsebene

## 7.3.1 Übersicht Signalisierungsarchitektur

Die wesentlichen Protokolleinheiten der GSM Signalisierungs-Protokollarchitektur zeigt Bild 7.11. Es werden drei Verbindungselemente betrachtet: das Funkinterface-Verbindungselement, das BSS-Interface-Verbindungselement und das A-Interface-Verbindungselement. Diese Protokollarchitektur der Signalisierungsebene besteht aus einem GSM-spezifischen Teil mit den Schnittstellen Um und Abis und einem SS#7-basierten Teil mit den Schnittstellen A,B,C,E (Bild 7.11). Das entspricht dem Wechsel des Signalisierungssystems, wie er eingangs für den Wechsel vom Funkinterface-Verbindungselement zum A-Interface-Verbindungselement (Bild 7.3) in der Nutzdatenebene beschrieben wurde. Die Funkschnittstelle Um ist definiert zwischen Mobilstation MS und dem Netz. Sie umfaßt zum einen die Schnittstelle zum Basisstations-Subsystem BSS, zum anderen aber auch eine Signalisierungsschnittstelle zum MSC. Innerhalb des BSS arbeiten BTS und BSC über die Schnittstelle Abis zusammen, während zwischen BSS und MSC die A-Schnittstelle angesiedelt ist. Signalisierungsschnittstellen besitzt ein MSC auch zu VLR (B), HLR (C), zu anderen MSC (E) und zum EIR (F). Weitere Signalisierungsschnittstellen sind definiert zwischen den VLR (G) sowie zwischen VLR und HLR (D). Eine Übersicht der Schnittstellen eines GSM PLMN ist in Bild 3.9 zusammengestellt.

An der Luftschnittstelle Um beinhaltet in der Signalisierungsebene die unterste Schicht des Protokollmodells (*Physical Layer*) die Realisierung der logischen Signalisierungskanäle (TDMA/FDMA, Multiframes, Kanalcodierung etc., siehe Kap. 5, Kap. 6.2 und Kap. 6.3). Der weitere Transport der Signalisierungsnachrichten über die Schnittstellen Abis (BTS-BSC) und A (BSC-MSC) erfolgt wie die Nutzdatenübertragung über digitale Leitungen mit einer Übertragungsrate von 2048 kbit/s oder 64 kbit/s (ITU-T G.703, G.705, G.732).

In den logischen Kanälen der Luftschnittstelle kann auf der Schicht 2 in der Signalisierungsebene jeweils eine Instanz des Sicherungsprotokolls **LAPDm** (*Link Access Procedure* auf den *Dm*-Kanälen) etabliert werden. LAPDm ist ein speziell für die Funkschnittstelle angepaßtes LAPD-Derivat. Dieses Sicherungsprotokoll ist verantwortlich für den gesicherten Transfer von Signalisierungsnachrichten zwischen MS und BTS über die Luftschnittstelle, d.h. das LAPDm terminiert jeweils in der Mobilstation und der Basisstation.

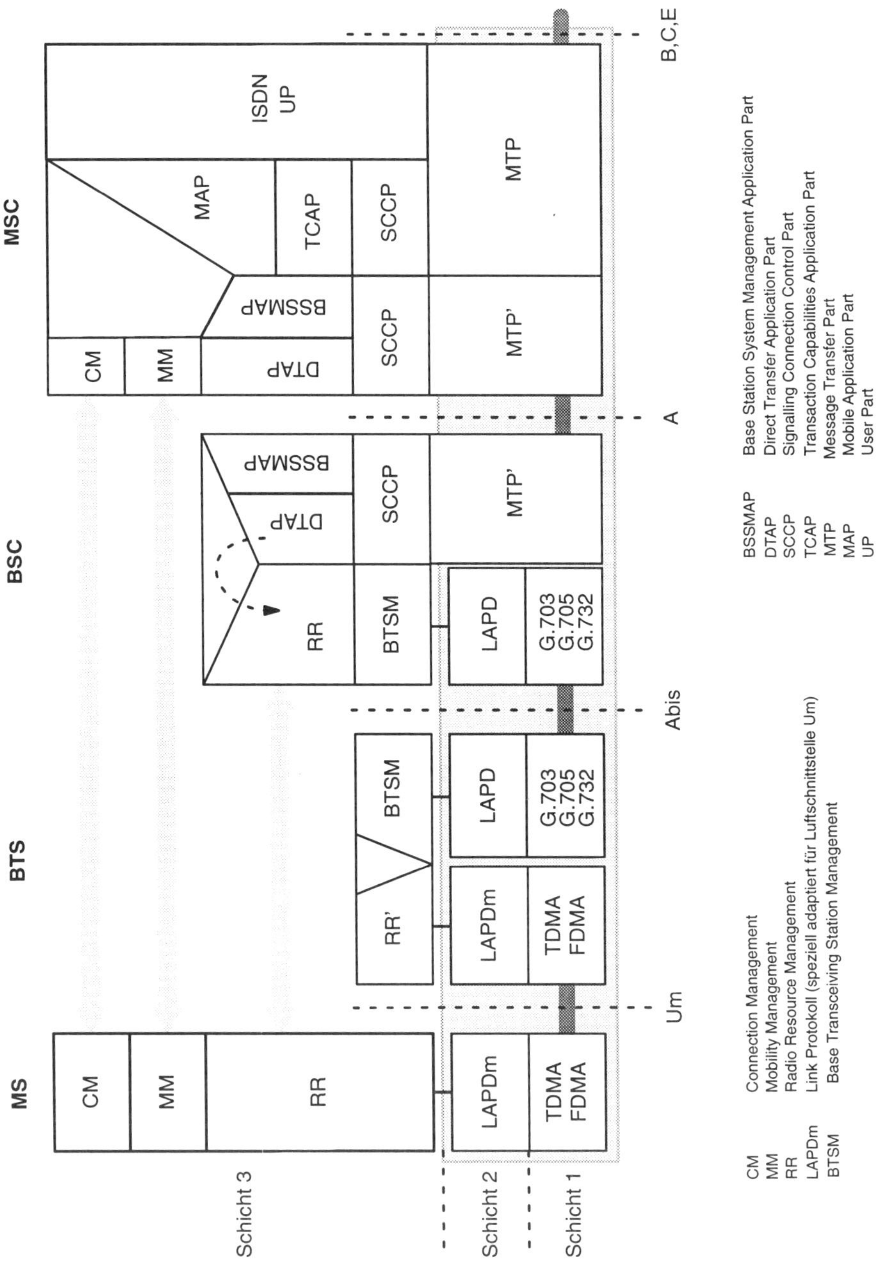


**Bild 7.11:** GSM Protokollarchitektur (Signalisierung)

Es handelt sich dabei im wesentlichen um ein HDLC-ähnliches Protokoll, das auf den verschiedenen logischen Dm-Kanälen der Schicht 3 eine Reihe von Diensten (Verbindungsauf-/-abbau, gesicherter Signalisierungsdatentransfer) anbietet. Es basiert auf den verschiedenen Protokollen der Sicherungsschicht in Festnetzen, wie z.B. LAPD im ISDN [24]. Die wesentliche Aufgabe von LAPDm ist der transparente Transport von Nachrichten zwischen Protokollinstanzen der Schicht 3, wobei insbesondere unterstützt werden:

- Mehrere Instanzen der Schicht 3 und der Schicht 1
- Broadcast Signalisierung (BCCH)
- Paging Signalisierung (PCH)
- Signalisierung zur Kanalzuweisung (AGCH)
- Dedizierte Signalisierung (DCCH)

Eine ausführlichere Darstellung von LAPDm ist in Kapitel 7.4.2 zusammengestellt.

Die LAPDm-Dienste werden mobilstationsseitig von der Schicht 3 der Signalisierungsprotokollarchitektur genutzt. Die Schicht 3 ist in drei untergeordnete Schichten (*Sublayer*) untergliedert: das *Radio Resource Management* **RR**, das *Mobility Management* **MM** und das *Connection Management* **CM**. Diese drei Sublayer bilden auf der Seite der Mobilstation eine Protokollarchitektur, wie sie in Bild 7.12 skizziert ist. Das *Connection Management* ist weiter untergliedert in die drei Protokollinstanzen Rufsteuerung (*Call Control* **CC**), Zusatzdienstsignalisierung (*Supplementary Services* **SS**) und Kurznachrichtensignalisierung (*Short Message Services* **SMS**). Neben diesen Signalisierungsfunktionen der Schicht 3 sind zwischen den Sublayern zusätzliche Multiplex-Funktionen notwendig.

An den Dienstzugangspunkten (*Service Access Point* **SAP**) MNSS und MNSMS werden die rufunabhängigen Zusatzdienste und der Kurznachrichtendienst den höheren Schichten zur Verfügung gestellt. Die Dienste der Protokollinstanzen RR, MM und CC an den entsprechenden Dienstzugangspunkten (RR-SAP, MMREG-SAP und MMCC-SAP) auf der MS-Seite werden im folgenden näher betrachtet.

Das *Radio Resource Management* RR übernimmt im wesentlichen die Aufgabe der Frequenz- und Kanalverwaltung. Dabei kommuniziert das RR-Modul der MS mit dem RR-Modul des BSC (Bild 7.11). Die generelle Zielsetzung des RR ist es, RR-Verbindungen auf-/abzubauen und aufrechtzuerhalten, mit denen eine Punkt-zu-Punkt-Kommunikation der MS mit dem Mobilnetz möglich ist. Das schließt die Zellauswahl (*Cell Selection*) im Ruhezustand und auch Handover-Prozeduren mit ein. Darüber hinaus ist das RR auch für das Abhören von BCCH und CCCH im Downlink verantwortlich, wenn keine RR-Verbindungen etabliert sind.

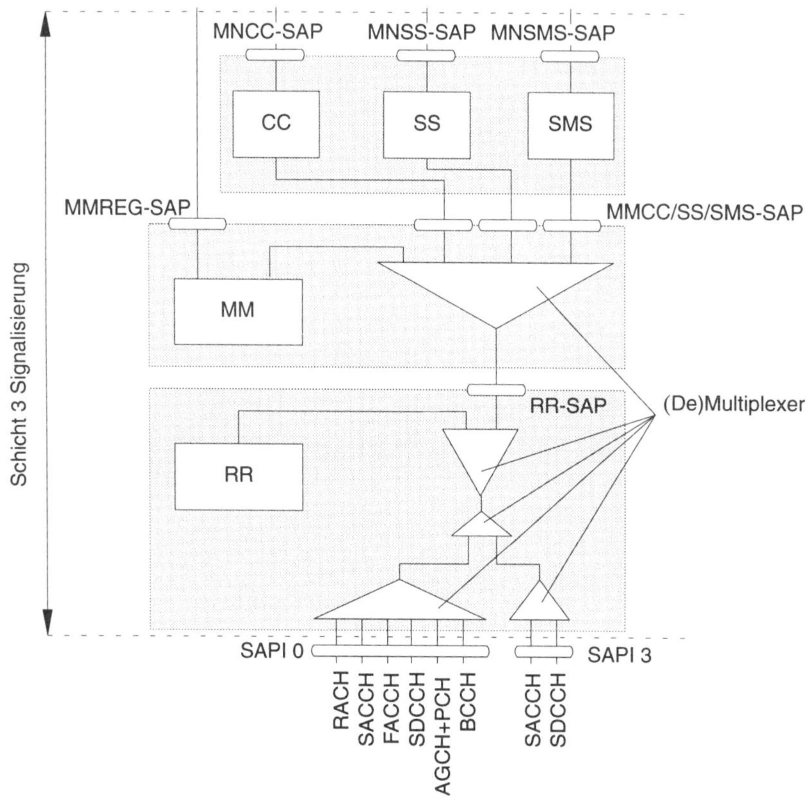


**Bild 7.12:** Schicht 3 Protokollarchitektur auf der MS-Seite

Im RR-Modul sind folgende Funktionen realisiert:

- Abhören des PCH und des BCCH (Auslesen von Systeminformationen)
- Verwaltung des RACH: Auf dem RACH senden Mobilstationen ihre Verbindungswünsche und Antworten auf Paging-Rufe an die BS.
- Anforderung und Zuweisung von Daten- und Signalisierungskanälen
- Periodische Messung der Kanalqualität (*quality monitoring*)
- Sendeleistungskontrolle und Synchronisierung der MS
- Handover (stets von der Netzseite initiiert)
- Synchronisierung von Ver- und Entschlüsselung auf dem Datenkanal

Die RR-Sublayer stellt am RR-SAP der MM-Sublayer einige Dienste zur Verfügung. Diese Dienste werden benötigt, um Signalisierungsverbindungen auf- und abzubauen und um Signalisierungsnachrichten zu übertragen.

Das *Mobility Management* MM umfaßt alle Aufgaben, die sich aus der Mobilität der MS ergeben. Die Funktionen des MM werden ausschließlich zwischen MS und MSC abgewickelt. Sie beinhalten:

- TMSI Zuweisung
- Lokalisierung von MS
- Positionsaktualisierung von MS (*location updating*); Teile davon werden manchmal auch Roaming-Funktion genannt
- Identifizierung der MS (IMSI, IMEI)
- Authentifizierung der MS
- IMSI Attach/Detach (Einsetzen und Entfernen des SIM)
- Sicherstellen der Vertraulichkeit von Benutzer-Identitäten

Am MMREG-SAP (Bild 7.12) werden von der Schicht 3 die Registrier-Dienste (*registration services*) für höhere Schichten erbracht. Unter Registrieren versteht man die Prozeduren für IMSI-Attach/Detach. Mit IMSI-Attach/Detach kann die Mobilstation dem Netz mitteilen, daß sie einen neuen Zustand eingenommen hat: Power Up/Down oder SIM-Karte eingeführt/entzogen.

An den MMCC-, MMSS- und MMSMS-SAP bietet die MM-Sublayer ihre Dienste für die CC, SS und SMS Einheiten an. Im wesentlichen ist dies eine Verbindung mit der Netzseite, über die diese Einheiten kommunizieren können.

Das *Connection Management* CM besitzt drei Instanzen: die Rufsteuerung **CC** (*Call Control*), die Zusatzdienststeuerung **SS** (*Supplementary Services*) und die Kurznachrichtensteuerung **SMS** (*Short Message Services*). Die *Call Control* CC übernimmt alle Aufgaben im Rahmen von Aufbau, Betrieb und Abbau von Rufen. Die Dienste der Rufsteuerung stehen am MNCC-SAP zur Verfügung. Diese Dienste der Schicht 3 umfassen:

- Etablieren normaler Rufe (*MS-Originating* und *MS-Terminating*)
- Etablieren von Notrufen (nur *MS-Originating*)
- Aufrechterhalten von Rufen
- Beenden von Rufen
- *Dual Tone Multi Frequency* **DTMF** Signalisierung (Mehrfrequenz-Signalisierung)
- Rufbezogene Zusatzdienste
- Rufmodifikation (*In-call modification*): während einer Verbindung kann der Dienst gewechselt werden (z.B. Sprache – transparente/nontransparente Daten alternierend, Sprache – Fax alternierend)

Die Dienstprimitive an diesem SAP der Schnittstelle zu höheren Schichten melden den Empfang und veranlassen die Aussendung von im wesentlichen Meldungen der ISDN-Benutzer-Netz-Signalisierung nach Q.931.

Während RR-Nachrichten hauptsächlich zwischen MS und BSS ausgetauscht werden, sind CM und MM Funktionen, die ausschließlich zwischen MS und MSC abgewickelt werden – die genaue Funktionsverteilung zwischen BTS, BSC und MSC ist in Tabelle 7.1 und Tabelle 7.2 zusammengefaßt. Nachrichten des *Radio Resource Management* müssen also über die Schnittstellen Um und Abis transportiert werden, während für die Signalisierungsnachrichten des *Connection* und *Mobility Management* Transportmechanismen auch über die A-Schnittstelle implementiert werden müssen.

Konzeptionell ist die A-Schnittstelle in GSM-Netzen die Schnittstelle zwischen den ISDN-Vermittlungseinheiten mit mobilspezifischen Erweiterungen, den MSCs, und den dedizierten, mobilnetzspezifischen Steuerungseinheiten, den BSCs. Hier ist auch der Referenzpunkt, an dem das Signalisierungssystem von GSM-spezifischer Signalisierung auf ISDN-kompatible Signalisierung des Zeichengabesystems Nummer 7 (*Signalling System Number 7* **SS#7**) wechselt. Das Nachrichtentransportnetz des SS#7 ist durch den *Message Transfer Part* **MTP** realisiert. Der MTP eines Signalisierungsnetzes nach dem SS#7-Standard umfaßt im wesentlichen die Funktionen der unteren drei Schichten des OSI-Modells, d.h. der MTP sorgt für Routing und Transport der Signalisierungsnachrichten.

Für den gesicherten Transport von Signalisierungsnachrichten über die A-Schnittstelle zwischen BSC und MSC ist eine leicht modifizierte Version des SS#7 *Message Transfer Part* **MTP'** definiert, während er auf der ISDN-Seite des MSC in vollem Umfang vorhanden ist (MTP). Für Signalisierungstransaktionen (CM, MM) zwischen MSC und MS müssen auch an der A-Schnittstelle einzelne logische Verbindungen etablier- und identifizierbar sein. Dazu wird der *Signalling Connection Control Part* **SCCP** eingesetzt, wobei wiederum nur ein reduzierter Funktionsumfang des SS#7 SCCP verwendet wird, um die Implementierung zu erleichtern.

Zur GSM-spezifischen Signalisierung zwischen MSC und BSC ist der *Base Station System Application Part* **BSSAP** definiert. Dieser BSSAP setzt sich zusammen aus dem *Direct Transfer Application Part* **DTAP** und den *Base Station System Management Application Part* **BSSMAP**. Der DTAP wird verwendet, um Signalisierungsmeldungen zwischen MSC und MS zu transportieren. Das sind die Meldungen der Rufsteuerung (*Call Control* CC) und des Mobilitätsmanagements (*Mobility Management* MM). Sie werden an der A-Schnittstelle mit dem DTAP übertragen und transparent durch das BSS über die Abis-Schnittstelle an die MS weitergeleitet, ohne daß sie von der BTS interpretiert werden.

**Tabelle 7.1:** Funktionsverteilung zwischen BTS, BSC und MSC (nach GSM Rec. 08.02 und 08.52)

| | BTS | BSC | MSC |
|---|---|---|---|
| **Terrestrial Channel Management** | | | |
| MSC-BSC-Channels | | | |
| Channel allocation | | | X |
| Blocking Indication | | X | |
| BSC-BTS-Channels | | | |
| Channel allocation | | X | |
| Blocking Indication | X | | |
| **Mobility Management** | | | |
| Authentication | | | X |
| Location Updating | | | X |
| **Call Control** | | | X |
| **Radio Channel Management** | | | |
| Channel coding / decoding | X | | |
| Transcoding/Rate adaptation | X | | |
| Interworking Function | | | X |
| Measurements | | | |
| Uplink measuring | X | | X |
| Processing of reports from MS/TRX | X | X | X |
| Traffic measurements | | | X |
| Handover | | | |
| BSC intern, intracell | | X | |
| BSC intern, intercell | | X | |
| BSC extern | | X | |
| - recognition, decision, execution | | | X |
| HO access detection | X | | |
| Paging | | | |
| Initiation | | X | |
| Execution | X | | |

**Tabelle 7.2:** Funktionsverteilung zwischen BTS, BSC und MSC

| | BTS | BSC | MSC |
|---|---|---|---|
| **Radio Channel Management** | | | |
| Channel configuration management | | X | |
| Frequency Hopping | | | |
| Management | | X | |
| Execution | X | | |
| TCH management | | | |
| Channel allocation | | X | |
| Link supervision | | X | |
| Channel release | | X | X |
| Idle channel observation | X | | |
| Power control determination | X | X | |
| SDCCH management | | | |
| SDCCH allocation | | X | |
| Link supervision | | X | |
| Channel release | | X | X |
| Power control determination | X | X | |
| BCCH/CCCH management | | | |
| Message scheduling management | | X | |
| Message scheduling execution | X | | |
| Random access detection | X | | |
| - immediate assign | | X | |
| Timing advance | | | |
| Calculation | X | | |
| Signalling to MS at random access | | X | |
| Signalling to MS at handover/during call | X | | |
| Radio Resource indication | | | |
| Report status of idle channels | X | | |
| LAPDm functions | X | | |
| Encryption | | | |
| Management | | X | |
| Execution | X | | |

Der BSSMAP ist der Teil der Protokolldefinitionen, der für die gesamte Verwaltung und Steuerung der Funkressourcen des *Base Station Subsystems* **BSS** verantwortlich ist. Das *Radio Resource Management* gehört zu den hauptsächlichen Funktionen eines BSS. Entsprechend terminieren die RR-Instanzen in der Mobilstation und der Basisstation BTS bzw. dem BSC. Einzelne Funktionen des *Radio Resource Managements* bedingen jedoch auch ein Eingreifen des MSC (z.B. bei bestimmten Handover-Situationen oder wenn Verbindungen ausgelöst und Kanäle freigegeben werden), d.h. sie sollen vom MSC aus angestoßen und gesteuert werden können (z.B. Handover oder Kanalzuweisungen). Für diese Steuerung des BSS und der Mobilstation ist der BSSMAP verantwortlich. Nachrichten des *Radio Resource Managements* werden im BSC auf Prozeduren und Meldungen des BSSMAP abgebildet und umgesetzt. Der BSSMAP bietet die Funktionen, die an der A-Schnittstelle zwischen BSS und MSC für das *Radio Resource Management* des BSS notwendig sind. RR-Nachrichten stoßen entsprechend auch Funktionen des BSSMAP an und Prozeduren des BSSMAP steuern RR-Protokollfunktionen.

Ähnlich verhält es sich an der Abis-Schnittstelle. Die meisten der RR-Nachrichten werden von der BTS als transparente Nachrichten zwischen MS und BSC weitergeleitet. Einige Informationen des RR müssen allerdings von der BTS interpretiert werden, z.B. beim wahlfreien Zugriff (*random access*) einer MS, zum Start des Chiffrierprozesses oder der Pagingprozedur zur Lokalisierung einer MS beim Verbindungsaufbau. Das *Base Transceiving Station Management* **BTSM** enthält Funktionen zur Behandlung dieser Nachrichten und andere Prozeduren zum BTS-Management. Außerdem wird in der BTS eine Abbildung vorgenommen vom BTSM auf die an der Funkschnittstelle relevanten RR-Nachrichten (RR', Bild 7.11).

Zur Kommunikation mit den anderen Komponenten des GSM-Vermittlungsnetzes (Register HLR und VLR, MSC) und zur Signalisierung mit anderen PLMN besitzt das MSC die mobilnetzspezifische SS#7-Erweiterung *Mobile Application Part* **MAP**. Zu den Funktionen des MAP gehören alle Signalisierungsfunktionen sowohl zwischen MSC als auch zwischen MSC und Registern (Bild 7.13) und den Registern untereinander. Diese Funktionen sind unter anderem:

- Aktualisierung von Aufenthaltsinformationen im VLR
- Löschen von Aufenthaltsinformationen im VLR
- Speichern von Wegesuchinformationen im HLR
- Aktualisierung und Ergänzung von Benutzerprofilen in HLR und VLR
- Abfragen von Wegesuchinformationen aus dem HLR
- Handover von Verbindungen zwischen MSC

Der Austausch der Nachrichten des *Mobile Application Part* z.B. mit anderen MSC, HLR oder VLR erfolgt über das Transport- und das Transaktionsprotokoll des SS#7. Das SS#7-Transaktionsprotokoll ist der *Transaction Capabilities Application Part* **TCAP**; ein verbindungsloser Transportdienst wird vom *Signalling Connection Control Part* **SCCP** zur Verfügung gestellt.

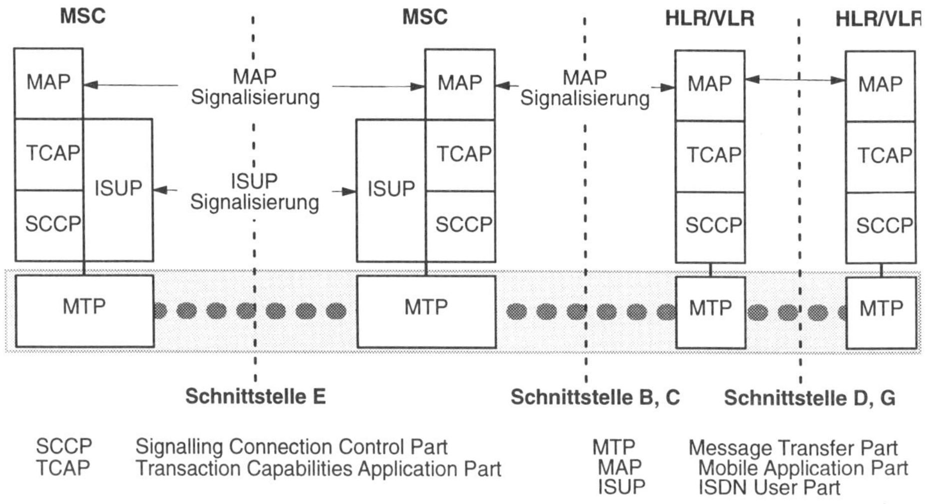


**Bild 7.13:** Protokollschnittstellen im Mobilvermittlungsnetz

Die Funktionen des MAP bedingen Kanäle für die Zwischennetz-Signalisierung zwischen verschiedenen PLMN, die über das internationale Signalisierungsnetz SS#7 bereitgestellt werden. Der Zugang zum SS#7 erfolgt über das ISDN-Festnetz.

Dieser Anschluß an das Festnetz ist z.B. im Fall der Deutschen Telekom AG und der deutschen GSM-Netzbetreiber realisiert über digitale Festverbindungen (Standleitungen, *leased lines*) mit 2 Mbit/s Übertragungskapazität [11]. Häufig besitzt sogar die Mehrheit der MSC eines PLMN einen solchen Netzübergang. Auf diesen Leitungen werden sowohl Nutzdaten als auch Signalisierungsdaten transportiert. Aus der Sicht des Festnetzes ist ein MSC wie ein normaler ISDN-Vermittlungsknoten integriert, d.h. außerhalb eines PLMN ab dem GMSC werden Rufe für Mobilteilnehmer wie Rufe für Festnetzteilnehmer behandelt. Die Mobilität des Teilnehmers, die sich hinter einer MSISDN verbirgt, wird erst im GMSC "sichtbar". Für die Verbindungssteuerung besitzt ein MSC dieselbe Schnittstelle wie ein Festnetzknoten. Die verbindungsbezogene Signalisierung der GSM-Netze wird auf der Festnetzseite (Schnittstelle zum ISDN) in die entsprechenden Nachrichten des *ISDN User Part* **ISDN UP** umgesetzt (Bild 7.14), mit dem ISDN-Kanäle für die Verbindungen durchgeschaltet werden. Die mobilnetzspezifische Signalisierung des MAP wird über ein Gateway des PLMN (GMSC) und die Auslands-Vermittlungsstellen des nationalen ISDN-Netzes in das internationale Zeichengabenetz (SS#7) geroutet [11]. Somit ist auch der problemlose Transport von Signalisierungsdaten zwischen verschiedenen GSM-PLMN garantiert.

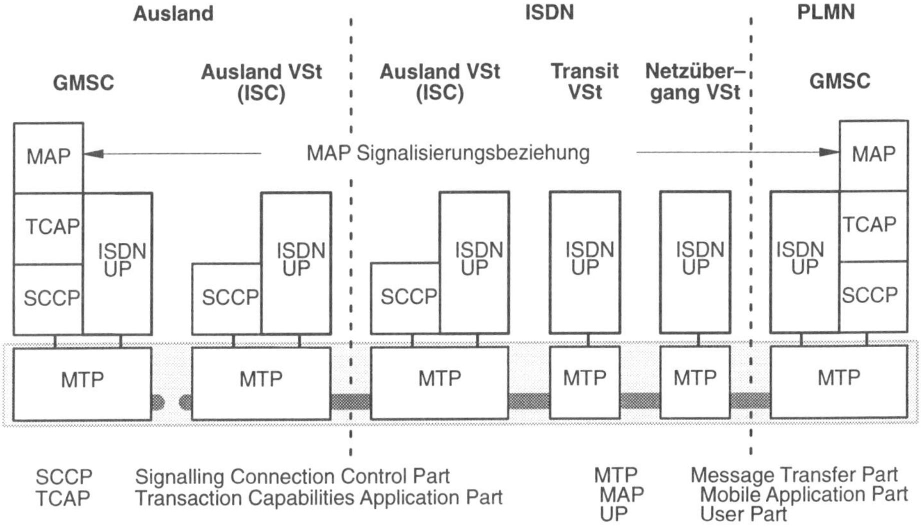


**Bild 7.14:** Internationale Signalisierungsbeziehungen über ISDN [11]

## 7.3.2 Nutzdatentransport in der Signalisierungsebene

In der Signalisierungsebene der GSM-Protokollarchitektur können von und zu Mobilstationen paketorientierte Nutzdaten transportiert werden. Es handelt sich dabei um den Punkt-zu-Punkt-Kurznachrichtendienst (*Short Message Service*, siehe Kap. 4.2). Die Kurznachrichten werden stets über ein *Short Message Service – Service Centre* **SMS-SC** im *store-and-forward*-Betrieb transportiert. Das Service-Zentrum nimmt die bis zu 160 Zeichen langen Kurznachrichten von Mobilstationen entgegen und leitet sie an die Empfänger (andere Mobilstationen oder auch Fax, E-mail etc.) weiter. Zur Realisierung dieses Dienstes definiert GSM im Prinzip eine separate Protokollarchitektur (Bild 7.15).

Zwischen Mobilstation und Service-Zentrum werden die Kurznachrichten mit einem verbindungslosen Transportprotokoll (*Short Message Transport Protocol* **SM-TP**) übertragen. Dieses SMS-Transportprotokoll nutzt dazu innerhalb des GSM-Netzes Dienste von Signalisierungsprotokollen. Der weitere Transport der Kurznachrichten außerhalb des GSM-Netzes zum SMS-SC ist nicht näher spezifiziert. Beispielsweise könnte das SMS-SC an die verantwortliche SMS-Netzübergangsvermittlungsstelle des GSM-Netzes (*Short Message Service Gateway MSC* **SMS-GMSC**, oder auch *Short Message Service Interworking MSC* **SMS-IWMSC**) mit einer X.25-Verbindung angekoppelt sein (Bild 7.15). Innerhalb des GSM-Netzes wird eine Kurznachricht zwischen den MSC über den *Mobile Application Part* MAP und die darunterliegenden Verbindungen des SS#7 weitergeleitet. Zwischen einer Mobilstation und ihrem lokalen MSC schließlich sind für die Übertragung der Transportprotokolldateneinheiten des Kurznachrichtendienstes zwei Protokollschichten verantwortlich. Zum einen die SMS-Instanz in der CM-Sublayer der Schicht 3 der Benutzer-Netz-Signalisierung (siehe Bild 7.12), die das *Short Message Control Protocol* **SM-CP** und dessen verbindungsorientierten Dienst realisiert. Zum anderen die Relaisschicht, in der das *Short Message Relay Protocol* **SM-RP** definiert ist, welches einen verbindungslosen Dienst zur Verfügung stellt, mit dem die SMS-Transportprotokolldateneinheiten zwischen MS und MSC übertragen werden. Dazu werden allerdings Dienste am MMSMS-Dienstzugangspunkt (MMSMS-SAP, Bild 7.12) und damit eine Verbindung der MM-Sublayer genutzt.

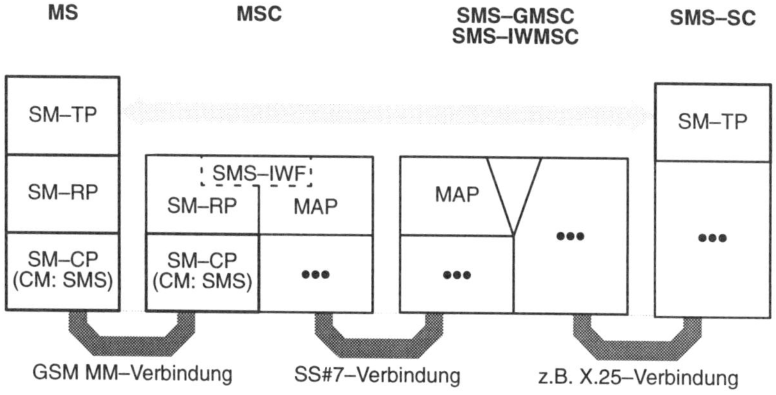


**Bild 7.15:** Protokollarchitektur für SMS-Transfer

Das Relaisprotokoll SM-RP wurde zusätzlich oberhalb der CM-Sublayer (Bild 7.12, Bild 7.15) eingeführt, um eine quittierte Übertragung der Kurznachrichten zu realisieren, die gleichzeitig die Funkressourcen nur minimal belastet. Eine von einer Mobilstation versandte Kurznachricht wird über das Signalisierungsnetz weitergereicht, bis sie das Service-Zentrum SMS-SC erreicht. Kann das SMS-SC einen fehlerfreien Empfang feststellen, wird eine Bestätigungsmeldung auf dem umgekehrten Weg zurückgesandt und löst schließlich eine Bestätigungsnachricht der SM-RP-Instanz im MSC an die Mobilstation aus. Bis diese Bestätigungsnachricht vorliegt, kann die Verbindung der MM-Sublayer, und damit auch ein belegter Funkkanal wieder abgebaut werden, um nur für die tatsächliche Übertragung von SM-RP-Nachrichten über die Funkschnittstelle auch Funkressourcen zu belegen. Zusätzlich wird auf der MM-Verbindung, die ja auch die fehleranfälligere Funkstrecke umfaßt, jeweils die erfolgreiche Übertragung der Relaisprotokolldateneinheit in einer SM-CP-Protokolldateneinheit sofort quittiert bzw. Fehler sofort an die sendende SM-CP-Instanz gemeldet, so daß eine auf dem Funkweg bereits gestörte Kurznachricht nicht mehr bis zum Service-Zentrum übertragen zu werden braucht.

## 7.4 Signalisierung der Luftschnittstelle Um

Die Signalisierung an der Benutzer-Netz-Schnittstelle im GSM ist im wesentlichen auf die Schicht 3 konzentriert. Die Schichten 1 und 2 stellen die Mechanismen zur gesicherten Übertragung von Signalisierungsnachrichten über die Luftschnittstelle zur Verfügung, beinhalten also neben der lokalen Dienstschnittstelle Funktionalität und Prozeduren für das Interface zur Basisstation BTS.

Die Signalisierung der Schicht 3 an der Benutzer-Netz-Schnittstelle ist sehr komplex und umfaßt Protokollinstanzen in der Mobilstation und in allen funktionalen Einheiten des GSM-Netzes (BTS, BSC und MSC).

### 7.4.1 Schicht 1 der Schnittstelle MS-BTS

Die Schicht 1 des OSI Modells (Physical Layer) besitzt alle notwendigen Funktionen zur Übertragung von Bitströmen über das physikalische Medium, hier den Funkkanal. Die GSM Schicht 1 definiert aufbauend auf das Kanalzugriffsverfahren mit seinen physikalischen Kanälen eine Reihe von logischen Kanälen, auf welche die Protokolle der höheren Schichten an der Schicht 1 Dienstschnittstelle zugreifen. Die drei Schnittstellen der Schicht 1 sind in Bild 7.16 schematisch dargestellt.

Über die Dienstmechanismen der Schnittstelle zur Sicherungsschicht (*Data Link Layer*) werden LAPDm-Protokollrahmen übertragen und die Etablierung von logischen Kanälen an die Schicht 2 signalisiert. Die Kommunikation an dieser Schnittstelle wird über abstrakte Dienstprimitive (*physical layer service primitives*) definiert. Für jeden logischen Steuerkanal (BCCH, PCH+AGCH, RACH, SDCCH, SACCH, FACCH) ist ein eigener Dienstzugangspunkt (*Service Access Point* **SAP**) definiert.

Zwischen der Schicht 1 und der RR-Sublayer der Schicht 3 besteht eine direkte Schnittstelle. Die abstrakten Dienstprimitive, die an dieser Schnittstelle ausgetauscht werden, betreffen unter anderem die Zuweisung von Kanälen und Systeminformationen der Schicht 1 inkl. Meßergebnisse der Kanalbeobachtung.

An der dritten Schnittstelle der Schicht 1 stehen die Verkehrskanäle für den Nutzdatentransport zur Verfügung.

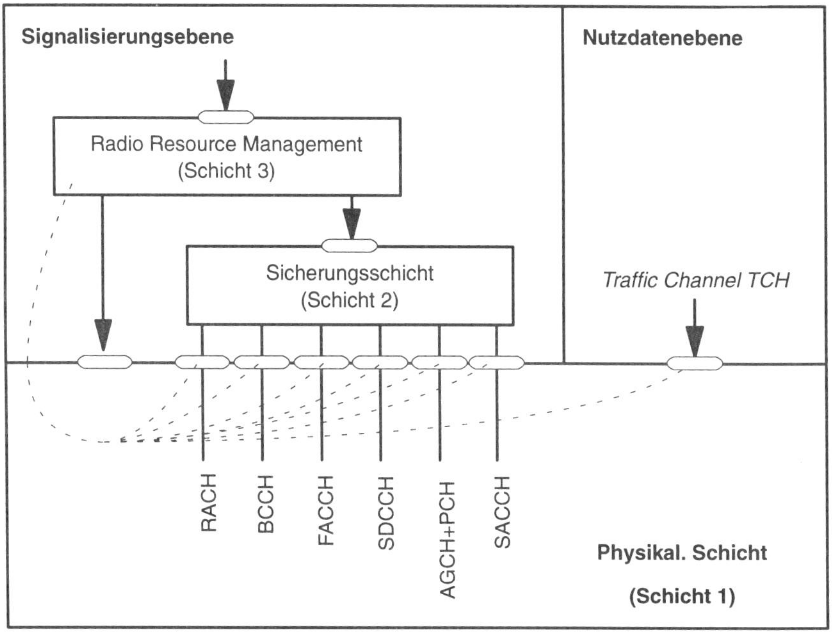


**Bild 7.16:** Dienstschnittstellen der Schicht 1

Die Dienstzugangspunkte (SAPs) der Schicht 1, wie sie GSM definiert, sind keine echten OSI-Dienstzugangspunkte. Sie unterscheiden sich von den PHY-SAPs des OSI-Modells insofern, als die SAPs vom RR-Sublayer der Schicht 3 gesteuert werden (Einrichten und Freigeben physikalischer Kanäle, *layer management*) und nicht über Steuerungsprozeduren der Sicherungsschicht. Diese Steuerung der Schicht 1 SAPs durch das *Radio Resource Management* umfaßt Aktivierung und Deaktivierung, Konfiguration, Durchschalten und Trennen physikalische und logischer Kanäle. Darüber hinaus werden in den Dienstprimitiven zwischen Schicht 1 und RR-Sublayer der Schicht 3 Meßinformationen und Steuerinformationen zur Durchführung von Kanalmessungen ausgetauscht.

#### 7.4.1.1 Dienste der Schicht 1

Die Dienste der Schicht 1 der GSM Benutzer-Netz-Schnittstelle sind in drei Gruppen unterteilt:

- Zugang (*Access Capabilities*)
- Fehlererkennung
- Verschlüsselung

Die Schicht 1 bietet einen Bitübertragungsdienst für die logischen Kanäle. Logische Kanäle werden gemultiplext auf den physikalischen Kanälen übertragen, wobei die physikalischen Kanäle aus den zur Übertragung auf dem Funkkanal definierten Einheiten bestehen (Frequenz, Zeitschlitz, Hopping Sequence etc., vgl. Kap. 7.1, S. 155). Einige physikalische Kanäle sind für die allgemeine Benutzung vorgesehen (BCCH und CCCH), während andere spezifischen Verbindungen mit einzelnen Mobilstationen zugewiesen werden (dedizierte physikalische Kanäle). Die Kombination logischer Kanäle, die auf einem physikalischen Kanal genutzt werden, kann über der Zeit variieren, z.B. TCH+SACCH/FACCH oder SDCCH+SACCH (vgl. Tabelle 5.4, S. 78).

Explizit unterschieden werden im GSM-Standard die *Access capabilities* für dedizierte physikalischen Kanäle und BCCH/CCCHs. Dedizierte physikalische Kanäle werden vom RR-Management der Schicht 3 etabliert und gesteuert. Während des Betriebs eines dedizierten physikalischen Kanals mißt die Schicht 1 kontinuierlich die Signalqualität des genutzten Kanals und der Signale der BCCH-Träger benachbarter Basisstationen. Diese Meßinformationen werden in MPH-Measurement-Dienstprimitiven an die Schicht 3 weitergegeben. Im *Idle* Betriebsmodus wählt die Schicht 1 einer MS in enger Zusammenarbeit mit dem RR-Sublayer der Schicht 3 anhand ihres BCCH/CCCH die Zelle mit der besten Signalqualität aus (*cell selection*).

Die Schicht 1 in GSM bietet einen fehlergeschützten Bitübertragungsdienst an und damit auch Fehlererkennungs- und Fehlerkorrekturmechanismen. Dazu sind sowohl fehlerkorrigierende als auch fehlererkennende Kodierungsmaßnahmen vorgesehen (vgl. Kap. 6.2). Als fehlerhaft erkannte Rahmen werden nicht an die Schicht 2 hochgereicht. In der Schicht 1 sind darüber hinaus auch sicherheitsrelevante Funktionen wie die Verschlüsselung der übertragenen Nutzdaten (vgl. Kap. 6.3) implementiert.

#### 7.4.1.2 Prozeduren und Peer-to-Peer-Signalisierung

GSM definiert und unterscheidet zwei Betriebsmodi einer Mobilstation (Bild 7.17): den **Idle Mode** und den **Dedicated Mode**. Im Idle Mode (Ruhezustand) ist die Mobilstation entweder ausgeschaltet (Zustand *NULL*), sucht bzw. mißt den BCCH mit der besten Signalqualität (Zustand *Searching BCH*) oder ist auf eine bestimmte Basisstation mit ihrem BCCH einsynchronisiert und bereit, eine Vielfachzugriffsprozedur zur Anforderung eines dedizierten Kanals auf dem RACH durchzuführen (Zustand *BCH*, siehe auch Kap. 5.5.4).

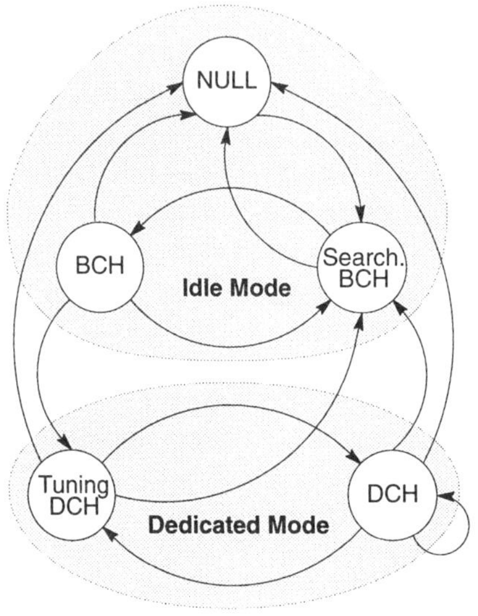


**Bild 7.17:** Zustandsdiagramm der Physikalischen Schicht einer MS

Im Zustand *Tuning DCH* des *Dedicated Mode* belegt die MS einen dedizierten physikalischen Kanal und synchronisiert sich darauf ein, resultierend im Übergang in den Zustand *DCH*. In diesem Zustand schließlich ist die MS bereit, logische Kanäle zu etablieren und durchzuschalten. Die Zustandsübergänge der Schicht 1 werden durch MPH-Dienstprimitve der RR-Schnittstelle gesteuert, also direkt durch die RR-Sublayer der Schicht 3 des Signalisierungsprotokollstacks.

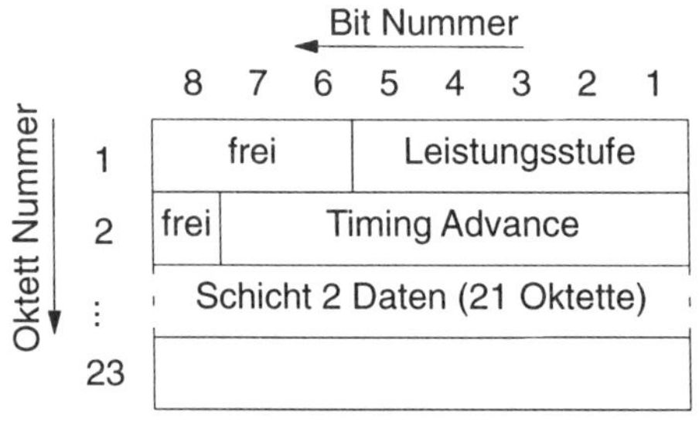


**Bild 7.18:** Format eines SACCH-Blocks

Die Schicht 1 definiert eine eigene Rahmenstruktur zum Transport von Signalisierungsnachrichten, die als LAPDm-Rahmen am jeweiligen SAP des logischen Kanals anliegen. Als Beispiel zeigt Bild 7.18 das Format eines SACCH-Blocks, der im wesentlichen 21 Oktette LAPDm-Daten enthält.

Darüber hinaus besitzt ein SACCH-Rahmen eine Art Protokollheader, in dem das aktuelle Leistungsniveau und der Wert für die *Timing Advance* übertragen werden. Für die anderen logischen Kanäle (FACCH, SDCCH, CCCH, BCCH, CBCH) entfällt dieser Header, der Block besteht nur aus der LAPDm-Protokolldateneinheit.

### 7.4.2 Schicht 2 Signalisierung

Das LAPDm-Protokoll ist das HDLC-ähnliche Sicherungsprotokoll für Signalisierungskanäle an der Luftschnittstelle. Es sieht zwei Betriebsmodi vor:

- Unbestätigter Dienst (*Unacknowledged operation*)
- Bestätigter Dienst (*Acknowledged operation*)

Im Modus *Unacknowledged operation* werden Daten in UI-Rahmen (*Unnumbered Information*) ohne Bestätigung übertragen; Flußkontrolle und L2-Fehlerkorrektur werden nicht vorgenommen. Dieser Betriebsmodus ist für alle Signalisierungskanäle erlaubt, ausgenommen den RACH, auf dem einzelne Zugriffsbursts im wahlfreien Vielfachzugriff ohne Sicherungsprotokoll gesendet werden.

Der Modus *Acknowledged operation* bietet einen gesicherten Dienst. Daten werden in I-Rahmen (Information) übertragen und positiv bestätigt. Fehlerkorrektur durch Wiederübertragung (ARQ) und Flußkontrolle sind spezifiziert und im Modus *Acknowledged operation* aktiviert. Dieser Modus ist nur für DCCH vorgesehen.

Die Verbindungs-Endpunkte (*Connection End Points* **CEP**) von L2-Verbindungen werden bei LAPDm durch *Data Link Connection Identifier* **DLCI** beschrieben. Ein DLCI besteht aus zwei Elementen:

- Die Kennziffer des Schicht 2 Dienstzugangspunktes (L2 *Service Access Point Identifier* **SAPI**) wird im Header der L2-Protokollrahmen übertragen.
- Die Kennziffer des physikalischen Kanals[6], auf dem die L2-Verbindung etabliert ist bzw. werden soll, ist der eigentliche Schicht 2 *Connection End Point Identifier* **CEPI**. Der CEPI wird lokal verwaltet und nicht an die L2-Peer-Instanz übertragen.

---

6. Die Terminologie des GSM-Standards ist hier nicht schlüssig – gemeint ist der jeweilige logische Kanal. Die aus LAPDm-Sicht physikalischen Kanäle sind die logischen Kanäle des GSM, nicht die durch Frequenz/Zeitschlitz/Hopping-Sequenz definierten physikalischen Kanäle.

Wird eine Nachricht der Schicht 3 gesendet, dann wählt die zugehörige Instanz den geeigneten SAP und CEP aus. Bei der Übergabe der *Service Data Unit* **SDU** am SAP wird der L2-Instanz der ausgewählte CEP mitgeteilt. Umgekehrt kann beim Empfang eines L2-Rahmens aufgrund des physikalisch-logischen Kanals, auf dem der Rahmen empfangen wurde und des SAPI im Header des Rahmens der zugehörige L2-CEP wieder bestimmt werden.

Für den SAPI sind spezifische Werte für bestimmte Funktionen reserviert:

- SAPI=0 für Signalisierung (*Call Management*, *Mobility Management* und *Radio Resource Management*)
- SAPI=3 für Kurznachrichtendienste (*Short Message Services*).

Diese beiden SAPI-Werte trennen die Übertragung von Signalisierungsnachrichten und paketorientierten Nutzdaten (Kurznachrichten) in der Signalisierungsebene. Weitere Funktionen, die einen eigenen SAPI benötigen, können in zukünftigen Versionen des GSM-Standards definiert werden.

Für jeden SAP wird auf jedem der zugehörigen physikalisch-logischen Kanäle eine LAPDm-Instanz eingerichtet, wobei für einige der Kanal/SAPI-Kombinationen nur ein Protokoll-Subset (z.B. *Unacknowledged Operation*) notwendig ist und einige Kanal/SAPI-Kombinationen nicht unterstützt werden (Tabelle 7.3). Diese LAPDm-Instanzen bearbeiten die *Data Link Procedure*, also die Funktionen der L2-Peer-to-Peer-Kommunikation und die Zwischenschicht-Dienstschnittstelle mit den zugehörigen Dienstprimitiven. Außerdem gehört dazu auch das Segmentieren und Wiederzusammensetzen von Nachrichten der Schicht 3.

**Tabelle 7.3:** Logische Kanäle, Betriebsmodi und L2-SAPIs

| Logischer Kanal | SAPI=0 | SAPI=3 |
|---|---|---|
| BCCH | Unacknowledged | - |
| CCCH | Unacknowledged | - |
| SDCCH | Unacknowledged und Acknowledged | Unacknowledged und Acknowledged |
| SACCH assoz. mit SDCCH | Unacknowledged | - |
| SACCH assoz. mit TCH | Unacknowledged | Unacknowledged und Acknowledged |
| FACCH | Unacknowledged und Acknowledged | - |

Weitere Prozeduren der Schicht 2 sind die *Distribution Procedure* und die *Random Access Procedure* **RA**. Die *Distribution Procedure* wird benötigt, wenn einem physikalisch-logischen Kanal mehrere SAPs zugeordnet sind. Sie übernimmt die Verteilung der auf einem Kanal empfangenen L2-Rahmen an die entsprechende *Data Link Procedure* bzw. das prioritätsgesteuerte Multiplexen von L2-Rahmen mehrerer SAPs auf einen Kanal. Die *Random Access Procedure* ist für die Sicherungsschicht auf dem RACH vorgesehen, sie realisiert die zufallsgesteuerte (Wieder-)übertragung von *Random Access Bursts*, nimmt aber keine Datensicherung auf dem unidirektionalen RACH vor.

Für bestimmte Aspekte des *Radio Resource Managements* RR muß die Protokollogik der Schicht 3 direkt auf Dienste der Schicht 1 zugreifen können. Das ist insbesondere notwendig für die Funktionen der *Radio Subsystem Link Control*, d.h. unter anderem für Kanalmessung, Sendeleistungsregelung und *Timing Advance*.

Eine mögliche Konfiguration der Sicherungsschicht einer MS ist in Bild 7.19 dargestellt. Die Basisstation besitzt eine ähnliche Konfiguration mit einem PCH+AGCH, SDCCH und SACCH pro aktiver Mobilstation.

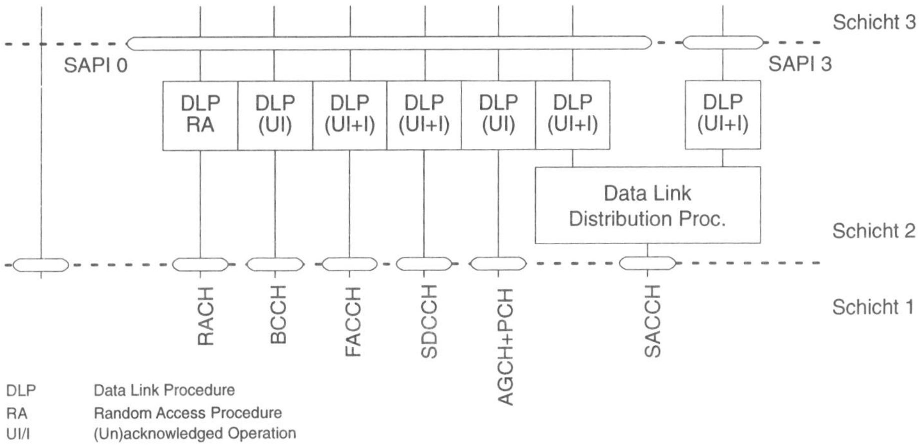


**Bild 7.19:** Beispielkonfiguration der Sicherungsschicht in der MS

Die Kommunikation zwischen den L2-Peer-Instanzen MS und BS findet statt über den Austausch von Protokollrahmen, die gemäß den Typen in Bild 7.20 formatiert sind. Die Rahmenformate A und B werden auf den Kanälen SACCH, FACCH und SDCCH verwendet, abhängig davon, ob der Rahmen ein Informationsfeld enthält (Typ B) oder nicht (Typ A). Die Formattypen Abis und Bbis werden entsprechend für Kanäle am SAPI=0 im Modus *Unacknowledged Operation* (BCCH, PCH, AGCH) eingesetzt. Format Abis wird verwendet, wenn auf dem jeweiligen logischen Kanal keine Informationen zu übertragen sind.

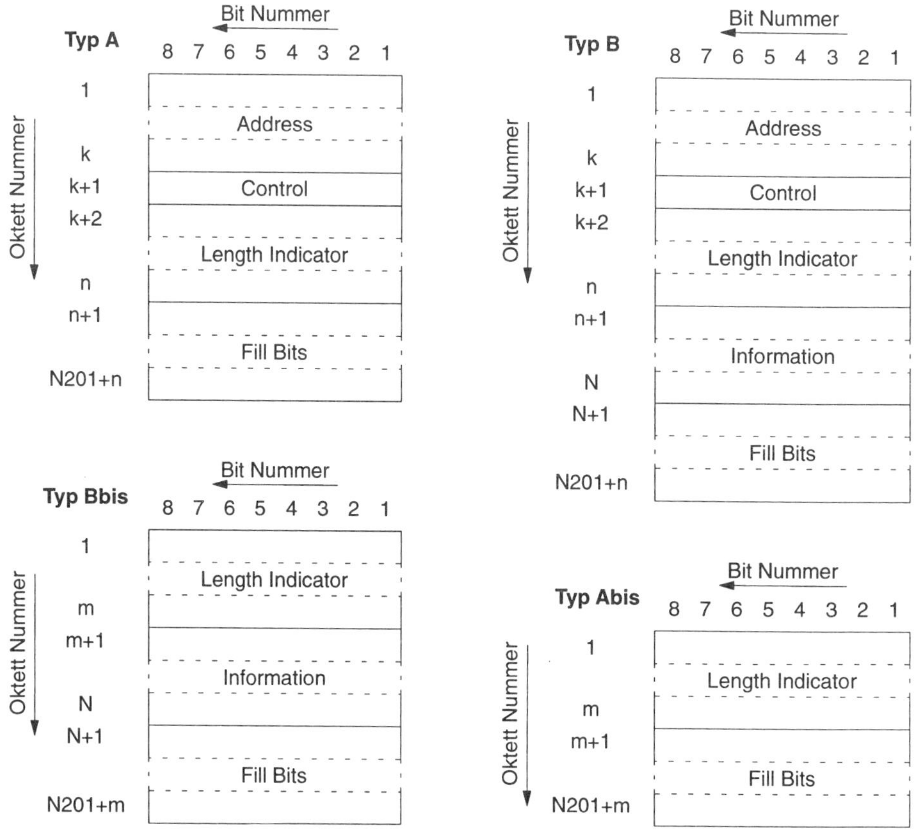


**Bild 7.20:** LAPDm Rahmenformate

Im Gegensatz zu HDLC besitzen die LAPDm-Protokollrahmen kein Rahmenkennungswort zur Rahmenanfangs-/-endeerkennung, vielmehr erfolgt die Rahmenbegrenzung wie beim RLP der Nutzdatenebene (siehe Kap. 7.2.3) durch die feste Blockstruktur der Schicht 1. Die maximale Anzahl von Oktetten N201 je Informationsfeld ist abhängig vom logischen Kanal (Tabelle 7.4). Das Ende des Nutzdatenteils eines Rahmens (*information field*) wird durch den *Length Indicator* angegeben. Besitzt der *Length Indicator* einen Wert kleiner N201, so wird der Rahmen auf die volle

Länge aufgefüllt (*fill bits*). Im Falle eines SACCH beispielsweise ergibt sich so ein LAPDm-Paket fester Länge mit 21 Oktetten. Zusammen mit den Feldern für Sendeleistungsregelung und *Timing Advance* ist damit ein SACCH-Block der Schicht 1 insgesamt 23 Oktette lang.

**Tabelle 7.4:** Logische Kanäle und maximale LAPDm-Informationsfeldlänge

| Logischer Kanal | N201 |
|---|---|
| SACCH | 18 Oktette |
| SDCCH, FACCH | 20 Oktette |
| BCCH, AGCH, PCH | 22 Oktette |

Das Adressfeld darf eine variable Länge besitzen, besteht jedoch für Anwendungen auf den Steuerkanälen aus genau einem Oktett. Dieses Oktett enthält unter anderem ein Feld SAPI (3 Bit) und das vom HDLC bekannte *Flag* C/R (*Command/Response*). Die Kodierung des *Control*-Feldes mit unter anderem den Sende- und Empfangsfolgenummern und der die Protokollabläufe beschreibende Zustandsautomat sind bei LAPDm nahezu identisch mit HDLC [17]. Einige zusätzliche Parameter an der Dienstschnittstelle zur Schicht 3 sind notwendig, beispielsweise ein Parameter, der den gewünschten logischen Kanal (CEP) beschreibt.

Darüberhinaus besitzt das LAPDm-Protokoll in einigen Punkten Vereinfachungen bzw. Besonderheiten gegenüber HDLC, insbesondere:

- Die Sendefenstergröße ist auf k=1 beschränkt.
- Die Protokollinstanzen sollen so dimensioniert sein, daß der *Receiver-Busy-State* nie eingenommen wird. Entsprechend können RNR-Pakete ignoriert werden Die HDLC-Polling-Prozedur zur Abfrage des Zustands der Partnerstation muß in LAPDm nicht implementiert sein.
- Verbindungen am SAPI=0 werden immer von der MS initiiert.

Auch der Wiederholungs-Timer T200 und die maximale Anzahl von Wiederholungen N200 sind den speziellen Anforderungen des Mobilkanals angepaßt worden. Insbesondere besitzen sie für jeden logischen Kanal einen eigenen Wert.

### 7.4.3 Radio Resource Management

Die Prozeduren des *Radio Resource Management* **RR** sind die grundlegenden Signalisierungs- und Steuerungsprozeduren der Luftschnittstelle. Sie sorgen für die Vergabe, Belegung und Verwaltung von Funkressourcen, das Auslesen von Systeminformationen aus Rundstrahlkanälen (BCCH) und die Auswahl der aktuellen Zelle mit den besten Empfangsverhältnissen (*cell selection*, siehe auch Kap. 5.5.4.1). Entsprechend sind RR-Prozeduren und zugehörige Meldungen (Tabelle 7.5) sowohl für den Ruhezustand (*idle mode*) ohne RR-Verbindung als auch für Aufbau, Aufrechterhalten und Abbau von RR-Verbindungen definiert. Das Format der RR-Meldungen ist in Bild 7.21 dargestellt; es ist einheitlich für alle drei der Signalisierungssublayer (CM, MM, RR).

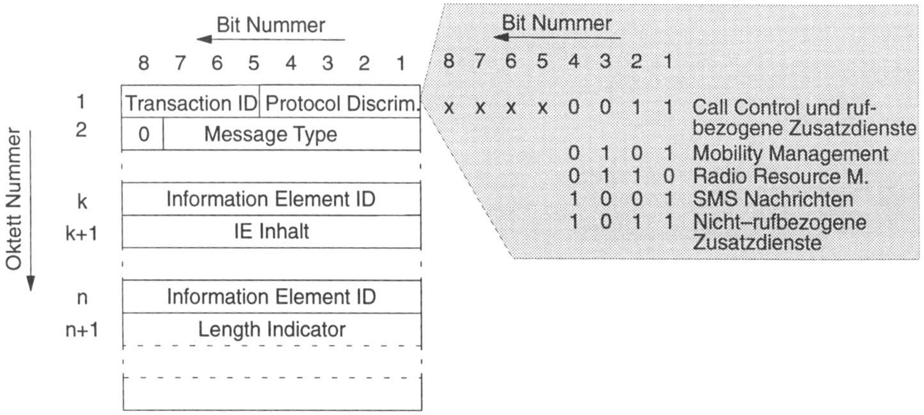


**Bild 7.21:** Format einer Um-Signalisierungsnachricht (Schicht 3)

Jede Schicht-3-Meldung enthält im ersten Oktett einen Protokolldiskriminator, mit dem die Meldungen den jeweiligen Sublayern bzw. den jeweiligen Dienstzugangspunkten (Bild 7.12) zugeordnet werden können. Die oberen vier Bit des ersten Oktetts enthalten darüber hinaus eine Transaktionskennziffer (*Transaction ID*), die es einer MS erlaubt, mehrere parallele Signalisierungsprozeduren (Transaktionen) zu etablieren. Der Typ der Nachricht (*Message Type* **MT**) wird in den unteren sieben Bit des zweiten Oktetts eingetragen (siehe auch Tabelle 7.5, Tabelle 7.6 und Tabelle 7.7). Ansonsten bestehen Schicht-3-Nachrichten aus Informationselementen (*Information Element* **IE**) fester oder auch variabler Länge, wobei sie im zweiten Fall dann eine Längenangabe (*Length Indicator* **LI**) enthalten.

Im Ruhezustand liest die MS kontinuierlich die BCCH-Informationen aus und führt periodische Feldstärkemessungen der BCCH-Träger durch, um die aktuelle Zelle auswählen zu können (siehe Kap. 5.5.4). In diesem Zustand werden keine Signalisierungsnachrichten mit dem Netz ausgetauscht. Für das RR und weitere Signalisierungs- und Steuerungsprozeduren notwendige Daten (Liste der Nachbar-BCCH-Träger, Schwellwerte für RR-Algorithmen, Konfiguration der CCCH, Informationen zur Nutzung des RACH und des PCH etc.) werden gesammelt und gespeichert.

**Tabelle 7.5:** Meldungen für das *Radio Resource Management*

| Kategorie | Meldung | Log. Kanal | Richtung | MT-Code |
|---|---|---|---|---|
| **Channel establishment** | Additional Assignment | DCCH | N -> MS | 00111011 |
| | Immediate Assignment | CCCH | N -> MS | 00111111 |
| | Immediate Assignment Extended | CCCH | N -> MS | 00111001 |
| | Immediate Assignment Rejected | CCCH | N -> MS | 00111010 |
| **Ciphering** | Ciphering Mode Command | DCCH | N -> MS | 00110101 |
| | Ciphering Mode Complete | DCCH | MS -> N | 00110010 |
| **Handover** | Assignment Command | DCCH | N -> MS | 00101110 |
| | Assignment Complete | DCCH | MS -> N | 00101001 |
| | Assignment Failure | DCCH | MS -> N | 00101111 |
| | Handover Access | DCCH | MS -> N | - |
| | Handover Command | DCCH | N -> MS | 00101011 |
| | Handover Complete | DCCH | MS -> N | 00101100 |
| | Handover Failure | DCCH | MS -> N | 00101000 |
| | Physical Information | DCCH | N -> MS | 00101101 |
| **Channel Release** | Channel Release | DCCH | N -> MS | 00001101 |
| | Partial Release | DCCH | N -> MS | 00001010 |
| | Partial Release Complete | DCCH | MS -> N | 00001111 |
| **Paging** | Paging Request, Type 1/2/3 | PCH | N -> MS | 00100xxx |
| | Paging Response | DCCH | MS -> N | 00100111 |
| **System Information** | System Information Type 1/2/3/4 | BCCH | N -> MS | 00011xxx |
| | System Information Type 5/6 | SACCH | N -> MS | 00011xxx |
| **Miscellaneous** | Channel Mode Modify | DCCH | N -> MS | 00010000 |
| | Channel Mode Modify Acknowledge | DCCH | MS -> N | 00010111 |
| | Channel Request | RACH | MS -> N | - |
| | Classmark Change | DCCH | MS -> N | 00010110 |
| | Frequency Redefinition | DCCH | N -> MS | 00010100 |
| | Measurement Report | SACCH | MS -> N | 00010101 |
| | Synchronisation Channel Information | SCH | N -> MS | - |
| | RR-Status | DCCH | MS <-> N | 00010010 |

Diese Informationen werden vom BSS im BCCH rundgestrahlt (SYSTEM INFORMATION, Typ 1 bis 4) und stehen damit allen MS einer Zelle zur Verfügung. Wichtig im Ruhezustand der MS ist auch das periodische Abhören des PCH, um Pagingrufe nicht zu verlieren. Dabei sendet das BSS auf allen Paging-Kanälen einer Zelle kontinuierlich gültige Schicht-3-Nachrichten (PAGING REQUEST) aus, welche die MS dekodieren und ggf. als einen Pagingruf an ihre Adresse erkennen kann.

Jeder Austausch von Signalisierungsnachrichten mit dem Netz (BSS, MSC) setzt einen RR-Verbindungsaufbau und das Etablieren einer LAPDm-Verbindung mit der BTS voraus. Dieser RR-Verbindungsaufbau kann von der Mobilstation oder vom Netz initiiert sein (Bild 7.22). Dazu sendet die Mobilstation auf dem RACH eine Kanalanforderung (CHANNEL REQUEST), um dann im AGCH einen Kanal zugeteilt zu bekommen (*Immediate Assignment Procedure*). Außerdem existieren auch Prozeduren, um die Kanalanforderung der MS zurückzuweisen (*Immediate Assignment Reject*).

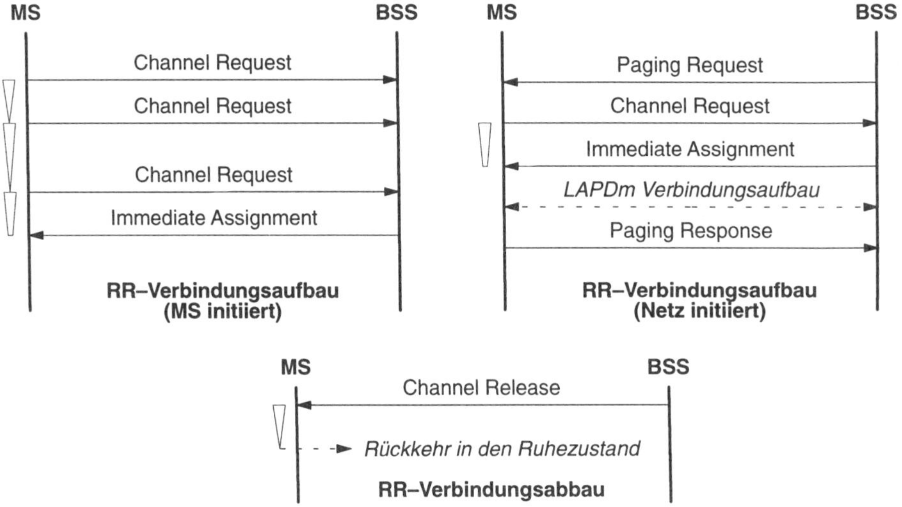


**Bild 7.22:** RR-Verbindungsaufbau und Verbindungsabbau

Die Kanalanforderung wird im Aloha-Verfahren per zufallsgesteuertem Timer wiederholt, falls das Netz nicht sofort darauf antwortet (Bild 7.22). Im Fall des netzinitiierten RR-Verbindungsaufbaus geht dieser Transaktion noch ein Pagingruf (PAGING REQUEST) voraus, der von der MS beantwortet werden muß (PAGING RESPONSE). Wenn eine RR-Verbindung erfolgreich etabliert wurde, können die höheren Protokollschichten (MM, CM) gesichert am SAPI 0 Signalisierungsnachrichten senden und empfangen.

Im Gegensatz zum Verbindungsaufbau wird die Freigabe eines Kanals immer vom Netz initiiert (CHANNEL RELEASE). Gründe für die Freigabe des Kanals können sein: das Ende der Signalisierungstransaktion, aufgetretene Fehler, Entzug des Kanals zugunsten von Rufen höherer Priorität (z.B. Notrufe) oder auch Ende eines Rufes. Nach Erhalt eines Kommandos zur Kanalfreigabe geht die Mobilstation nach einer kurzen Wartezeit in den Ruhezustand (Bild 7.22).

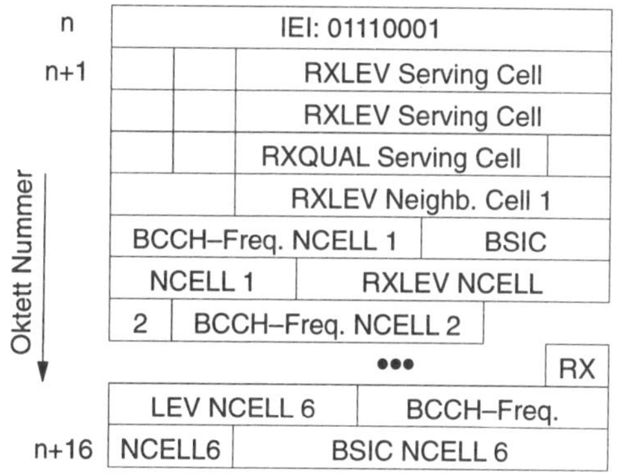


**Bild 7.23:** Informationselement *Measurement Result*

Nach einem RR-Verbindungsaufbau steht einer Mobilstation ein SDCCH oder ein TCH samt dem dazugehörigen SACCH/FACCH zur exklusiven, bidirektionalen Nutzung zur Verfügung. Auf dem SACCH müssen kontinuierlich Daten gesendet werden (siehe auch Kap. 5.5.3), d.h. es werden, sofern keine anderen Signalisierungsnachrichten zu senden sind, von der MS im SACCH laufend aktuelle Kanalmeßberichte (MEASUREMENT REPORT, siehe Kap. 5.5.1.2) gesendet und vom BSS Systeminformationen (SYSTEM INFORMATION, abwechselnd Typ 5 und 6). Im Informationselement, das die Meßergebnisse (*Measurement Results*) kodiert, sind unter anderem neben RXLEV und RXQUAL der aktuellen Verbindung (*Serving Cell*) auch RXLEV und Trägerfrequenz der BCCH von bis zu sechs Nachbarzellen sowie deren BSIC enthalten (Bild 7.23). Die vom BSS im SACCH gesendeten Systeminformationen enthalten einerseits Informationen über die Nachbarzellen und ihre BCCH (Typ 5) und andererseits Informationen über die aktuelle Zelle (Typ 6), wie die Identität der Zelle CI und die Kennziffer der aktuellen Location Area LAI.

Für etablierte RR-Verbindungen kann innerhalb einer Zelle ein Kanalwechsel (*Dedicated Channel Assignment*, Bild 7.24) vorgenommen werden, um die Konfiguration des genutzten physikalischen Kanals zu ändern. Dieser Kanalwechsel kann von höheren Protokollschichten angefordert oder von der RR-Sublayer entschieden werden und wird stets vom Netz initiiert. Wenn die Mobilstation ein ASSIGNMENT

COMMAND erhält, wird die Übertragung sämtlicher Schicht-3-Nachrichten suspendiert, die LAPDm-Verbindung abgebaut, der eventuell bestehende Verkehrskanal abgeschaltet und der alte Kanal deaktiviert. Nach der Aktivierung des neuen physikalischen Kanals und einer korrekt aufgebauten neuen LAPDm-Verbindung (Schicht 2) können dann die zurückgehaltenen Signalisierungsnachrichten wieder übertragen werden.

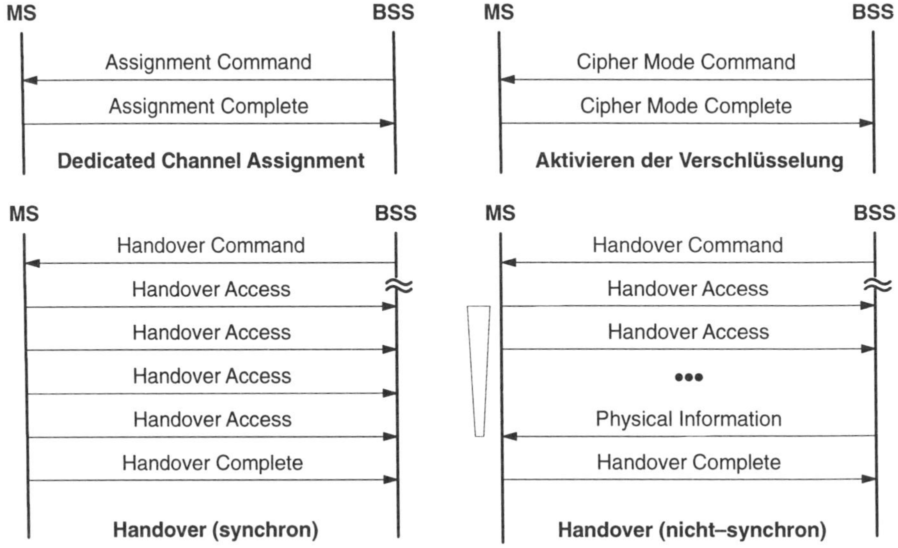


**Bild 7.24:** Kanalwechsel, Verschlüsselung und Handover

Eine zweite Signalisierungsprozedur zur Änderung der physikalischen Kanalkonfiguration einer etablierten RR-Verbindung ist die Handover-Prozedur. Sie wird ebenfalls ausschließlich von der Netzseite initiiert und z.B. bei einem Zellwechsel notwendig. Im Gegensatz zum ASSIGNMENT COMMAND enthält ein HANDOVER COMMAND nicht nur die Konfiguration des neuen physikalischen Kanals, sondern auch Informationen über die neue Zelle (u.a. BSIC und BCCH-Frequenz), die zu verwendende Variante zur Etablierung des physikalischen Kanals (synchroner und nicht-synchroner Handover, Bild 7.24) und eine Handover-Referenz.

Nach Erhalt eines HANDOVER COMMAND im FACCH beendet die Mobilstation die LAPDm-Verbindung auf dem alten Kanal, unterbricht die Verbindung, deaktiviert den alten physikalischen Kanal und schaltet schließlich um auf den im Handover-Kommando zugewiesenen neuen Kanal. Im Haupt-DCCH (hier: FACCH) sendet die Mobilstation in einem Access Burst (Bild 5.6, Kodierung wie im RACH, siehe

Kap. 6.2) die unverschlüsselte Nachricht HANDOVER ACCESS an die neue Basisstation. Obwohl es sich um eine Nachricht im FACCH handelt, wird hier der *Access Burst* verwendet, weil der Mobilstation zu diesem Zeitpunkt noch nicht alle vollständigen Synchronisierungsinformationen zur Verfügung stehen. Die acht Datenbits des *Access Burst* enthalten die Handover-Referenz des Handover-Kommandos. In welcher Weise diese *Access Bursts* gesendet werden, hängt davon ab, ob die beiden Zellen ihre TDMA-Ausstrahlung synchronisiert haben oder ob die Zellen nicht synchronisiert sind. Im synchronen Fall wird der *Access Burst* (HANDOVER ACCESS) in genau vier aufeinanderfolgenden Zeitschlitzen des Haupt-DCCH (FACCH) gesendet. Danach aktiviert die Mobilstation den neuen physikalischen Kanal in beiden Richtungen, etabliert eine LAPDm-Verbindung, aktiviert die Verschlüsselung und sendet schließlich eine RR-Nachricht HANDOVER COMPLETE an das BSS. Im nicht-synchronisierten Fall wiederholt die Mobilstation den *Handover Access Burst* so oft, bis entweder ein Timer abläuft (und der Handover damit fehlschlägt) oder die Basisstation mit einer RR-Meldung PHYSICAL INFORMATION die aktuell notwendige Timing Advance mitteilt und so den Aufbau der neuen RR-Verbindung ermöglicht.

Eine weitere wichtige Prozedur des *Radio Resource Management* ist das Aktivieren der Verschlüsselung. Dies geschieht durch das BSS mit dem CIPHER MODE COMMAND, mit dessen Aussendung die BTS ihre Dechiffrierfunktion aktiviert. Nach Erhalt des CIPHER MODE COMMAND aktiviert die Mobilstation sowohl Chiffrierung als auch Dechiffrierung und sendet die Antwort CIPHER MODE COMPLETE bereits verschlüsselt zurück – kann die BTS diese Nachricht korrekt entschlüsseln, ist der Chiffriermodus erfolgreich aktiviert.

Darüber hinaus sind noch eine Reihe weniger bedeutender Signalisierungsprozeduren definiert, wie etwa *Frequency Redefinition, Additional Assignment*, *Partial Release* oder *Classmark Change*. Während sich die erste mit Änderungen der *Mobile Allocation* **MA** (siehe Kap. 5.2.3) und die beiden folgenden mit der Änderung von physikalischen Kanalkonfigurationen befassen, signalisiert eine Mobilstation mit der Meldung CLASSMARK CHANGE, daß sie – etwa durch Hinzufügen eines zusätzlichen, beispielsweise bei Autoeinbausätzen üblichen, Leistungsverstärkers (*booster*) – jetzt zu einer neuen Leistungsklasse (vgl. Tabelle 5.8) gehört.

### 7.4.4 Mobility Management

Die Hauptaufgabe der Prozeduren des *Mobility Management* **MM** ist es, die Mobilität einer Mobilstation zu unterstützen, etwa durch Melden des aktuellen Aufenthaltsortes an das Netz oder durch Verifizieren der Teilnehmeridentität. Eine weitere Aufgabe ist es, MM-Verbindungen und entsprechende Dienste für die darüber liegende CM-Sublayer anzubieten. Das Meldungsformat für MM-Nachrichten ist das einheitliche Meldungsformat (Bild 7.21) der Schicht 3 der GSM-Signalisierung. Für das Mobility Management existiert entsprechend ein eigener Protokolldiskriminator, und die MM-Meldungen werden mit eigenen Typencodes (MT, Tabelle 7.6) gekennzeichnet.

**Tabelle 7.6:** Meldungen für das Mobility Management

| Kategorie | Meldung | Richtung | MT |
|---|---|---|---|
| **Registration** | IMSI Detach Indication | MS -> N | 0x000001 |
| | Location Updating Accept | N -> MS | 0x000010 |
| | Location Updating Reject | N -> MS | 0x000100 |
| | Location Updating Request | MS -> N | 0x001000 |
| **Security** | Authentication Reject | N -> MS | 0x010001 |
| | Authentication Request | N -> MS | 0x010010 |
| | Authentication Response | MS -> N | 0x010100 |
| | Identity Request | N -> MS | 0x001000 |
| | Identity Response | MS -> N | 0x001001 |
| | TMSI Reallocation Command | N -> MS | 0x001010 |
| | TMSI Reallocation Complete | MS -> N | 0x001011 |
| **Connection Management** | CM Service Accept | MS <-> N | 0x100001 |
| | CM Service Reject | N -> MS | 0x100010 |
| | CM Service Request | MS -> N | 0x100100 |
| | CM Reestablishment Request | MS -> N | 0x101000 |
| **Miscellaneous** | MM-Status | MS <-> N | 0x110001 |

Alle MM-Prozeduren setzen eine etablierte RR-Verbindung voraus, d.h. es muß ein dedizierter logischer Kanal vergeben und belegt sowie eine LAPDm-Verbindung etabliert sein, bevor MM-Transaktionen durchgeführt werden können. Diese Transaktionen laufen zwischen MS und MSC ab, d.h. MM-Meldungen werden transparent vom BSS ohne interpretiert zu werden weitergeleitet und über die Transportmechanismen des DTAP dem MSC übermittelt. Die MM-Prozeduren werden in drei Kategorien eingeteilt: *Common*, *Specific* und *MM-connection management*. Während die *Common*-Prozeduren immer initiiert und abgewickelt werden können, sobald eine RR-Verbindung besteht, schließen sich die *Specific*-Prozeduren gegenseitig aus, d.h. sie können nicht gleichzeitig bearbeitet werden und auch dann nicht, wenn eine MM-Verbindung etabliert ist. Im Gegenzug kann eine MM-Verbindung nur aufgebaut werden, wenn keine *Specific*-Prozedur läuft.

Die *Common*-Prozeduren des Mobility Management sind in Bild 7.25 zusammengestellt. Außer der Prozedur *IMSI Detach* werden sie alle von der Netzseite initiiert. Eine wichtige Rolle beim Schutz der Teilnehmeridentität spielt die *TMSI Reallocation Procedure*. Wenn die Vertraulichkeit einer Teilnehmeridentität IMSI gewahrt werden soll (optionaler Dienst eines Netzes), so wird an der Funkschnittstelle Um in den Signalisierungsprozeduren die TMSI statt der IMSI verwendet. Diese TMSI besitzt nur lokale Bedeutung innerhalb einer Location Area und muß zur eindeutigen Identifizierung eines Teilnehmers stets zusammen mit der LAI verwendet werden. Zum weiteren Schutz der Teilnehmeridentität kann die TMSI auch neu zugewiesen werden (*TMSI Reallocation*), was spätestens bei einem Wechsel der Location Area der Fall sein muß. Ansonsten ist dieser Wechsel der TMSI dem jeweiligen Betreiber überlassen, kann aber zu jedem beliebigen Zeitpunkt durchgeführt werden, sobald eine verschlüsselte RR-Verbindung mit der Mobilstation besteht. Die *TMSI Reallocation* wird entweder explizit als eigene Prozedur durchgeführt oder auch implizit von anderen Prozeduren, welche die TMSI benutzen (z.B. *Location Update*). Bei der expliziten *TMSI Reallocation* sendet das Netz ein TMSI REALLOCATION COMMAND mit der neuen TMSI und der aktuellen LAI auf einer verschlüsselten RR-Verbindung an die Mobilstation (Bild 7.25).

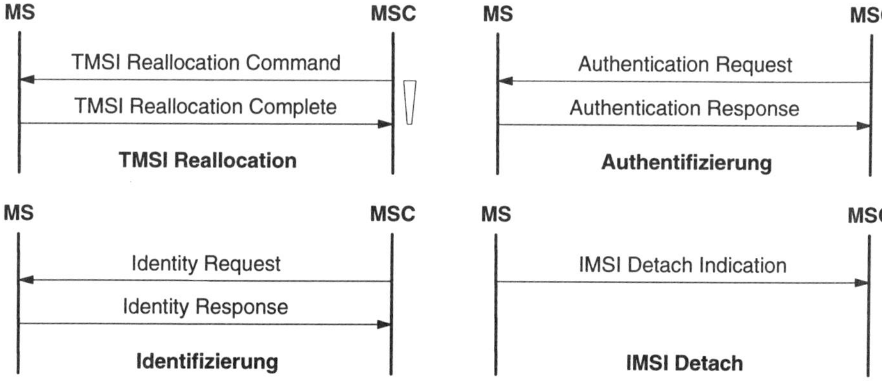


**Bild 7.25:** MM-Signalisierungsprozeduren, Kategorie *Common*

Die MS speichert TMSI und LAI in einem nichtflüchtigen Speicher und bestätigt das mit der Meldung TMSI REALLOCATION COMPLETE. Trifft diese Bestätigung vor Ablauf eines Timers beim MSC ein, wird der Timer gestoppt und die TMSI ist gültig. Läuft dieser Timer allerdings ab, bevor die Bestätigung eintrifft, so wird die Prozedur wiederholt. Schlägt sie auch ein zweites Mal fehl, wird sowohl die alte wie auch die neue TMSI für ein bestimmtes Intervall gesperrt und für das Paging der MS die IMSI verwendet. Meldet sich die MS auf einen Pagingaufruf, wird die *TMSI Reallocation* erneut gestartet. Darüber hinaus kann die neue TMSI trotz fehlgeschlagener Neuzuweisung als gültig angenommen werden, wenn sie von der MS in nachfolgenden Transaktionen verwendet wird.

Zwei weitere *Common*-Prozeduren dienen der Identifizierung einer Mobilstation (*Identification Procedure*) bzw. eines Teilnehmers und der Verifizierung dieser Identität (Authentifizierung, *Authentication Procedure*). Zur Identifizierung einer Mobilstation existieren sowohl die Geräteidentität IMEI als auch die Teilnehmeridentität IMSI, die eine MS mit dem SIM zugewiesen erhält. Diese beiden Kennziffern kann das Netz jeweils mit einem IDENTITY REQUEST zu beliebigen Zeitpunkten anfordern. Die Mobilstation muß entsprechend jederzeit in der Lage sein, diese Identitätsparameter in einer Meldung IDENTITY RESPONSE dem Netz zur Verfügung zu stellen.

Bei der Authentifizierung erhält die MS außerdem einen neuen Schlüssel für die Nutzdatenverschlüsselung zugewiesen. Diese Prozedur wird vom Netz mit einem AUTHENTICATION REQUEST eingeleitet. Eine Mobilstation muß stets in der Lage sein, diese Anforderung zu bearbeiten, sobald eine RR-Verbindung existiert. Aus den in der Anforderung enthaltenen Informationen berechnet die MS den neuen Schlüssel Kc für die Nutzdatenverschlüsselung, der lokal gespeichert wird, und Authentifizierungsinformationen, die ihre Identität zweifelsfrei belegen können. Diese Authentifizierungsdaten werden dann in einer AUTHENTICATION RESPONSE an das MSC übertragen und dort ausgewertet. Ist diese Antwort nicht gültig, ist die Authentifizierung also fehlgeschlagen, wird abhängig davon verfahren, ob zur Identifizierung die IMSI oder die TMSI verwendet worden war. Im Falle der TMSI kann das Netz die Identifizierungs-Prozedur starten. Stimmt die darin von der Mobilstation angegebene IMSI nicht mit der IMSI überein, die das Netz der TMSI zugeordnet hatte, wird die Authentifizierung noch einmal mit den neuen, korrekten Parametern gestartet. Stimmt die IMSI allerdings mit der im Netz gespeicherten überein, oder wurde zur Authentifizierung von vornherein bereits die IMSI benutzt, so ist die Authentifizierung gescheitert und der MS wird das mit der Meldung AUTHENTICATION REJECT angezeigt. Damit muß die MS alle zugewiesenen/berechneten Identitäts- und Sicherheitsparameter (TMSI, LAI, Kc) löschen und in den Ruhezustand ohne zugewiesene IMSI übergehen, so daß nur noch einfache Zellauswahl und Notrufe möglich sind.

Wird die Mobilstation ausgeschaltet oder das SIM entfernt, ist sie nicht mehr erreichbar, d.h. sie hört den Pagingkanal nicht mehr ab, und Rufe können daher nicht mehr zugestellt werden. Um die Belastung des BSS aufgrund unnötiger Pagingrufe zu verringern, kann ein Betreiber in diesen Fällen optional von den Mobilstationen eine Benachrichtigung fordern, da ein explizites Ausbuchen aus dem Netz nicht zwingend vorgesehen ist. Diese Anforderung eines Netzbetreibers wird mit einem Flag auf dem BCCH (SYSTEM INFORMATION Typ 3) und dem SACCH (SYSTEM INFORMATION Typ 8) signalisiert. Ist dieses Flag gesetzt, meldet sich die MS beim Ausschalten oder Entfernen der SIM aus dem Netz mit einer IMSI DETACH INDICATION ab, die es dem Netz erlaubt, die MS als inaktiv zu kennzeichnen. Die *IMSI Detach* Prozedur ist die einzige MM-Prozedur der Kategorie *Common*, die nicht zu beliebigen Zeitpunkten auch während laufender *Specific*-Prozeduren gestartet werden darf. Ihr Start muß bis zum Ende einer *Specific*-Prozedur verzögert werden.

Bei den *Specific*-Prozeduren des Mobility Management (Bild 7.26) handelt es sich im wesentlichen um die Aktualisierung der Lokalisierungsinformation (*Location Update*). Dabei wird unterschieden in normalen und periodischen *Location Update* und *IMSI Attach*.

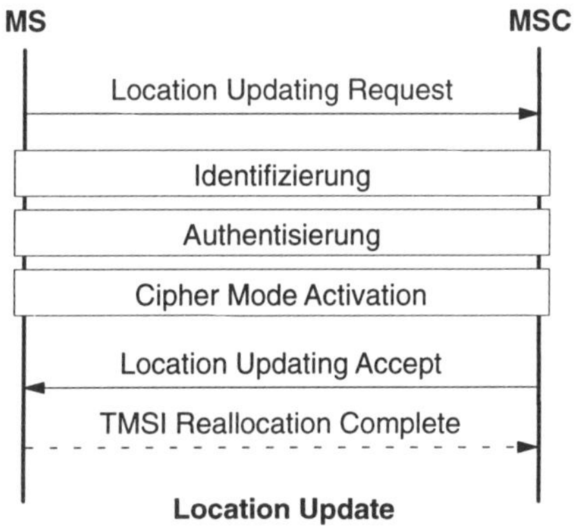


**Bild 7.26:** MM-Signalisierungsprozeduren, Kategorie *Specific*

Für die Aktualisierung der Aufenthaltsinformationen im Netz ist bei GSM-Systemen ausschließlich die Mobilstation verantwortlich. Anhand der auf dem BCCH ausgestrahlten Kennungen muß sie einen Wechsel der Registrierungszone (*Location Area*) feststellen und entsprechend dem Netz diesen Wechsel mitteilen, so daß die Datenbanken (VLR, HLR) aktualisiert werden können. Die generische Grundform des *Location Update* zeigt Bild 7.26: die Mobilstation fordert mit einem LOCATION UPDATING REQUEST die Aktualisierung ihrer Aufenthaltsinformationen im Netz an. Kann diese Aktualisierung erfolgreich vorgenommen werden, dann wird dies mit einer Meldung LOCATION UPDATING ACCEPT vom Netz bestätigt. Im Rahmen eines *Location Update* kann das Netz die Identität der Mobilstation anfordern und überprüfen (Identifizierung und Authentifizierung). Falls der Dienst "Vertrauliche Teilnehmeridentität" aktiviert wurde, ist die Neuzuweisung der TMSI fester Bestandteil des *Location Update*. In diesem Fall wird die Nutzdatenverschlüsselung der RR-Verbindung aktiviert und mit der Meldung LOCATION UPDATING ACCEPT die neue TMSI als Parameter übertragen und ihr korrekter Empfang von der MS mit der Meldung TMSI REALLOCATION COMPLETE bestätigt. Die periodische Aktualisierung der Aufenthaltsinformation kann dazu benutzt werden, um regelmäßig die Präsenz des Mobilgerätes im Netz anzuzeigen. Dazu läuft in der Mobilstation ein Timer, der periodisch einen *Location Update* auslöst. Das dabei verwendete Intervall wird, falls diese Form des *Location Update* vom Betreiber aktiviert wurde, auf dem BCCH ausgestrahlt (SYSTEM INFORMATION Typ 3). Die Prozedur *IMSI Attach* ist das Gegenstück zur Prozedur *IMSI Detach* und wird als spezielle Variante des *Location Update* ausgeführt, wenn dies vom Netz gefordert ist (vgl. *IMSI Detach*). Allerdings führt eine MS nur dann eine *IMSI attach* aus, wenn die auf dem BCCH empfangene LAI mit der gespeicherten übereinstimmt. Sind die gespeicherte LAI und die auf dem BCCH der aktuellen Zelle empfangene LAI verschieden, wird ein normaler *Location Update* durchgeführt.

Schließlich existiert noch eine dritte Kategorie von Mobility Management Prozeduren, die für das Etablieren und Betreiben von MM-Verbindungen notwendig sind (Bild 7.27). Eine MM-Verbindung wird auf Anforderung der darüberliegenden CM-Sublayer etabliert und dient zum Austausch von Nachrichten und Daten der CM-Entitäten, wobei jede der CM-Instanzen eine eigene MM-Verbindung besitzt (Bild 7.12). Die Prozeduren für den Aufbau einer MM-Verbindung sind unterschiedlich, abhängig davon, ob sie mobil- oder netzinitiiert sind.

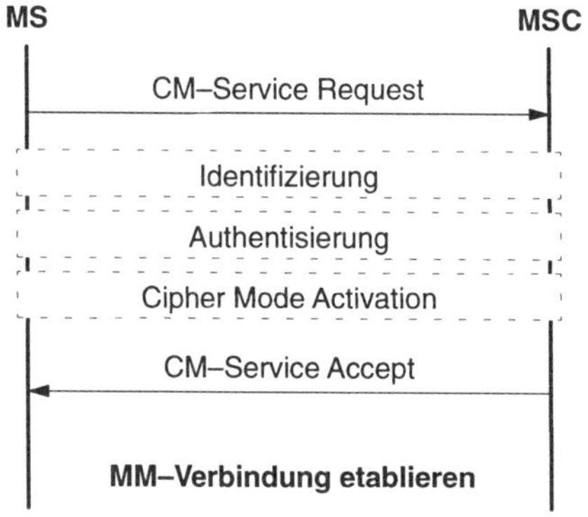


**Bild 7.27:** MM-Signalisierungsprozeduren, Kategorie *MM-connection management*

Der Aufbau einer MM-Verbindung von Seiten der Mobilstation setzt eine vollständige RR-Verbindung voraus, wobei eine RR-Verbindung für mehrere MM-Verbindungen genutzt werden kann. Die MM-Verbindung kann nur etabliert werden, wenn die MS in der aktuellen *Location Area* bereits einen erfolgreichen *Location Update* durchgeführt hat. Eine Ausnahme davon sind Notrufe, die zu jedem Zeitpunkt möglich sind. Liegt ein Wunsch der CM-Schicht für eine MM-Verbindung vor, wird dieser bei eventuell laufenden *Specific*-Prozeduren verzögert oder abgewiesen, abhängig von der Implementierung. Kann die MM-Verbindung etabliert werden, sendet die Mobilstation eine Meldung CM-SERVICE REQUEST an das Netz. Diese Meldung enthält einerseits Informationen über die MS (IMSI oder TMSI) und andererseits Informationen über den angeforderten Dienst (abgehender Sprachruf, SMS Transfer, Aktivierung oder Registrierung eines Zusatzdienstes etc.). Abhängig von diesen Parametern kann das Netz eine beliebige MM-*Common*-Prozedur (außer *IMSI Detach*) durchführen oder auch die Nutzdatenverschlüsselung aktivieren. Erhält die Mobilstation eine Meldung CM-SERVICE ACCEPT oder lokal von der RR-Sublayer die Information, daß die Nutzdatenverschlüsselung aktiviert wurde, behandelt sie das als Annahme der Dienstanforderung seitens des Netzes, und die dienstanfordernde CM-Entität wird über den erfolgreichen Aufbau der MM-Verbindung in Kenntnis gesetzt. Andernfalls, wenn die Dienstanforderung vom Netz nicht angenommen werden konnte, erhält die MS eine Meldung CM-SERVICE REJECT, und die MM-Verbindung kann nicht etabliert werden.

Der netz-initiierte Aufbau einer MM-Verbindung benötigt keinen Austausch von *CM-Service*-Nachrichten. Nach dem erfolgreichen Paging wird eine RR-Verbindung etabliert und die (netzseitige) MM-Sublayer führt, falls notwendig, eine der MM-*Common*-Prozeduren aus (meist *Location Update*) und fordert von der RR-Sublayer die Aktivierung der Nutzdatenverschlüsselung an. Falls diese Transaktionen erfolgreich verlaufen, wird das der dienstanfordernden CM-Instanz signalisiert, und die MM-Verbindung ist etabliert.

### 7.4.5 Connection Management

Die *Call Control* **CC** ist eine der Instanzen des *Connection Management* **CM** (CM-Sublayer, Bild 7.12). Diese Rufsteuerung CC enthält Prozeduren zum Etablieren, Steuern und Abbauen von Rufen. Mehrere parallele CC-Instanzen sind vorgesehen, so daß auch mehrere parallele Rufe auf verschiedenen MM-Verbindungen bearbeitet werden können. Für die Rufsteuerung ist mobilstationsseitig und netzseitig jeweils ein eigenes Rufzustandsmodell definiert. Die beiden CC-Instanzen in der Mobilstation und im MSC instantiieren jeweils ein solches Rufmodell als Protokollautomat. Diese Protokollautomaten kommunizieren zum Aufbau und zur Steuerung eines Rufes mit den Meldungen aus Tabelle 7.7, das Meldungsformat ist das einheitliche Format der Signalisierungsschicht 3 (Bild 7.21).

Teile der *Call Control* in der Mobilstation sind als schematische SDL-Spezifikation in Bild 7.28 und Bild 7.29 zusammengestellt. Sie zeigen den gehenden (*Mobile Originating*) und kommenden (*Mobile Terminating*) Aufbau eines Rufes und den Rufabbau (*Mobile/Network Initiated*). Liegt in der Mobilstation ein Verbindungswunsch vor (*Mobile Originating Call*), so fordert die CC-Instanz zunächst von der lokalen

MM-Instanz eine MM-Verbindung an und signalisiert dabei, ob es sich um einen einfachen Ruf oder um einen Notruf handelt (*MMCC Establishment Request*, Bild 7.28). Der auf dieser MM-Verbindung zu etablierende Ruf bedingt eine besondere Dienstgüte der MM-Sublayer.

**Tabelle 7.7:** Meldungen für die *Call Control* leitungsorientierter Verbindungen

| Kategorie | Meldung | Richtung | MT |
|---|---|---|---|
| **Call establishment** | Alerting | N -> MS | 0x000001 |
| | Call Confirmed | MS -> N | 0x001000 |
| | Call Proceeding | N -> MS | 0x000010 |
| | Connect | N <-> MS | 0x000111 |
| | Connect Acknowledge | N <-> MS | 0x001111 |
| | Emergency Setup | MS -> N | 0x001110 |
| | Progress | N -> MS | 0x000011 |
| | Setup | N <-> MS | 0x000101 |
| **Call information phase** | Modify | N <-> MS | 0x010111 |
| | Modify Complete | N <-> MS | 0x011111 |
| | Modify Reject | N <-> MS | 0x010011 |
| | User Information | N <-> MS | 0x010000 |
| **Call clearing** | Disconnect | N <-> MS | 0x100101 |
| | Release | N <-> MS | 0x101101 |
| | Release Complete | N <-> MS | 0x101010 |
| **Miscellaneous** | Congestion Control | N <-> MS | 0x111001 |
| | Notify | N <-> MS | 0x111110 |
| | Start DTMF | MS -> N | 0x110101 |
| | Start DTMF Acknowledge | N -> MS | 0x110010 |
| | Start DTMF Reject | N -> MS | 0x110111 |
| | Status | N <-> MS | 0x111101 |
| | Status Enquiry | N <-> MS | 0x110100 |
| | Stop DTMF | MS -> N | 0x110001 |
| | Stop DTMF Acknowledge | N -> MS | 0x110010 |

Bei einem einfachen Ruf muß die Mobilstation im Netz registriert sein (eingebucht), und der Verschlüsselungsmodus der RR-Verbindung muß aktiviert sein, während dies bei einem Notruf nur optional der Fall sein muß, d.h. ein Notruf kann auch von einer nicht eingebuchten Mobilstation auf einer unverschlüsselten RR-Verbindung etabliert werden.

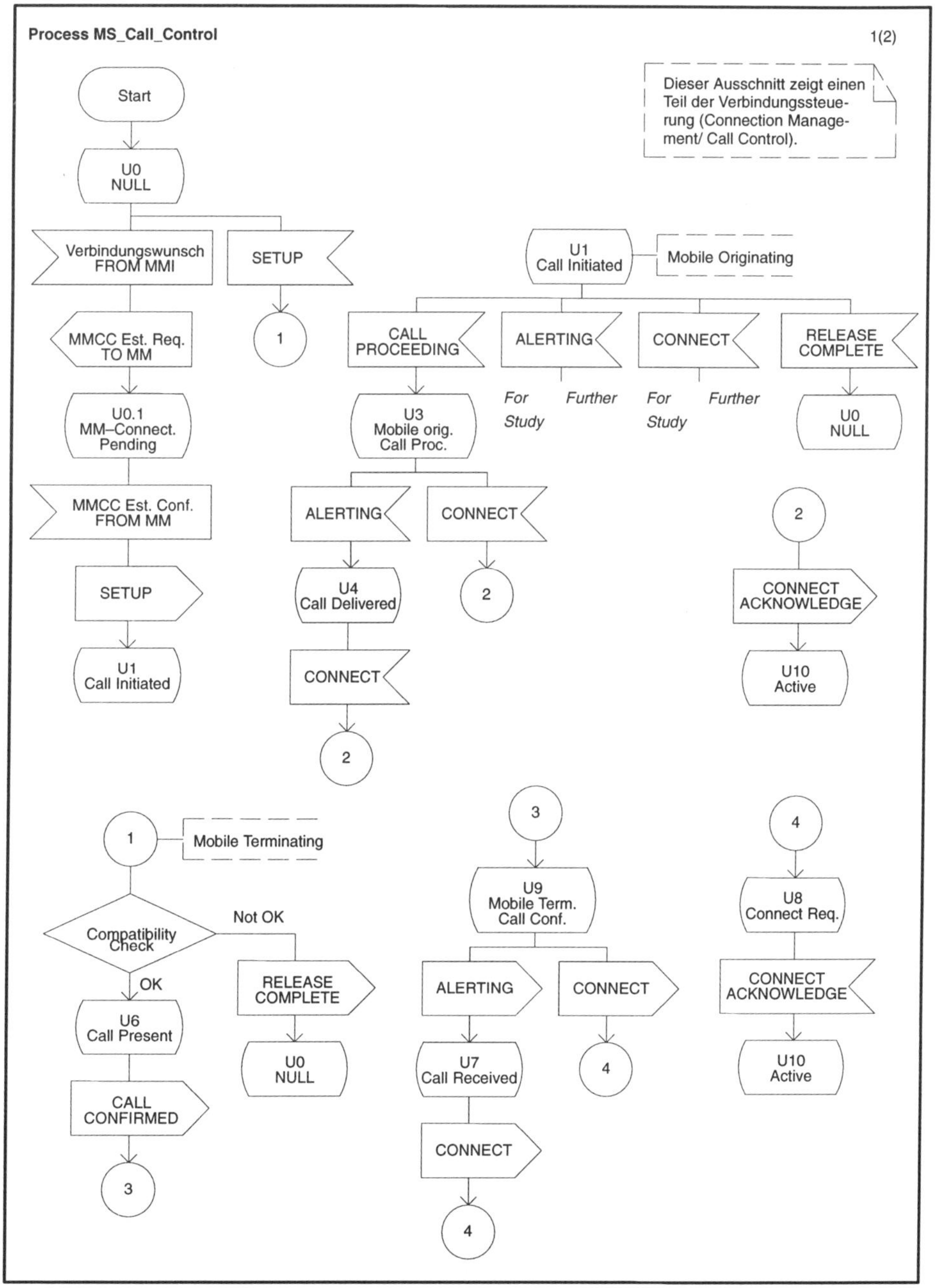


**Bild 7.28:** Rufaufbau (*Mobile Originating* und *Mobile Terminating*), Mobilseite

Nach erfolgreichem Aufbau dieser MM-Verbindung und Aktivieren der Nutzdatenverschlüsselung wird dies der dienstanfordernden CC-Instanz mitgeteilt (weitere Interaktion mit der MM-Instanz sind in Bild 7.28 für den Rufaufbau nicht dargestellt). Darauf signalisiert die Mobilstation den Verbindungswunsch an die CC-Entität im MSC (SETUP). Ein Notruf wird mit der Meldung EMERGENCY SETUP initiiert, der übrige Rufaufbau ist identisch mit dem eines einfachen Rufes.

Auf diesen Verbindungswunsch der MS kann das MSC auf verschiedene Weise reagieren: mit einer Meldung CALL PROCEEDING zeigt das MSC an, daß der Rufwunsch akzeptiert wurde und alle notwendigen Informationen vorliegen, um den Ruf aufzubauen (Blockwahl). Andernfalls wird mit RELEASE COMPLETE der Verbindungswunsch abgelehnt. Sobald der gerufenen Seite der Ruf signalisiert wurde, erhält die MS eine ALERTING-Nachricht und, nachdem die gerufene Seite den Ruf angenommen hat, eine CONNECT-Nachricht, die sie mit einem CONNECT ACKNOWLEDGE quittiert und so den Ruf und die zugehörige Nutzdatenverbindung vollständig durchschaltet. Muß der gerufenen Seite nicht erst der Rufwunsch signalisiert und kann der Ruf direkt angenommen werden, entfällt die ALERTING-Meldung. Im wesentlichen entspricht die CC-Signalisierung in GSM also dem Rufaufbau nach Q.931 in ISDN. Darüber hinaus besitzt die Rufsteuerung in GSM allerdings einige Besonderheiten, die vor allem den begrenzten Ressourcen und Eigenheiten des Funkkanals Rechnung tragen. Beispielsweise kann der Rufwunsch einer MS in eine Warteschlange eingereiht werden (*Call Queueing*), falls zunächst kein freier Verkehrskanal TCH zur Etablierung des Rufes zur Verfügung steht. Die maximale Wartezeit, die ein Ruf auf die Zuteilung eines Verkehrskanals warten muß, ist betreiberspezifisch einstellbar. Außerdem ist der Zeitpunkt, zu dem ein Verkehrskanal für den Ruf vergeben und belegt wird, wählbar. Einerseits kann sofort nach dem Bestätigen des Rufwunsches durch das Netz (CALL PROCEEDING) ein Verkehrskanal vergeben und belegt werden (*Early Assignment*). Andererseits kann der Ruf auch allerdings erst vollständig etabliert werden und die Kanalzuteilung dann erfolgen, wenn der Zielteilnehmer gerufen wird und das dem rufenden Mobilteilnehmer mit ALERTING signalisiert wurde (*Late Assignment, Off Air Call Setup* **OACSU**). Die Variante OACSU verhindert, daß ein Verkehrskanal unnötig belegt wird, wenn der Zielteilnehmer nicht erreichbar oder belegt ist. Die Blockierwahrscheinlichkeit für Rufankünfte an der Funkschnittstelle kann dadurch reduziert werden. Andererseits existiert die Möglichkeit, daß bei einem erfolgreichen Etablieren des Rufes während der Rufwunschsignalisierung beim gerufenen Teilnehmer kein Verkehrskanal für den rufenden Teilnehmer belegt werden kann, bevor der gerufene Teilnehmer den Ruf annimmt und so der Ruf nicht vollständig durchgeschaltet werden kann und abgebrochen werden muß.

Trifft am MSC ein Ruf für eine Mobilstation ein (*Mobile Terminating Call*), wird im Rahmen des MM-Verbindungsaufbaus auch eine RR-Verbindung mit der Mobilstation aufgebaut (inkl. Paging). Ist diese MM-Verbindung erfolgreich etabliert und die Nutzdatenverschlüsselung aktiviert, wird der Rufwunsch der Mobilstation mit einem SETUP signalisiert. Diese Meldung enthält auch Informationen über den gewünschten Dienst, und die Mobilstation prüft zunächst, ob sie dieses gewünschte Dienstprofil erfüllen kann (*Compatibility Check*) und gegebenenfalls den Rufwunsch akzeptiert und dem lokalen Teilnehmer signalisiert (lokales Generieren eines Rufsignales). Das wird schließlich mit einer CALL CONFIRMED und dann mit einer ALERTING-Meldung auch dem MSC mitgeteilt. Nimmt der Mobilteilnehmer den Ruf schließlich an, wird mit dem Handshake von CONNECT und CONNECT ACKNOWLEDGE der Ruf vollständig durchgeschaltet. Ist aufgrund des gewählten Dienstes keine Rufwunschsignalisierung an den Teilnehmer notwendig und kann der Ruf direkt angenommen werden (z.B. bei Faxrufen), signalisiert die Mobilstation die Rufannahme (CONNECT) sofort nach der Meldung CALL CONFIRMED. Auch bei einem mobilterminierten Ruf kann Warteschlangenbetrieb und OACSU eingesetzt werden. Die OACSU-Variante für mobilterminierte Rufe belegt einen Verkehrskanal erst, nachdem der Ruf vom Mobilteilnehmer mit einer CONNECT-Meldung angenommen wurde.

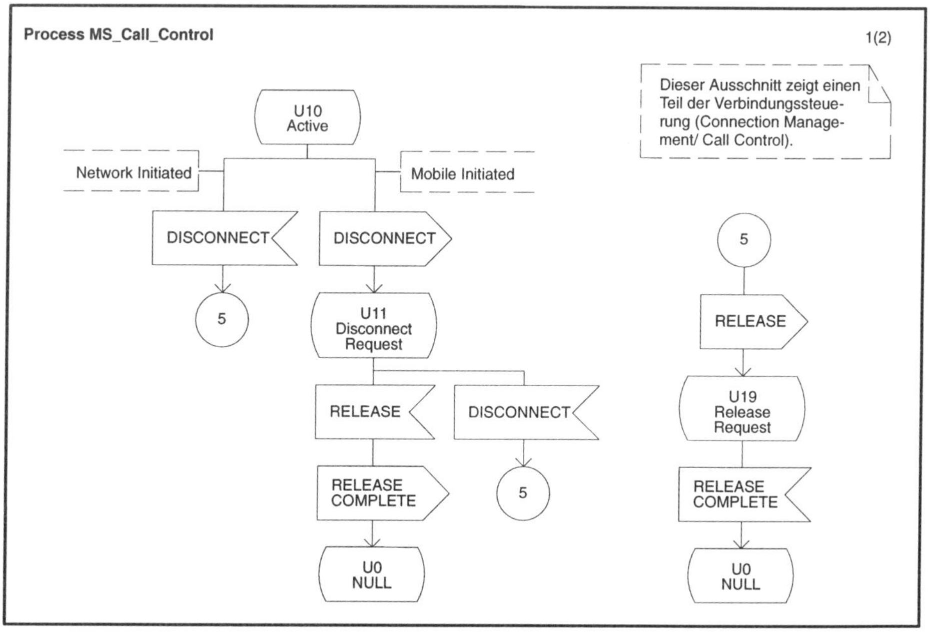


**Bild 7.29:** Rufabbau (*Mobile Initiated* und *Network Initiated*), Mobilseite

Das Auslösen einer Verbindung wird mobil- oder netzseitig (*Mobile/Network Initiated*) mit einer DISCONNECT-Meldung eingeleitet (Bild 7.29) und dann mit einem

Handshake von RELEASE und RELEASE COMPLETE beendet. Falls eine Kollision von DISCONNECT-Meldungen auftritt, d.h. falls beide CC-Instanzen gleichzeitig ein DISCONNECT senden, beantworten sie dieses ebenfalls mit RELEASE, so daß ein gesichertes Auslösen des Rufes gewährleistet ist.

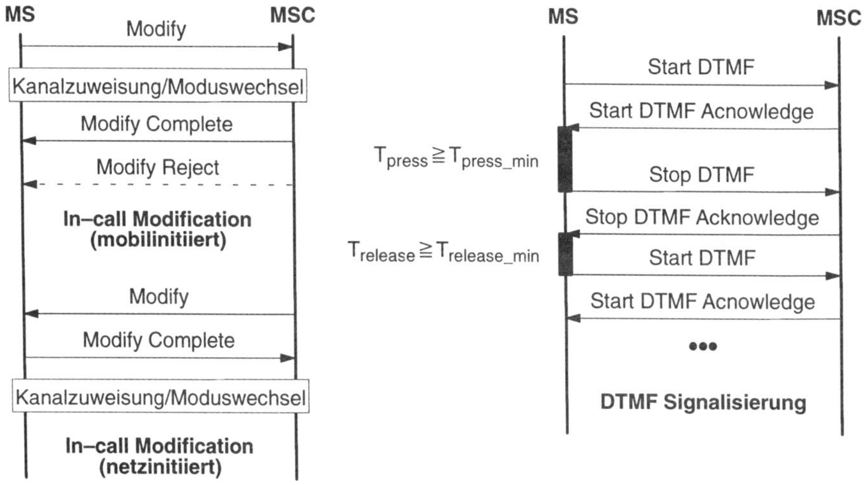


**Bild 7.30:** DTMF Signalisierung und Dienstwechsel

Während eines etablierten Rufes können zwei weitere CC-Prozeduren zum Einsatz kommen: DTMF-Signalisierung (*Dual Tone Multi Frequency* **DTMF**) und der Dienstweges (*In-call Modification*). DTMF-Signalisierung, auch Mehrfrequenzsignalisierung genannt, ist ein Inband-Signalisierungsverfahren, über das Endgeräte (hier: Mobilstationen) mit der jeweiligen Gegenstelle kommunizieren können, etwa bei der Abfrage eines Anrufbeantworters oder bei der Konfiguration von bestimmten Diensten mit einem Servicezentrum (z.B. Mailbox im Netz). In GSM kann die DTMF-Signalisierung nur während einer Sprachverbindung angewandt werden. Mit einer Meldung START DTMF wird dem Netz auf dem FACCH das Drücken einer Taste an der MS und entsprechend mit STOP DTMF das Loslassen dieser Taste mitgeteilt (Bild 7.30). Diese Meldungen werden jeweils vom Netz (MSC) bestätigt. Zwischen aufeinanderfolgenden START/STOP-Meldungen muß jeweils ein minimales Intervall von der MS eingehalten werden ($T_{press\_min}$, $T_{release\_min}$). Während die Taste an der MS gedrückt ist, wird im MSC ein DTMF-Ton entsprechend dem in START DTMF signalisierten Tastencode generiert. Die DTMF-Töne müssen im MSC generiert werden, weil die Sprachcodierung des GSM-Codec eine reine Übertragung der DTMF-Töne im Sprachband nicht erlaubt und daher MS-generierte DTMF-Töne verfälscht bei der Gegenstelle ankommen würden.

Mit der *In-call Modification* kann der Dienstwechsel vorgenommen werden, wenn beispielsweise Sprache und Daten oder Fax aufeinanderfolgend bzw. abwechselnd während eines Rufes genutzt werden sollen (siehe Kap. 4). Ein Dienstwechsel wird von der MS oder vom Netz mit einer MODIFY-Anfrage eingeleitet. Diese Anfrage enthält den Dienst und die Art des Wechsels (rückschaltend, nicht-rückschaltend). Nach dem Absenden der MODIFY-Nachricht wird die Nutzdatenübertragung gestoppt. Kann der Dienstwechsel vorgenommen werden, wird das mit MODIFY COMPLETE bestätigt, ansonsten wird die Anfrage mit MODIFY REJECT abgewiesen. Der Dienstwechsel kann es notwendig machen, die aktuelle Konfiguration des physikalischen Kanals zu ändern oder des Betriebsmodus. Dazu wird vom MSC die entsprechende Kanalzuweisung (ASSIGNMENT COMMAND, siehe Bild 7.24) vorgenommen.

### 7.4.6 Strukturierte Signalisierungsprozeduren

In den vorherigen Abschnitten sind die elementaren Signalisierungsprozeduren der drei Sublayer RR, MM und CM zusammengestellt. Sie müssen für die verschiedenen Transaktionen in strukturierten Transaktionen zusammenwirken. Die Elemente einer strukturierten Signalisierungsprozedur sind:

- Phase 1: Paging, Kanalanforderung, Zuweisung eines Signalisierungskanals
- Phase 2: Dienstanforderung und Kollisionsauflösung
- Phase 3: Authentifizierung
- Phase 4: Aktivieren der Nutzdatenverschlüsselung
- Phase 5: Transaktionsphase
- Phase 6: Auslösen und Freigeben des Kanals

Zwei Beispiele von strukturierten Signalisierungsprozeduren sind in Bild 7.31 und Bild 7.32 zusammengestellt. Sie zeigen jeweils die Phasen, die für die strukturierte Transaktion durchlaufen werden, die terminierenden Instanzen (MS, BSS, MSC) der jeweiligen Meldung und die logischen Kanäle, die zum Transport der Meldungen eingesetzt werden. Das erste Beispiel (Bild 7.31) ist ein mobilinitiierter Rufaufbau mit OACSU – ein Verkehrskanal wird erst zugewiesen, nachdem dem Teilnehmer der gerufenen Station der Rufwunsch signalisiert wird (ALERTING). Das zweite Beispiel (Bild 7.32) zeigt einen Dienstwechsel von Sprache nach Daten und die Modifizierung des gewählten Datendienstes. Eine solche Modifizierung kann beispielsweise der Wechsel der Übertragungsgeschwindigkeit sein. Schließlich wird der Ruf ausgelöst und der Verkehrskanal wieder freigegeben.

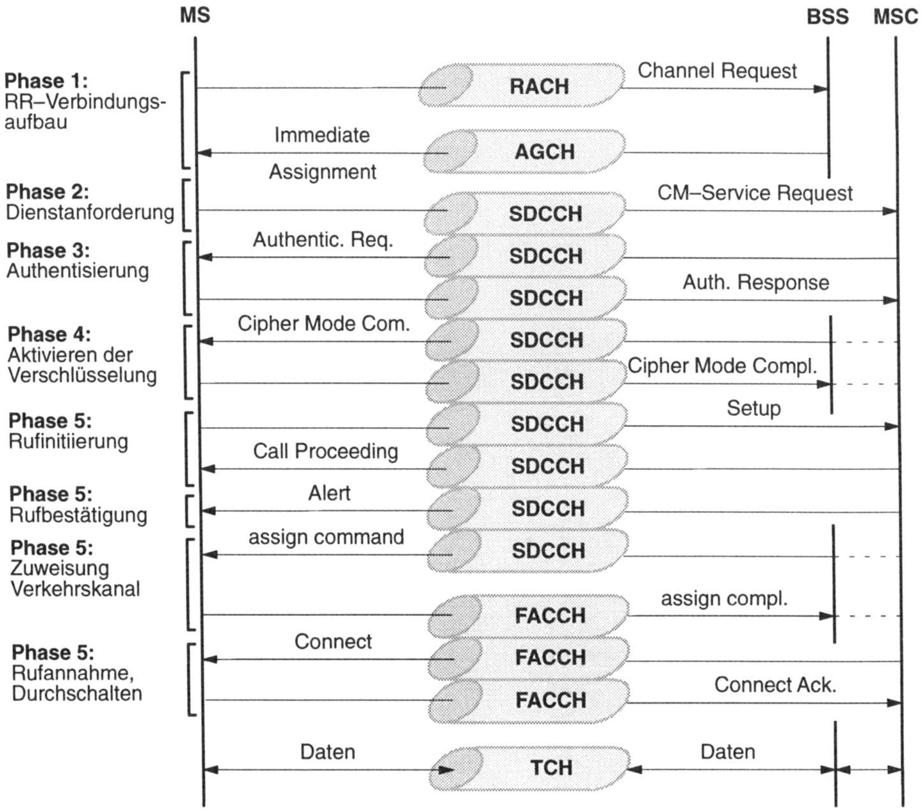


**Bild 7.31:** Mobilinitiierter Rufaufbau mit OACSU (*late assignment*)

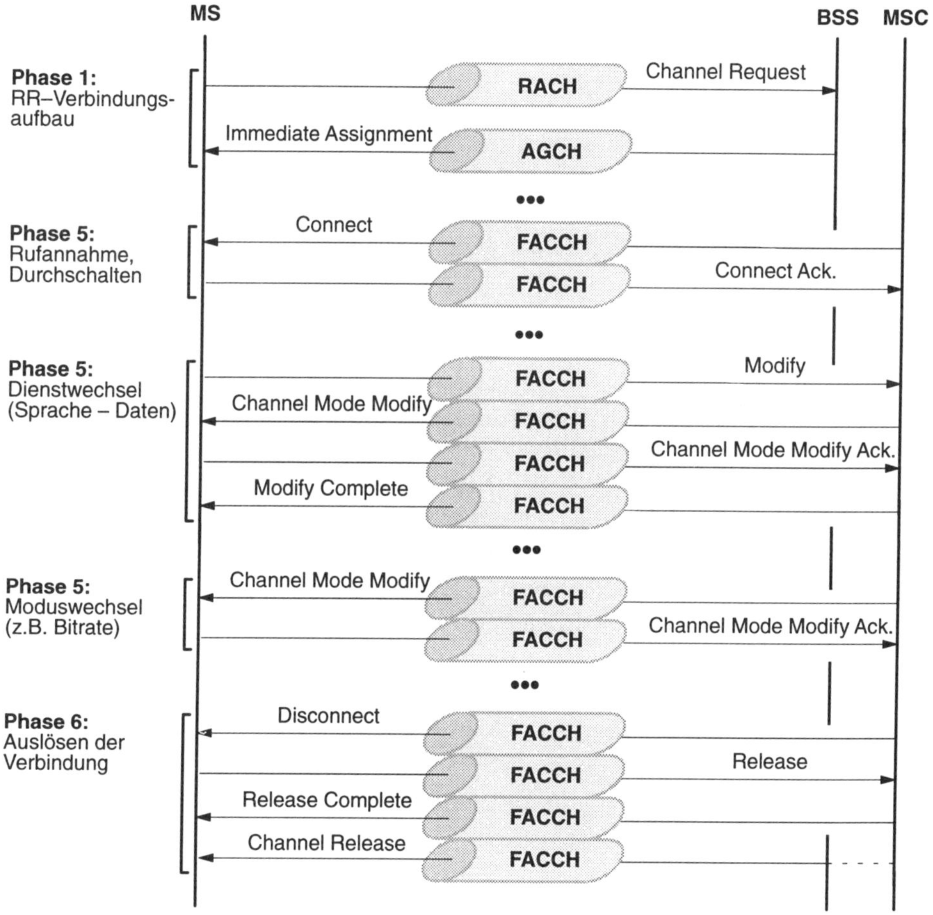


**Bild 7.32:** *In-call Modification* und Rufauslösen

### 7.4.7 Signalisierungsprozeduren für Zusatzdienste

Wie aus Bild 7.21 ersichtlich ist, werden mit speziellen Protokolldiskriminatoren auch Signalisierungsnachrichten zur Steuerung von Zusatzdiensten (*Supplementary Services* **SS**) kodiert (0011 für rufbezogene und 1011 nicht rufbezogene Zusatzdienste). Für diese Zusatzdienstsignalisierung SS ist ebenfalls ein eigener Satz Meldungen definiert (Tabelle 7.8), der in die Kategorien *Call Information Phase* (Nachrichtentyp MT=0x01tttt) und *Miscellaneous* (Nachrichtentyp MT=0x11tttt) der CC-Meldungen (Tabelle 7.7) eingeordnet ist. Diese beiden Kategorien von Nachrichten werden in zwei Kategorien von SS-Prozeduren verwendet: dem *Separate Message Approach* und der *Common Information Element Procedure*. Während der *Separate Message Approach* eigene Nachrichten (HOLD/RETRIEVE, Tabelle 7.8) zum Aktivieren spezifischer Funktionen verwendet, werden die Funktionen der *Common Information Element Procedure* mit einer generischen Meldung FACILITY abgewickelt. Die Funktionen der ersten Kategorie benötigen eine Synchronisation zwischen Netz und Mobilstation. Die FACILITY-Kategorie wird dagegen nur für Zusatzdienste eingesetzt, bei denen diese Synchronisierung nicht notwendig ist. Deutlich wird diese Unterscheidung am Beispiel einiger realisierter Zusatzdienste, die im folgenden kurz vorgestellt werden.

**Tabelle 7.8:** Signalisierungsmeldungen für Zusatzdienste

| Kategorie | Meldung | Richtung | MT |
|---|---|---|---|
| **Call information phase** | Hold | N <-> MS | 0x011000 |
| | Hold Acknowledge | N <-> MS | 0x011001 |
| | Hold Reject | N <-> MS | 0x011010 |
| | Retrieve | N <-> MS | 0x011100 |
| | Retrieve Acknowledge | N <-> MS | 0x011101 |
| | Retrieve Reject | N <-> MS | 0x011110 |
| **Miscellaneous** | Facility | N <-> MS | 0x111010 |
| | Register | N <-> MS | 0x111011 |

Die Meldungen des *Separate Message Approach* können in der *Call Information Phase* zur Realisierung von Zusatzdiensten wie Halten, Rückfragen und Makeln eingesetzt werden. Beispiele dafür sind in Bild 7.33 zusammengestellt. Ein vollständig etablierter Ruf (*Call Reference* CR:1 in Bild 7.33) kann von jeder der beiden Partnerinstanzen in den Halten-Zustand gebracht werden.

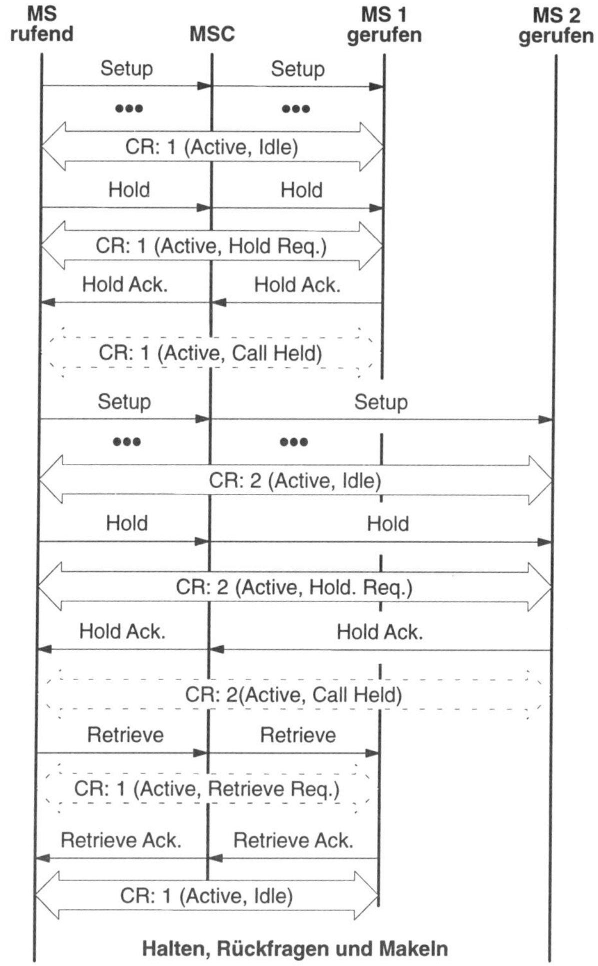


**Bild 7.33:** Halten, Rückfragen, Makeln (schematisch)

Dazu wird dieser Zusatzdienst mit einer HOLD-Meldung initiiert. Das MSC unterbricht die Verbindung und signalisiert der Partnerinstanz mit einer HOLD-Meldung, daß der Ruf sich nun im Halten-Zustand befindet. Das wird auf jedem Rufsegment mit einer Nachricht HOLD ACKNOWLEDGE bestätigt, worauf auch jeweils dienstanfordernde Mobilstation und MSC den Ruf vom Verkehrskanal trennen. Die Mobilstation, die den Ruf in den Halten-Zustand gebracht hat, kann nun einen weiteren Ruf etablieren (CR:2 in Bild 7.33) oder auch einen eventuellen kommenden Ruf annehmen. Mit einem weiteren Handshake HOLD/HOLD ACKNOWLEDGE kann auch dieser

Ruf in den Halten-Zustand gebracht und zwischen den gehaltenen Rufen hin- und hergeschaltet werden (Makeln). Dazu wird ein gehaltener Ruf (CR:1 in Bild 7.33) mit einer RETRIEVE-Meldung wieder aktiviert und auf jeder Seite der Verkehrskanal wieder mit dem Ruf verbunden, nachdem die Reaktivierung des Rufes jeweils mit RETRIEVE ACKNOWLEDGE bestätigt wurde.

Diese rufbezogenen Signalisierungsprozeduren modifizieren den Rufzustand und definieren dazu ein erweitertes Zustandsmodell mit einem Hilfszustand. Die beteiligten Rufe befinden sich dabei durchgehend im Zustand *Active*, während der Hilfszustand zwischen *Idle* und *Hold* wechselt. Im zweidimensionalen Zustandsraum wechselt damit beispielsweise der Ruf CR:1 vom Zustand (*Active, Idle*) über den Zustand (*Active, Hold Request*) nach (*Active, Call held*) und zurück über den Zustand (*Active, Retrieve Request*).

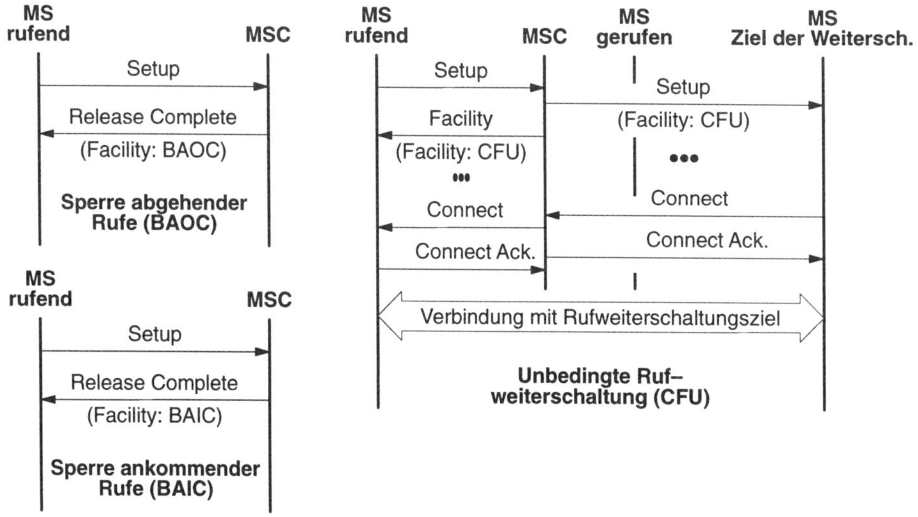


**Bild 7.34:** Rufsperre und Rufweiterschaltung

Bei einer Sperre von gehenden oder kommenden Rufen (Bild 7.34) wird ein Rufwunsch jeweils sofort mit einer Meldung RELEASE COMPLETE unter Angabe des Grundes in einem FACILITY-Informationselement (BAOC, BAIC) abgewiesen. Ein Zustandswechsel des Rufes im erweiterten Zustandsraum findet nicht statt. Voraussetzung dafür ist natürlich, daß der rufende bzw. der gerufene Teilnehmer jeweils eine Rufsperre aktiviert hat. Das MSC, an dem der Rufwunsch des rufenden Teilnehmers jeweils entgegengenommen wird, muß diese Dienstaktivierung überprüfen. Dazu ist eine Abfrage im HLR des rufenden (bei BAOC) bzw. des gerufenen (bei BAIC) Teilnehmers notwendig, da dort das jeweilige Dienstprofil gespeichert wird. Das HLR nimmt also in diesem Fall nicht nur Datenbankfunktionen wahr, sondern auch Aufgaben einer intelligenten Dienststeuerung.

Ein weiterer rufbezogener Zusatzdienst nutzt die FACILITY-Meldung der *Common Information Element Procedure*: die unbedingte Rufweiterschaltung (*Call Forwarding Unconditional* CFU, Bild 7.34). Bei diesem Zusatzdienst wird ein regulärer Rufaufbau durchgeführt, allerdings nicht zum gerufenen Teilnehmer sondern zum von ihm bei der Dienstaktivierung gewählten Ziel der Rufweiterschaltung (im Fall von Bild 7.34 eine weitere MS). Über diese Änderung des Rufzieles wird der rufende Teilnehmer mit einer FACILITY-Meldung informiert, genau so wie dem Ziel der Rufweiterschaltung in der SETUP-Meldung mit einem FACILITY-Informationselement signalisiert wird, daß es sich um einen weitergeschalteten Ruf handelt. Hier ist keine Änderung des (erweiterten) Rufzustandes und keine Synchronisation zwischen Netz und Mobilstation notwendig; es müssen lediglich die am Ruf beteiligten Mobilstationen über die Tatsache der Weiterschaltung informiert werden. Auch in diesem Fall kann das Ziel der Rufweiterschaltung im HLR des dienstaktivierenden Teilnehmers (gerufene MS in Bild 7.34) gespeichert sein. Damit muß die Rufbearbeitung im MSC des rufenden Teilnehmers unterbrochen werden und das HLR über den Rufwunsch informiert werden. Hat der gerufene Teilnehmer die unbedingte Rufweiterschaltung aktiviert, gibt das HLR das neue Rufziel an das MSC zurück, das dann die Rufbearbeitung mit dem geänderten Ziel fortsetzen kann.

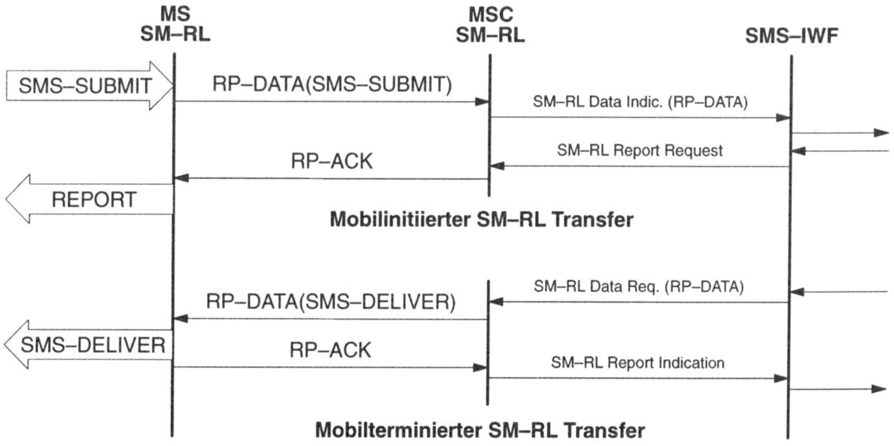


**Bild 7.35:** Kurznachrichtentransfer zwischen SMR-Instanzen

### 7.4.8 Realisierung der Kurznachrichtendienste

Die Prozeduren für den Transport von Punkt-zu-Punkt-Kurznachrichten sind in der CM-Sublayer, auch *Short Message Control Layer* **SM-CL** genannt, und in der darüber liegenden *Short Message Relay Layer* **SM-RL** definiert. Die Protokollinstanzen heißen entsprechend *Short Message Control Entity* **SMC** und *Short Message Relay Entity* **SMR**. Zur Übertragung der Kurznachrichten wird eine vollständig etablierte MM-Verbindung benötigt, die wiederum eine RR-Verbindung mit LAPDm-Datensicherung auf dem SDCCH oder SACCH voraussetzt. Zur Unterscheidung dieser paketorientierten Nutzdatenverbindung werden SMS-Nachrichten über SAPI=3 der LAPDm-Instanz übertragen (Bild 7.19).

Eine SMS-Transportprotokolldateneinheit (*SMS-SUBMIT* oder *SMS-DELIVER*, Bild 7.35) wird im *Short Message Relay Protocol* SM-RP (siehe Kap. 7.3.2) mit einer Meldung RP-DATA zwischen MSC und MS übertragen und nach Bestätigung vom SMS-Servicezentrum bzw. der MS (mobilinitiierter bzw. mobilterminierter SMS-Transfer) mit einer Meldung RP-ACK der korrekte Empfang quittiert.

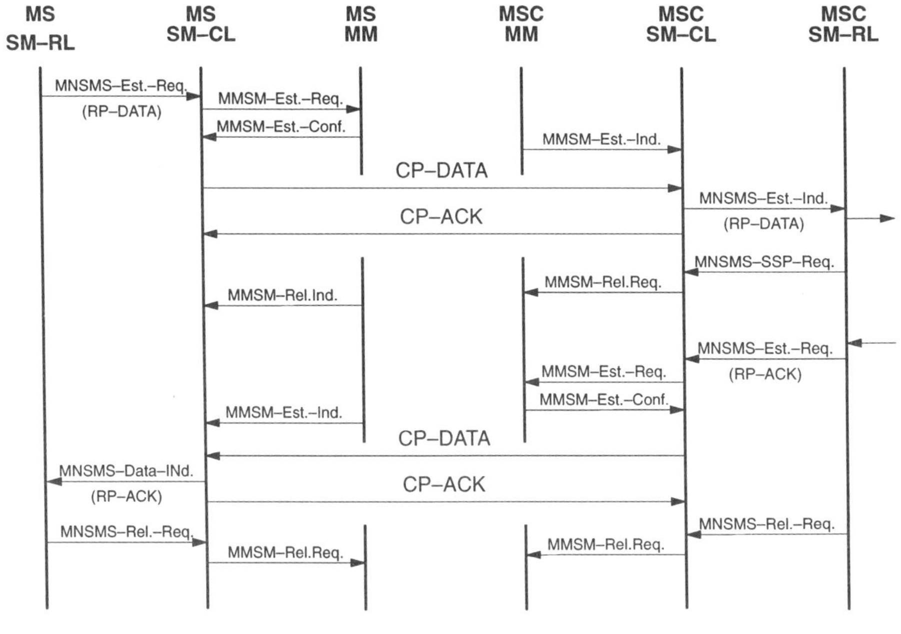


**Bild 7.36:** Kurznachrichtentransfer auf der CM-Ebene zwischen MS und MSC

Für den Transfer von Kurznachrichten zwischen SMR-Instanzen in MS und MSC stellt die CM-Sublayer der darüberliegenden SM-RL einen Dienst zur Verfügung. Diesen Dienst fordert die SMR-Instanz zur Übertragung von RP-DATA und RP-ACK an (MNSMS-Establish-Request, Bild 7.36). Nach der SMR-Dienstanforderung fordert die SMC-Instanz ihrerseits eine MM-Verbindung an, um dann in einer Meldung CP-DATA die Kurznachricht zu übertragen. Die zugehörigen Dienstprimitiven zwischen den Protokollschichten sind in Bild 7.36 der Übersichtlichkeit halber mit dargestellt. Der korrekte Empfang der CP-DATA wird mit CP-ACK bestätigt. In diesen SMC-Meldungen wird als Dienstdateneinheit jeweils eine Protokolldateneinheit der darüberliegenden SMR-Sublayer transportiert. Es handelt sich dabei um die SMS-Relay-Nachrichten RP-DATA und deren Quittung RP-ACK, mit denen der Transfer von Kurznachrichten realisiert wird. Die über der SM-RL liegende *Short Message Transport Layer* **SM-TL** sorgt für den End-zu-Ende-Transport der Kurznachrichten zwischen Mobilstation und SMS *Service Center* **SC**.

## 7.5 Signalisierung der Schnittstellen A und Abis

Während für den Nutzdatentransport zwischen MSC und BSC Standard-Festverbindungen mit 64 kbit/s oder 2048 kbit/s Bandbreite im Einsatz sind, wird der Transport von Signalisierungsnachrichten zwischen MSC und BSC über ein SS#7-Netz abgewickelt. Dazu ist der MTP und der SCCP des SS#7 vorgesehen. Eine Protokollfunktion, welche die Dienste des SCCP nutzt, ist an der A-Schnittstelle definiert. Es handelt sich um den *Base Station System Application Part* **BSSAP** der weiter unterteilt wird in den *Direct Transfer Application Part* **DTAP** und den *Base Station System Management Application Part* **BSSMAP** (Bild 7.37). Zusätzlich wurde noch der *Base Station System Operation and Maintenance Application Part* **BSSOMAP** eingeführt, der für den Transport von Netzmanagementinformationen vom OMC über das MSC zum BSS benötigt wird.

Zwei wesentliche Signalisierungsdatenströme werden an der A-Schnittstelle unterschieden: der Signalisierungsdatenstrom zwischen MSC und MS sowie der zwischen MSC und BSS. Die Nachrichten an die Mobilstationen (CM, MM) werden mit Hilfe des DTAP transparent durch das BSS übertragen. Sie werden von BSC und BTS nicht interpretiert. Der SCCP bietet an der A-Schnittstelle sowohl einen verbindungsorientierten als auch einen verbindungslosen Transferdienst für Signalisierungsnachrichten an. Für den Transport von DTAP-Nachrichten ist ausschließlich der verbindungsorientierte Transferdienst vorgesehen. Der DTAP des BSSAP benutzt eine Signalisierungsverbindung je aktiver Mobilstation mit einer oder mehr Transaktionen je Verbindung. Eine neue Verbindung wird jedesmal etabliert, wenn Nachrichten einer neuen Transaktion mit einer MS zwischen MSC und BSS zu transportieren sind.

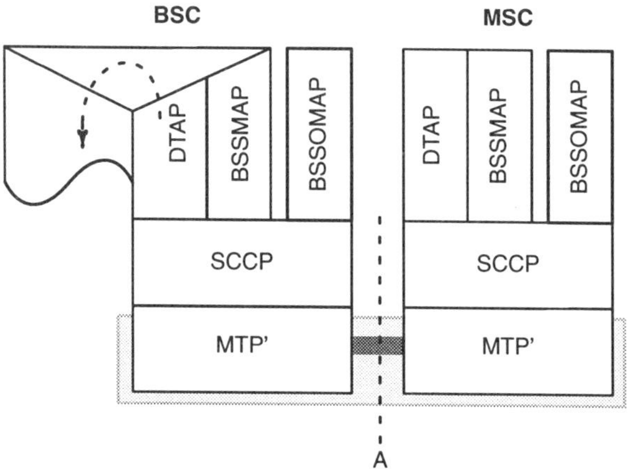


**Bild 7.37:** Protokolle der MSC-BSS-Schnittstelle A

Es werden zwei Fälle unterschieden, in denen eine SCCP-Verbindung neu aufgebaut wird: im ersten Fall von *Location Update* und Verbindungsaufbau (gehend und kommend) wird vom BSS eine SCCP-Verbindung angefordert, nachdem auf die Kanalanforderung der MS hin (Access Burst auf dem RACH) ein SDCCH oder ein TCH zugeteilt und eine LAPDm-Verbindung auf dem SDCCH bzw. dem FACCH etabliert wurde. Die zweite Situation, in der ein Verbindungsaufbau des SCCP erfolgt, ist bei einem Handover in ein anderes BSS, wobei dann das MSC den SCCP-Verbindungsaufbau initiiert. Die Mehrheit der Signalisierungsnachrichten an der Luftschnittstelle (CM und MM, Tabelle 7.6 und Tabelle 7.7) wird im BSS transparent übertragen und entsprechend an der A-Schnittstelle in DTAP-Protokolldateneinheiten eingepackt, mit Ausnahme einiger Meldungen des *Radio Resource Managements*.

Der BSSMAP implementiert sowohl weitere Signalisierungsprozeduren zwischen MSC und BSS eine Mobilstation bzw. einzelne physikalische Kanäle der Luftschnittstelle betreffend als auch globale Prozeduren zur Steuerung der gesamten Ressourcen eines BSS oder einer Zelle. Für den ersten Fall nutzt auch der BSSMAP verbindungsorientierte SCCP-Dienste, während die globalen Prozeduren mit verbindungslosen SCCP-Diensten abgewickelt werden. Zu den BSSMAP-Prozeduren für eine dedizierte Ressource der Funkschnittstelle gehören Funktionen des Ressourcenmanagements (Kanalzuweisung, Kanalfreigabe, Start der Chiffrierung) und der Handover-Steuerung (Bild 7.38 und Bild 7.39).

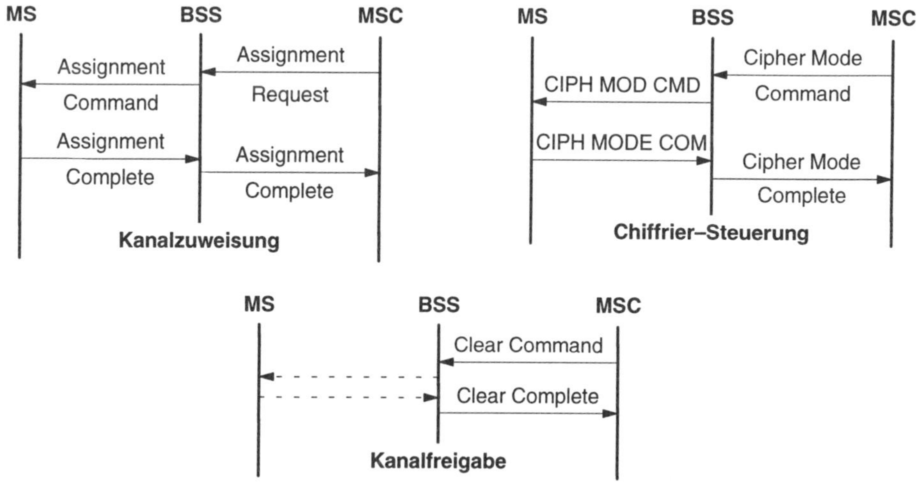


**Bild 7.38:** Beispiele dedizierter BSSMAP-Prozeduren

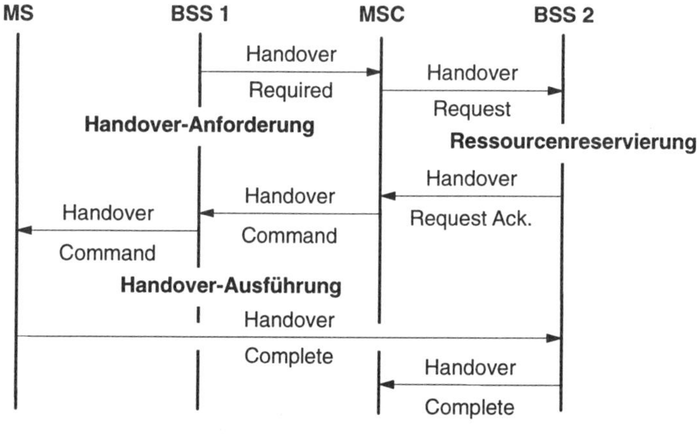


**Bild 7.39:** Dedizierte BSSMAP-Prozeduren für interne Handover

Globale Prozeduren des BSSMAP sind unter anderem Paging, Flußkontrolle zur Überlaststeuerung von Protokollprozessoren oder CCCH, Sperren und Freigeben von Kanälen und Teile der Handover-Steuerung (Bild 7.40).

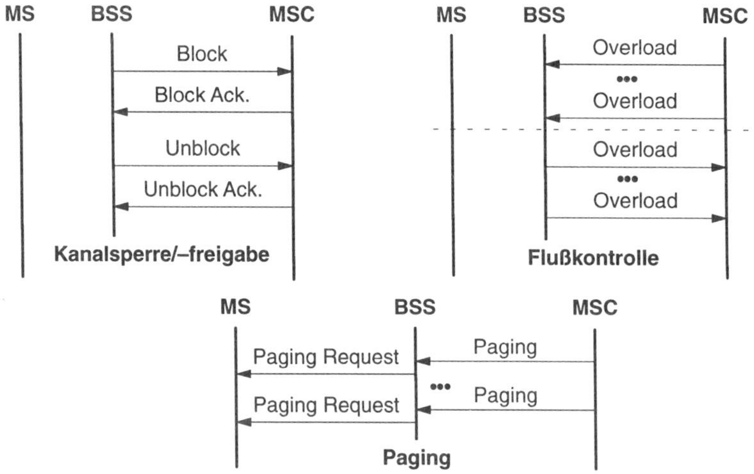


**Bild 7.40:** Beispiele globaler BSSMAP-Prozeduren

Die Übertragungsschicht der Schnittstelle Abis zwischen BTS und BSC wird als Primärmultiplexleitung mit 2048 kbit/s oder als 64 kbit/s-Leitung realisiert. Dabei kann pro BTS eine physikalische Strecke vorhanden sein, oder jeweils eine physikalische Strecke je TRX/BCF-Modul der BTS (Bild 7.5). Auf diesen digitalen Strecken werden Verkehrs- und Signalisierungskanäle mit 16 kbit/s oder mit 64 kbit/s etabliert. Die Schicht 2 auf der Abis-Schnittstelle ist das LAPD-Protokoll, mit dessen *Terminal Equipment Identifier* **TEI** die TRX und/oder BCF einer BTS adressiert werden (Bild 7.41).

Je TEI werden mehrere LAPD-Verbindungen etabliert: der *Radio Signalling Link* **RSL** (SAPI=0), der *Operation and Maintenance Link* **OML** (SAPI=62) und der *Layer 2 Management Link* **L2ML** (SAPI=63). Auf dem RSL wird das *Traffic Management* abgewickelt, auf dem OML der Betrieb und die Wartung der BTS vorgenommen und auf dem L2ML Managementnachrichten der Schicht 2 an die TRX oder BCF geschickt. Der RSL ist der wichtigste dieser drei Links zur Steuerung von Funkressourcen und Verbindungen für die Kommunikation einer MS mit dem Netz. Auf diesem Signalisierungslink werden zwei Nachrichtentypen unterschieden: transparente und nicht-transparente Nachrichten (Bild 7.42). Während die BTS transparente Nachrichten von/zur LAPDm-Instanz der entsprechenden MS ohne sie zu interpretieren oder zu ändern weiterreicht, werden nicht-transparente Nachrichten nur zwischen BTS und BSC ausgetauscht.

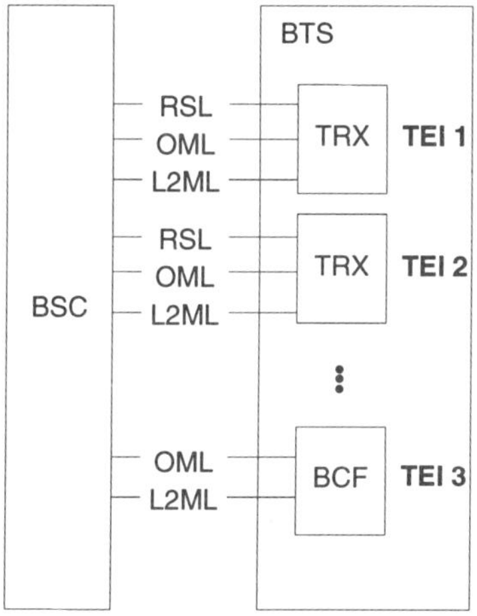


**Bild 7.41:** Logische Verbindungen der Schicht 2 der Abis-Schnittstelle

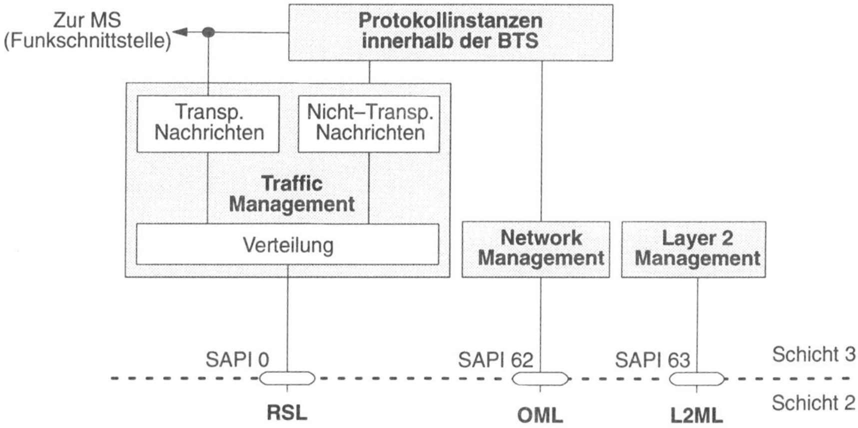


**Bild 7.42:** Protokollschicht 3 der BTS an der Abis-Schnittstelle (BTSM)

Zusätzlich werden die Nachrichten des *Traffic Management* der BTS in vier Gruppen unterschieden:

- *Radio Link Layer Management*: Prozeduren zum Etablieren, Modifizieren und Freigeben von Verbindungen der Sicherungsschicht (LAPDm) zur Mobilstation auf der Funkschnittstelle Um
- *Dedicated Channel Management*: Prozeduren zum Start der Verschlüsselung, Weiterleiten der Kanalmeßberichte einer MS, Sendeleistungsregelung von MS und BTS, Detektion von Handovern und zum Aktivieren und Modifizieren eines dedizierten Kanals der BTS für eine bestimmte MS, der dann in einer weiteren Meldung (*Assign*, *Handover Command*) dieser Kanal zugewiesen werden kann
- *Common Channel Management*: Prozeduren zum Weiterleiten der Kanalanforderungen von MS (auf dem RACH), Start von Pagingrufen, Messung und Weiterleitung der Verkehrsbelastung von CCCH an den BSC, Modifizieren der im BCCH ausgestrahlten Informationen, Kanalzuweisungen an die MS (AGCH) und Versenden von Cell Broadcast Kurznachrichten (SMSCB)
- *TRX Management*: Prozeduren zum Weiterleiten der Messungen von freien Verkehrskanälen einer TRX an den BSC oder zur Flußkontrolle bei Überlast des TRX-Prozessors bzw. der Downlink-CCCH/ACCH

Damit können alle Funktionen des *Radio Resource Management* **RR** in der BTS gesteuert werden. Der Großteil der RR-Nachrichten (Tabelle 7.5) wird transparent weitergeleitet und terminiert nicht in der BTS. Diese Nachrichten werden zwischen BTS und BSC in speziellen Nachrichten (DATA REQUEST/INDICATION) übertragen (Bild 7.43) und direkt in LAPDm-Rahmen (Schicht 2 der Funkschnittstelle) verpackt.

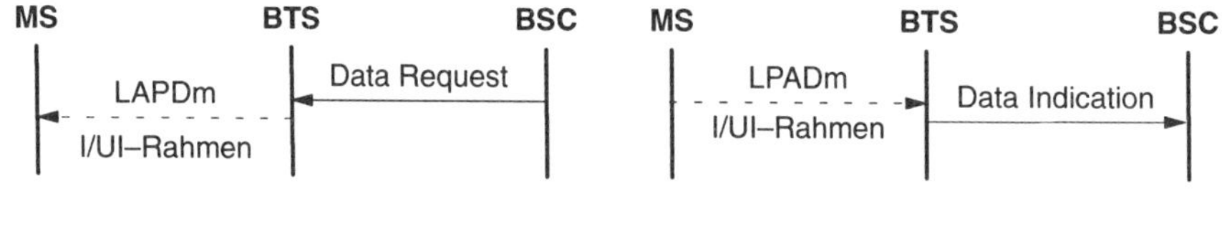


**Bild 7.43:** Übertragung transparenter Signalisierungsnachrichten

Alle Protokollnachrichten, welche die BTS im Uplink von der MS in I/UI-Rahmen des LAPDm empfängt, mit Ausnahme der Kanalmeßberichte der MS (MEASUREMENT REPORT), werden als transparente Meldungen in einer AATA INDICATION weitergeleitet.

Einzelne Funktionen – abgesehen vom Sicherungsprotokoll LAPDm, das komplett in der BTS implementiert ist – werden allerdings auch von der BTS übernommen und entsprechende Nachrichten gegebenenfalls auf RR-Nachrichten von/zur MS umgesetzt. Dazu gehören Kanalzuweisung, Verschlüsselung, Kombination von Kanalmeßberichten der MS und des TRX und Weiterleiten an den BSC (evtl. mit Vorverarbeitung in der BTS), Kommandos des BSC zur MS-Sendeleistungsregelung sowie Kanalanforderungen der MS (*Random Access Burst*) und Kanalzuteilungen (Bild 7.44). Damit können in der Downlink-Richtung zur MS vier der RR-Meldungen (Tabelle 7.5) nicht als transparente Meldungen behandelt werden: CIPHERING MODE COMMAND, PAGING REQUEST, SYSTEM INFORMATION und die drei IMMEDIATE ASSIGN-Meldungen. Alle übrigen RR-Nachrichten zur MS werden in einem DATA REQUEST an die BTS gesandt und transparent weitergeleitet.

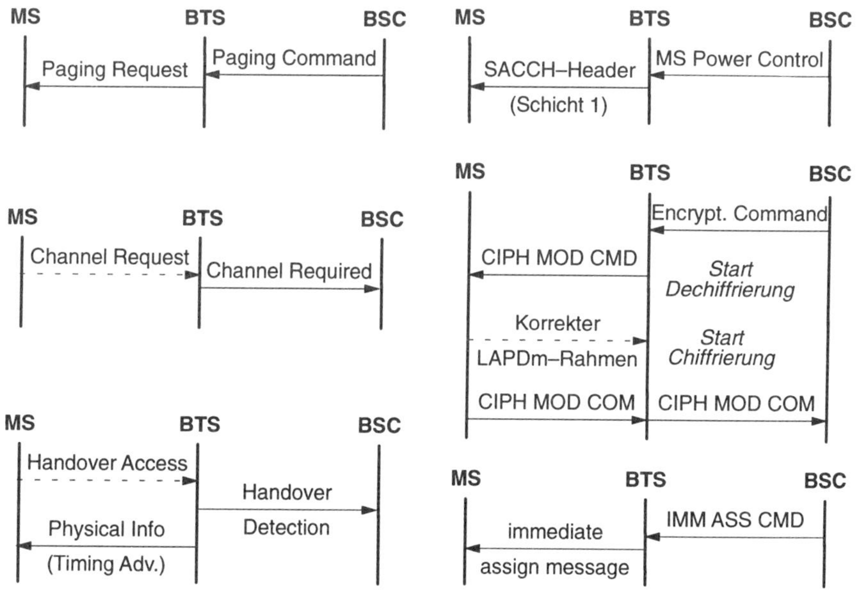


**Bild 7.44:** Beispiele für nicht-transparente Signalisierung zwischen BTS und BSC

In Bild 7.45 ist das Format einer BTSM-Nachricht (Schicht 3 zwischen BSC und BTS) schematisch dargestellt. Mit einem *Message Discriminator* als erstem Oktett der Nachricht werden zum einen transparente und nicht-transparente Nachrichten unterschieden.

Dazu wird das T-Bit (Bit 1 in Oktett 1) bei Nachrichten, die die BTS als transparent behandeln soll bzw. erkannt hat, auf logisch 1 gesetzt. Mit den Bits Nummer 2 bis 5 werden die Nachrichten den vier Gruppen zugeordnet, die auf dem *Radio Signalling Link* **RSL** definiert sind. Mit dem *Message Type* (Bild 7.45) ist dann die Nachricht eindeutig identifiziert. Der Rest einer BTSM-Nachricht enthält verbindliche und optionale Informationselemente (*Information Element* **IE**), die entweder feste Länge (meist 2 Oktette) besitzen oder bei variabler Länge zusätzlich einen *Length Indicator* enthalten.

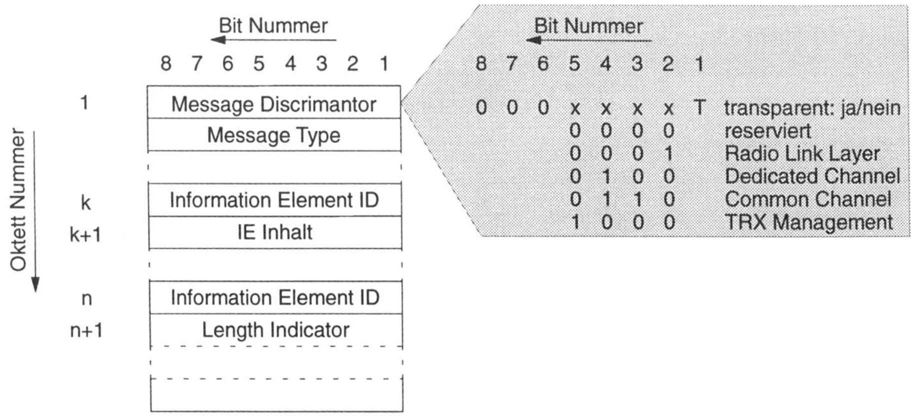


**Bild 7.45:** Format der BTSM-RSL-Protokollnachrichten

# 7.6 Signalisierung der Benutzer-Schnittstelle

Eine weitere, oft vernachlässigte, aber dennoch sehr wichtige Schnittstelle innerhalb eines Mobilfunksystems ist die Benutzer-Schnittstelle der Mobilgeräte. Diese Benutzer-Schnittstelle (*Man Machine Interface* **MMI**) kann von den Herstellern der Mobilgeräte sehr frei und deshalb auch sehr unterschiedlich gestaltet werden. Um trotzdem einen Satz von standardisierten Diensststeuerungsfunktionen zu gewährleisten, wurden die MMI-Kommandos eingeführt. Diese MMI-Kommandos definieren Prozeduren hauptsächlich zur Steuerung von Basis- und Zusatzdiensten. Diese Steuerungs-Prozeduren basieren auf der Eingabe von Kommandozeichenketten, die durch die Zeichen '*' und '#' formatiert werden. Um zu verhindern, daß ein

Benutzer erst eine gewisse Zahl solcher Dienststeuerungsprozeduren erlernen muß, bevor er ein Mobilgerät benutzen kann, ist darüber hinaus auch eine Grundanforderung an die Mensch-Maschine-Schnittstelle definiert (*Basic Public MMI*), die von allen Mobilstationen erfüllt werden muß.

Die Spezifikation des *Basic Public MMI* beschreibt grob die Grundfunktionen, welche die Mensch-Maschine-Schnittstelle einer Mobilstation mindestens erbringen muß. Dazu gehört die Anordnung des 12-Tasten-Feldes mit den Ziffern '0' bis '9' sowie den '*'/'#'-Tasten und die Forderung nach den Funktionstasten 'SEND' und 'END', mit denen unter anderem ein Gesprächswunsch abgesetzt oder ein Gespräch angenommen respektive beendet werden kann. Einige grundsätzliche Abläufe zum Gesprächsaufbau und zur Rufannahme sind ebenfalls definiert. Diese Anforderungen sind so allgemein gehalten, daß sie von allen Mobilgeräten problemlos erfüllt werden.

**Tabelle 7.9:** Format zur Eingabe von MMI-Kommandos

| Funktion | MMI-Prozedur |
|---|---|
| Aktivierung | * nn(n)*Si# |
| Deaktivierung | #nn(n)*Si# |
| Statusabfrage | *#nn(n)*Si# |
| Registrierung | **nn(n)*Si# |
| Löschen | ##nn(n)*Si# |

Wesentlich weitreichender sind die MMI-Kommandos zur Steuerung von Zusatzdiensten und zur Abfrage bzw. Konfiguration von Daten. Mit diesen MMI-Kommandos können teilweise versteckt in gerätespezifischen Benutzerführungsmenüs liegende Steuerungsfunktionen an jedem Mobilgerät einheitlich durchgeführt werden. Dadurch lassen sich Mobilstationen in gewissen Bereichen herstellerunabhängig bedienen, vorausgesetzt, man verzichtet auf die teilweise sehr komfortablen Möglichkeiten zur menügesteuerten Benutzerführung und erlernt die den Funktionen entsprechenden Steuerungssequenzen. Diese Steuerungssequenzen werden in der Mobilstation genauso wie die Menükommandos auf die entsprechenden Signalisierungsprozeduren abgebildet.

Ein MMI-Kommando ist immer nach dem gleichen Muster zusammengesetzt. Es werden fünf Grundformate unterschieden (Tabelle 7.9), die immer mit einer entsprechenden '*'/'#'-Kombination beginnt: Aktivierung ('*'), Deaktivierung ('#'), Statusabfrage ('*#'), Registrierung ('**') und Löschen ('##'). Zusätzlich muß in einem MMI-Kommando ein aus zwei oder drei Zeichen bestehender MMI-Service-Code angegeben werden, mit dem die auszuführende Funktion angewählt wird. Unter Umständen benötigt die MMI-Prozedur noch zusätzliche Argumente oder Parameter, die dann als *Supplementary Information* Si durch weitere '*' getrennt angegeben werden. Abgeschlossen wird das MMI-Kommando stets mit '#' und gegebenenfalls mit dem Drücken der 'SEND'-Taste, falls das Kommando nicht vom Gerät lokal ausgeführt werden kann und ans Netz übermittelt werden muß. In Tabelle 7.10 sind einige grundlegende Beispiele für MMI-Kommandos zusammengestellt, beispielsweise das Abfragen der IMEI des Mobilgeräts ('*#06#') oder das Ändern der PIN ('**04*alte_PIN*neue_PIN*neue_PIN#'), mit der die SIM-Karte gegen Mißbrauch geschützt ist. Am Beispiel der PIN-Änderung ist auch ersichtlich, wie *Supplementary Information* (hier '*alte_PIN*neue_PIN*neue_PIN') in MMI-Kommandos angegeben wird.

**Tabelle 7.10:** Einige grundlegende MMI-Kommandos

| Funktion | MMI-Prozedur |
|---|---|
| Abfrage der IMEI eines Mobilgerätes | *#06# |
| Paßwort für Sperren (Call Barring) ändern | **03*330*altes_PWD*neues_PWD*neues_PWD# |
| Änderung der PIN im SIM | **04*alte_PIN*neue_PIN*neue_PIN# |
| Auswahl von Nummernspeichern des SIM | n(n)(n)# |

Möglich ist auch die Konfiguration und Nutzung von Zusatzdiensten (*Supplementary Services*, siehe Kap. 4.3) über MMI-Kommandos. Dazu ist auch jedem Zusatzdienst ein zwei- oder dreistelliger MMI-Service-Code (Tabelle 7.11) zugeordnet, über den der Dienst selektiert wird. Teilweise ist *Supplementary Information* zur Aktivierung des Dienstes unbedingt notwendig, so etwa für die Rufumleitungsfunktionen die Zielrufnummer DN oder das Aktivierungspaßwort PW für die Zusatzdienste zum Sperren kommender und gehender Rufe (Sia in Tabelle 7.11).

Am Beispiel der unbedingten Rufweiterschaltung wird auch der Unterschied zwischen Dienstregistrierung und Dienstaktivierung klar. Mit dem Kommando '**21**Rufnummer*#' wird die Rufumleitung registriert, die Zielrufnummer konfiguriert und die unbedingte Rufweiterschaltung aktiviert. Mit dem Kommando '#21#' kann die unbedingte Rufweiterschaltung zu *Rufnummer* jetzt jederzeit deaktiviert und mit '*21#' wieder aktiviert werden. Die Zielrufnummer (*Rufnummer*) bleibt gespeichert und wird erst mit dem Löschkommando '##21#' wieder gelöscht, so daß für eine weitere Aktivierung der unbedingten Rufweiterschaltung jetzt erst wieder eine Dienstregistrierung mit '**21...' durchgeführt werden muß. Die Dienstmerkmale lassen sich teilweise auch selektiv für einzelne Basisdienste aktivieren. Dazu wird ein zweites, wiederum durch '*' getrenntes Feld mit Supplementary Information (Sib, Tabelle 7.11) in das MMI-Kommando eingefügt. Dieses Feld enthält den Dienstcode BS jenes Basisdienstes, für den der jeweilige Zusatzdienst wirksam werden soll.

**Tabelle 7.11:** MMI-Service-Codes für Zusatzdienste

| Kürzel | Dienst | MMI Service-Code | Sia | Sib |
|---|---|---|---|---|
| | Alle Rufumleitungen, nur für (De-)aktivierung) | 002 | - | - |
| | Alle bedingten Rufumleitungen (nicht CFU), nur für (De-)aktivierung | 004 | - | - |
| CFU | Call Forwarding Unconditional | 21 | DN | BS |
| CFB | Call Forwarding on Mobile Subscriber Busy | 67 | DN | BS |
| CFNRy | Call Forwarding on No Reply | 61 | DN | BS |
| CFNRc | Call Forwarding on Mobile Subscriber Not Reachable | 62 | DN | BS |
| | Alle Rufsperren (Nur für Deaktivierung) | 330 | PW | BS |
| BAOC | Barring of All Outgoing Calls | 33 | PW | BS |
| BOIC | Barring of Outgoing International Calls | 331 | PW | BS |
| BOIC-exHC | Barring of Outgoing International Calls except those to Home PLMN | 332 | PW | BS |
| BAIC | Barring of All Incoming Calls | 35 | PW | BS |
| BIC-Roam | Barring of Incoming Calls when Roaming Outside the Home PLMN | 351 | PW | BS |
| CLIP | Calling Line Identification Presentation | 30 | - | BS |
| CLIR | Calling Line Identification Restriction | 31 | - | BS |
| CW | Call Waiting | 43 | - | BS |
| COLP | Connected Line Identification Presentation | 76 | - | BS |
| COLR | Connected Line Identification Restriction | 77 | - | BS |

BS Basic Service (siehe Tabelle 7.12) DN Destination Number PW Password

Eine Übersicht der MMI-Codes für Basisdienste ist in Tabelle 7.12 zusammengestellt. Beispielsweise würden mit '**35*PW*18#' alle ankommenden Rufe außer Kurznachrichten (SMS) gesperrt, oder es könnten mit '**21**Rufnummer**13#' alle ankommenden Faxe auf die *Rufnummer* umgelenkt werden (die übrigen Telematikdienste blieben davon unberührt).

**Tabelle 7.12:** MMI-Codes der Basisdienste

| Kategorie | Dienst | MMI Service-Code BS |
|---|---|---|
| Telematikdienst | Alle Telematikdienste | 10 |
| | Telefondienst | 11 |
| | Alle Datendienste | 12 |
| | Faxdienst | 13 |
| | Videotexdienst | 14 |
| | Teletexdienst | 15 |
| | Kurznachrichtendienst (SMS) | 16 |
| | Alle Datendienste außer SMS | 18 |
| | Alle Telematikdienste außer SMS | 19 |
| Trägerdienst | Alle Trägerdienste | 20 |
| | Alle asynchronen Dienste | 21 |
| | Alle synchronen Dienste | 22 |
| | Alle verbindungsorientierten synchronen Datendienste | 24 |
| | Alle verbindungsorientierten asynchronen Datendienste | 25 |
| | Alle paketorientierten synchronen Datendienste | 26 |
| | Alle PAD-Zugangsdienste | 27 |

# 8 Roaming und Vermittlung

## 8.1 MAP-Schnittstellen

Die internationale Standardisierung von GSM hat für den Mobilteilnehmer vor allem den Effekt, sich in seinem Heimatnetz und internationalen GSM-Netzen frei bewegen zu können und – entsprechende Vereinbarungen zwischen den Betreibern vorausgesetzt – Zugang zu den von ihm abonnierten Diensten auch in fremden Netzen zu erhalten. Die für dieses freie Umherschweifen – *Roaming* – notwendigen Funktionen eines GSM-Netzes werden Roaming- oder auch Mobilitätsfunktionen genannt. Sie basieren im wesentlichen auf den GSM-Datenbanken und den Signalisierungsprozeduren des *Mobile Application Part* **MAP**, der GSM-spezifischen Erweiterung des SS#7. Die beim Roaming relevanten MAP-Prozeduren sind vor allem die Aufenthaltsaktualisierung (*Location Registration/Update*, *IMSI attach/detach*), die Abfrage von Teilnehmerdaten beim Rufaufbau und das Paging. Zusätzlich enthält der MAP Funktionen und Prozeduren zur Steuerung von Zusatzdiensten und Handover, für Teilnehmermanagement, IMEI-Management, Authentifizierung/Identitätsmanagement und für den Nutzdatentransport der Kurznachrichtendienste. MAP-Instanzen, welche die Roaming-Dienste erbringen, sind im MSC, HLR und im VLR vorhanden. Entsprechend (Bild 3.9) sind die MAP-Schnittstellen B (MSC-VLR), C (MSC-HLR), D (HLR-VLR), E (MSC-MSC) und G (VLR-VLR) definiert. An der Teilnehmer-Schnittstelle korrespondieren die Funktionen des MAP mit denen des *Mobility Management* MM, d.h. die MM-Nachrichten und Prozeduren der Schnittstelle Um werden im MSC auf die Protokolle des MAP umgesetzt.

Die wichtigsten Funktionen der GSM-Mobilitätsverwaltung sind das Einbuchen in ein PLMN (*Location Registration*) und Aktualisieren der Daten über den momentanen Aufenthaltsort einer MS (*Location Updating*) sowie die Identifizierung und Authentifizierung eines Benutzers. Diese Funktionen sind eng miteinander verknüpft. Während des Einbuchens in ein GSM-Netz, während des *Location Update*-Vorgangs und auch beim Verbindungsaufbau wird die Identität eines Mobilteilnehmers festgestellt und überprüft (Authentifizierung).

Die Daten des Mobilitätsmanagements bilden die Grundlage, auf welcher die für das Schalten von Nutzverbindungen und die Diensterbringung notwendigen Funktionen aufbauen. Sie werden beispielsweise beim Routing einer kommenden Verbindung zum aktuellen MSC oder bei der Lokalisierung der Mobilstation vor dem Paging abgefragt. Zusätzlich zu den Daten des Mobilitätsmanagements werden auch Informationen zur Konfiguration von Zusatzdiensten, z.B. die aktuell eingestellte Rufnummer für die unbedingte Rufweiterschaltung, in den Registern (HLR, VLR) abgelegt und gegebenenfalls über MAP-Prozeduren abgefragt oder geändert.

## 8.2 Location Registration und Location Update

Bevor eine Mobilstation angerufen werden kann bzw. den Dienstzugang erhält, muß sich der Teilnehmer in ein Mobilnetz (PLMN) einbuchen. Das ist in der Regel das Heimatnetz, in dem er seinen Dienstvertrag abgeschlossen hat. Genauso gut kann sich der Teilnehmer allerdings auch, wenn er sich im Versorgungsbereich eines fremden Betreibers aufhält, im Netz dieses Betreibers einbuchen, sofern ihm das aufgrund eines Roaming-Vertrages zwischen den beiden Betreibern erlaubt ist.

Ein Einbuchen ist nur erforderlich, wenn der Wechsel eines Netzes vorliegt und damit von einem VLR des aktuellen Netzes noch keine TMSI vergeben wurde. Der Teilnehmer muß sich deshalb mit seiner IMSI beim Netz anmelden und erhält dann im Verlauf der *Location Registration Procedure* eine neue TMSI zugewiesen. Diese TMSI muß die MS im nichtflüchtigen Speicher des SIM ablegen, so daß auch nach einem Aus- und Einschaltevorgang sofort wieder eine normale *Location Updating Procedure* durchgeführt werden kann.

Der Ablauf eines Einbuch-Vorgangs ist schematisch in Bild 8.1 dargestellt. Nachdem sich ein Teilnehmer zur Registrierung seines momentanen Aufenthaltsortes – der aktuellen Location Area LA – mit seiner Identität IMSI gemeldet hat (LOCATION UPDATE REQUEST), weist das MSC zunächst in einer MAP-Nachricht UPDATE LOCATION AREA das VLR an, diese Mobilstation mit ihrer momentanen LAI zu registrieren. Damit diese Registrierung gültig ist, wird zunächst die Identität des Teilnehmers überprüft, d.h. die Authentifizierungsprozedur ausgeführt. Dazu müssen Authentifizierungsparameter über das HLR aus dem AUC angefordert werden. Die im AUC vorberechneten Sätze von Sicherheitsparametern (Kc, RAND,SRES) werden in der Regel nicht einzeln an die jeweiligen VLR übergeben. Meist sind es mehrere komplette Sätze, die für mehrere Authentifizierungen vom VLR vorgehalten werden. Jeder Parametersatz kann allerdings nur einmal verwendet werden, d.h. das VLR muß seinen "Vorrat" stets ergänzen (AUTHENTICATION PARAMETER REQUEST).

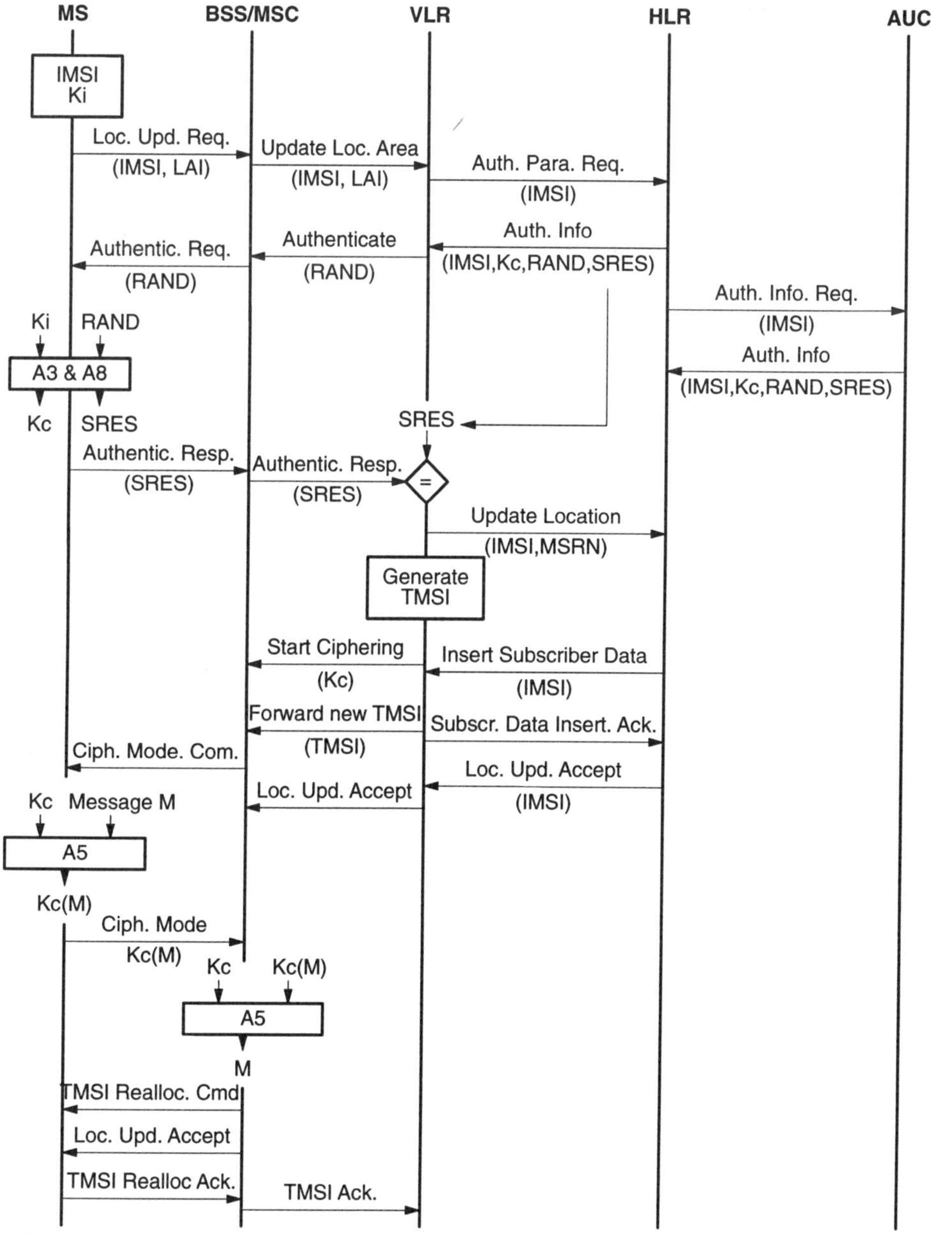


**Bild 8.1:** Übersicht *Location Registration* Procedure

Nach erfolgreicher Authentifizierung (siehe Kap. 6.3.2) des Teilnehmers wird dem Teilnehmer eine neue MSRN zugeteilt und zusammen mit der LAI im HLR gespeichert, sowie eine neue TMSI für diesen Teilnehmer reserviert (*TMSI Reallocation Procedure*, vgl. Bild 7.25). Für die Nutzdatenverschlüsselung benötigt die Basisstation den Chiffrier-Schlüssel Kc, den sie vom VLR über das MSC im Kommando START CIPHERING zugewiesen erhält. Nach dem Start der Nutzdatenverschlüsselung (START CIPHERING) wird die TMSI chiffriert an die Mobilstation geschickt. Gleichzeitig wird mit der TMSI-Zuweisung auch das korrekte und erfolgreiche Einbuchen in das PLMN bestätigt (LOCATION UPDATE ACCEPT). Der korrekte Empfang der TMSI wird schließlich von der Mobilstation bestätigt (TMSI REALLOCATION COMPLETE, siehe Bild 7.26).

Während der Aktualisierung der Lokalisierungsinformation muß das VLR vom HLR auch zusätzliche Informationen über den Teilnehmer erhalten, z.B. MS-Kategorie oder Konfigurationsparameter von Zusatzdiensten. Dafür ist die *Insert Subscriber Data Procedure* definiert (Meldung INSERT SUBSCRIBER DATA in Bild 8.1). Sie wird beim Einbuchen bzw. der Aktualisierung der Aufenthaltsinformationen im HLR eingesetzt, um die aktuellen Daten des Teilnehmerprofils an das VLR zu übermitteln. Generell kann diese MAP-Prozedur immer dann eingesetzt werden, wenn sich Parameter dieses Profils ändern, z.B. wenn der Teilnehmer einen Zusatzdienst wie die unbedingte Rufweiterschaltung neu konfiguriert. Diese Änderungen werden in der *Insert Subscriber Data Procedure* dem VLR umgehend mitgeteilt.

Die *Location Updating Procedure* (Aktualisierung der Aufenthaltsinformation im HLR) wird ausgeführt, wenn die Mobilstation anhand der im BCCH ausgestrahlten LAI feststellt, daß sie sich in einer neuen *Location Area* befindet. Alternativ kann der *Location Update* auch periodisch erfolgen, unabhängig vom momentanen Aufenthaltsort. Dazu wird über den BCCH ein Timerintervall ausgestrahlt, das den zeitlichen Abstand zwischen zwei Aktualisierungsvorgängen bestimmt. Hauptziel dieser Aufenthaltsaktualisierung ist es, bei kommenden Rufen oder Kurznachrichten den aktuellen Aufenthaltsort der Mobilstation zu bestimmen und so den Ruf bzw. die Kurznachricht zur Mobilstation vermitteln zu können. Die *Location Updating Procedure* unterscheidet sich von der *Location Registration Procedure* im wesentlichen dadurch, daß der MS bereits eine TMSI zugewiesen wurde. Diese TMSI ist nur in Verbindung mit einer LAI eindeutig, so daß beide im nichtflüchtigen Speicher des SIM zusammen mit der TMSI gehalten werden müssen. Mit einer gültigen TMSI besitzt eine MS auch einen aktuellen Schlüssel Kc zur Nutzdatenverschlüsselung (*Cipher Key*, Bild 8.2), der allerdings während des *Location Update* durch einen neuen Schlüssel ersetzt wird. Dieser Schlüssel wird basierend auf der im Rahmen der Authentifizierung benutzten Zufallszahl RAND in der Mobilstation neu berechnet, während er netzseitig bereits durch das AUC vorberechnet im VLR vorliegt.

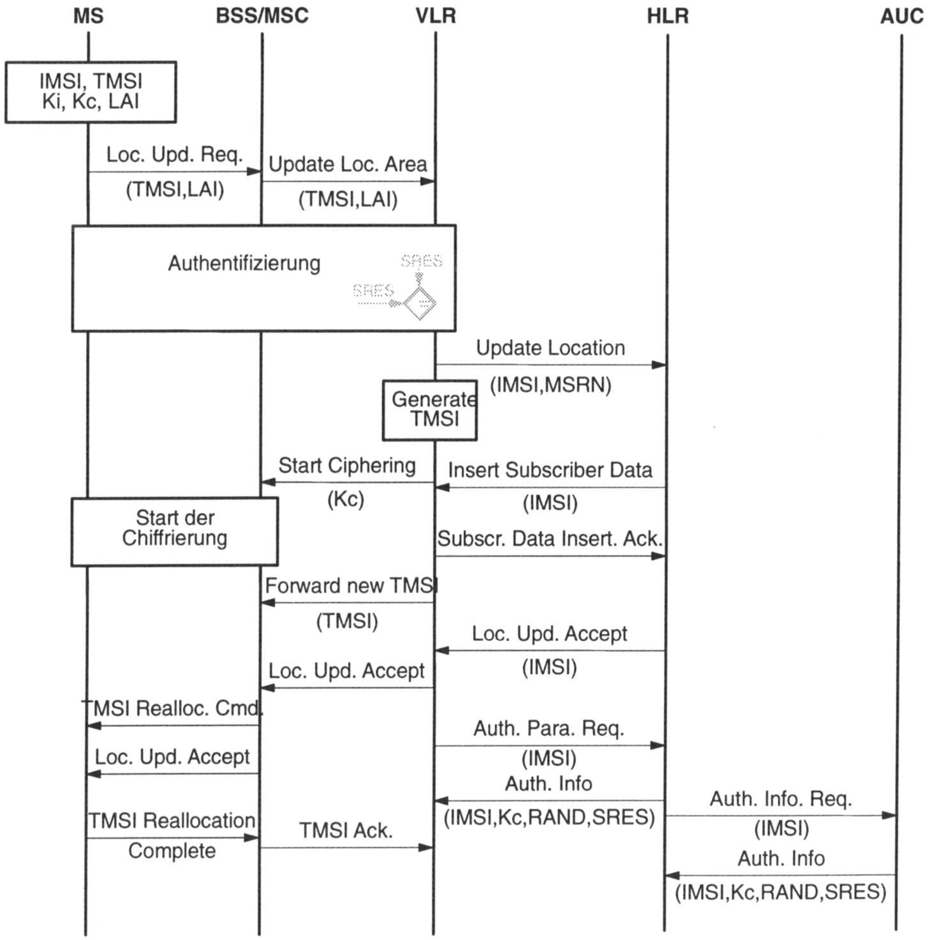


**Bild 8.2:** Übersicht *Location Updating* Procedure

Die *Location Update Procedure* entspricht im *Mobility Management* der Luftschnittstelle einer MM-Prozedur der Kategorie *Specific*. Sie beinhaltet neben der eigentlichen Aufenthaltsaktualisierung drei Blöcke, welche an der Luftschnittstelle durch drei Prozeduren der *Common*-Kategorie gebildet werden (vgl. Bild 7.26): die Identifizierung des Mobilteilnehmers, seine Authentifizierung sowie den Start der Verschlüsselung auf dem Funkkanal. Im Rahmen der Aufenthaltsaktualisierung wird an die Mobilstation auch eine neue TMSI vergeben und die Registrierung des momentanen Aufenthaltsortes im HLR vorgenommen. In Bild 8.2 ist der Standard-Fall eines *Location Update* schematisch dargestellt. Die MS hat in eine neue LA gewechselt, oder der Timer für den periodischen *Location Update* in der Mobilstation ist abgelaufen und die MS fordert die Aktualisierung ihrer Aufenthaltsinformation an. Die neue LA gehört noch zum selben VLR wie die alte, so daß nur eine neue TMSI vergeben zu werden braucht. Dies ist der meist realisierte Fall. Optional – wenn die Teilnehmeridentität nicht unbedingt vertraulich gehalten werden muß – besteht aber auch die Möglichkeit, keine neue TMSI zu vergeben. In diesem Fall wird nur die Lokalisierungsinformation im HLR/VLR auf den aktuellen Stand gebracht.

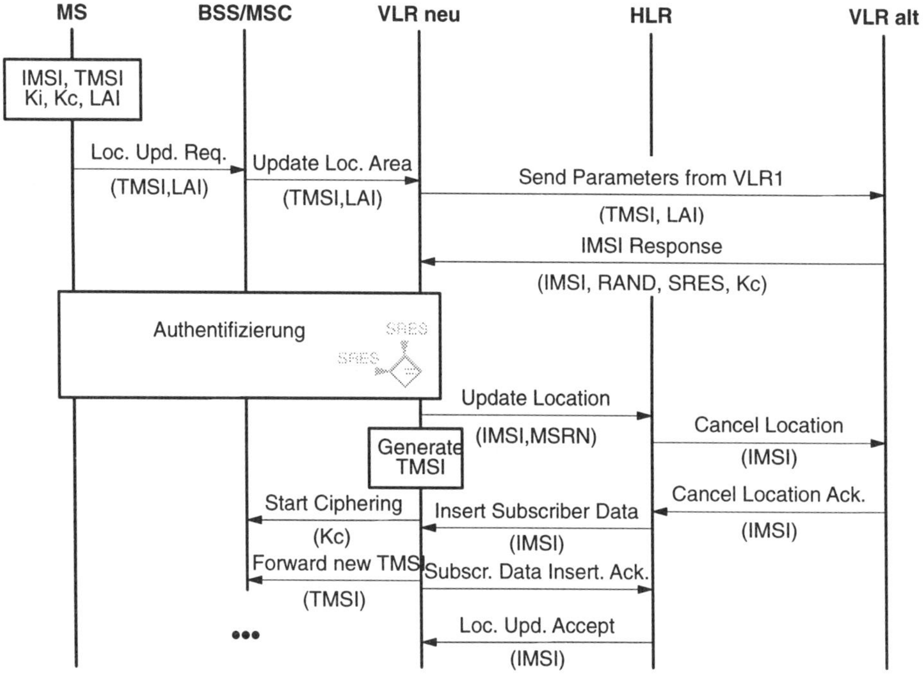


**Bild 8.3:** *Location Update* nach Wechsel des VLR-Bereiches

Die neue TMSI wird an die Mobilstation verschlüsselt übertragen, zusammen mit der Bestätigung der erfolgreichen Aufenthaltsaktualisierung. Nach der Bestätigung durch die Mobilstation ist die Aufenthaltsaktualisierung abgeschlossen. Nach erfolgter Authentifizierung kann das VLR seine Datenbank komplettieren und das eben "verbrauchte" (RAND,SRES,Kc)-Tripel durch ein weiteres, vom HLR/AUC angefordertes ersetzen. Komplizierter gestaltet sich die *Location Update Procedure*, wenn mit der LA auch das zuständige VLR gewechselt hat (Bild 8.3). In diesem Fall muß das neue VLR die Identifikations- und Sicherheitsdaten der MS vom alten

VLR anfordern und lokal speichern. Nur im Notfall, falls aus der alten LAI beispielsweise das alte VLR nicht ermittelt werden kann oder falls die alte TMSI in diesem VLR nicht bekannt ist, darf das neue VLR auch die IMSI direkt von der Mobilstation erfragen (*Identification Procedure*).

Erst nachdem die Mobilstation durch das Ermitteln der IMSI aus dem alten VLR identifiziert ist und die Authentifizierungsparameter im neuen VLR vorliegen, kann die Mobilstation authentifiziert und im neuen VLR registriert werden, eine neue TMSI vergeben und die Aufenthaltsinformation im HLR aktualisiert werden. Nach einer erfolgreichen Registrierung im neuen VLR (LOCATION UPDATE ACCEPT) weist das HLR das alte VLR an, die Aufenthaltsdaten der MS zu löschen (CANCEL LOCATION).

Im Beispiel von Bild 8.1, Bild 8.2 und Bild 8.3 wird die Aufenthaltsinformation in Form der MSRN im HLR gespeichert. Die MSRN enthält die Routing-Information für kommende Rufe, anhand der diese Rufe zum aktuellen MSC geroutet werden können. Mit der MSRN wird daher die Routing-Information bereits bei der Aufenthaltsaktualisierung dem HLR zur Verfügung gestellt. Alternativ können auch MSC-Nummer und/oder VLR-Nummer in Verbindung mit der LMSI bei der Aufenthaltsaktualisierung im HLR gespeichert werden, so daß dann die Routing-Information erst bei kommenden Rufen ermittelt wird.

## 8.3 Verbindungsaufbau und Verbindungsabbau

### 8.3.1 Routing: Wegesuche für Rufe zu Mobilteilnehmern

Die Nummer, die gewählt wird, um einen Mobilteilnehmer zu erreichen (MSISDN), enthält keinerlei Informationen über den aktuellen Aufenthaltsort des Mobilteilnehmers. Um eine Verbindung zu einem Mobilteilnehmer vollständig aufzubauen, sind allerdings der augenblickliche Aufenthaltsort und die lokal zuständige Vermittlungsstelle (MSC) zu ermitteln. Um den Ruf zu dieser Vermittlungsstelle routen zu können, muß daher die zu benutzende Routing-Adresse (MSRN) des Mobilteilnehmers ermittelt werden. Diese Routing-Adresse wird einem Teilnehmer temporär vom jeweils zuständigen VLR zugeteilt. Das HLR ist zum Zeitpunkt der Rufankunft beim GMSC als einzige Einheit des GSM-Netzes in der Lage, diese Informationen zu liefern, und muß daher bei jedem Verbindungsaufbau zu einem Mobilteilnehmer abgefragt werden.

Der prinzipielle Ablauf der Wegesuche für einen Ruf zu einem Mobilteilnehmer ist in Bild 8.4 dargestellt. Eine ISDN-Vermittlungsstelle erkennt anhand der MSISDN, daß es sich um einen mobilen Teilnehmer handelt, und leitet den Ruf anhand von CC und NDC der MSISDN an das GMSC des für den Mobilteilnehmer zuständigen Heimat-PLMN weiter (1). Dieses GMSC kann nun über Funktionen seines *Mobile Application Part* das HLR abfragen und so die aktuelle Routing-Adresse (MSRN) für den Mobilteilnehmer ermitteln (2,3). Anhand der MSRN wird der Ruf zum lokalen MSC geroutet (4), der die TMSI des Mobilteilnehmers ermittelt (5,6) und die Pagingprozedur in der relevanten *Location Area* anstößt (7). Nach der Antwort der Mobilstation auf den Pagingruf (8) kann dann die Verbindung durchgeschaltet werden.

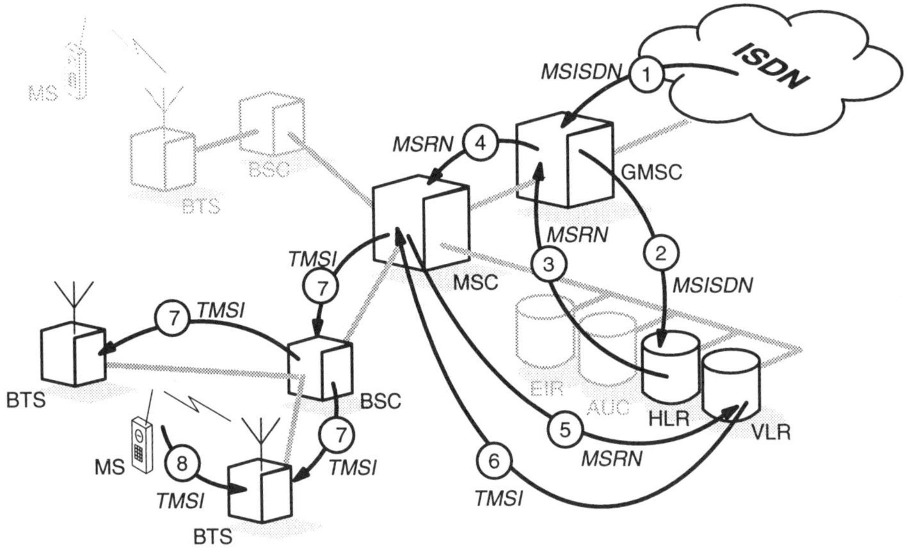


**Bild 8.4:** Prinzip: Routen von Rufen zu Mobilteilnehmern

Abhängig davon, wie die MSRN vergeben und gespeichert wird, ob der Ruf national oder international ist und abhängig vom Leistungsumfang der beteiligten Vermittlungsstellen ergeben sich mehrere Varianten für Wegesuche und HLR-Abfrage.

### 8.3.1.1 Einfluß der MSRN-Vergabe auf den Wegesuchablauf

Es existieren zwei verschiedene Verfahren zur MSRN-Vergabe:

- Vergabe der MSRN beim *Location Update*
- Vergabe der MSRN per Ruf

Bei der ersten Variante wird bei jedem *Location Update* eine MSRN für die Mobilstation vergeben und im HLR gespeichert. Damit ist das HLR in der Lage, bei jeder Abfrage die Wegesuchinformation zur Verfügung zu stellen, die benötigt wird, um den Ruf zum lokalen MSC durchzustellen.

Die zweite Variante bedingt, daß das HLR zumindest die Kennung des aktuell für die Mobilstation zuständigen VLR gespeichert hat. Wenn Wegesuchinformationen vom HLR angefordert werden, dann muß bei dieser Variante das HLR zunächst eine MSRN vom VLR anfordern. Diese MSRN wird der Mobilstation per Ruf zugeteilt, so daß für jeden Ruf eine erneute MSRN-Vergabe durchzuführen ist.

#### 8.3.1.2 Plazierung der Protokollinstanzen zur HLR-Abfrage

Abhängig vom Leistungsumfang der beteiligten Vermittlungsknoten und dem Rufziel (nationale oder internationale MSISDN) verläuft die Wegesuche unterschiedlich. Generell wird der lokale Vermittlungsknoten zunächst die MSISDN analysieren. Diese Analyse basiert darauf, daß jede Mobilrufnummer (MSISDN) eine Kennung NDC enthält, anhand derer der Mobilverkehr ausgekoppelt werden kann. Der Fall, daß die Mobilrufnummern vollständig in den Numerierungsplan des Festnetzes integriert sind, ist im Moment nicht vorgesehen.

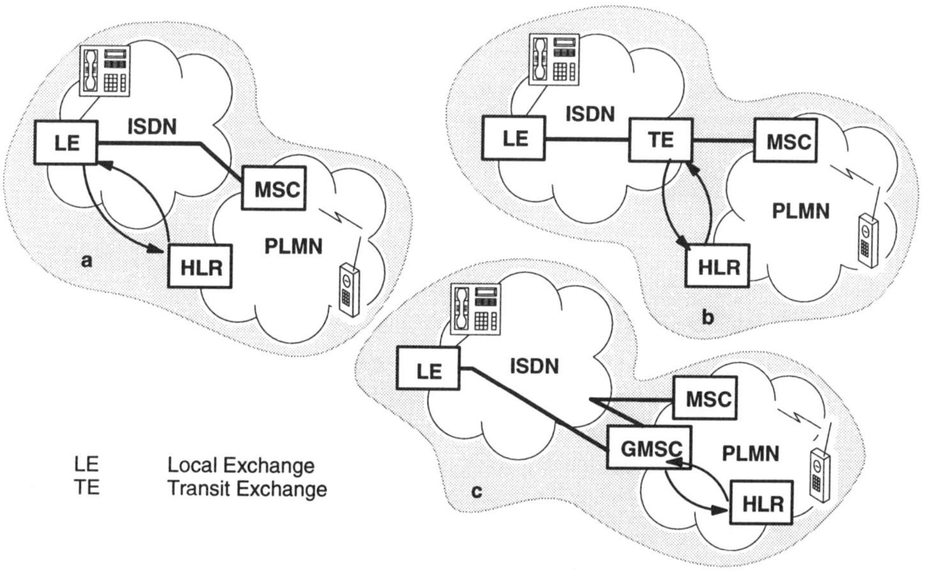


**Bild 8.5:** Varianten der Wegesuche bei nationaler MSISDN

Im Falle einer nationalen Rufnummer erkennt der lokale Knoten (*Local Exchange*) anhand des NDC, daß es sich um eine mobile ISDN-Rufnummer handelt. Festnetz und Heimat-PLMN des gerufenen Mobilteilnehmers sind im gleichen Land angesiedelt. Der Idealfall ist, daß der lokale Knoten das für diese MSISDN zuständige HLR (HLR im Heimat-PLMN des Mobilteilnehmers) abfragen und die Wegesuchinformationen ermitteln kann (Variante a in Bild 8.5). Die Verbindung kann dann über Festverbindungen des ISDN direkt zum aktuellen MSC weitergeschaltet werden.

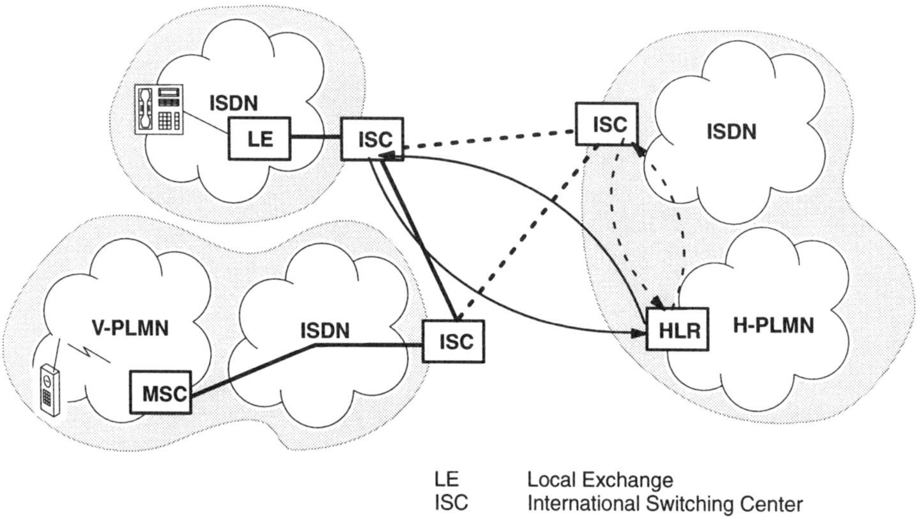


**Bild 8.6:** Wegesuche bei internationaler MSISDN (HLR-Abfrage durch ISC)

Besitzt der lokale Vermittlungsknoten nicht die notwendige Protokollintelligenz zur Abfrage des HLR, so kann die Verbindung zunächst an einen Transitknoten weitergereicht werden. Dieser übernimmt dann die Abfrage des HLR und die Wegesuche zum aktuellen MSC (Variante b in Bild 8.5). Falls das Festnetz überhaupt nicht in der Lage ist, eine HLR-Abfrage durchzuführen, muß die Verbindung über ein Gateway-MSC (GMSC) geführt werden. Dieses GMSC leitet dann die Verbindung zum aktuellen MSC weiter (Variante c in Bild 8.5). Bei allen drei gezeichneten Varianten kann sich die Mobilstation auch in einem fremden PLMN aufhalten (*Roaming*), die Verbindung wird dann nach der Abfrage des HLR im Heimat-PLMN über internationale Leitungen zum aktuellen MSC weitergeroutet.

Bei einer internationalen Rufnummer erkennt der lokale Vermittlungsknoten nur die internationale Landesvorwahl (CC) und leitet den Ruf an ein ISC (*International Switching Center)* weiter. Das ISC kann dann den NDC des Mobilnetzes erkennen und den Ruf entsprechend weiterbehandeln. Die folgenden Abbildungen (Bild 8.6 und Bild 8.7) zeigen einige Beispiele, wie die Wegesuche abgewickelt werden kann. Es sind an einem internationalen Ruf zu einem Mobilteilnehmer im allgemeinen drei Länder beteiligt: das Land, aus dem der Ruf gewünscht wird, das Land, in dem das Heimat-PLMN (*Home-PLMN* **H-PLMN**) des Mobilteilnehmers liegt, und das Land, in dem er sich gerade aufhält (*Visited PLMN* **V-PLMN**). Der Verkehr zwischen den Ländern wird über ISCs geroutet. Abhängig von der Leistungsfähigkeit der ISCs ergeben sich nun mehrere Varianten der Wegeführung bei internationalen Rufen zu Mobilteilnehmern. Sie unterscheiden sich darin, welche Instanz die HLR-Abfrage übernimmt, und damit in der belegten Leitungskapazität.

Führt das ISC die HLR-Abfrage durch, so übernimmt entweder das ISC des Rufursprungs oder das ISC des H-PLMN des Mobilteilnehmers die Wegesuche zum aktuellen MSC. Kann kein ISC die Abfrage ausführen, so muß wiederum ein GMSC eingeschaltet werden: entweder ein lokales GMSC im Ursprungsland des Rufes oder das GMSC des H-PLMN (Bild 8.7).

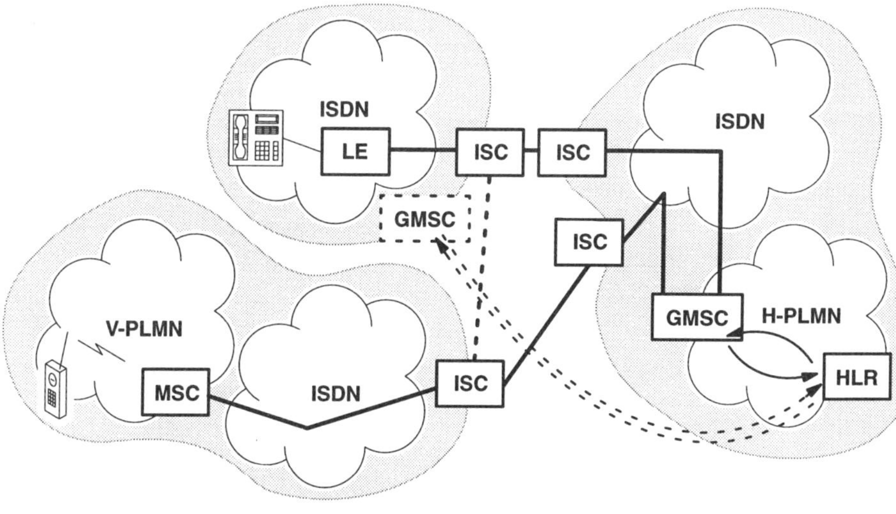


**Bild 8.7:** Wegesuche über GMSC bei internationaler MSISDN

Für die hier erläuterten Verfahren zur Wegesuche spielt der rufende Teilnehmer keine Rolle, d.h. sie gelten sowohl für Rufe von Festnetzteilnehmern als auch für jene von Mobilnetzteilnehmern. Für Rufe von Mobilteilnehmern wird allerdings meist bereits der lokale Knoten (MSC) die HLR-Abfrage für den Zielteilnehmer durchführen können.

### 8.3.2 Verbindungsaufbau und korrespondierende MAP-Prozeduren

Der GSM Verbindungsaufbau erfolgt an der Luftschnittstelle ähnlich einem ISDN-Verbindungsaufbau an der Benutzer-Netz-Schnittstelle nach Q.931 [24]. Ergänzt wird diese Prozedur um den *Random Access* zur Etablierung eines Signalisierungskanals (SDCCH) für die Rufaufbausignalisierung, den Authentifizierungsteil, den Start der Chiffrierung und die Zuweisung eines Funkkanals.

Der Verbindungsaufbau beinhaltet, unabhängig davon ob kommend (*mobile terminated call setup*) oder gehend (*mobile originated call setup*) stets eine Verifizierung der Benutzeridentität (Authentifizierung). Diese Authentifizierung läuft identisch ab wie bei den Prozeduren zur Aufenthaltsaktualisierung. Das VLR ergänzt seine Datenbasis dieser MS um einen neuen Satz Sicherheitsdaten, die das "verbrauchte" (RAND,SRES,Kc)-Tripel ersetzen. Nach erfolgter Authentifizierung wird der Chiffrierprozeß zur Verschlüsselung der Nutzdaten gestartet.

Beim gehenden Verbindungsaufbau (Bild 8.8) meldet die Mobilstation dem MSC zunächst ihren Verbindungswunsch an (SETUP INDICATION). Diese SETUP INDICATION ist eine Pseudomeldung. Sie wird bei der Umsetzung von der MM-Instanz des MSC auf die MAP-Instanz generiert, wenn das MSC die Meldung CM-SERVICE REQUEST von der MS erhält, die damit den Wunsch nach einer MM-Verbindung anzeigt (vgl. Bild 7.27). Das MSC signalisiert dann dem VLR, daß die Mobilstation mit der momentanen temporären Kennung TMSI in der Location Area LAI einen Dienstzugang angefordert hat (PROCESS ACCESS REQUEST) und verlangt damit implizit vom zuständigen VLR eine Zufallszahl RAND, um die Authentifizierung der MS starten zu können. Diese Zufallszahl wird an die Mobilstation gesendet, die Antwort mit dem Authentifizierungsergebnis SRES an das VLR zurückgemeldet und entsprechend die Authentizität der Mobilstationsidentität überprüft (vgl. Authentifizierung beim Einbuchen, Bild 8.1).

Nach erfolgreicher Authentifizierung wird der Chiffrierprozeß auf der Luftschnittstelle gestartet und damit die MM-Verbindung zwischen MS und MSC vollständig etabliert (CM-SERVICE ACCEPT), so daß alle folgenden Signalisierungsmeldungen verschlüsselt gesendet werden können. Erst jetzt teilt die MS in einer SETUP-Meldung das gewünschte Rufziel mit. Während mit einer Meldung CALL PROCEEDING der MS die Bearbeitung dieses Verbindungswunsches mitgeteilt wird, reserviert das MSC einen Kanal für das Gespräch und weist ihn der MS zu (ASSIGN). Über das Signalisierungssystem SS#7 wird der Verbindungswunsch dem fernen Netzknoten mit der Nachricht IAM des *ISDN User Part* **ISUP** signalisiert [24]. Wenn der ferne Netzknoten antwortet (ACM), kann der zugestellte Ruf der Mobilstation angezeigt (ALERT) und schließlich, wenn der Partner abhebt, die Verbindung durchgeschaltet werden (CONNECT, ANS, CONNECT ACKNOWLEDGE).

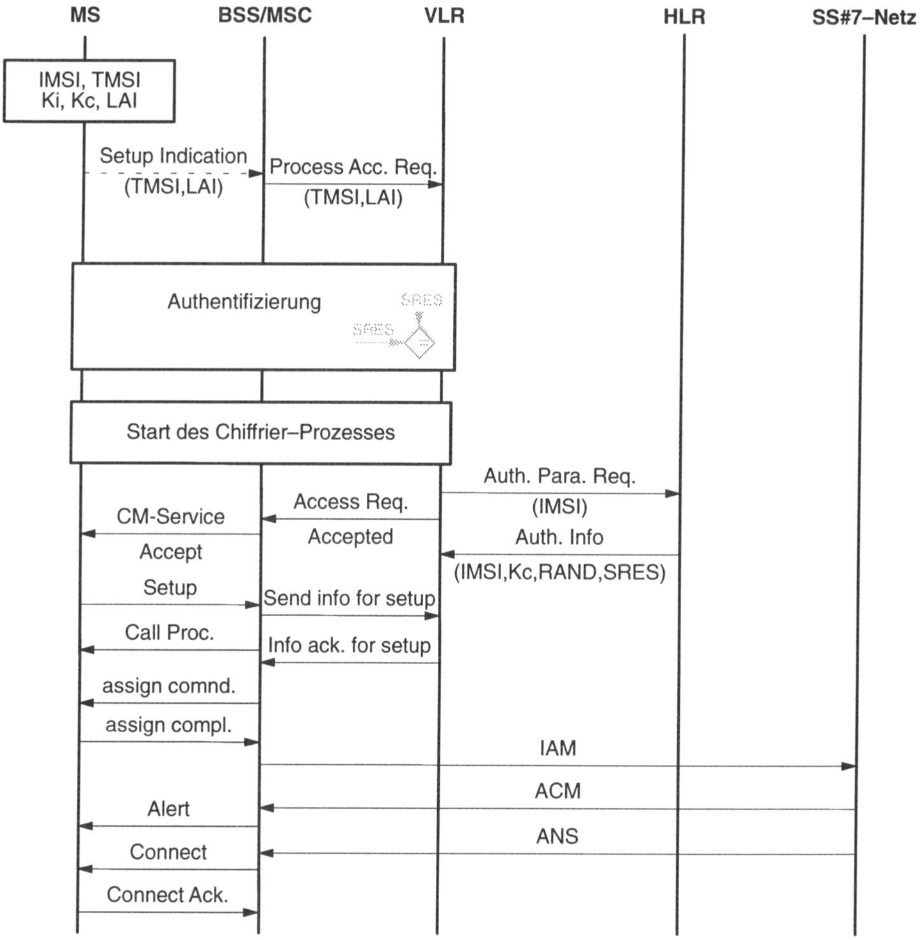


**Bild 8.8:** Übersicht Verbindungsaufbau (gehend)

Beim kommenden Verbindungsaufbau ist die genaue Lokalisierung der MS notwendig, um den Ruf zum aktuell zuständigen MSC routen zu können. Ein Ruf zu einer Mobilstation wird deshalb stets zunächst zu einer Instanz geroutet, die entsprechende temporäre Routinginformationen aus dem HLR abfragen und den Ruf entsprechend weitervermitteln kann. In der Regel ist diese Instanz ein GMSC des Heimatnetzes einer Mobilstation (vgl. Kap. 8.3.1.2). Aus dieser HLR-Abfrage erhält das GMSC die aktuelle MSRN der Mobilstation und kann dann den Ruf zum aktuellen MSC weiterschalten (Bild 8.9).

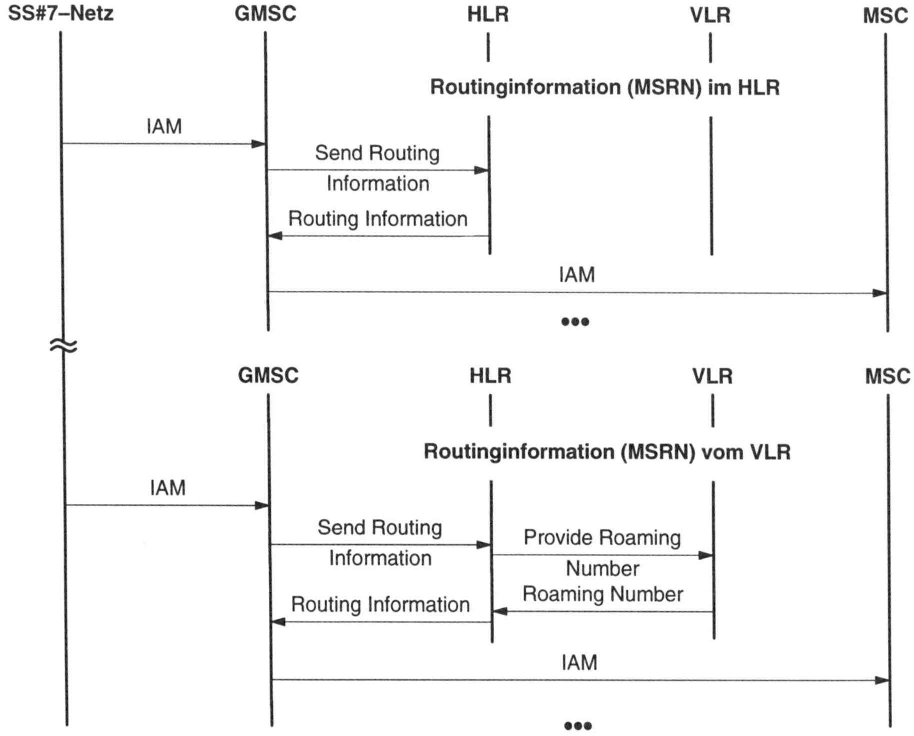


**Bild 8.9:** Abfrage der Routinginformation bei kommenden Rufen

Je nachdem, ob die MSRN im HLR gespeichert ist oder erst beim Rufaufbau vom VLR geholt werden muß, existieren von dieser HLR-Abfrage zwei Varianten. Das gefragte HLR kann die MSRN (ROUTING INFORMATION) im ersten Fall direkt zur Verfügung stellen. Im zweiten Fall ist im HLR beim *Location Update* nur die Adresse des aktuellen VLR im HLR gespeichert worden. Deshalb muß das HLR zunächst die momentan für die MS gültige Routinginformation erst vom VLR anfordern, bevor schließlich der Ruf zum lokalen MSC weitervermittelt werden kann.

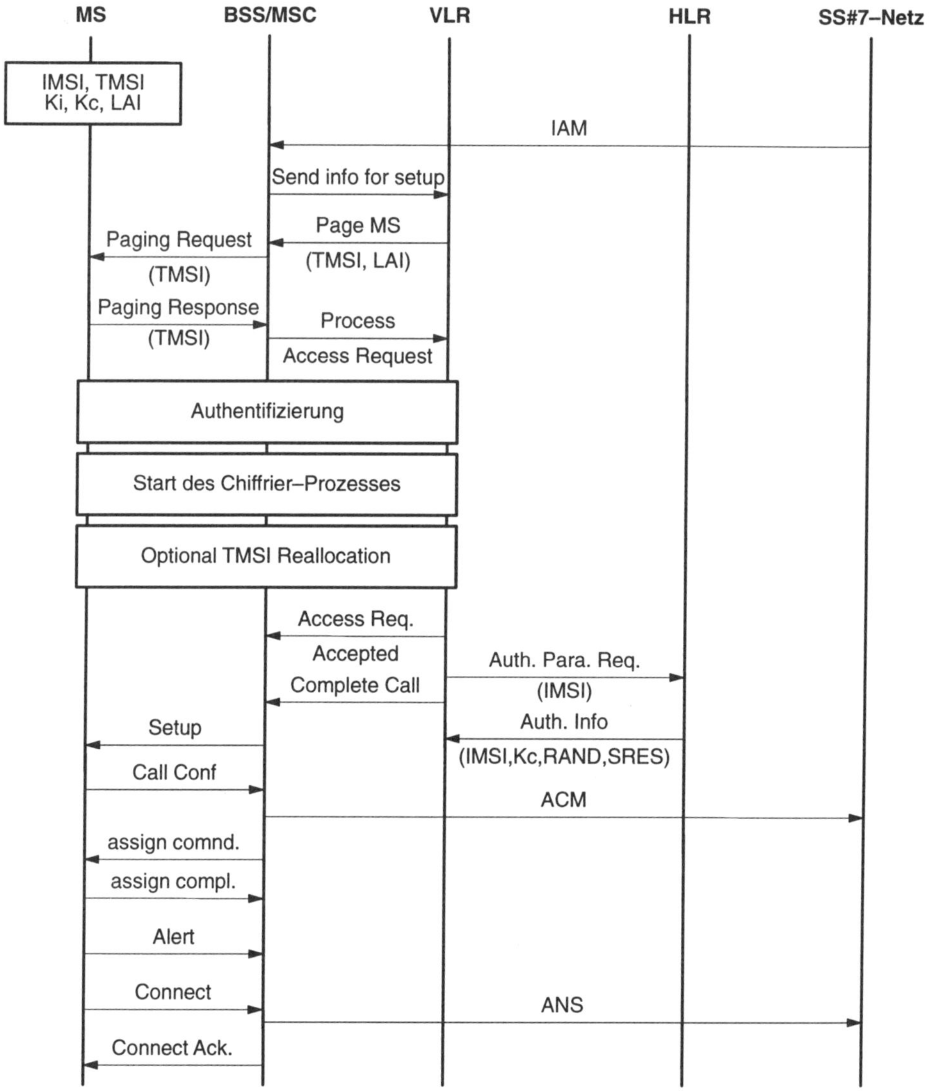


**Bild 8.10:** Übersicht Verbindungsaufbau (kommend)

Im lokalen MSC wird die Rufbearbeitung erneut unterbrochen, um den genauen Standort der Mobilstation innerhalb des MSC-Bereiches zu ermitteln (SEND INFO FOR SETUP, Bild 8.10). In den Aufenthaltsregistern wird zwar die aktuelle LAI gespeichert, doch kann eine LA mehrere Zellen umfassen. Deshalb wird mit einem Rundruf in allen Zellen dieser LA (Pagingruf, Paging) zunächst der genaue Aufenthaltsort der MS, d.h. die aktuelle Zelle, bestimmt. Dieses Paging wird vom VLR über den MAP initiiert (PAGE MS) und vom MSC in die Pagingprozedur an der Funkschnittstelle umgesetzt. Empfängt eine MS einen Pagingruf, so antwortet sie direkt darauf und ermöglicht es damit, ihre aktuelle Zelle festzustellen.

Danach weist das VLR das MSC an, die MS zu authentifizieren und die Verschlüsselung des Signalisierungskanals zu starten. Optional kann das VLR auch eine Neuzuweisung der TMSI (*TMSI Reallocation Procedure*) während des Verbindungsaufbaus durchführen. Erst jetzt, nachdem die netz-initiierte MM-Verbindung aufgebaut ist (vgl. Kap. 7.4.4), kann der eigentliche Verbindungsaufbau abgearbeitet werden (Anweisung COMPLETE CALL vom VLR ans MSC). Mit einer SETUP-Meldung erhält die MS den Verbindungsaufbauwunsch zugestellt und nach einer Antwort (CALL CONFIRM) einen Kanal zugewiesen. Nach Läuten (ALERT) und Abheben wird die Verbindung durchgeschaltet (CONNECT, CONNECT ACKNOWLEDGE), was über den ISUP auch zum fernen Netzknoten signalisiert wird (ACM, ANS).

## 8.3.3 Verbindungsabbau

An der Luftschnittstelle kann ein bestehender Ruf mobil- oder netzseitig ausgelöst werden (vgl. Bild 7.29). Dieser Abbau einer Verbindung erfolgt an der Um–Schnittstelle über die CC-Meldungen DISCONNECT, RELEASE und RELEASE COMPLETE, gefolgt von einer expliziten Freigabe der belegten Funkressourcen (CHANNEL RELEASE). Netzseitig wird zwischen den beteiligten Vermittlungsknoten (MSC etc.) die Verbindung mit den ISUP-Meldungen REL und RLC über das SS#7-Netz aufgetrennt (Bild 8.11).

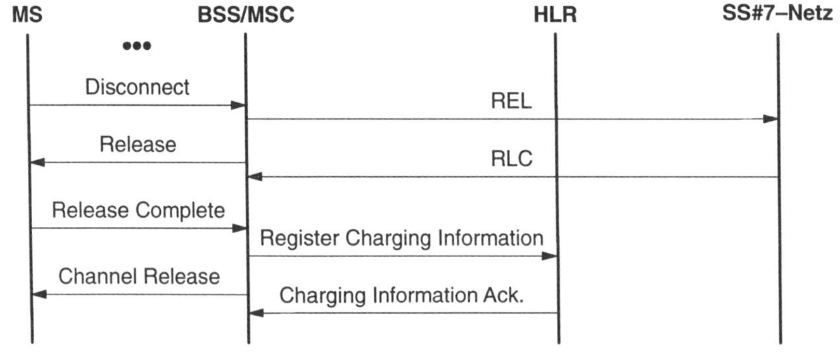


**Bild 8.11:** Mobilinitiierter Rufabbau und Speicherung von Entgeltinformationen

Nach dem Abbau der Verbindung werden über den MAP im VLR bzw. im HLR Informationen zur Entgeltberechnung (CHARGING INFORMATION) gespeichert. Diese Entgeltinformationen können auch bei einer kommenden Verbindung notwendig sein, falls z.B. Roamingentgelte fällig geworden sind, weil sich der gerufene Mobilteilnehmer nicht in seinem Heimatnetz aufhält.

### 8.3.4 MAP-Prozeduren und Routing für Kurznachrichten

Für den Transport von Kurznachrichten ist an der Luftschnittstelle ein verbindungsloses Relaisprotokoll definiert (vgl. Kap. 7.4.8), dem im Netz die Weiterleitung der Kurznachrichten im Store-and-Forward-Betrieb entspricht. Diese Weiterleitung der Transportprotokolldateneinheiten des Kurznachrichtendienstes erfolgt über MAP-Prozeduren. Bei einer kommenden Kurznachricht, die vom Dienstzentrum (*Short Message Service Center* **SMS-SC**) beim *Short Message Gateway MSC* **SMS-GMSC** eintrifft, muß wie bei einem kommenden Ruf zunächst die Mobilstation lokalisiert werden. In einer HLR-Abfrage wird dazu zunächst das aktuelle MSC der Mobilstation ermittelt (SHORT MESSAGE ROUTING INFORMATION, Bild 8.12 a). An dieses MSC wird dann die Kurznachricht weitergeleitet (FORWARD SHORT MESSAGE) und lokal nach Paging und SMS-Verbindungsaufbau die Kurznachricht ausgeliefert. Erfolg oder Mißerfolg werden dem SMS-GMSC in einer weiteren MAP-Nachricht (FORWARD ACKNOWLEDGE/ERROR INDICATION) mitgeteilt, so daß dieses GMSC wiederum das Dienstzentrum informieren kann.

Im umgekehrten Fall, bei einer gehenden Kurznachricht, ist keine Routingabfrage notwendig, das SMS-GMSC ist allen MSC bekannt, so daß die Nachricht direkt an das SMS-GMSC weitergeleitet werden kann (Bild 8.12 b).

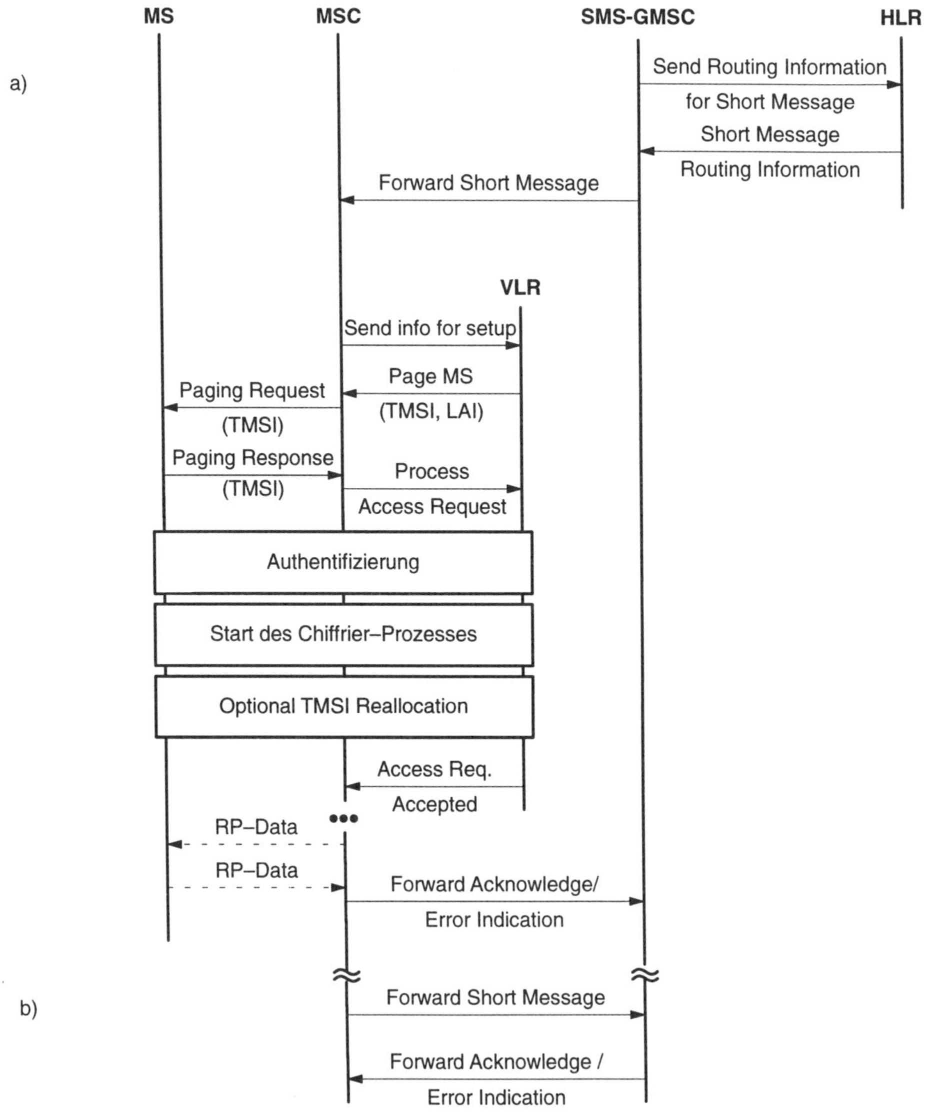


**Bild 8.12:** Weiterleiten von Kurznachrichten im PLMN

# 8.4 Handover

## 8.4.1 Übersicht

Handover ist die Übergabe einer bestehenden Gesprächsverbindung an eine neue Basisstation. Sie kann aus verschiedenen Gründen notwendig werden. Eine Handover-Entscheidung wird vom Netz, nicht von der Mobilstation, gefällt, basierend auf BSS-Kriterien (Empfangsfeldstärke, Kanalqualität, Entfernung der MS von der BS) und auf Netzwerk-Kriterien (z.B. augenblickliche Verkehrslast der Zelle, Wartungsarbeiten o.ä.).

Die Funktionen zur Vorbereitung eines Handovers sind Bestandteil der *Radio Subsystem Link Control.* Dazu gehört vor allem die Kanalvermessung. Eine MS registriert in regelmäßigen Abständen die Signalstärken ihres aktuellen Downlinks sowie der benachbarten Basisstationen inklusive deren BSIC und sendet einen Meßbericht an ihre aktuelle Basisstation (*quality monitoring*, siehe Kapitel 5.5.1). Netzseitig werden die Signalqualität im Uplink beobachtet, die Meßergebnisse der MS ausgewertet und eine Handover-Entscheidung getroffen.

Handover finden grundsätzlich nur zwischen Basisstationen eines PLMN statt. Netzübergreifende Handover zwischen BSS zweier Betreiber sind nicht vorgesehen. Man unterscheidet zwei Arten von Handover (Bild 8.13):

- Intra-Zell-Handover: aus administrativen Gründen oder auch wegen der Kanalqualität (kanalselektive Interferenzen) erhält eine Mobilstation innerhalb einer Zelle einen neuen Kanal zugewiesen. Diese Entscheidung wird lokal vom *Radio Resource Management* RR des BSS getroffen und durchgeführt.
- Inter-Zell-Handover: die Verbindung einer MS wird über eine Zellgrenze hinweg einer neuen BTS zugewiesen. Die Entscheidung über den Zeitpunkt des Handover wird vom RR-Protokoll-Modul des Netzes basierend auf Meßdaten der MS und des BSS getroffen. An der Entscheidung über das Ziel des Handover, d.h. die neue Zelle bzw. BTS, kann allerdings auch das MSC beteiligt sein. Der Inter-Zell-Handover findet meist dann statt, wenn aufgrund schwacher Empfangsfeldstärke und schlechter Kanalqualität (hohe Bitfehlerhäufigkeit) festgestellt wird, daß eine Mobilstation sich an der Zellgrenze bewegt. Allerdings kann ein Handover zwischen Zellen auch aus administrativen Gründen erfolgen, etwa zum Verkehrslastausgleich. Die Entscheidung über diesen *network directed handover* wird vom MSC getroffen. Dieses weist dann das BSS an, mögliche Kandidaten für einen Handover auszuwählen.

Hinsichtlich der Beteiligung von Netzkomponenten beim Handover müssen zwei Fälle unterschieden werden, abhängig davon, ob an der signalisierungstechnischen Abwicklung eines Handover-Vorgangs auch ein MSC beteiligt ist. Da das RR-Modul des Netzes im BSC angesiedelt ist (vgl. Bild 7.11, Seite 168), kann das BSS auch ohne Eingreifen durch das MSC Handover durchführen. Diese Handover treten zwischen Zellen auf, die vom gleichen BSC gesteuert werden, und werden als Interne Handover bezeichnet. Bei einem internen Handover wird das MSC nur über den erfolgreichen Ablauf und das Ergebnis des Handover in Kenntnis gesetzt. Alle übrigen Handover erfordern Aktivität von mindestens einem MSC, wobei der BSSMAP und der MAP beteiligt sind. Sie werden Externe Handover genannt.

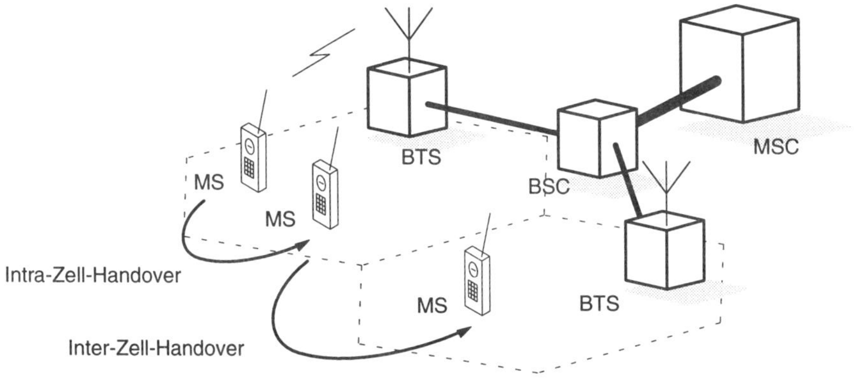


**Bild 8.13:** Intrazell- und Interzell-Handover

Die MSC übernehmen für den Handover jeweils die Rolle MSC-A bzw. MSC-B. Die Rolle des MSC-A ist dabei fest dem MSC zugeordnet, über das die Verbindung beim Verbindungsaufbau geführt wurde. Über dieses MSC wird die Verbindung auch für ihre gesamte Lebensdauer geführt, und MSC-A behält stets die volle Kontrolle über diese Verbindung (*Anchor-MSC*). Ein Handover bedeutet damit im allgemeinen Fall eine "Verlängerung" der Verbindung von MSC-A zu einem weiteren MSC (MSC-B). Die Mobilverbindung wird in diesem Fall vom MSC-A zum MSC-B weitergereicht, wobei MSC-A die Kontrolle über die Verbindung behält.

Ein Beispiel ist in Bild 8.14 dargestellt. Eine Mobilstation besitzt eine aktive Verbindung über die BTS 1 und fährt in die nächste Zelle. Diese Zelle der BTS 2 wird vom gleichen BSC gesteuert, so daß ein interner Handover stattfindet. Die Verbindung läuft jetzt von MSC-A über den BSC und die BTS 2 zur Mobilstation, die Verbindungen (Funkkanal und ISDN-Kanal zwischen BTS und BSC) der BTS 1 wurden abgebaut. Fährt die Mobilstation weiter in die Zelle der BTS 3, so betritt sie ein neues

BSS, so daß ein externer Handover notwendig wird. Gleichzeitig gehört dieses BSS einem neuen MSC, der bei diesem Handover nun die Rolle MSC-B zu übernehmen hat. Die Verbindung wird konsequenterweise vom MSC-A zum MSC-B "verlängert" und über das BSS zur Mobilstation geführt. Beim nächsten Wechsel einer MSC-Grenze wird das Verbindungssegment zwischen MSC-A und MSC-B abgebaut und von MSC-A aus eine Verbindung zum neuen MSC aufgebaut. Damit übernimmt das neue MSC die Rolle des MSC-B.

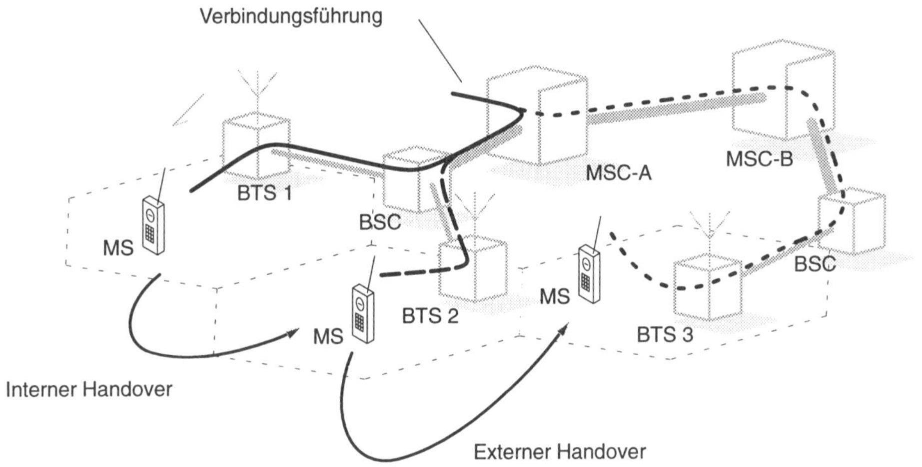


**Bild 8.14:** Interne und Externe Handover

## 8.4.2 GSM Intra-MSC-Handover

Die grundlegendste Form eines externen Handovers bildet der Handover zwischen zwei Zellen desselben MSCs (Bild 8.15). Die Mobilstation sendet auf ihrem SACCH laufend Meßergebnisse ihrer Kanalbeobachtung an die aktuelle Basisstation (BSS 1). Aufgrund dieser Meßergebnisse entscheidet das BSS, wann ein Handover fällig ist, und fordert diesen Handover vom MSC an (Meldung HANDOVER REQUIRED). In dieser Meldung können die zugrundeliegenden Meßergebnisse an das MSC geschickt werden, so daß dieses in der Lage ist, über das Ziel des Handover mitzuentscheiden. Das MSC veranlaßt das neue BSS, einen Kanal für den Handover bereitzustellen, und gibt der Mobilstation den Handover frei (HANDOVER COMMAND), sobald diese Reservierung vom neuen BSS bestätigt wurde. Die Mobilstation meldet sich jetzt beim neuen BSS an ("Handover Access") und erhält Informationen zur Kanalphysik. Dazu gehören Synchronisationsdaten wie der neue Wert für die *Timing Advance* und auch der neue Sendeleistungspegel. Wenn die Mobilstation den Kanal erfolgreich belegen konnte, bestätigt sie das mit einer Meldung "Handover Complete", worauf die Ressourcen des alten BSS freigegeben werden.

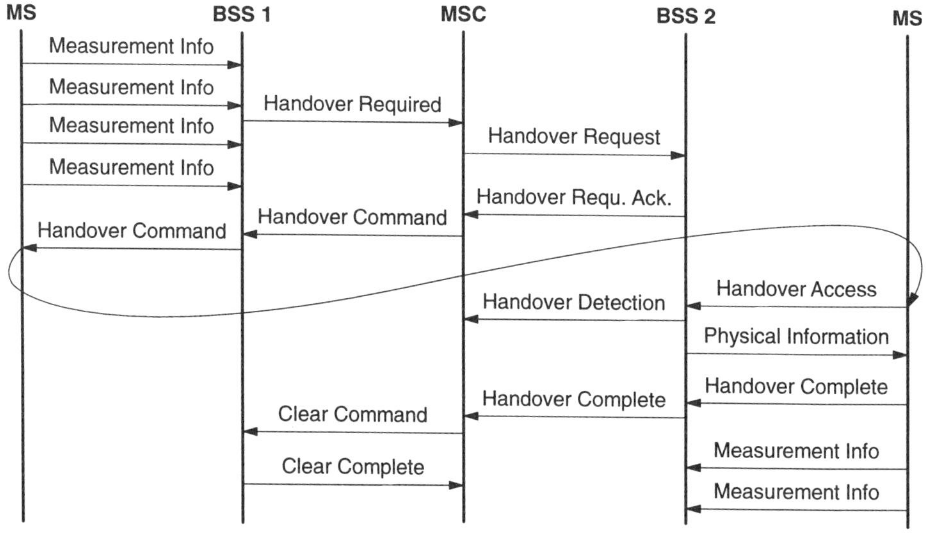


**Bild 8.15:** Prinzipieller Ablauf eines Intra-MSC Handover

### 8.4.3 Entscheidungsalgorithmus für den Handoverzeitpunkt

Die Grundlage zur Abwicklung eines erfolgreichen Handover ist ein Entscheidungsalgorithmus, der basierend auf Meßergebnissen der Mobil- und der Basisstation mögliche andere Basisstationen als Handover-Ziele identifiziert und den möglichst optimalen Handover-Zeitpunkt bestimmt. Ziel muß es dabei sein, die Anzahl Handover je Zellwechsel möglichst klein zu halten. Im Idealfall soll nicht mehr als ein Handover pro Zellwechsel stattfinden. In der Praxis ist dies jedoch häufig nicht realisierbar. Wenn die Mobilstation den Funkbereich einer Basisstation verläßt und den einer benachbarten betritt, sind oft die Funkfeldbedingungen derart wechselhaft, daß mehrere Handover durchzuführen sind, bevor wieder ein stabiler Zustand erreicht wird. Simulationsergebnisse in [7] und [8] nennen einen Wert von im Mittel zwischen 1.5 bis 5 Handover je Zellwechsel.

Da mit jedem Handover sowohl eine erhöhte Verkehrsbelastung des Transport- und Signalisierungsnetzes als auch Einbußen hinsichtlich der Sprachqualität einhergehen, wird klar, welche zentrale Bedeutung ein gut dimensionierter, die jeweiligen örtlichen Gegebenheiten berücksichtigender Entscheidungsalgorithmus für die Handover besitzt. Dies ist auch einer der hauptsächlichen Gründe dafür, daß GSM keinen einheitlichen Algorithmus für die Bestimmung des Handover-Zeitpunktes standardisiert. Für die Entscheidung, wann ein Handover vorgenommen wird, kann ein GSM-Netzbetreiber eigene, auf sein Netz optimal abgestimmte Algorithmen entwerfen und einsetzen. Ermöglicht wird dies durch die Standardisierung der Signalisierungsschnittstelle, welche die Abwicklung des Handover festgelegt, und durch die Verlagerung der Handover-Entscheidung in das BSS. Der GSM Handover ist damit ein sogenannter *network originated handover*, im Gegensatz zum *mobile originated handover*, bei dem die Handover-Entscheidung von der Mobilstation getroffen wird. Ein Vorteil dieses Ansatzes beim Handover ist, daß die Software der Mobilteile nicht geändert werden muß, wenn sich die Handover-Strategie bzw. der Handover-Entscheidungsalgorithmus in einem Netz oder Teilen davon ändert. Zwar legt der GSM-Standard keinen Algorithmus für die Handover-Entscheidung verbindlich fest, es wird aber ein einfacher Algorithmus vorgeschlagen, der von den Netzbetreibern wahlweise verwendet oder durch komplexere ersetzt werden kann.

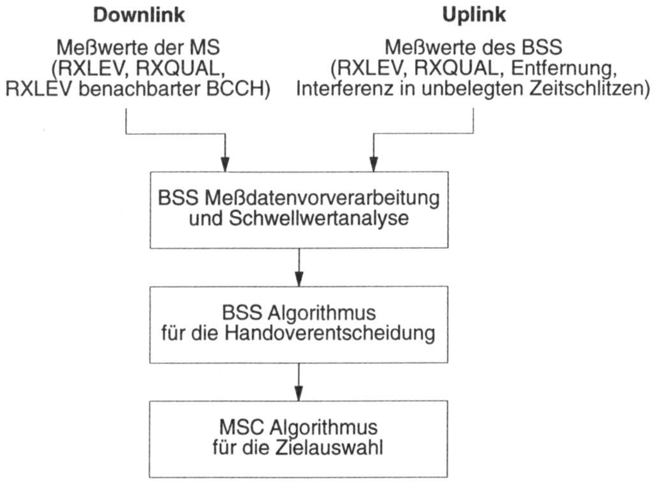


**Bild 8.16:** Entscheidungsstufen des GSM Handover

Prinzipiell läuft ein Handover in GSM immer in drei Stufen ab (Bild 8.16), basierend auf den Meßdaten, welche die Mobilstation über den SACCH sendet und den Messungen, die vom BSS selbst vorgenommen werden. Diese Daten sind vor allem die Empfangsfeldstärke (RXLEV) und die Signalqualität (RXQUAL) im Uplink (gemessen vom BSS) und im Downlink (gemessen von der MS) des aktuellen Kanals. Um Nachbarzellen als mögliche Ziele für einen Handover identifizieren zu können, mißt die Mobilstation zusätzlich die Empfangsfeldstärke RXLEV_NCELL(n) der BCCH-Träger von bis zu 16 benachbarten Basisstationen. Die RXLEV-Werte der sechs am besten zu empfangenden Basisstationen werden alle 480 ms an das aktuelle BSS gemeldet. Als weiteres Kriterium fließen die Entfernung der Mobilstation von der BTS, gemessen vom BSS über die *Timing Advance* TA des *Adaptive Frame Alignment* (siehe Kap. 5.3.2) und Messungen der Interferenz in unbelegten Zeitschlitzen in die Handover-Entscheidung mit ein. Von all diesen Meßgrößen liegt alle 480 ms (SACCH-Intervall) ein neuer Wert vor.

Aus diesen Meßwerten werden im Rahmen der Meßwertvorverarbeitung Mittelwerte gebildet, wobei für die RXLEV- und RXQUAL-Messungen mindestens jeweils die letzten 32 Meßwerte in einen Mittelwert umgerechnet werden. Die dabei errechneten Mittelwerte werden ständig nach jedem SACCH-Intervall mit Schwellwerten (Tabelle 8.1) verglichen.

Diese Schwellwerte können durch Managementschnittstellen des OMSS (siehe 3.3.4) für jedes BSS individuell konfiguriert werden. Für diesen Vergleich wird im Prinzip jeweils ein sog. Bernoulli-Experiment ausgeführt: wenn aus den letzten $N_i$ Mittelwerten des jeweiligen Kriteriums i mehr als $P_i$ den Grenzwert unter- (RXLEV) oder überschreiten (RXQUAL, MS_RANGE), liegt eventuell die Notwendigkeit eines Handover vor. Auch die Werte $N_i$ und $P_i$ können durch das Netzmanagement konfiguriert werden. Als Wertebereich ist jeweils das Intervall [0; 31] definiert und zugelassen.

Zusätzlich zu diesen Mittelwerten kann ein BSS das aktuelle *Power Budget* PBGT(n) berechnen, das ein Maß für den jeweiligen Pfadverlust zwischen Mobilstation und aktueller Basisstation bzw. benachbarter Basisstation n darstellt. Mit diesem Kriterium kann ein Handover immer zu der Basisstation veranlaßt werden, zu bzw. von der die Signale der Mobilstation den geringsten Pfadverlust erfahren. Das PBGT berücksichtigt neben der Empfangsfeldstärke RXLEV_DL des aktuellen Downlinks und den RXLEV_NCELL(n) der benachbarten BCCH auch die max. Spitzensendeleistung P (siehe Tabelle 5.8) einer Mobilstation, die maximale Leistung MS_TXPWR_MAX, mit der die Mobilstation in der aktuellen Zelle senden darf, und die maximale Leistung MS_TXPWR_MAX(n), mit der sie in der benachbarten

Zelle n senden darf. Dazu geht noch der Wert PWR_C_D, die Differenz aus maximaler Sendeleistung des Downlinks und aktueller Sendeleistung der BTS im Downlink, als Maß für die noch vorhandenen Reserven der Sendeleistungskontrolle in die Rechnung mit ein.

**Tabelle 8.1:** Schwellwerte für den GSM-Handover

| Schwellenwert | Typ. Wert | Bedeutung |
|---|---|---|
| L_RXLEV_UL_H | -103 bis -73 dBm | Obere Handovergrenze der Empfangsfeldstärke im Uplink |
| L_RXLEV_DL_H | -103 bis -73 dBm | Obere Handovergrenze der Empfangsfeldstärke im Downlink |
| L_RXLEV_UL_IH | -85 bis -40 dBm | Untere(!) Grenze der Empfangsfeldstärke im Uplink für interne Handover |
| L_RXLEV_DL_IH | -85 bis -40 dBm | Untere(!) Grenze der Empfangsfeldstärke im Downlink für interne Handover |
| RXLEV_MIN(n) | ca. -85 dBm | Mindestens notwendiges RXLEV des BCCH der Zelle n für Handover zu dieser Zelle |
| L_RXQUAL_UL_H | - | Untere Handovergrenze der Bitfehlerhäufigkeit im Uplink |
| L_RXQUAL_DL_H | - | Untere Handovergrenze der Bitfehlerhäufigkeit im Downlink |
| MS_RANGE_MAX | 2 bis 35 km | Maximale Entfernung der Mobilstation von der Basisstation |
| HO_MARGIN(n) | 0 bis 24 dB | Hysterese zur Vermeidung von Mehrfachhandovern zwischen zwei Zellen |

Damit berechnet sich das *Power Budget* für eine der benachbarten Basisstationen n wie folgt:

$$\begin{aligned} PBGT(n) &= (\ Minimum(\ MS\_TXPWR\_MAX, P\ ) - RXLEV\_DL - PWR\_C\_D\ ) \\ &\quad - (\ Minimum(\ MS\_TXPWR\_MAX(n), P\ ) - RXLEV\_NCELL(n)\ ) \end{aligned}$$

Ein Handover zu einer benachbarten Basisstation n kann angefordert werden, wenn das *Power Budget* PBGT(n)>0 und größer als der Schwellwert HO_MARGIN(n) ist.

Die nach diesen Kriterien möglichen Ursachen für einen GSM-Handover stellt Tabelle 8.2 zusammen. Sowohl die Signalkriterien des Up- und des Downlink als auch die Entfernung von der Basisstation und das *Power Budget* können also zu einem Handover führen.

Tabelle 8.2: Ursachen für einen Handover

| Handover Cause | Bedeutung |
|---|---|
| UL_RXLEV | Uplink Empfangsfeldstärke zu niedrig |
| DL_RXLEV | Downlink Empfangsfeldstärke zu niedrig |
| UL_RXQUAL | Uplink Bitfehlerhäufigkeit zu hoch |
| DL_RXQUAL | Downlink Bitfehlerhäufigkeit zu hoch |
| PWR_CTRL_FAIL | Spielraum der Sendeleistungsregelung ausgeschöpft |
| DISTANCE | Entfernung MS-BTS zu hoch |
| PBGT(n) | Pfadverlust zur BTS n ist geringer |

Das BSS fällt eine Handover-Entscheidung derart, daß zunächst anhand der Schwellwerte aus Tabelle 8.1 die Notwendigkeit eines Handovers festgestellt wird. Dabei werden prinzipiell drei Kategorien unterschieden:

1) Handover aufgrund günstigerer Pfadverluste
2) Zwingende Inter-Zell Handover
3) Zwingende Intra-Zell Handover

Zu 1): Situationen, bei denen eine benachbarte Basisstation günstigere Ausbreitungsbedingungen und damit geringere Pfadverluste aufweist, führen nicht zwingend zu einem Handover. Diese potentiellen Handoversituationen zu einer Nachbarzelle n werden anhand des PBGT(n) detektiert. Damit die Notwendigkeit eines Handover vorliegt, muß dieses *Power Budget* der Nachbarzelle n größer als die Schwelle HO_MARGIN(n) sein.

Zu 2): Die Erkennung von zwingenden Handover-Situationen (Bild 8.17) im Rahmen der Funklinksteuerung (*Radio Subsystem Link Control*, siehe dazu auch Kap. 5.5 und Bild 5.19) beruht auf der Empfangsfeldstärke und der Signalqualität im Uplink und im Downlink sowie auf der Entfernung der Mobilstation von der BTS. Im Falle des Über- bzw. Unterschreitens dieser Handover-Schwellen muß in jedem Fall ein Handover durchgeführt werden.

Die typischen Situationen für einen zwingenden Handover sind damit:

- die Empfangsfeldstärke in Up- und/oder Downlink (RXLEV_UL/ RXLEV_DL) sinkt unter den jeweiligen Handover-Schwellwert (L_RXLEV_UL_H/L_RXLEV_DL_H) und der Spielraum der Sendeleistungsregelung ist ausgeschöpft, d.h. die MS und/oder das BSS haben ihre maximale Sendeleistung erreicht (siehe Kap. 5.5.2).

- die Bitfehlerhäufigkeit als Maß für die Signalqualität in Up- und/oder Downlink (RXQUAL_UL/RXQUAL_DL) überschreitet den jeweiligen Handover-Schwellwert (L_RXQUAL_UL_H/L_RXQUAL_DL_H), während gleichzeitig die Empfangsfeldstärke in die Nähe ihres Schwellwertes absinkt.
- die maximale Entfernung zur Basisstation (MAX_MS_RANGE) ist erreicht.

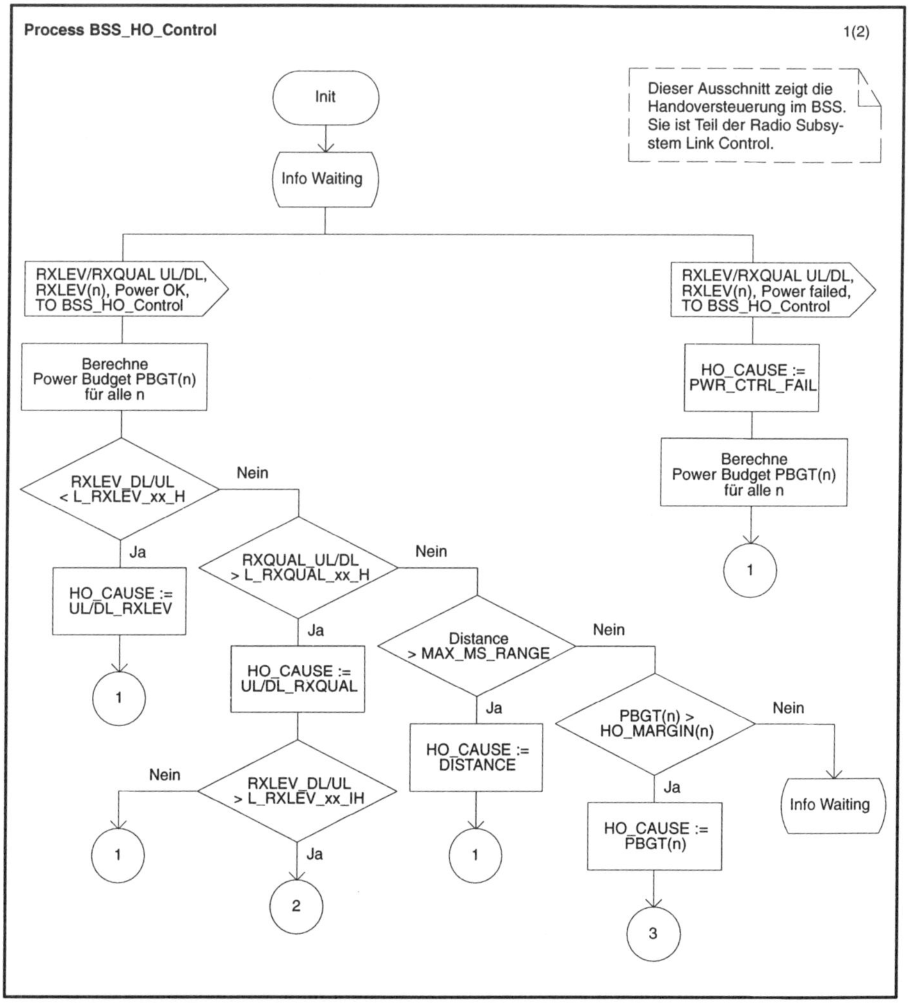


**Bild 8.17:** Erkennung zwingender Handoversituationen (schematisch)

Zwingend erforderlich kann ein Handover auch sein, wenn zwar die Handover-schwellwerte nicht über-/unterschritten werden, aber die unteren Schwellen der Sendeleistungsregelung ansprechen (L_RXLEV_xx_P/L_RXQUAL_xx_P, siehe Tabelle 5.9), obwohl bereits die maximale Sendeleistung erreicht war. Als Ursache für den Handover wird dann das Fehlschlagen der Sendeleistungsregelung angegeben (PWR_CTRL_FAIL, siehe Tabelle 8.2).

Zu 3): Eine besondere Handover-Situation besteht, wenn die Bitfehlerhäufigkeit RXQUAL als Meßgröße für die Signalqualität im Up- und/oder Downlink ihren Schwellwert überschreitet und gleichzeitig aber die Empfangsfeldstärke größer als die Grenzwerte L_RXLEV_UL_IH/L_RXLEV_DL_IH ist. Das ist ein guter Hinweis auf vorhandene starke Gleichkanalinterferenzen. Diesem Problem kann mit einem (internen) Intra-Zell-Handover begegnet werden. Dieser Handover kann vom BSS eigenständig ohne Unterstützung des MSC durchgeführt werden. Er gilt ebenfalls als zwingender Handover.

Hat das BSS eine Handover-Situation detektiert, wird mit dem BSS-Entscheidungsalgorithmus eine Kandidatenliste möglicher Handover-Ziele zusammengestellt. Dazu wird zunächst festgestellt, welcher BCCH der benachbarten Zellen n mit ausreichender Signalstärke empfangen wird:

$$\begin{aligned} RXLEV\_NCELL(n) > ( & \; RXLEV\_MIN(n) \\ & + Maximum(\,0, (MS\_TXPWR\_MAX(n) - P)\,)\;) \end{aligned}$$

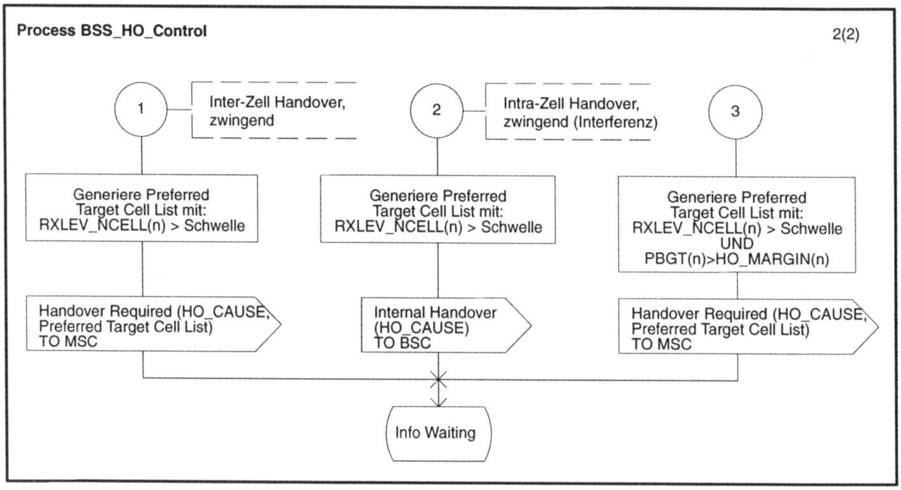


**Bild 8.18:** Abschluß der Handover-Entscheidung im BSS

Die potentiellen Handover-Ziele werden dann anhand ihres Pfadverlustes im Vergleich zur aktuellen Zelle in einer geordneten Liste bevorzugter Zellen zusammengestellt (Bild 8.18). Dazu wird wieder das *Power Budget* der einzelnen in Frage kommenden Nachbarzellen ausgewertet:

$$PBGT(n) \; - \; HO\_MARGIN(n) \; > \; 0$$

Alle Zellen n, die aufgrund des RXLEV_NCELL(n) und ihres geringeren Pfadverlustes als der aktuelle Kanal für einen Handover in Frage kommen, werden dann mit der Meldung HANDOVER REQUIRED (Bild 8.18) dem MSC als mögliche Handoverziele gemeldet. Diese Liste ist anhand der Differenz (PBGT(n)-HO_MARGIN(n)) in Prioritäten geordnet. Diese Nachricht HANDOVER REQUIRED wird auch generiert, wenn das MSC eine Nachricht HANDOVER CANDIDATE ENQUIRY an das BSS schickt.

Die Verhältnisse am Rand einer Zelle bei ausgeschöpfter Sendeleistungskontrolle (PWR_C_D=0) zeigt Bild 8.19 mit einer Mobilstation, die sich von der aktuellen Zelle zur Zelle B bewegt. Die Schwelle RXLEV_MIN(B) wird sehr früh erreicht, allerdings wird der Handover aufgrund der positiven HO_MARGIN(B) für das *Power Budget* noch etwas in Richtung Zelle B verschoben. Bei einer Bewegung in der umgekehrten Richtung würde der Handover durch die HO_MARGIN(A) der Zelle A in der anderen Richtung verzögert, so daß insgesamt eine Hysterese entsteht, die mehrfache Handover zwischen den beiden Zellen (Ping-Pong-Handover) aufgrund von Fading reduziert.

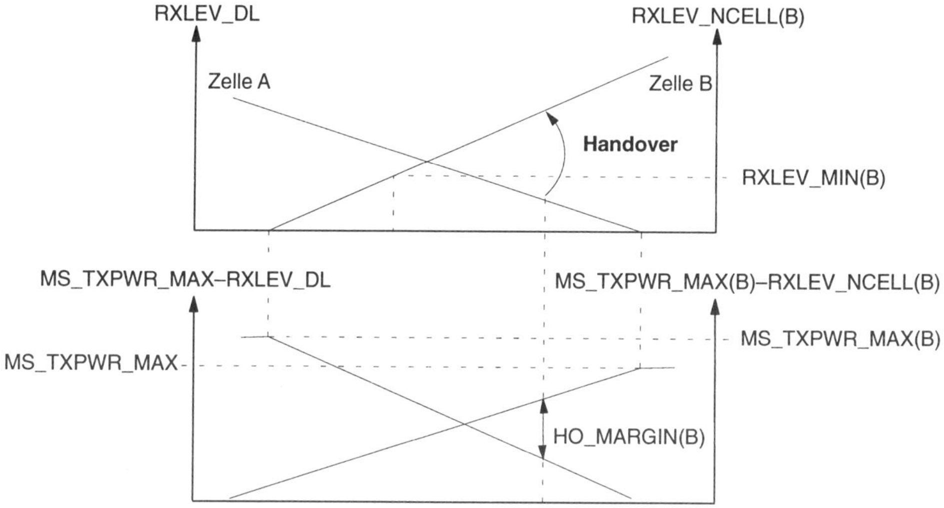


**Bild 8.19:** Handoverkriterien bei ausgeschöpfter Sendeleistungskontrolle

Neben den schwankenden Funkfeldbedingungen (Fading aufgrund von Mehrwegeausbreitung, Abschattungen etc.) existiert eine Fülle weiterer Fehlerquellen bei dieser Art von Handover. Einerseits muß erkannt werden, daß zwischen Messung und Reaktion aufgrund des eingesetzten Mittelungsverfahrens erhebliche Verzögerungen bestehen. Das führt allerdings eher dazu, daß Handover in wenigen Situationen zu spät ausgeführt werden. Wichtiger ist, daß als Vergleich mit dem aktuellen Kanal der BCCH der Nachbarzellen gemessen wird und nicht der tatsächliche Verkehrskanal, den die Mobilstation nach dem Handover benutzt und der eventuell anderen Ausbreitungsbedingungen unterliegen kann (frequenzselektives Fading etc.).

Das MSC schließlich entscheidet, zu welcher Zelle der Handover durchgeführt wird. Diese Entscheidung berücksichtigt mit abnehmender Priorität in dieser Reihenfolge die Handover aufgrund von Signalqualität (RXQUAL), Empfangsfeldstärke (RXLEV), Entfernung (DISTANCE) und Pfadverlust (PBGT). Diese Priorisierung ist insbesondere dann entscheidend, wenn nicht genügend freie Verkehrskanäle zur Verfügung stehen und die Handover-Rufe um diese Kanäle konkurrieren.

Es wird im Standard explizit darauf hingewiesen, daß mit der Meldung HANDOVER REQUIRED auch sämtliche Meßergebnisse (MEASUREMENT RESULTS) an das MSC gesendet werden können, so daß es letztendlich auch optional bleibt, den kompletten Handover-Entscheidungsalgorithmus im MSC zu implementieren.

## 8.4.4 MAP und Inter-MSC-Handover

Die allgemeinste Form eines Handovers ist die des Inter-MSC Handover. Die Mobilstation überschreitet eine Zellgrenze und betritt den Zuständigkeitsbereich eines neuen MSC. Ein dabei etwa notwendiger Handover erfordert die Kommunikation der beteiligten MSC. Dies geschieht über das Signalisierungssystem Nr. 7 mit Hilfe der Transaktionen des *Mobile Application Part* MAP.

### 8.4.4.1 Basic Handover zwischen zwei MSC

Den prinzipiellen Ablauf eines *Basic Handover* zwischen zwei MSC zeigt Bild 8.20. Die MS hat die Bedingungen für einen Handover angezeigt, und das BSS fordert diesen vom MSC-A an (HANDOVER REQUIRED). Das MSC-A entscheidet positiv für einen Handover und sendet eine PERFORM HANDOVER Meldung an das MSC-B. Diese Meldung enthält alle notwendigen Daten für MSC-B, um einen Funkkanal für die MS zu reservieren. Vor allem identifiziert sie die BS, an die die Verbindung übergeben werden soll. MSC-B vergibt eine Handover-Nummer und versucht, einen Kanal für die MS zu belegen. Wenn ein Kanal verfügbar ist, enthält die Antwort RADIO CHANNEL ACKNOWLEDGE die neue MSRN der MS und die Kennung des neuen Kanals. Falls kein Kanal zur Verfügung steht, wird dies ebenfalls dem MSC-A mitgeteilt, der daraufhin die Handover-Prozedur abbricht.

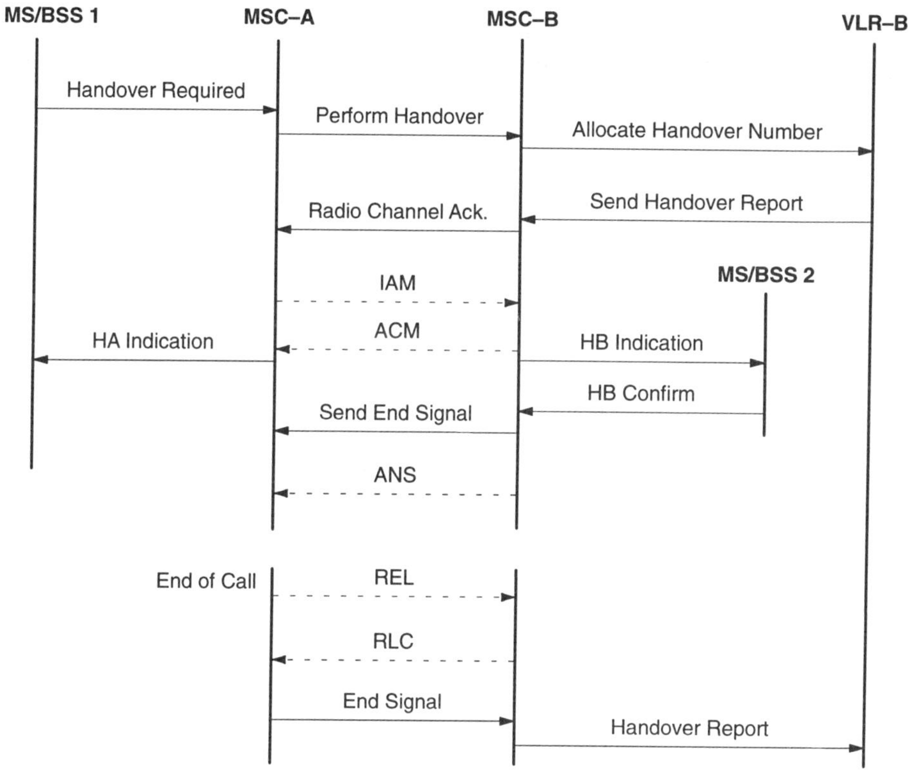


**Bild 8.20:** Prinzipieller Ablauf eines Basic Handover

Im Erfolgsfall eines RADIO CHANNEL ACKNOWLEDGE wird ein ISDN-Kanal zwischen den beiden MSC durchgeschaltet (ISUP-Nachrichten IAM, ACM) und von beiden MSC eine Bestätigung an die MS gesendet (HA-INDICATION, HB-INDICATION). Die MS nimmt dann nach einer kurzen Unterbrechung auf dem neuen Kanal die Verbindung wieder auf (HB-CONFIRM). MSC-B sendet daraufhin eine Meldung SEND END SIGNAL an MSC-A, und veranlasst es damit die alte Funkverbindung freizugeben. Nach dem Ende der Verbindung (ISUP-Nachrichten REL, RLC) generiert MSC-A ein END SIGNAL an MSC-B, das daraufhin einen HANDOVER REPORT an sein VLR sendet.

#### 8.4.4.2 Subsequent Handover

Nach einem ersten Basic Handover einer Verbindung von MSC-A nach MSC-B kann die Mobilstation sich frei weiterbewegen. Es können weitere Intra-MSC Handover (Bild 8.15) auftreten, die vom MSC-B abgewickelt werden.

Verläßt die Mobilstation jedoch den Bereich des MSC-B während dieser Verbindung, so wird ein *Subsequent Handover* notwendig. Dabei werden zwei Fälle unterschieden: im ersten Fall kehrt die Mobilstation in den Bereich von MSC-A zurück, während sie im zweiten Fall in den Bereich eines neuen MSC, des MSC-B', gelangt. In beiden Fällen wird die Verbindung vom MSC-A aus neu geroutet. Die Verbindung zwischen MSC-A und MSC-B wird nach einem erfolgreichen *Subsequent Handover* abgebaut.

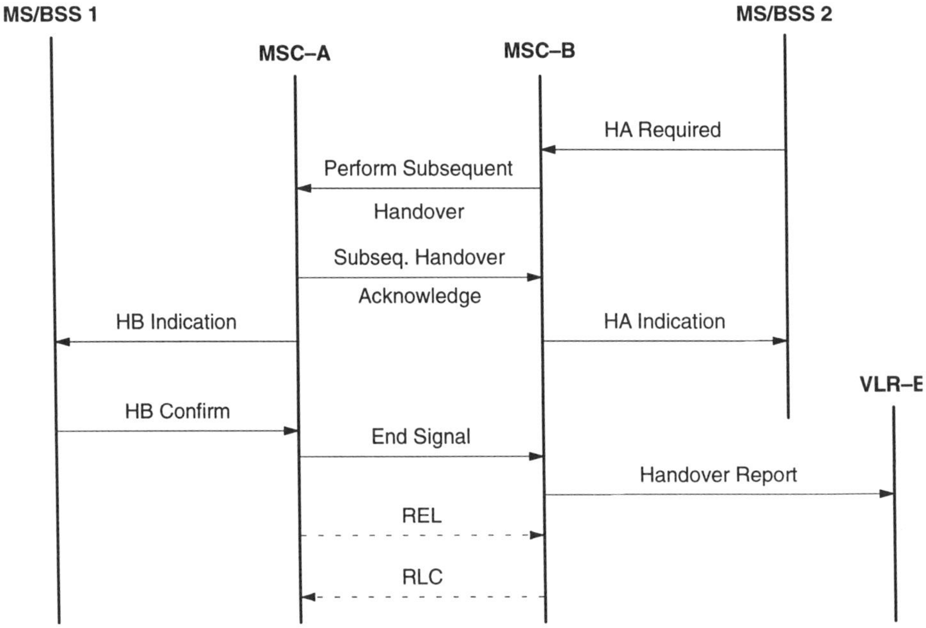


**Bild 8.21:** Prinzip des Subsequent Handover MSC-B nach MSC-A (Handback)

Ein *Subsequent Handover* von MSC-B zurück nach MSC-A wird auch Handback genannt (Bild 8.21). Dabei muß MSC-A, da es ja die Rufkontrolle ausübt, keine Handover-Nummer vergeben und kann direkt einen neuen Funkkanal für die Mobilstation suchen. Wenn ein Funkkanal rechtzeitig belegt werden konnte, starten beide MSC ihre Handover-Prozeduren auf der Luftschnittstelle (HA/HB INDICATION) und schließen den Handover ab. Nach erfolgtem Handover beendet MSC-A die Verbindung zu MSC-B. Das END SIGNAL terminiert den MAP-Prozeß in MSC-B und veranlaßt einen HANDOVER REPORT an das VLR von MSC-B, die ISUP-Nachricht RELEASE löst die ISDN-Verbindung aus.

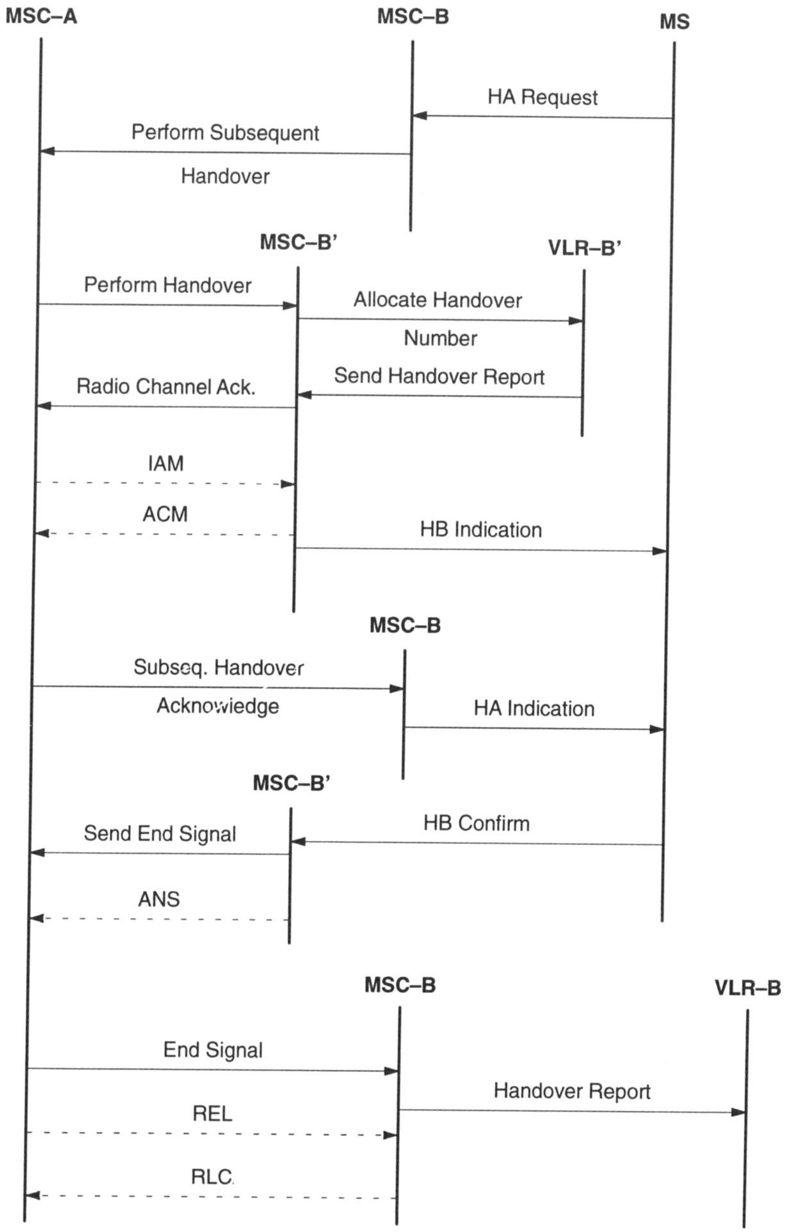


**Bild 8.22:** Prinzip des Subsequent Handover MSC-B nach MSC-B'

Komplizierter gestaltet sich die Prozedur für einen *Subsequent Handover* von MSC-B nach MSC-B'. Diese Prozedur besteht aus zwei Teilen:

- ein *Subsequent Handover* von MSC-B nach MSC-A
- ein *Basic Handover* zwischen MSC-A und MSC-B'

Der Prinzip-Ablauf dieses Handover-Falles ist in Bild 8.22 dargestellt.

Aus der Meldung PERFORM SUBSEQUENT HANDOVER von MSC-B erkennt in diesem Fall MSC-A, daß es sich um einen Handover zu einem MSC-B' handelt und initiiert einen *Basic Handover* nach MSC-B'. MSC-A informiert MSC-B nach Erhalt der ISUP-Nachricht ACM von MSC-B' über den Start des Handovers bei MSC-B' und gibt damit die Handover-Prozedur auf der Funkschnittstelle seitens MSC-B frei. Wenn MSC-A die MAP-Meldung SEND END SIGNAL von MSC-B' erhält, betrachtet es den Handover als abgeschlossen, sendet das END SIGNAL an MSC-B, um die Handover-MAP-Prozedur zu beenden, und löst die ISDN-Verbindung aus.

# 9 Datenkommunikation und Interworking

## 9.1 Referenzkonfiguration

GSM wurde nach ISDN-Richtlinien konzipiert. Entsprechend ist für GSM-Systeme auch eine Referenzkonfiguration definiert, ähnlich wie sie im ISDN verwendet wird. Anhand einer Referenzkonfiguration ist ersichtlich, mit welchem Leistungsumfang und mit welchen Schnittstellen GSM-Mobilstationen ausgerüstet sein sollen. Darüber hinaus gibt eine Referenzkonfiguration an, an welcher Schnittstelle welche Protokolle bzw. Funktionen terminieren und wo ggf. Anpassungsfunktionen zwischen den Schnittstellen notwendig sind.

Die GSM-Referenzkonfiguration umfaßt die Funktionsblöcke einer Mobilstation (Bild 9.1) an der Benutzer-Netz-Schnittstelle Um. Das Mobilgerät wird untergliedert in eine *Mobile Termination* **MT** und, abhängig von den zugänglichen Diensten und den zum Benutzer hin angebotenen Schnittstellen, in verschiedene Kombinationen von Terminaladapter **TA** und *Terminal Equipment* **TE**.

An der Schnittstelle zum Mobilnetz, der Luftschnittstelle Um, sind mobile Netzabschlußeinheiten **MT** (*mobile termination*) definiert. Ein integriertes mobiles Sprach- oder Datenterminal besteht nur aus einer MT0. Die MT1 geht einen Schritt weiter und führt am ISDN S-Referenzpunkt eine Schnittstelle für standardkonforme Geräte heraus, die direkt als Endgerät angeschlossen werden können. Genausogut kann ein normales Datenendgerät mit Standardschnittstelle (z.B. V.24) über einen Terminaladapter **TA** die mobilen Übertragungsdienste nutzen. Eine MT2 hat die TA-Funktionalität bereits integriert.

Am S- bzw. R-Referenzpunkt stehen die GSM Träger- bzw. Datendienste zur Verfügung (Zugangspunkte 1 und 2, Bild 9.1), während an den Benutzerschnittstellen des *Terminal Equipment* **TE** (Zugangspunkt 3, Bild 9.1) die Telematikdienste genutzt werden können. Zu den Trägerdiensten gehören neben der Übertragung der digitalisierten Sprache auch leitungs- und paketvermittelte Datenübertragung. Typische Telematikdienste sind neben dem Telefoniedienst z.B.: europaweiter Notruf, Kurznachrichtendienst (*short message service*) oder Faxdienst Gruppe 3.

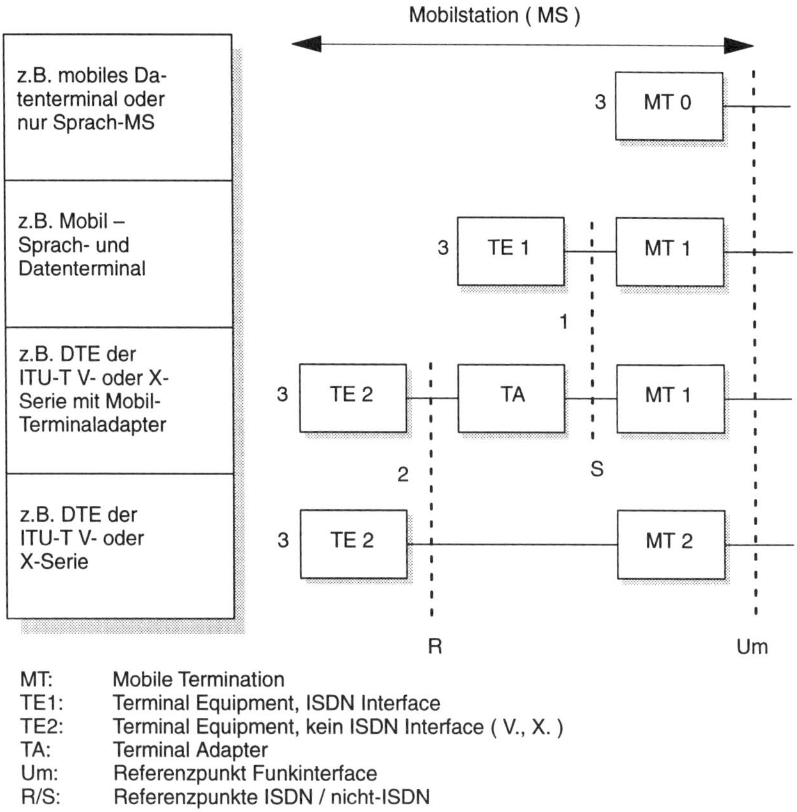


**Bild 9.1:** GSM Referenzkonfiguration

## 9.2 Übersicht der Datenkommunikation

Neben dem Sprachdienst bieten GSM-Netze eine Reihe von Daten- und darauf aufbauenden Telematikdiensten an. Der Sprachdienst benötigt innerhalb des PLMN nur eine durchgeschaltete physikalische Verbindung, die im BSS bedingt durch die Sprachtranscodierung der TRAU die Bitrate wechselt. Ab einschließlich dem MSC werden Sprachsignale in GSM-Netzen im Standard-ISDN-Format mit einer Bitrate von 64 kbit/s übertragen. Demgegenüber sind die Datendienste und auch die übrigen

Telematikdienste wie Fax Gruppe 3 wesentlich aufwendiger zu realisieren. Durch die psycho-akustischen Kompressionsverfahren des GSM-Sprachcodecs können Daten nicht einfach wie im analogen Netz per Modem als ein Sprachbandsignal übertragen werden – eine vollständige Rekonstruktion des Datensignals wäre nicht mehr möglich. Damit ist auch eine Lösung ähnlich der des ISDN, das Sprachbandsignal zu digitalisieren, nicht möglich. Vielmehr müssen die digital vorliegenden Daten im PLMN wie im ISDN auch möglich unter Umgehung des Sprachcodecs durchgehend digital übertragen werden. Dabei sind zwei grundsätzliche Bereiche zu unterscheiden, in denen besondere Maßnahmen ergriffen werden müssen: zum einen die Realisierung der Daten- und Telematikdienste an der Luftschnittstelle bzw. innerhalb des Mobilnetzes und zum anderen der Übergang vom Mobil- zum Festnetz und die damit verbundene Abbildung von Dienstmerkmalen. Diese beiden Bereiche sind in Bild 9.2 schematisch dargestellt.

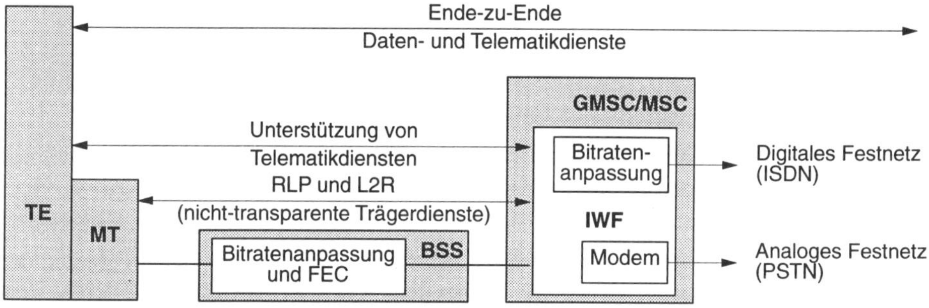


**Bild 9.2:** Trägerdienste, Interworking und Telematikdienste

Von einem PLMN werden transparente und nicht-transparente Trägerdienste angeboten. Mit diesen Trägerdiensten werden Daten zwischen der *Mobile Termination* **MT** der Mobilstation und der *Interworking Function* **IWF** des MSC übertragen. Zur Realisierung der Trägerdienste sind in den einzelnen Einheiten eines GSM Netzes mehrere Funktionen definiert:

- Bitratenanpassung (*Rate Adaptation* **RA**)
- Vorwärtsfehlerkorrektur (*Forward Error Correction* **FEC**)
- ARQ-Fehlerkorrektur mit dem *Radio Link Protocol* **RLP**
- Anpassungsprotokoll *Layer 2 Relay* **L2R**

Zur Übertragung transparenter und nicht-transparenter Daten sind mehrere Bitratenanpassungsschritte notwendig, um die Bitraten der Trägerdienste an die Kanaldatenrate der Funkschnittstelle (Verkehrskanäle mit 3,6 kbit/s, 6 kbit/s und 12 kbit/s) und die Übertragungsbitrate der Festverbindungen anzupassen. Ein Trägerdienst für die Datenübertragung kann entweder ausschließlich auf einem Vollraten-Verkehrskanal (9,6 kbit/s Datendienste) oder sowohl auf einem Voll- als auch auf einem Halbraten-Verkehrskanal (alle übrigen Datendienste) realisiert werden. Eine Mobilstation muß unabhängig vom Verkehrskanal, den sie für die Sprachübertragung verwendet, beide Typen von Verkehrskanälen für die Datenübertragung unterstützen. Die Datensignale werden durch verschiedene Anpassungseinheiten von der Benutzerdatenrate (9,6 kbit/s, 4,8 kbit/s, 2,4 kbit/s etc.) auf die Kanaldatenrate des Verkehrskanals, weiter auf die Datenrate der Festverbindungen zwischen BSS und MSC (64 kbit/s) und schließlich zurück auf die Benutzerdatenrate umgesetzt. Diese Bitratenanpassung (*Rate Adaptation* **RA**) in GSM entspricht im wesentlichen der Bitratenanpassung nach dem ITU-T Standard V.110, der die Unterstützung von Datenendgeräten mit einer Schnittstelle der V.-Serie auf einem dienstintegrierenden digitalen Netz ISDN spezifiziert [19].

Auf dem Funkweg werden die Daten durch die Vorwärtsfehlerkorrekturverfahren (FEC) eines GSM-PLMN und im Fall der nicht-transparenten Trägerdienste auf der gesamten Strecke zwischen MT und MSC zusätzlich mit dem ARQ-Verfahren des RLP gegen Übertragungsfehler geschützt. Das RLP wird also in der MT und im MSC terminiert. Die Anpassung des Protokolls der Schichten 1 und 2 der Benutzerschnittstelle auf das RLP übernimmt das *Layer 2 Relay* **L2R**.

Die Daten werden schließlich vom MSC bzw. dem GMSC über eine *Interworking Function* **IWF** in die entsprechende Datenverbindung weitervermittelt. In der *Interworking Function* IWF, die meist in einem der MS nächstgelegenen MSC aktiviert wird, aber auch im Netzübergang GMSC angesiedelt sein kann, werden die Trägerdienste des PLMN umgesetzt auf die Trägerdienste des PLMN bzw. des ISDN. Im Falle des ISDN ist diese Umsetzung relativ einfach, da hier wiederum nur eine eventuelle Bitratenanpassung notwendig ist. Im Fall des analogen PSTN müssen die digital vorliegenden Daten über ein Modem in ein Sprachbandsignal umgesetzt werden, das dann im 3,1 kHz breiten analogen Sprachband übertragen werden kann.

Mit den so realisierten Trägerdiensten können zwischen Endgerät TE und IWF eventuell notwendige Protokolle zur Unterstützung von Telematikdiensten angeboten werden. Ein Beispiel dafür ist das Fax-Adapter-Protokoll. Der Fax-Adapter ist ein spezielles Endgerät TE, das die Protokolle eines Fax-Endgerätes der Gruppe 3 mit seiner analogen physikalischen Schnittstelle auf die digitalen Trägerdienste eines GSM-PLMN abbildet und so nach der erneuten Wandlung in ein analoges Fax-Signal in der IWF des MSC eine Ende-zu-Ende-Übertragung von Faxnachrichten nach dem Standard T.30 der ITU-T ermöglicht.

Ein mögliches Interworking-Szenario für transparente Datendienste des GSM mit Übergang zum PSTN ist in Bild 9.3 dargestellt. Die analoge, leitungsorientierte Durchschalte-Verbindung des PSTN stellt einen transparenten Kanal dar, auf dem beliebige digitale Datensignale im Sprachband transportiert werden können. Im analogen Netz wählt ein Teilnehmer abhängig davon, ob er Sprach- oder Datenkommunikation betreiben möchte, ein Telefon oder ein Modem als Endgerät aus. Im PLMN dagegen müssen für die unterschiedlichen Dienste Kanalcodierverfahren umgeschaltet (Fehlerschutz für die verschiedenen Trägerdienste siehe Kap. 6.2), Bitratenanpassungsfunktionen aktiviert und Sprachcodierverfahren deaktiviert werden. In der IWF des MSC wird neben der Auflösung der Bitratenadaption ein Modem zur Datenkommunikation mit dem Festnetzpartner zugeschaltet. Sprachsignale nehmen daher im MSC einen anderen Weg als Datensignale, die im Fall von Bild 9.3 in der IWF zunächst zum Modem geleitet, dort digitalisiert und über die entsprechenden Bitratenadaptionsverfahren schließlich zur Übertragung auf dem Funkweg weitervermittelt werden. Die IWF übergibt in der Gegenrichtung die Informationen PCM-kodiert (*Puls Code Modulation* **PCM**) auf einem ISDN-Kanal (64 kbit/s) an das GMSC. Von dort werden sie durch eine Netzübergangsvermittlungseinheit in ein Analogsignal gewandelt und als Sprachbandsignal im PSTN zum analogen Endgerät weitertransportiert.

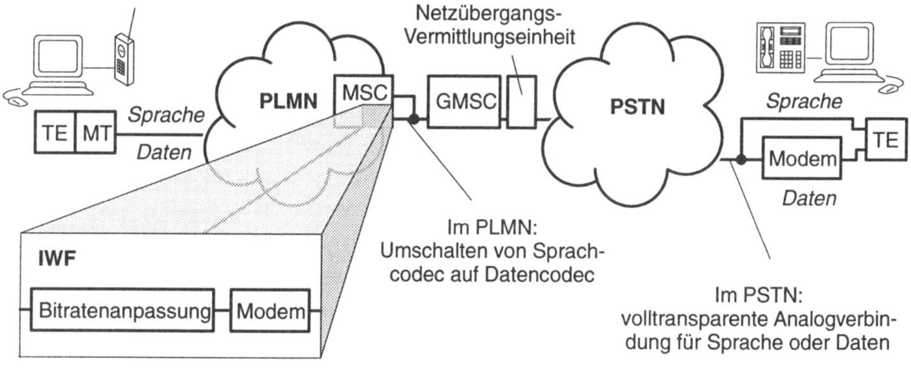


**Bild 9.3:** Interworking-Szenario PLMN-PSTN für transp. Datendienste

Nach diesen einleitenden Bemerkungen werden nun im folgenden die GSM Daten- und Telematikdienste und ihre Realisierung einschließlich der Problematik beim Netzübergang eingehender betrachtet.

## 9.3 Dienstauswahl beim Netzübergang

Mit den Datendiensten tritt ein spezifisches Interworking-Problem zwischen PLMN und ISDN/PSTN auf. Mobil-terminierte Rufe erfordern es, daß der rufende Teilnehmer (Teilnehmer des ISDN bzw. PSTN) dem GMSC mitteilt, welchen Dienst (Sprache, Daten, Fax etc.) er nutzen möchte. Im ISDN müßte er dazu ein *Bearer Capability* **BC** Informationselement in der SETUP-Meldung senden. Dieses BC-Informationselement könnte dann beim Verbindungsaufbau von der Netzübergangs-Vermittlungseinheit an das GMSC und von dort an das lokale MSC weitergereicht werden, die somit entsprechende Ressourcen aktivieren können. Im Rahmen der Rufsignalisierung (CC, siehe Kap. 7.4.5) würde auch die Mobilstation den Dienstwunsch des rufenden Teilnehmers erfahren und die dazu gehörigen Funktionen aktivieren. Zu dieser BC-Signalisierung ist der rufende Teilnehmer aber unter Umständen wegen fehlender Möglichkeiten zur ISDN-Signalisierung – insbesondere im analogen PSTN – nicht in der Lage. Die Dienstselektion muß also über einen anderen Mechanismus erfolgen. Im GSM-Standard werden dazu zwei Lösungsmöglichkeiten vorgeschlagen, die einheitlich für die Dienstselektion beim Netzübergang verwendet werden, unabhängig davon, aus welchem Netz (ISDN, PSTN) der Ruf kommt:

- *Multinumbering*
  Jedem Mobilteilnehmer werden von seinem Heimatnetz eine Reihe von MSISDN zugeteilt, denen jeweils eine bestimmte *Bearer Capability* **BC** zugeordnet ist, die beim Ruf dieser MSISDN aus dem HLR abgefragt werden kann. So ist stets eindeutig festgelegt, mit welchem Dienst eine MS gerufen wird. Das BC Informationselement wird beim Verbindungsaufbau der MS mitgeteilt, so daß diese dann entscheiden kann, ob sie den Ruf mit diesem Dienst aufgrund ihrer technischen Ausstattung annimmt.
- *Single Numbering*
  Dem Mobilteilnehmer wird nur eine einzige MSISDN zugeordnet und beim Verbindungsaufbau folglich auch keine angeforderten BCs mitgeteilt. Die MS bestimmt dann bei der Rufannahme eine bestimmte BC und fordert diese vom aktuellen MSC an. Ist das Netz in der Lage, den geforderten Dienst anzubieten, wird der Ruf vollständig durchgeschaltet.

Üblicherweise wird die *Multinumbering*-Lösung favorisiert, weil bereits bei der Ankunft des Rufes am MSC die angeforderten und die verfügbaren Ressourcen geprüft und über die MSC-seitige Rufannahme entschieden werden kann. Eine Verhandlung der BC zwischen MS und MSC findet nicht statt, so daß keine Funkressourcen unnötig belegt und die Rufaufbauphase auch nicht verlängert werden.

## 9.4 Bitratenadaption

Für die Realisierung von Trägerdiensten stehen im GSM an der Luftschnittstelle fünf grundlegende Verkehrskanäle (TCH/H2.4, TCH/H4.8, TCH/F2.4, TCH/F4.8, TCH/F9.6,Tabelle 5.2 und Tabelle 6.2) mit Bitraten von 3,6 kbit/s, 6 kbit/s und 12 kbit/s zur Verfügung. Mit diesen Verkehrskanälen müssen die Trägerdienste (Tabelle 4.2) mit Bitraten zwischen 300 bit/s bis hin zu 9,6 kbit/s realisiert werden. Darüber hinaus werden die Datensignale auf den Festverbindungen des GSM-Netzes mit einer Bitrate von 64 kbit/s übertragen.

Die am Referenzpunkt R anzuschließenden Terminals besitzen herkömmliche asynchrone und synchrone Schnittstellen. Die Datensignale an diesen Schnittstellen besitzen Bitraten, wie sie durch die GSM Trägerdienste realisiert werden. Die Datenendgeräte am Referenzpunkt R müssen also bezüglich ihrer Bitraten an die Funkschnittstelle angepaßt (adaptiert) werden. Diese Bitratenadaption ist abgeleitet von den Bitraten-Adaptionsverfahren des ISDN nach dem Standard V.110, bei dem die Bitraten der synchronen Datenströme in einem zweistufigen Verfahren durch Bildung von Rahmen zunächst auf eine Zwischendatenrate – ein Vielfaches von 8 kbit/s – und schließlich auf die Kanalbitrate von 64 kbit/s gebracht werden [24]. Die asynchronen Datenströme werden davor durch eine Art Stopfverfahren mit Stoppbits in synchrone Datenströme gewandelt.

Ein entsprechend den Anforderungen der Luftschnittstelle modifiziertes V.110-Verfahren wird auch in GSM eingesetzt. Im wesentlichen wird auch in GSM eine Umsetzung der Datensignale von der Benutzerdatenrate (z.B. 2,4 kbit/ oder 9,6 kbit/s) am Referenzpunkt R auf eine Zwischendatenrate (8 kbit/s oder 16 kbit/s) und schließlich auf die ISDN-Bitrate von 64 kbit/s vorgenommen. Die Umsetzungsfunktion von der Benutzer- auf die Zwischendatenrate wird RA1, die Umsetzungsfunktion von der Zwischen- auf die ISDN-Datenrate wird RA2 genannt. Als GSM-spezifischer Bitraten-Adaptionsschritt kommt noch eine Umsetzung der Zwischendatenrate jeweils von bzw. auf die Kanaldatenrate (3,6 kbit/s, 6 kbit/s oder 12 kbit/s) des Verkehrskanals der Funkschnittstelle am Referenzpunkt Um hinzu. Diese Adaptionsfunktion von der Zwischen- auf die Kanalbitrate wird mit RA1/RA1' bezeichnet. Eine Adaptionsfunktion RA1' nimmt die direkte Umsetzung von der Benutzer- auf die Kanaldatenrate ohne den Schritt über die Zwischendatenrate vor. Die Tabelle 9.1 gibt eine Übersicht der Bitraten an den Referenzpunkten und der zwischen den RA-Modulen auftretenden Zwischendatenraten.

**Tabelle 9.1:** Datenraten bei der GSM Bitratenanpassung

| | Benutzer-datenrate | Zwischen-datenrate | Funkschnitt-stelle | S-Interface |
|---|---|---|---|---|
| **Referenzpunkt** | **R** | **-** | **Um** | **S** |
| **RA1** | $\leq$ 2.4 kbit/s | 8 kbit/s | | |
| **RA1** | 4.8 kbit/s | 8 kbit/s | | |
| **RA1** | 9.6 kbit/s | 16 kbit/s | | |
| **RA2** | | 8 kbit/s | | 64 kbit/s |
| **RA2** | | 16 kbit/s | | 64 kbit/s |
| **RA1/RA1'** | | 8 kbit/s | 3.6 kbit/s | |
| **RA1/RA1'** | | 8 kbit/s | 6 kbit/s | |
| **RA1/RA1'** | | 16 kbit/s | 12 kbit/s | |

Für die einzelnen Bitraten-Adaptionsschritte ist jeweils ein Adaptions-Rahmen definiert, in dem neben den Daten- auch Signalisierungs- und Synchronisationsinformationen übertragen werden. Diese Adaptions-Rahmen sind ausgehend von den V.110-Rahmen definiert, und es werden drei Typen von GSM-Adaptions-Rahmen anhand ihrer Länge (36 Bits, 60 Bits, 80 Bits) unterschieden (Bild 9.4, Bild 9.5).

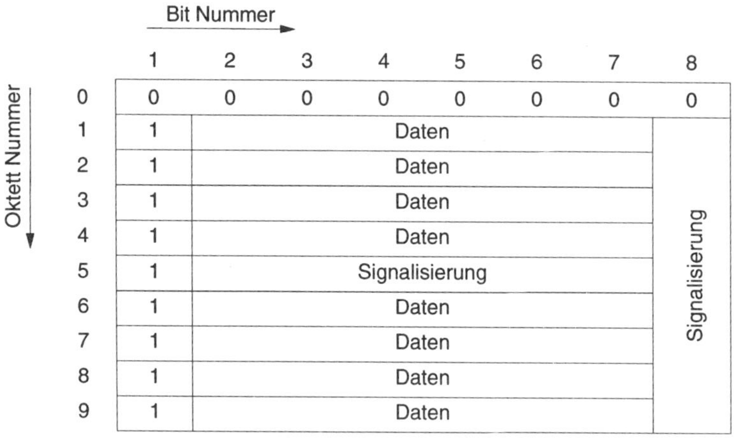


**Bild 9.4:** V.110 80 Bit Adaptionsrahmen für die Stufe RA1

Die Umsetzung der Datensignale von der Benutzer- auf die Zwischendatenrate in der Stufe RA1 verwendet den regulären 80 Bit langen Rahmen des V.110-Standards. Bei diesem Adaptionsschritt werden jeweils 48 Nutzdatenbits mit 17 Füllbits und 15 Signalisierungsbits zu einem 80 Bit V.100-Rahmen ergänzt. Aufgrund des Verhältnisses Nutzdaten zur Gesamtrahmenlänge von 0,6 können mit diesem Adaptionsschritt Benutzerdatenraten von 4,8 kbit/s auf 8 kbit/s und von 9,6 kbit/s auf 16 kbit/s umgesetzt werden. Alle Benutzerdatenraten kleiner als 4,8 kbit/s werden durch Wiederholung der einzelnen Datenbits auf ein Datensignal mit 4,8 kbit/s Datenrate “aufgepolstert”, d.h. beispielsweise bei einem 2,4 kbit/s Signal werden alle Bits doppelt oder bei einem 600 bit/s Signal achtfach in den RA1-Rahmen geschrieben.

Bei der Umsetzung von der Zwischendatenrate auf die Kanaldatenrate in der Stufe RA1/RA1’ werden die 17 Füllbits und drei der Signalisierungsbits, die zur Synchronisierung dienen und beim synchronen Übertragungsverfahren über die Luftschnittstelle nicht benötigt werden, aus dem RA1-Rahmen entfernt. Damit ergibt sich dann ein modifizierter V.100-Rahmen von 60 Bit Länge (Bild 9.5), und die Datenrate wird von 16 kbit/s auf 12 kbit/s sowie von 8 kbit/s auf 6 kbit/s angepaßt.

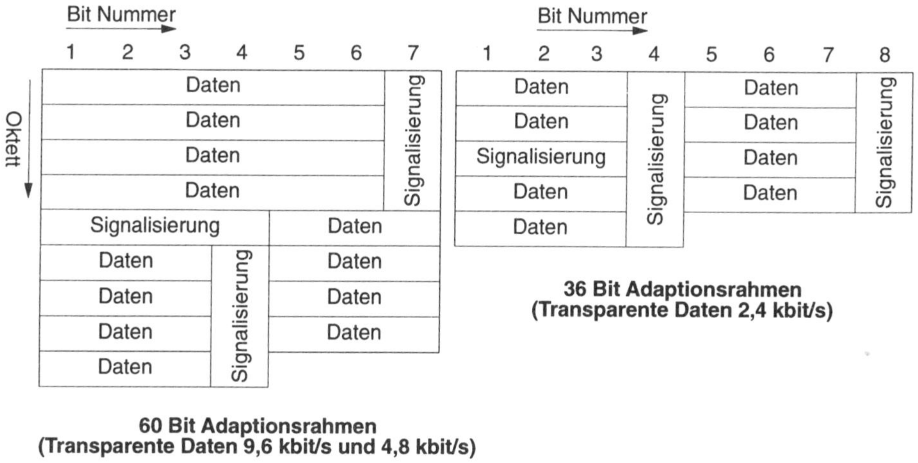


**Bild 9.5:** Modifizierte V.110 Adaptionsrahmen für die Stufe RA1’

Damit ist im Fall der Nutzdatensignale mit 4,8 kbit/s und 9,6 kbit/s Datenrate bereits die Anpassung auf die Kanaldatenrate erreicht. Im Fall der Benutzerdatenraten kleiner als 4,8 kbit/s werden zusätzlich Teile der mehrfach vorhanden Nutzdatenbits wieder gelöscht, so daß nur noch ein modifizierter V.110-Rahmen von 36 Bit Länge benötigt wird. Damit werden die Benutzerdatenraten kleiner als 4,8 kbit/s auf 3,6 kbit/s Kanaldatenrate angepaßt. Die Nutzdatenbits des 2,4 kbit/s Signals werden dabei nicht mehr doppelt übertragen, während beispielsweise die Bits eines 600 bit/s Nutzdatensignals nur noch vierfach in den 36-Bit-Rahmen der RA1’-Stufe geschrieben werden. Dies gilt allerdings nur für die transparenten Trägerdienste. Für die nicht-transparenten Trägerdienste wird der modifizierte 60 Bit V.110 Rahmen vollständig zur Übertragung von 60 Datenbits einer RLP-PDU genutzt. Die notwendigen Signalisierungsbits werden durch das Schicht-2-Relais L2R mit den Nutzdaten in den RLP-Rahmen gemultiplext.

Das Modem, mit dem über die Leitung des PSTN kommuniziert wird, ist in der IWF des MSC angesiedelt, da von hier an die Daten im PLMN digital transportiert werden. Für Stauregelung, Flußkontrolle und andere Funktionen an der Modemschnittstelle müssen die Schnittstellensignale daher vom Modem durch das PLMN an die Mobilstation geführt werden. Deswegen sind in den Rahmen der Bitratenanpassungsfunktionen Signalisierungsbits reserviert, welche diese Signale repräsentieren und so der MS eine direkte Modemsteuerung erlauben. Die Verbindung eines solchen Trägerdienstes ist also nicht nur für die Nutzdaten sondern auch für die *Out-of-Band*-Signalisierung der (seriellen) Modemschnittstelle in der IWF transparent.

# 9.5 Asynchrone Datendienste

Asynchrone Datenübertragung auf der Basis der Schnittstellen der V- und der X-Serie ist in den Festnetzen weit verbreitet. Um solche "Nicht-GSM"-Schnittstellen zu unterstützen, kann in der Mobilstation eine Anpassungseinheit (*Terminal Adapter* **TA**) vorgesehen werden, über die Standard-Endgeräte mit V- oder X-Schnittstelle (z.B. V.24) angeschlossen werden können. Diese Anpassungseinheit kann auch physikalisch in die Mobilstation integriert sein (MT2, Bild 9.1).

Die Flußkontrolle zwischen TA und IWF kann wie im ISDN auf unterschiedliche Weise unterstützt werden:

- keine Flußkontrolle, sie wird Ende-zu-Ende von höheren Protokollschichten (z.B. der Transportschicht) erbracht
- *In-band Flow Control* mit XON/XOFF-Protokoll
- *Out-of-band Flow Control* nach V.110 mit Schnittstellenleitungen 105 und 106

## 9.5.1 Transparente Übertragung im Mobilnetz

Die Daten werden beim transparenten Übertragungsmodus im Mobilnetz mit reiner Schicht-1-Funktionalität übertragen. Neben der Fehlerschutzcodierung auf der Luftschnittstelle werden nur Bitratenadaptionen durchgeführt.

Die Nutzdaten werden hinsichtlich ihrer Datenrate an den Verkehrskanal der Luftschnittstelle angepaßt und mit fehlerkorrigierenden Codes (FEC) gegen Übertragungsfehler geschützt. Als Beispiel zeigt Bild 9.6 das Protokollmodell für transparente, asynchrone Datenübertragung über eine MT1 mit einer S-Schnittstelle. Die Daten werden durch Bitratenadaptionsverfahren zunächst im TE1 oder TA in einen synchronen Datenstrom gewandelt (Bitraten-Adaption, Stufe RA0). In weiteren Stufen werden die Datenraten an das Standard-ISDN-Interface einer MT1 angepasst (RA1, RA2) und dann in der MT1 über RA2, RA1 und RA1' auf die Kanalbitrate an der Funkschnittstelle umgesetzt. Mit einem vorwärtskorrigierenden Kode FEC versehen werden die Daten übertragen und im BSS durch die inverse Ausführung der Bitratenadaption wieder auf die 64 kbit/s an der Schnittstelle zum MSC umgesetzt. Wesentlich häufiger als eine MT1 mit einer (internen) S-Schnittstelle wird in einer Mobilstation allerdings eine reine R-Schnittstelle ohne interne Umsetzung auf die volle ISDN-Datenrate in der Stufe RA2 realisiert. In diesem Fall entfällt der Bitraten-Adaptionsschritt RA2 und damit auch die Umsetzung auf die Zwischendatenrate in der Stufe RA1. Das Signal wird direkt nach der Asynchron-Synchron-Wandlung in der Stufe RA0 von der Benutzerdatenrate auf die Kanaldatenrate umgesetzt (Stufe RA1').

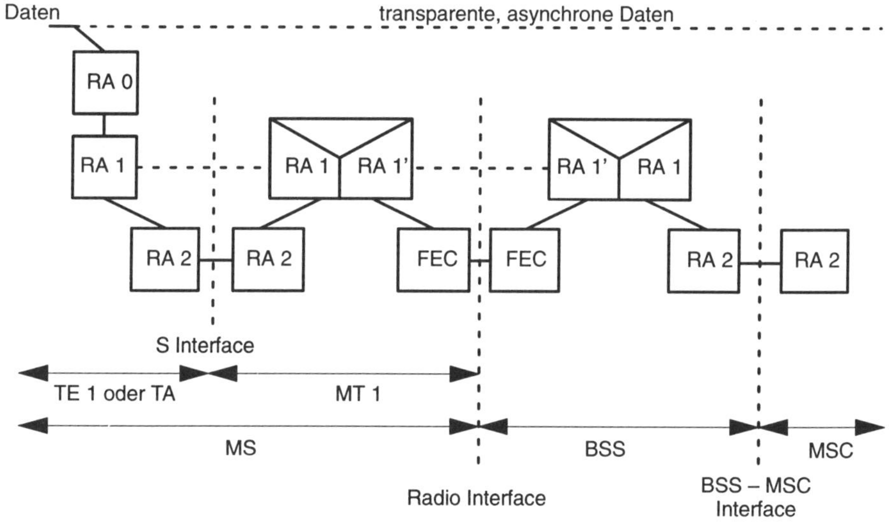


**Bild 9.6:** Transparente Übertragung asynchroner Daten im GSM

Eine Variante, die ohne Terminaladapter auskommt, ist in Bild 9.7 schematisch dargestellt. Dabei werden in einer MT2 die komplette Schnittstellenfunktionalität (*Interface Circuit* **I/Fcct**) für eine (serielle) V.-Schnittstelle sowie die notwendigen Anpassungseinheiten integriert. Die Datensignale D werden in der MT2 in ein synchrones Signal umgewandelt (RA0) und zusammen mit der Signalisierungsinformationen S der V.-Schnittstelle in einem modifizierten V.100-Rahmen an die Kanaldatenrate angepaßt (RA1'). Nach der Fehlerschutzcodierung FEC werden die Datensignale über die Luftschnittstelle übertragen und schließlich nach der Dekodierung und eventuellen Fehlerkorrektur im BSS auf die für die Weiterübertragung notwendige Datenrate eines ISDN B-Kanals angepaßt (RA2).

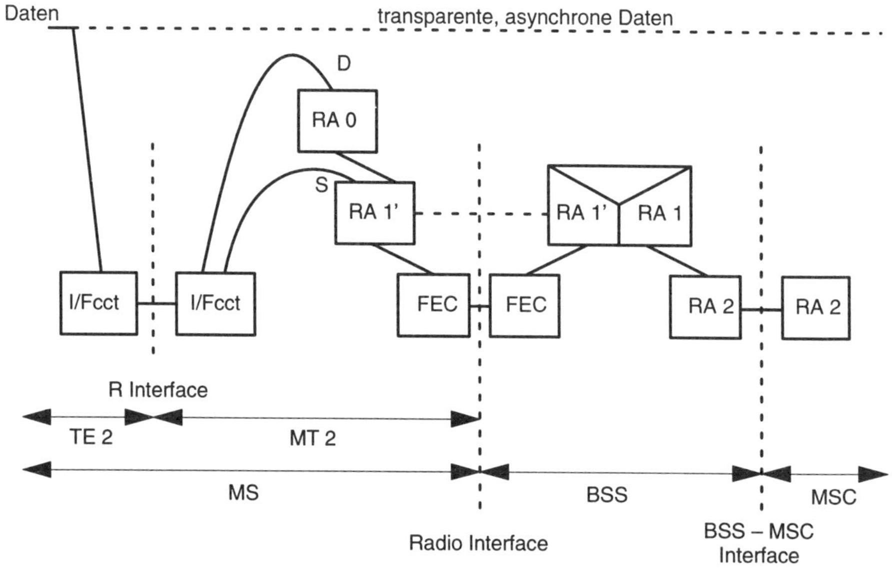


**Bild 9.7:** Transparente Übertragung asynchroner Daten über R-Schnittstelle

Ein komplettes Szenario mit den in Frage kommenden Netzübergängen für einen transparenten Trägerdienst mit Modem in der Interworking-Funktion zur Umsetzung der digitalen Datensignale in ein analoges Sprachbandsignal ist in Bild 9.8 dargestellt. Ein mobiles Datenendgerät nutzt über eine R-Schnittstelle (S-Schnittstelle ist ebenfalls möglich) den transparenten Trägerdienst des GSM PLMN. Die Daten werden leitungsorientiert zur Interworking Funktion IWF im MSC übertragen. Zur Kommunikation mit einem Modem im Festnetz schaltet die IWF entsprechende Modemfunktionen ein und wandelt die digitalen Datensignale in ein analoges Sprachbandsignal um. Die IWF digitalisiert dieses Sprachbandsignal wieder und reicht die Daten PCM-kodiert über das GMSC weiter. Nach dem Netzübergang wird das Datensignal schließlich zum Modem des Kommunikationspartners übertragen. Dieses Modem kann sowohl das eines Endgerätes im PSTN sein, als auch zu einem ISDN-Endgerät gehören. Vor der Übertragung im PSTN wird das PCM-codierte Signal wieder in ein analoges Sprachbandsignal gewandelt. Im ISDN wird das Signal als PCM-codiertes Signal der Kategorie *3,1 kHz Audio* übertragen; eine erneute

Wandlung muß nicht vorgenommen werden. Ein Teilnehmer im ISDN benötigt eine Anpassungseinheit TA' zur Umwandlung des digitalen Sprachband-Signales in ein analoges Signal, das dann mit einem Modem weiterverarbeitet und zum Datenendgerät übergeben werden kann.

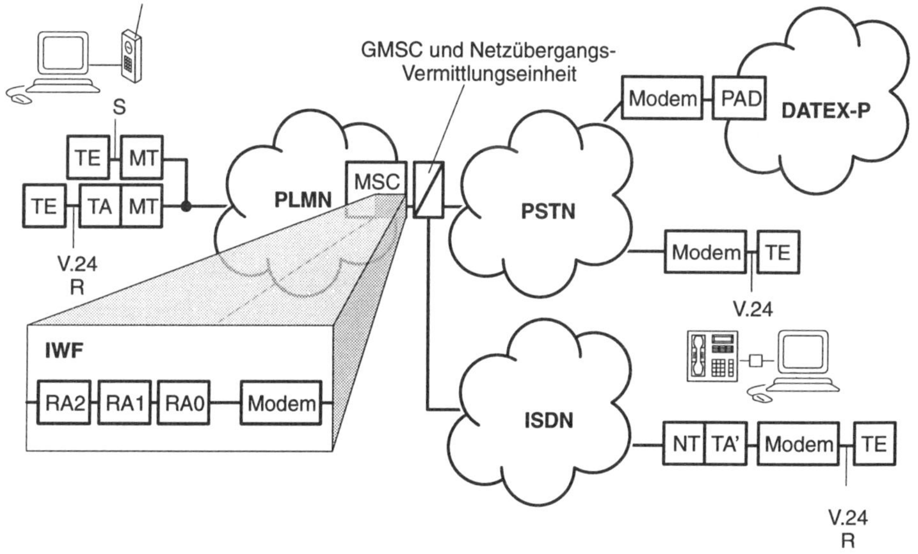


**Bild 9.8:** Prinzip des asynchronen transparenten Datentransfers (Modemvariante)

Eine weitere Variante besteht in der leitungsvermittelten Modem-Verbindung zu einem Paketnetz-Zugangsknoten, wie sie von festen Anschlüssen aus auch möglich ist. In diesem Zugangsknoten werden die asynchronen Modem-Signale in einem Modul *Packet Assembler/Disassembler* **PAD** in Paketen zusammengefaßt und dann im Paketdatennetz weitervermittelt. Diese Variante des Paketdatennetz-Zugangs hat den Nachteil, daß insbesondere bei international roamenden Mobilteilnehmern die durchschaltevermittelte Verbindung zum PAD eine große Strecke zurücklegen muß, da in der Regel nicht der nächstgelegene PAD derjenige ist, über den diesem Teilnehmer der Paketdatennetz-Zugang erlaubt ist.

Die Verbindung zu Standard-ISDN-Endgeräten ohne Analogmodem basierend auf der digitalen Datenübertragung des ISDN ist auch möglich. Dafür ist der Übertragungsmodus *Unrestricted Digital* definiert. In diesem Fall erfolgt nur eine Bitratenanpassung nach V.110 (Bild 9.9). Die Daten kommen in V.110-Rahmen auf einem ISDN-Kanal mit 64 kbit/s vom BSS beim MSC an und werden im ISDN auf einem B-Kanal transparent mit 64 kbit/s in V.110-Rahmen weiterübertragen. Die ansonsten notwendigen Modems entfallen bei einer *Unrestricted Digital*-Verbindung vollständig. Allerdings kann über eine entsprechende Anpassungseinheit TA', die das *Unrestricted Digital*-Signal in ein analoges Sprachbandsignal nach einem der V.-Standards umwandelt, auch in diesem Fall ein ISDN-Teilnehmer ein Endgerät mit analogem Modem betreiben.

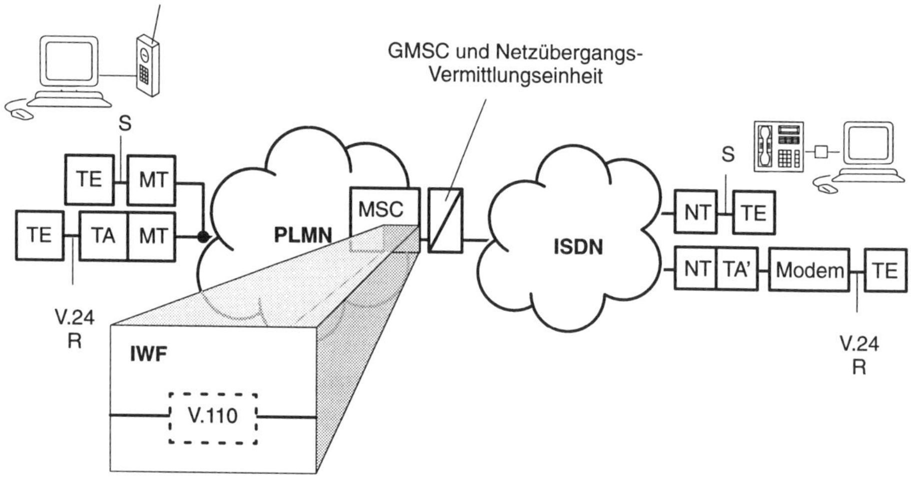


**Bild 9.9:** Transparenter Datentransfer zum ISDN (*Unrestricted Digital*)

Die Qualität der transparenten Datendienste in GSM schwankt mit den Funkfeldbedingungen. Deutlich wird dies beispielsweise anhand von Vergleichsmessungen des transparenten Datendienstes BS26 mit 9,6 kbit/s Datenrate bei fahrender und stehender Mobilstation. In Bild 9.10 ist die Gewichtsverteilung der Bitfehler für diese beiden Fälle bei einer Blocklänge von 1024 Bit gezeigt. Die Gewichtsverteilung gibt die Häufigkeit dafür an, daß in einem Block von n Bit Länge (hier n=1024) mindestens m Bitfehler auftreten:

$$P(m,n) = \sum_{i=m}^{\infty} P(i \textit{ Fehler in n–Bit–Block})$$

Bei der in Bild 9.10 gezeigten Verteilung handelt es sich um Messungen der Fehlerstatistiken des BS26, die 1994 im vorstädtischen Bereich bei fahrender und stehender Mobilstation durchgeführt wurden [6]. Man erkennt, daß die Fehlerhäufigkeit bei stehender Mobilstation ("stationär") deutlich geringer ist als bei fahrender Mobilstation ("mobil"). Das hängt damit zusammen, daß die Messungen über mehrere

Standorte und Meßfahrten verteilt waren. Im Mittel ergibt sich damit bei fahrender Mobilstation ein mit den unvermeidlichen Schwunderscheinungen teilweise stark schwankender Kanal, der häufig auch Bursts mit hoher Bitfehlerhäufigkeit erzeugt, was in einer insgesamt höheren mittleren Bitfehlerhäufigkeit und damit auch in einer höheren Paketfehlerhäufigkeit P(1,1024) resultiert.

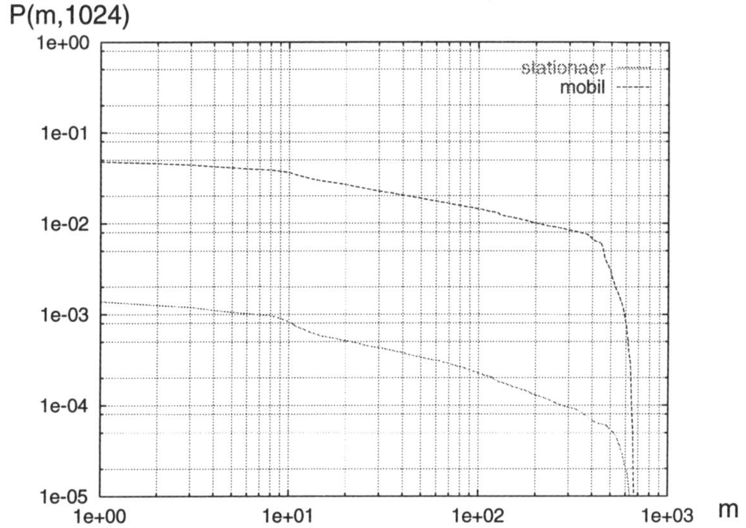


**Bild 9.10:** Gewichtsverteilung eines transparenten GSM-Trägerdienstes (BS26)

### 9.5.2 Nicht-transparente Datenübertragung

Im Gegensatz zum transparenten Übertragungsmodus werden im GSM bei nicht-transparenten Datendiensten die Nutzdaten innerhalb des PLMN zusätzlich zum FEC-Verfahren (Faltungskode, Interleaving) durch ein Protokoll der Schicht 2, das *Radio Link Protocol* **RLP**, gesichert. Dieses Sicherungsprotokoll reduziert die Restbitfehlerhäufigkeit bei der Datenübertragung im Mobilnetz weiter. Durch die automatische Wiederholungsanforderung (ARQ) des RLP werden allerdings zusätzliche Übertragungsverzögerungen auf dem Datenpfad eingefügt und der effektive Nutzdatendurchsatz reduziert (Protokoll-Overhead).

Die Nutzdaten werden durch das RLP auf der Schicht 2 zwischen *Mobile Termination* MT und MSC/IWF gesichert. Dadurch werden sowohl Übertragungsfehler korrigiert, die aufgrund von Funkfeldbedingungen entstehen und vom FEC nicht mehr korrigiert werden können, als auch jene, die durch Unterbrechungen beim Umschalten/Weiterreichen von Verbindungen (Handover) verursacht werden. Für Signalisierung im FACCH können einem Daten-TCH Zeitschlitze "gestohlen" werden, so daß Datenverluste auftreten. Auch dagegen bietet das RLP einen Fehlerschutz für die Nutzdaten.

Beim nicht-transparenten Datentransfer mit RLP ist eine zusätzliche Subschicht in der Schicht 2 notwendig, das *Layer 2 Relay* **L2R**. Dieses Brückenprotokoll bildet die Nutzdaten und die Statusinformationen der Benutzer-Modem-Schnittstelle der IWF auf Informations-Rahmen des RLP ab. Je nach Art der Nutzdaten (zeichenorientiert oder bitorientiert) wird ein L2R-Protokoll eingesetzt: das *Layer 2 Relay Bit Oriented Protocol* **L2RBOP** und das *Layer 2 Relay Character Oriented Protocol* **L2RCOP**. Eine L2R-PDU wird dem RLP als Service-Dateneinheit SDU übergeben und in den RLP-Rahmen als Datenfeld eingesetzt. Das erste Oktett einer L2R-PDU enthält stets Steuerinformationen wie etwa den Status der Signalisierungsleitungen der seriellen Schnittstelle. Darüber hinaus kann eine L2R-PDU beliebig viele solcher Statusoktette enthalten. Sie werden immer dann in den Nutzdatenstrom eingefügt, wenn sich der Zustand einer Schnittstelleninformation (z.B. Hardware-Flußkontrolle) ändert. Damit sind von den 200 Nutzdatenbits eines RLP-Rahmens (Bild 7.10) nur noch maximal 192 Bits mit Benutzerdaten belegbar. Da aber die Signalisierungsinformationen bereits in der L2R-PDU enthalten sind, müssen sie bei der Bitratenadaption nicht mehr berücksichtigt werden. Damit kann der modifizierte 60 Bit V.110-Rahmen (Bild 9.5) vollständig mit Datenbits belegt und die volle Kanaldatenrate von max. 12 kbit/s für die Übertragung der RLP-Daten genutzt werden. Je vier aufeinanderfolgende modifizierte V.110-Rahmen transportieren einen vollständigen RLP-Rahmen. Berücksichtigt man den Protokoll-Overhead des RLP (16,7%) und den minimalen *Overhead* einer L2R-PDU (0,5%), so ergibt sich eine für den Teilnehmer nutzbare Datenrate von maximal 9,95 kbit/s.

Als Beispiel wird nun das Protokollmodell für asynchrone, nicht-transparente, zeichenorientierte Datenübertragung über die S-Schnittstelle im GSM vorgestellt (Bild 9.11). Die Daten werden vom *Layer 2 Relay* L2R der MT1 mittels *L2R Character Oriented Protocol* **L2RCOP** und RLP zum MSC übertragen. Dazwischen liegen wie im transparenten Fall wieder FEC, RA1, RA1' und RA2. Die RLP-Rahmen werden dabei synchron transportiert. Nur der Benutzerdatenstrom an der Teilnehmerschnittstelle ist asynchron und muß im Modell von Bild 9.11 für die S-Schnittstelle bereits im Endgerät in einen synchronen Datenstrom gewandelt werden (RA0). Im Fall eines Endgerätes mit V.-Schnittstelle und einer MT2 (Referenzpunkt R) würde diese Bitratenadaption an der S-Schnittstelle vollständig entfallen. Die asynchronen Zeichen werden dann an der seriellen Schnittstellen (*Interface Circuit* **I/Fcct**) direkt vom L2R entgegen genommen, eventuelle Start-Stop-Bits entfernt und die Daten in L2R-PDU zusammengefaßt.

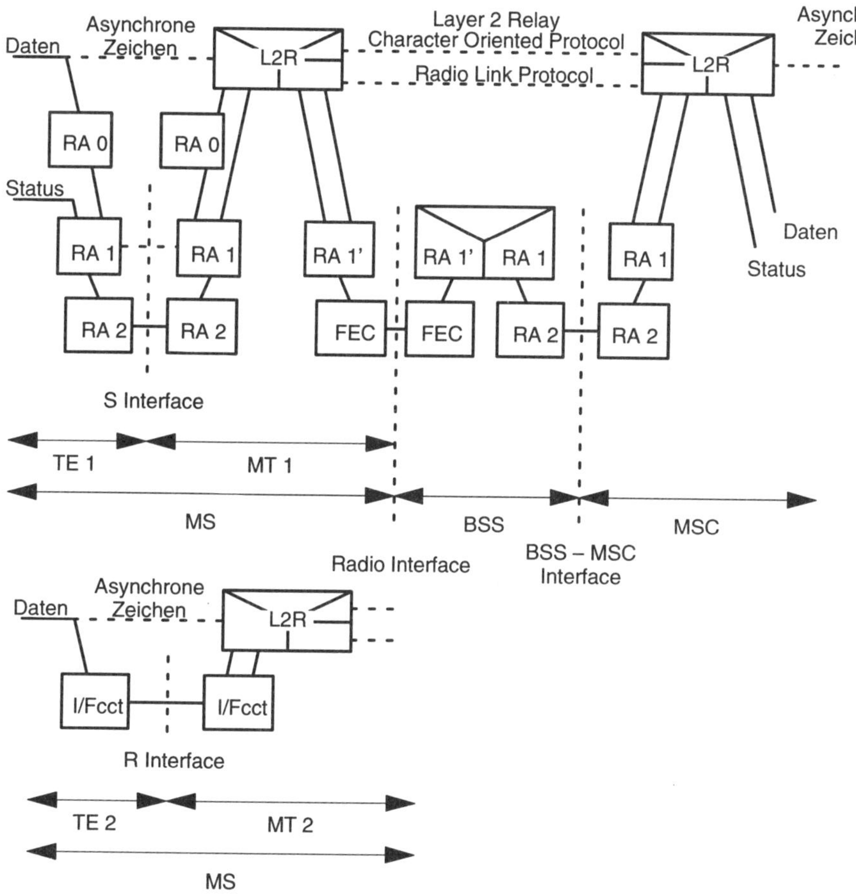


**Bild 9.11:** Nicht-Transparente Datenübertragung im GSM

Ein vollständiges Netz-Übergangs-Szenario mit nicht-transparenten, asynchronen GSM-Datendiensten zeigt Bild 9.12. Das RLP wird im MSC/IWF terminiert und die Benutzerdaten durch das zugehörige L2R wieder in einen asynchronen Datenstrom gewandelt. Die IWF stellt für den Netzübergang auch im nicht-transparenten Fall beide bereits erwähnten Varianten zur Verfügung: mit Modems einerseits und *Unre-*

*stricted Digital* andererseits. Sie schaltet im Fall eines Netzübergangs zum PSTN oder zu einer *3,1 kHz Audio* Verbindung ins ISDN die entsprechenden Modemfunktionen hinzu und gibt die Daten PCM-kodiert an das GMSC (in Bild 9.12 nicht gezeigt) weiter, von wo aus sie in die Festnetze geleitet werden. Über mehrere Bitratenanpassungsschritte (RA0 – RA1 – RA2, Bild 9.12) können die Nutzdaten außerdem in der IWF in ein synchrones *Unrestricted Digital*-Signal umgesetzt werden, das transparent im ISDN-B-Kanal mit 64 kbit/s übertragen wird.

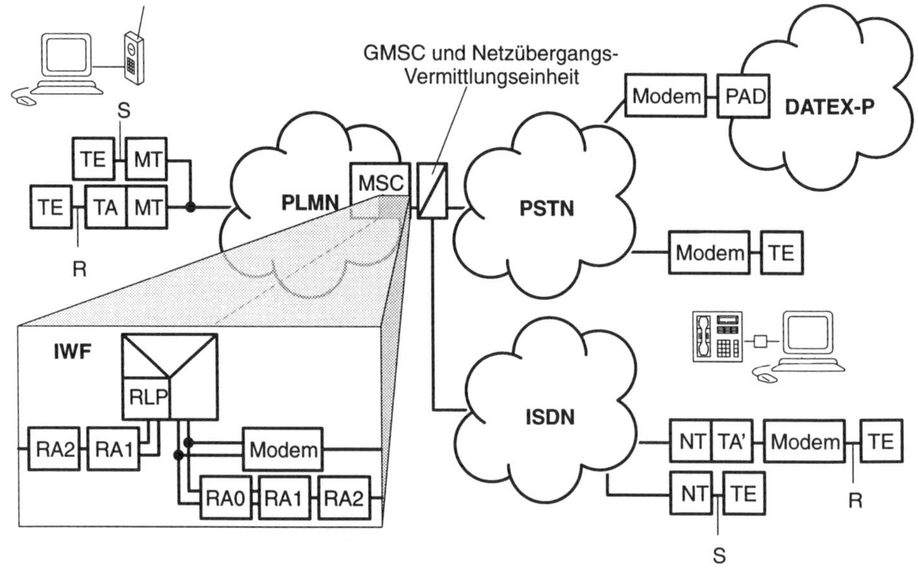


**Bild 9.12:** Prinzip des nicht-transparenten Datentransfers

## 9.5.3 PAD-Zugänge zu öffentlichen Paketdatennetzen

### 9.5.3.1 Asynchrone Verbindung zum PSPDN-PAD

Wie in Bild 9.8 und Bild 9.12 bereits dargestellt, ist mit den asynchronen Datendiensten des GSM bereits ein Zugang zu Paketdatennetzen (*Packet Switched Public Data Networks* **PSPDN**, in Deutschland das DATEX-P) möglich. Notwendig ist dazu ein *Packet Assembler/Disassembler* **PAD** des PSPDN, der die asynchronen Daten der Modemstrecke in X.25-Pakete ein- und auspackt. Der PAD-Zugang erfolgt unter

Verwendung der Protokolle X.3, X.28, X.29 ("Tripel-X"-Profil). Der Mobilteilnehmer wählt für den Dienstzugang zum PSPDN wie aus dem Festnetz die Rufnummer eines PAD, über den ihm der Zugang zum Paketdatennetz erlaubt ist. Damit erhält er den gleichen Zugang zum PSPDN (DATEX-P) wie als Festnetzteilnehmer, abgesehen von längeren Leitungslaufzeiten und größeren Fehlerhäufigkeiten. Es wird empfohlen, für diesen PAD-Zugang zum PSPDN auf der Luftschnittstelle im PLMN die Daten nicht-transparent mit RLP zu übertragen [9].

#### 9.5.3.2 Dedizierter PAD-Zugang im GSM

Der Zugang zum Paketdatennetz direkt über die asynchronen Datendienste des GSM hat jedoch Nachteile:

- Es ist ein zweites Teilnehmerverhältnis mit dem Paketdatennetz-Betreiber notwendig.
- Unabhängig davon, wo sich der Mobilteilnehmer aufhält, ist immer eine leitungsvermittelte Verbindung zu einem PAD seines Paket-Dienstanbieters erforderlich. Unter Umständen ist dem Teilnehmer der Paketdatennetz-Zugang sogar nur an bestimmten PAD erlaubt. Dies ist vor allem dann besonders nachteilig, wenn sich der Teilnehmer in einem fremden GSM-Netz aufhält und Entgelte für internationale Leitungen anfallen.

Deshalb wurde im GSM ein weiterer PSPDN-Zugang definiert, der diese Nachteile nicht aufweist: der Dedizierte PAD-Zugang (*Dedicated PAD Access*, Bild 9.13). Es handelt sich dabei um die *Bearer Services* BS41 bis BS46 (Tabelle 4.2). Bei dieser Art des Zugangs vom PLMN ins PSPDN besitzt jedes PLMN mindestens einen PAD, der für das Ein-/Auspacken der X.25-Pakete der jeweiligen Mobilteilnehmer zuständig ist.

Dazu wird in der IWF oder in einem speziell dafür reservierten MSC (Bild 9.13) eine zusätzliche Ressource, der PAD zugeschaltet. Dieser PAD kann ebenfalls wieder asynchron mit transparenten oder nicht-transparenten PLMN-Verbindungen erreicht werden. Allerdings ist bei dieser Lösung die GSM-Verbindung zum PAD so kurz wie möglich, da bereits mit der nächstgelegenen IWF ein PAD erreicht wird und in keinem Fall mehr internationale Leitungen für den PAD-Zugang belegt werden müssen. Die Paketierung der Nutzdaten erfolgt bereits im Mobilnetz, nicht erst in einem entfernten PAD des Paketdatennetzbetreibers, weshalb für den Mobilteilnehmer auch kein separates Teilnehmerverhältnis mit diesem Paketdatennetzbetreiber mehr notwendig ist. Der dedizierte PAD des aktuellen PLMN übernimmt nun das Ein- und Auspacken der asynchronen Daten in X.25-Pakete, die dann über ein spezielles Interworking-MSC (P-IWMSC) an das PSPDN (in Deutschland: DATEX-P) weitergereicht werden [9].

Der dedizierte PAD besitzt in allen GSM-Netzen ein einheitliches Profil und wird in jedem Netz mit der gleichen Zugangsprozedur erreicht. Auch in fremden PLMN erhält eine Mobilstation so den frühestmöglichen und somit kostengünstigsten Zugang zum Paketdatennetz. Die Vergebührung erfolgt über die GSM-Rufnummer (MSISDN) des Mobilteilnehmers, eine eigene Kennung für das PSPDN (*Network User Identification* **NUI**) ist nicht notwendig. Allerdings sind somit nur gehende Paketverbindungen des Mobilteilnehmers möglich.

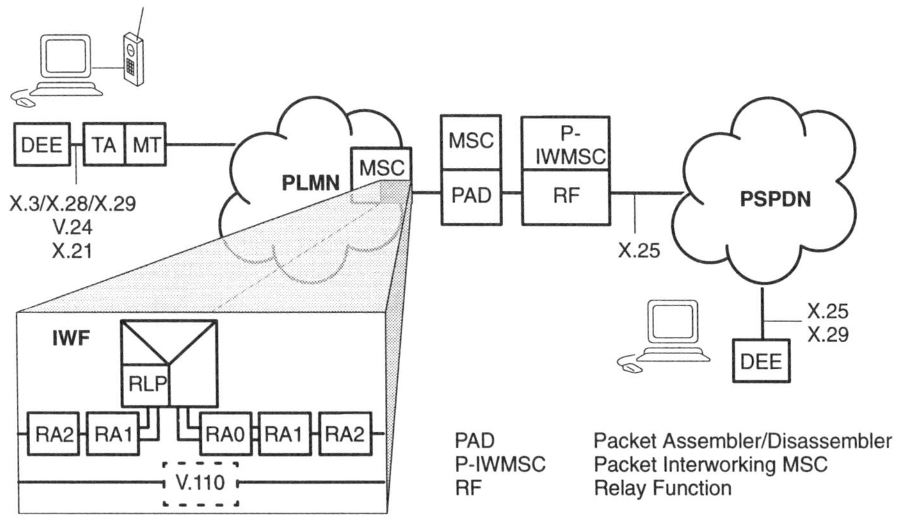


**Bild 9.13:** Dedizierter PAD-Zugang mit asynchronen GSM-Datendiensten

# 9.6 Synchrone Datendienste

## 9.6.1 Übersicht

Synchrone Datendienste bieten Zugänge zu synchronen Modems im PSTN oder ISDN und zu leitungsvermittelten Datennetzen. Diese Zugänge besitzen keine große Bedeutung; dennoch sind synchrone Datendienste im GSM definiert. Die wesentlichen Unterschiede zu den asynchronen Übertragungsverfahren liegen in den Bitratenanpassungsfunktionen und bei den Modems. Für einen synchronen Datendienst muß keine RA0-Bitratenadaption (Wandlung von asynchron nach synchron) mehr durchgeführt werden, da die Daten ja bereits synchron anliegen. Dafür werden allerdings spezielle synchrone Modems in der IWF benötigt. Synchrone Datendienste können nur transparent angeboten werden, mit Ausnahme des X.25-Paketdatennetz-Zugangs, eine der bedeutenderen Anwendungen synchroner Datendienste im GSM.

### 9.6.2 Synchrone Paketdatennetz-Zugänge nach X.25

Das Protokollmodell in Bild 9.14 ist das Modell für die synchrone Datenübertragung im nicht-transparenten Modus mit dem Paketdatennetz-Zugangsprotokoll nach dem ITU-T-Standard X.25. Wegen des nicht-transparenten Übertragungsverfahrens muß das X.25 Sicherungsschicht-Protokoll (*Link Access Procedure B* **LAPB**) sowohl in der MT als auch in der IWF abgeschlossen werden. Da das LAPB-Protokoll des X.25-Protokollstacks bitorientiert arbeitet, wird im Layer 2 Relay das bitorientierte Protokoll *Layer 2 Relay Bit Oriented Protocol* **L2RBOP** notwendig.

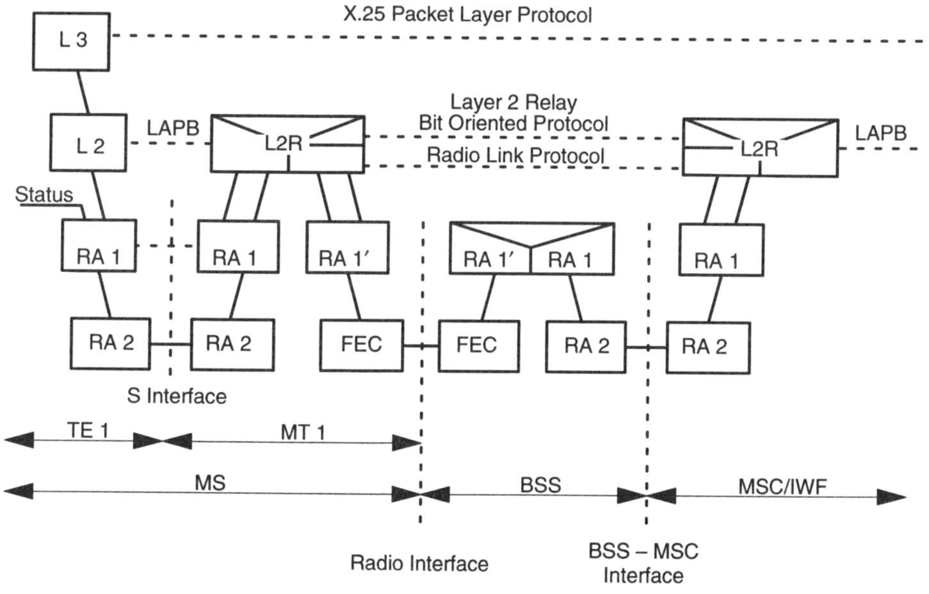


**Bild 9.14:** X.25-Zugang an der ISDN S-Schnittstelle

#### 9.6.2.1 Basic Packet Mode

Mit dem Protokollmodell von Bild 9.14 können zwei Varianten des PSPDN-Zugangs realisiert werden:

- PSPDN-Zugang entsprechend ITU-T X.32
- Zugang zum ISDN-*Packet Handler* nach ITU-T X.31 Case A (*Basic Packet Mode*)

Der PSPDN-Zugang über X.32 hat wenig Resonanz seitens der Anwender erfahren. Das X.31-Verfahren wird häufiger verwendet.

Der PSPDN-Zugang nach X.32 ist die einfachere Variante. Über ein synchrones Modem in der IWF können die X.25-Pakete direkt an das PSPDN übertragen werden. Dies setzt nicht unbedingt nicht-transparente Übertragung im GSM voraus; sie ist aber wegen der niedrigeren Restbitfehlerhäufigkeit sinnvoll. Im Falle der nichttransparenten Übertragung muß das LAPB-Protokoll jeweils in MT und IWF abgeschlossen werden (s.o.). Der Teilnehmer benötigt eine PSPDN-Kennung (*Network User Identification* **NUI**). Es sind kommende und gehende Paketverbindungen möglich, allerdings besteht auch hier wieder beim internationalen Roaming das Problem, daß leitungsvermittelte Verbindungen zum Heimat-PSPDN notwendig sind.

Das Zugangs-Verfahren nach ITU-T-Standard X.31 Case A (*Basic Packet Mode*) ist die günstigere Variante dieser Gruppe von Diensten. Die X.25-Pakete des Mobilteilnehmers werden von der IWF an den *Packet Handler* des ISDN weitergeroutet. Da beim X.31-Verfahren die Geschwindigkeitsanpassung im ISDN B-Kanal über *Flag Stuffing* erfolgt, muß das Protokoll in der IWF abgeschlossen werden, so daß hierbei nur der nicht-transparente Modus des GSM eingesetzt werden kann. Auch hier sind nur Verbindungen über den *Packet Handler* des Heimat-Netzes möglich.

#### 9.6.2.2 Dedicated Packet Mode

Wie im Fall des asynchronen PAD-Zugangs zu Paketdatennetzen (siehe Kap. 9.5.3) wird auch im synchronen Fall des Zugangsprotokolls X.25 eine Alternative angeboten, die einen schnellstmöglichen Übergang ins PSPDN ermöglicht, selbst wenn sich die Mobilstation in einem fremden Netz aufhält (*International Roaming*). Dazu ist auch hier ein dedizierter Modus definiert, bei dem jedes PLMN einen eigenen *Pakket Handler* besitzt.

In Bild 9.15 ist das Prinzip dieses *Dedicated Packet Mode* dargestellt. Es beinhaltet im wesentlichen die Funktionen des *Basic Packet Mode*, mit dem Unterschied, daß hier der *Packet Handler* ins GSM-Netz integriert ist. Die Daten werden im PLMN nicht-transparent und synchron übertragen. Der Zugang zum Packet *Handler* erfolgt in allen PLMN gleich, und er steht auch fremden Mobilteilnehmern zur Verfügung. Da Paketdatennetze kein Roaming unterstützen, sind allerdings nur gehende Datenrufe möglich.

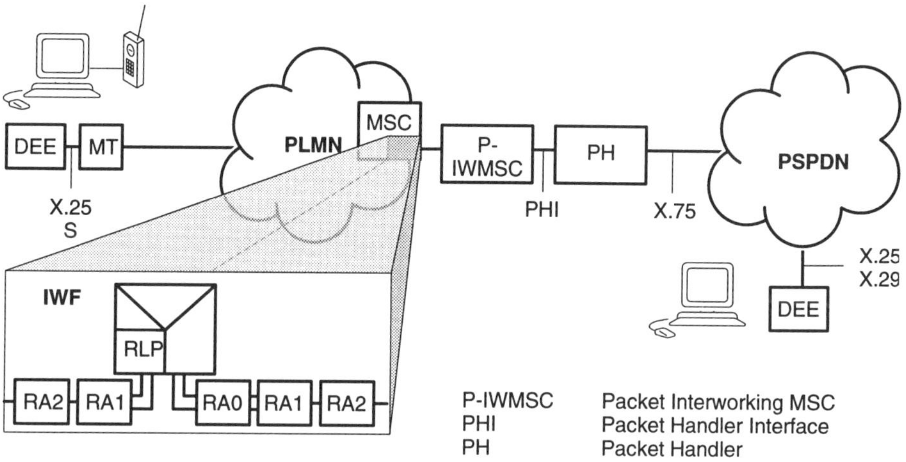


**Bild 9.15:** Dedizierter Paket-Modus mit *Packet Handler* im GSM

## 9.7 Telematikdienste: Fax

Neben der Sprachübertragung haben sich als wichtigste Telematikdienste die Kurznachrichtendienste und die Faxübertragung herauskristallisiert. Die Realisierung des Faxdienstes wird im folgenden kurz vorgestellt.

Als Standard-Konfiguration einer mobilen Faxanwendung betrachtet der GSM-Standard den Anschluß eines regulären Gruppe-3-Faxgerätes mit seiner 2-Draht-Schnittstelle an eine entsprechend ausgerüstete Mobilstation. Der GSM-Faxdienst soll es in dieser Konfiguration ermöglichen, mit Standard-Gruppe-3-Faxgeräten über mobile Verbindungen Faxübertragungen durchzuführen. Dazu ist eine Abbildung des Faxprotokolls an der analogen 2-Draht-Schnittstelle auf die digitale Übertragung des GSM notwendig, weil das Faxverfahren einen kompletten Protokollstack mit eigener Modulation, Kodierung, Nutzdatenkompression, In-Band-Signalisierung etc. definiert. Deshalb wurde der Faxadapter **FA** definiert, der diese Abbildung vornimmt. Das Prinzip ist in Bild 9.16 zusammengefaßt. Der Faxadapter des Mobilgerätes übersetzt das Fax-Protokoll eines Standard-Gruppe-3-Fax auf der analogen 2-Draht-Leitung in ein GSM-internes Fax-Adapter-Protokoll. Die Protokolldateneinheiten des Adapter-Protokolls werden über die

MT mit den GSM-Datendiensten zum Faxadapter in der IWF des MSC übertragen und dort wieder in das T.30-Protokoll auf die analoge Leitung umgesetzt oder PCM-kodiert ins ISDN vermittelt, wo dann ebenfalls über einen Terminaladapter TA ein Gruppe-3-Faxgerät angeschlossen sein kann (nicht gezeigt in Bild 9.16).

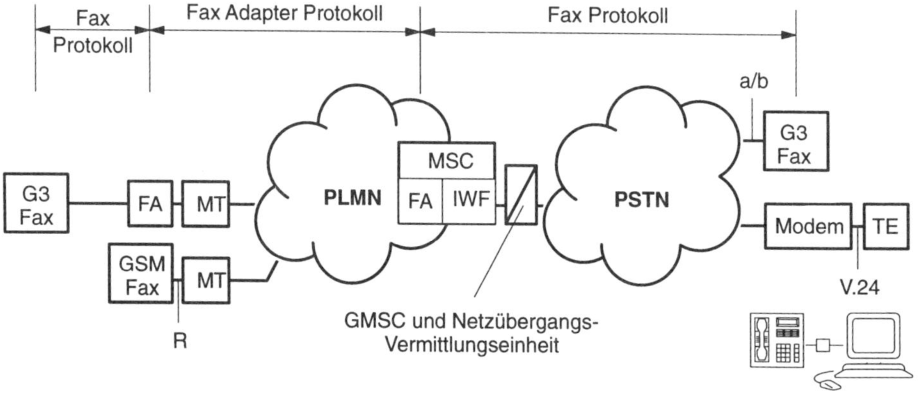


**Bild 9.16:** Fax-Adapter im GSM

Eine kompaktere Version eines mobilen Faxgerätes wird möglich, wenn das Gruppe-3-Faxgerät und der Faxadapter in ein kompaktes Endgerät (GSM-Fax, Bild 9.16) integriert werden. Dieses Gerät kann am Referenzpunkt R an eine MT2 angeschlossen werden und liefert direkt ein digitales Signal. Die analoge 2-Draht-Schnittstelle wird durch die Integration überflüssig. Damit entfallen auch alle analogen Funktionen, wie etwa die Demodulation und Digitalisierung der Gruppe-3-Faxmodem-Signale, d.h. das GSM-Fax benötigt keine analogen Komponenten wie z.B. einen Modembaustein. Entsprechend muß aber dieses integrierte GSM-Fax das Fax-Adapter-Protokoll implementieren und am Referenzpunkt R terminieren, um eine korrekte Steuerung der analogen Faxkomponenten im Fax-Adapter der IWF zu garantieren.

Ein komplettes Fax-Szenario mit den benötigten analogen Komponenten im Fax Adapter ist in Bild 9.17 dargestellt. Der FA benötigt zur Umsetzung des Fax Protokolls der analogen a/b-Schnittstelle auf das digitale Übertragungsverfahren im PLMN mehrere Funktionsblöcke, sowohl in der Mobilstation als auch in der IWF des MSC. Ein Gruppe-3-Fax nach dem ITU-T Standard T.30 verwendet drei Modembausteine, die alle im Halb-Duplex-Betrieb arbeiten. Ein V.21-Modem (300 bit/s) wird für die Signalisierungsphase beim Aufbau eines Faxrufes verwendet, während für die Informations-Transferphase entweder ein V.27ter-Modem (4,8 kbit/s und 2,4 kbit/s) oder ein V.29-Modem (9,6 kbit/s, 4,8 kbit/s und 2,4 kbit/s) verwendet werden. Für die Konvertierung von analogen Signalisierungstönen in Nachrichten des Fax-Adapter-Protokolls wird im Fax Adapter zusätzlich ein *Tone Handler* benötigt. Damit können dann die (re)digitalisierten Faxsignale sowohl über einen transparenten als auch einen nicht-transparenten GSM-Trägerdienst zur Interworking Funktion IWF im MSC übertragen werden. Das Fax-Adapter-Protokoll sorgt für eine vollständige Abbildung des T.30-Protokolls, so daß in der IWF das komplette Faxprotokoll mit der Partnerinstanz abgewickelt werden kann. Aus Sicht dieser Partnerinstanz ist die komplette GSM-Verbindung aus Fax-Adapter, Mobilstation und IWF eine physikalische Verbindung mit dem mobilen Gruppe-3-Faxgerät.

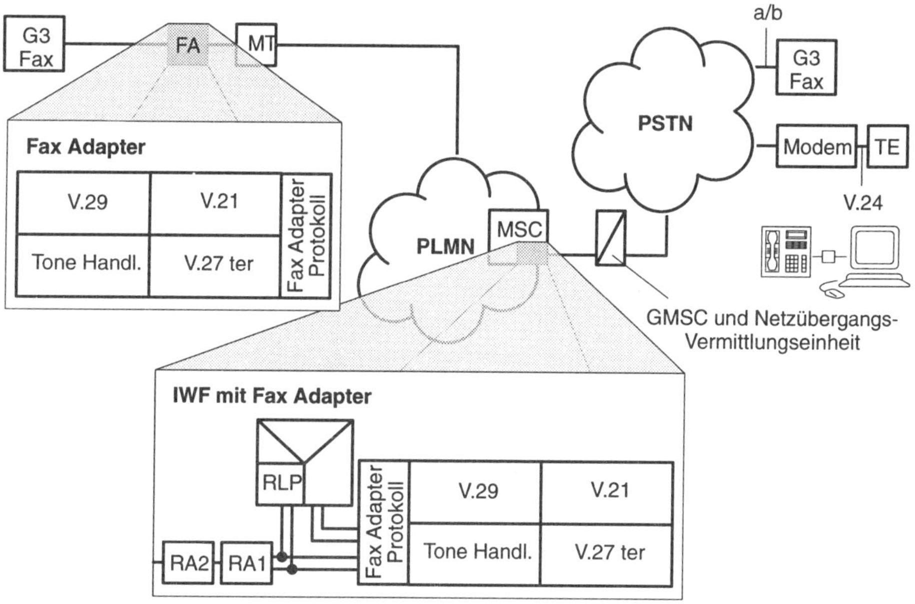


**Bild 9.17:** Übersicht GSM-Verfahren für den Faxdienst

Der FAX-Dienst stellt ganz besondere Anforderungen an die Dienstgüte des Datenkanals, den ein GSM-Netz für diesen Telematikdienst zur Verfügung stellt. Insbesondere Laufzeitverzögerungen müssen unter einem Maximum bleiben, da ansonsten Timer des T.30-Faxprotokolls überlaufen. Dies ist besonders kritisch, wenn zur Minimierung der Übertragungsfehler das RLP eingesetzt wird, das durch sein ARQ-Verfahren zusätzliche Verzögerungen in den Datenpfad bringt.

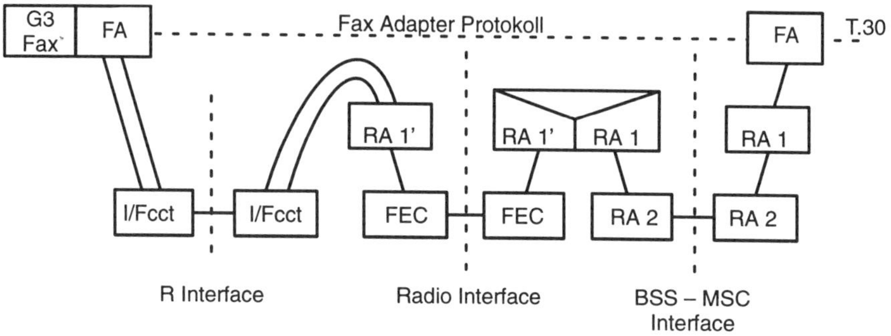


**Bild 9.18:** Transparentes Faxverfahren im GSM

Es sind zwei Faxdienste spezifiziert, das transparente Verfahren und das nicht-transparente Verfahren, abhängig davon, welcher Trägerdienst verwendet wird. Die resultierenden Protokollmodelle zeigen Bild 9.18 und Bild 9.19. Man erkennt, daß in beiden Fällen das Fax-Adapter-Protokoll auf einem entsprechenden Trägerdienst aufsetzt. Das transparente Faxverfahren ist einfacher zu realisieren, bringt aber mit dem transparenten Trägerdienst auch eine entsprechend schwankende Faxqualität mit sich.

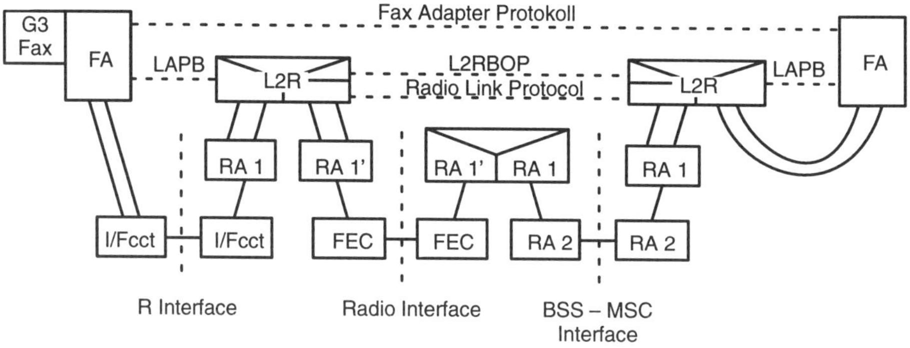


**Bild 9.19:** Nicht-Transparentes Faxverfahren im GSM

Dagegen ist das nicht-transparente Faxverfahren basierend auf dem RLP sehr gut gegen Übertragungsfehler geschützt und liefert über weite Strecken eine sehr akzeptable Qualität der übertragenen Dokumente. Allerdings treten aufgrund der schwankenden Übertragungsbedingungen auch schwankende Übertragungsverzögerungen des RLP auf, die zur Zwischenspeicherung der Faxsignale im FA führen und im Extremfall den Abbruch des Faxtransfers zur Folge haben können [12].

# 10 Aspekte des Netzbetriebs

Für den effizienten und erfolgreichen Betrieb eines modernen Kommunikationsnetzes wie eines GSM PLMN ist ein umfassendes *Netzmanagement* **NM** unerläßlich. Unter Netzmanagement werden alle Funktionen und Aktivitäten verstanden, welche Nutzung und Leistung (Performanz) der Ressourcen eines Telekommunikationsnetzes steuern, überwachen und aufzeichnen mit dem Ziel, den Teilnehmern Telekommunikationsdienste mit einer bestimmten angestrebten Qualität anbieten zu können. Die verschiedenen Aspekte der Qualität werden entweder in Standards definiert und vorgeschrieben oder betreiberspezifisch festgelegt. Besondere Aufmerksamkeit muß dabei der Lücke zwischen den (meist einfach) meßbaren technischen Leistungsdaten eines Netzes und der vom Teilnehmer (subjektiv) erfahrenen Dienstgüte gewidmet werden. In modernen NM-Systemen sollten daher auch (automatisierte) Möglichkeiten vorgesehen sein, Rückmeldungen und Beschwerden der Teilnehmer entgegenzunehmen und direkt in entsprechende Maßnahmen des Netzmanagements umzusetzen.

## 10.1 Ziele des GSM-Netzmanagements

Korrespondierend zum dienstrealisierenden Kommunikationsnetz mit seinen funktionalen Einheiten (MS, BSS, MSC, HLR, VLR) muß also ein dienstunterstützendes/-verwaltendes Netzmanagement-System betrieben werden. Dieses NM-System ist verantwortlich für Betrieb und Wartung der funktionalen Einheiten des PLMN und die Erfassung von Betriebsdaten. Die Betriebsdaten umfassen sämtliche Kennziffern, die Auskunft geben über Leistung (Performanz), Auslastung, Zuverlässigkeit und Nutzung der Netzelemente einschließlich der Dienstnutzungsdauern einzelner Teilnehmer, die als Grundlage zur Berechnung von Verbindungsentgelten (*billing*) dienen. Darüber hinaus muß insbesondere in GSM-Systemen den Sicherheitstechniken des Telekommunikationsnetzes ein entsprechendes Sicherheits-Management des NM-Systems gegenüberstehen. Dieses Sicherheitsmanagement basiert auf weiteren zwei Registern, dem AUC (Schlüsselmanagement für Authentifizierung und Chiffrierung) und dem EIR (Sperren von Dienstzugängen für einzelne Geräte, “Schwarze Liste”). Für alle Funktionen des Telekommunikationsnetzes und seiner funktionalen Einheiten (Netzelemente) existieren also entsprechende NM-Funktionen.

Als übergeordnete Ziele des Netzmanagements definierte der GSM-Standard:

- Internationaler Betrieb eines GSM-Systems
- Begrenzung der Kosten eines GSM-Systems sowohl unter Kurz- als auch unter Langzeitaspekten
- Erreichen einer Dienstqualität, die mindestens der konkurrierender analoger Mobilfunksysteme entspricht

Der internationale Betrieb eines GSM-Systems umfaßt unter anderem die Interoperabilität mit anderen GSM-Netzen (auch in verschiedenen Ländern) und mit dem ISDN sowie den Informationsaustausch zwischen GSM-Netzbetreibern (Vergebührung, Statistikdaten, Teilnehmerbeschwerden, gesperrte IMEI etc.). Diese NM-Funktionen sind größtenteils notwendig für einen Betrieb, der internationales Roaming der Teilnehmer erlaubt, und müssen daher standardisiert und verpflichtend implementiert werden.

Die Kosten eines Telekommunikationssystems setzen sich aus Investitions- und Betriebskosten zusammen. Investitionskosten umfassen sowohl die Kosten für die Installation des Netzes selbst als auch des Netzmanagements sowie Kosten für die Entwicklung und eine Betriebslizenz. Zu den laufenden Kosten gehören Betriebs-, Wartungs- und Verwaltungskosten genau so wie Zinskosten, Abschreibungen und Steuern. Verlorene Einnahmen aufgrund von fehlerhaften Geräten und teilweisen oder gar vollständigen Netzausfällen müssen natürlich auch zu den laufenden Kosten gerechnet werden, wobei aus solchen Fehlerfällen entstehende Folgekosten z.B. wegen Abwanderung von Kunden hier gar nicht erst berücksichtigt werden können. Dabei spielt die Zuverlässigkeit und Wartbarkeit der Netzeinrichtungen natürlich eine große Rolle und beeinflußt stark die entstehenden Kosten. Die Installation eines NM-Systems erhöht einerseits den Bedarf an Investitionskapital sowohl für die NM-Infrastruktur als auch für Ersatzkapazitäten im Netz selbst. Andererseits müssen diese Kosten für ein standardisiertes, durchgängiges NM-System abgewogen werden gegenüber dem Aufwand für Verwaltung, Betrieb und Wartung von Netzelementen mit herstellerspezifischem Management oder den Kosten, die aufgrund nicht rechtzeitig erkannter oder behobener Fehler im Netz entstehen. Entsprechend muß es Ziel eines kosteneffizienten NM-Systems sein, herstellerübergreifend für alle Netzelemente einheitliche Netzmanagementkonzepte und -protokolle zu definieren und zu implementieren und auch innerhalb des NM-Systems durch einheitliche Schnittstellen die Interoperabilität von NM-Komponenten verschiedener Hersteller zu gewährleisten.

Die zu erreichende Dienstqualität kann sowohl technische Kriterien wie Sprachqualität, Bitfehlerhäufigkeit, Netzkapazität, Blockierwahrscheinlichkeit, Rufabbruchraten, Versorgungswahrscheinlichkeit und Verfügbarkeit beinhalten, als auch nichttechnische Kriterien wie Bedienbarkeit und Komfort des Teilnehmerzugangs oder auch Hotline- und Support-Dienste.

Unter Berücksichtigung dieser Ziele lassen sich für ein Netzmanagement-System allgemein folgende Funktionsbereiche identifizieren:

- Verwaltung und kaufmännischer Bereich (Teilnehmer, Endgeräte, Vergebührung, Abrechnung, Statistik)
- Sicherheitsmanagement
- Betrieb und Leistungs-Management
- System-Versionskontrolle
- Wartung

Diese Funktionen werden in GSM basierend auf dem *Telecommunication Management Network* **TMN** realisiert. Allgemein werden sie unter dem Akronym FCAPS – Fault, Configuration, Accounting, Performance and Security Management – zusammengefaßt (Bild 10.1).

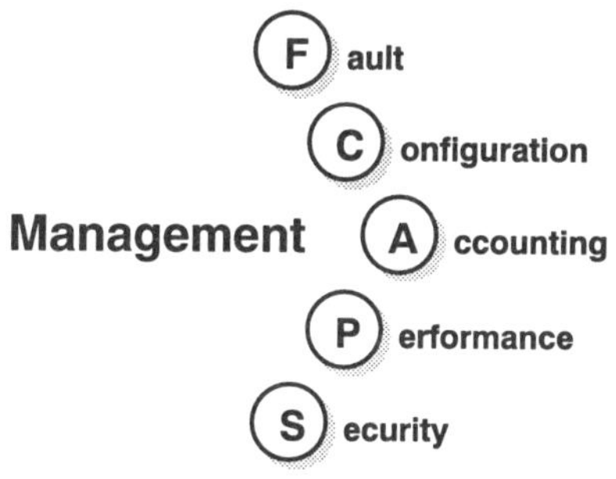


**Bild 10.1:** Funktionsbereiche eines TMN-Systems

Zum Fehlermanagement (*Fault Management*) gehören Funktionen wie Fehlererkennung, Fehlerdiagnose, Alarmverwaltung und -filterung sowie Möglichkeiten zur Identifizierung von Fehler-/Alarmursachen und Verwaltung von Fehlerlogs. Im Konfigurationsmanagement (*Configuration Management*) werden Netzkonfigurationen verwaltet und geändert, einzelne Geräte aktiviert/deaktiviert oder auch Werkzeuge zum automatischen Ermitteln von Netztopologie und -konnektivität bereit gestellt. Das Teilnehmermanagement (*Accounting Management*) ist verantwortlich für das Einrichten und die Verwaltung von Teilnehmerkonten und Dienstprofilen. Hier werden basierend auf gemessenen Nutzungszeiten und -dauern die regelmäßige Abrechnung für die einzelnen Teilnehmer erstellt und entsprechende Statistiken ermittelt, unter Umständen auch nur für einzelne Netzbereiche (Abrechnungsdomänen). Im Leistungsmanagement (*Performance Management*) wird die Leistung (Durchsatz, Fehlerraten, Antwortzeiten etc.) und Auslastung von Netzkomponenten (Hard- und Software) beobachtet, gemessen und überwacht, um einerseits eine gute Ressourcennutzung zu gewährleisten und andererseits rechtzeitig Überlasttrends erkennen und Gegenmaßnahmen einleiten zu können. Das Sicherheitsmanagement (*Security Management*) schließlich sorgt für eine durchgängige Zugangskontrolle, die Authentifizierung der Teilnehmer und eine wirksame Verschlüsselung sensitiver Daten.

## 10.2 Telecommunication Management Network TMN

Das TMN wurde von ITU-T/ETSI/CEPT nahezu gleichzeitig mit dem paneuropäischen Mobilfunksystem GSM standardisiert, als Rahmen dienen die Richtlinien der M-Serie (M.20, M.30) des ITU-T.

Mit dem TMN ist ein offenes System mit standardisierten Schnittstellen definiert. Durch diese Standardisierung ist ein plattform- und herstellerübergreifendes (*multivendor environment*) Management aller Komponenten eines Telekommunikationsnetzes möglich. Dabei wird im wesentlichen die Kommunikation eines Managersystems mit den von ihm verwalteten Objekten (m*anaged objects*) realisiert. Diese Objekte sind abstrakte Informationsmodelle der physikalischen Ressourcen. Ein Manager kann über die Standardschnittstelle Anweisungen an diese verwalteten Objekte senden, Parameter abfragen und ändern (*request*) oder von den Objekten über eingetretene Ereignisse informiert werden (*notification*). Im verwalteten Objekt sitzt dazu ein Agent, der die Management-Nachrichten generiert bzw. die Anfragen des Managers auswertet und auf Operationen/Manipulationen der physikalischen Ressourcen abbildet. Diese Abbildung ist sowohl systemspezifisch als auch implementierungsabhängig und daher nicht standardisiert. Die verallgemeinerte Architektur eines TMN ist in Bild 10.2 dargestellt.

Das eigentliche Netzmanagement ist im *Operation System* **OS** realisiert. Die OS repräsentieren die Überwachungs- und Steuerungssysteme eines TMN-Systems. Diese Systeme können direkt miteinander in Verbindung stehen oder Hierarchien bilden. Für die Kommunikation der OS innerhalb eines TMN-Systems steht dazu eine standardisierte Schnittstelle Q3 zur Verfügung, während die Zusammenschaltung zweier TMN-Systeme über die Schnittstelle X erfolgt (Bild 10.2). Die Managementfunktionalität kann entsprechend der OS-Hierarchie auch in mehrere logische Schichten eingeteilt werden. TMN sieht dazu die *Logical Layered Architecture* **LLA** als Rahmen vor. Die genaue Anzahl und jeweilige Funktion der LLA-Ebenen ist noch nicht endgültig standardisiert, es haben sich aber folgende Ebenen als gebräuchlich erwiesen (Bild 10.3): *Business Management Layer* **BML**, *Service Management Layer* **SML**, *Network Management Layer* **NML** und *Element Management Layer* **EML**.

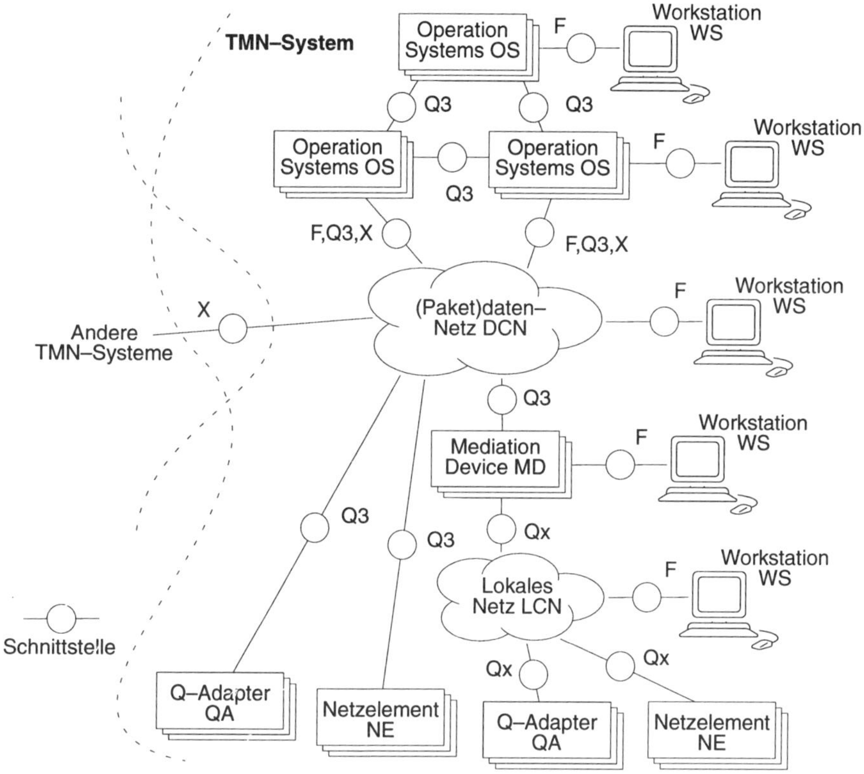


**Bild 10.2:** TMN-Architektur (schematisch, nach M.3010 [20])

Die TMN-Funktionen der EML werden von den Netzelementen NE erbracht und beinhalten grundlegende TMN-Funktionen wie unter anderem Leistungsdatenerfassung, Alarmgenerierung/-erfassung, Selbstdiagnose, Adressumsetzung und Protokollkonversion. Die EML wird auch häufig als **NEML** (Network EML) oder *Subnetwork Management Layer* **SNML** bezeichnet [25]. Die NML-TMN-Funktionen werden üblicherweise von einem OS erbracht und dazu benutzt, Netzmanagement-Anwendungen zu realisieren, die einen netzweiten Überblick benötigen. Dazu erhält der NML aggregierte Daten vom EML und generiert daraus einen globalen Systemüberblick. Auf der SML-Ebene werden Managementleistungen erbracht, die den Teilnehmer und seinen Dienstzugang, jedoch keine physikalischen Netzkomponenten mehr betreffen. In der SML wird der Endkundenkontakt verwaltet, wozu Funktionen wie Einrichten eines neuen Teilnehmerkontos, Freischalten von Zusatzdiensten und vieles mehr zu zählen ist. Den größten Abstraktionsgrad erreicht die BML, auf der die Verantwortung für den gesamten Netzbetrieb liegt. Die BML unterstützt die strategische Netzplanung und die Zusammenarbeit zweier Netzbetreiber [25].

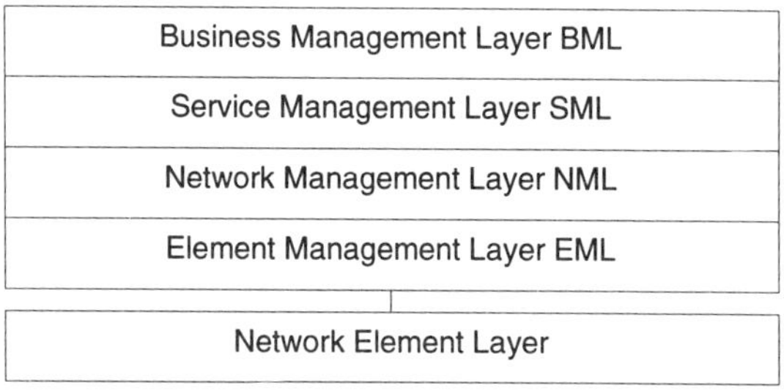


**Bild 10.3:** Logical Layered Architecture eines TMN-Systems

Beispielsweise kann mit der TMN-LLA ein OS als *Basic OS* nur regional für einzelne NE zuständig sein oder als *Network OS* mit den *Basic OS* kommunizieren und netzweite Managementfunktionalität implementieren. Als *Service OS* übernimmt ein OS das netzweite gesamte Management für einen Dienst, während schließlich auf der BML-Ebene beispielsweise Vergebührung, Abrechnung und Administration eines gesamten Netzes und seiner Dienste erfolgen.

Die einzelnen funktionalen Einheiten des Telekommunikationsnetzes werden als *Netzelemente* **NE** abgebildet. Diese Netzelemente sind abstrakte Repräsentationen der physikalischen Komponenten des Telekommunikationsnetzes, das von diesem TMN verwaltet wird. Über ein Weitverkehrs-Datennetz (*Data Communication Network* **DCN**) kommunizieren die OS mit den Netzelementen. Dazu ist eine Schnittstelle Q3 definiert, deren Protokolle alle sieben Schichten des OSI-Modells umfassen. Den vollen Funktionsumfang der Q3-Schnittstelle muß allerdings nicht jedes Netzelement besitzen.

Für Netzelemente, deren TMN-Schnittstelle einen reduzierten Funktionsumfang aufweist (Qx), wird ein Mediator (*Mediation Device* **MD**) zwischengeschaltet, der im wesentlichen die Aufgabe eines Protokollumsetzers zwischen Qx und Q3 wahrnimmt. Ein Mediator kann dabei mehrere nicht voll Q3-fähige NE bedienen, die über ein Lokales Netz (*Local Communication Network* **LCN**) an den Mediator angebunden werden. Die Funktionen eines Mediators sind allgemein nur sehr schwer faßbar und hängen vom jeweiligen Anwendungsfall ab, da der Umfang der Einschränkungen einer Qx-Schnittstelle gegenüber einer Q3-Schnittstelle nicht standardisiert ist [14]. Entsprechend kann ein Mediator Funktionen wie beispielsweise Datenspeicherung, Filterung, Protokollanpassung oder Datenaggregation und -kompression realisieren.

Trotz fortschreitender TMN-Standardisierung werden stets auch Netzelemente und Systeme an TMN-Systeme angebunden und integriert werden müssen, die keine TMN-Schnittstelle besitzen. Für diese Fälle wurde die Funktion des *Q-Adapters* **QA** definiert. Im Gegensatz zum Mediator MD, der TMN-fähigen Geräten mit reduziertem Funktionsumfang an der Q-Schnittstelle vorgeschaltet wird, erlaubt ein QA die Integration von Systemen, die nicht TMN-fähig sind, und muß daher sehr spezifisch auf das jeweilige System zugeschnitten werden.

Das Betriebspersonal schließlich erhält an der F-Schnittstelle über spezielle Managementarbeitsplätze, den *Workstations* **WS**, Zugang zum TMN-System , um Managementtransaktionen abzuwickeln und Parameter abzufragen und zu ändern. Ein TMN-System gibt damit einem Netzbetreiber die Möglichkeit, von einer Workstation WS aus jedes beliebige Netzelement NE mit Konfigurationsdaten zu versorgen, Fehlermeldungen und Alarme zu empfangen und zu analysieren oder lokal erfasste Meßdaten und Nutzungsinformationen herunterzuladen. Der dazu notwendige TMN-Protokollstack an der Q3-Schnittstelle basiert auf OSI-Protokollen und umfaßt sämtliche sieben Schichten (siehe auch Bild 10.6). Das zentrale Element der TMN-Protokollarchitektur ist das in der Anwendungsschicht (OSI Schicht sieben) liegende *Common Management Information Service Element* **CMISE** aus dem OSI-System-Management [25]. Das CMISE besteht aus einer Dienstdefinition, dem *Common Management Information Service* **CMIS** und einer Protokolldefinition, dem *Common Management Information Protocol* **CMIP**. Das CMISE definiert ein einheitliches Meldungsformat für Anforderungen (*request*) und Benachrichtigungen (*notification*) zwischen Management-System OS und den verwalteten Elementen NE bzw. den entsprechenden QA.

## 10.3 TMN-Realisierung in GSM-Netzen

TMN und GSM wurden in etwa zur gleichen Zeit standardisiert, so daß mit dem paneuropäischen Mobilfunksystem GSM eine gute Gelegenheit bestand, von Anfang an in einem kompletten Telekommunikationssystem TMN-Prinzipien und -Methoden für das Netzmanagement anzuwenden. Dazu wurden sowohl für die fünf TMN-Kategorien (Bild 10.1) als auch für Architektur- und Protokollfragen eigene Arbeitsgruppen ins Leben gerufen, die soweit möglich TMN-System und -Dienste nach der vom ITU-T empfohlenen Top-Down-Methodik [20] für GSM entwerfen sollten. Dieses Ziel konnte weitestgehend beibehalten werden, lediglich wurde ausgehend vom Detailwissen über die gleichzeitig spezifizierten Netzkomponenten die Entwurfsmethodik für die TMN-Dienste durch einen zweiten Bottom-Up-Ansatz ergänzt, der in diesem Fall schneller zum Ziel eines geschlossenen Standards führen sollte [15].

Die fünf TMN-Kategorien sind im wesentlichen für das gesamte GSM-System realisiert, allerdings wurden beim Fehler-, Konfigurations- und Sicherheitsmanagement Einschränkungen gemacht. Das Fehler- und Konfigurationsmanagement ist nur für das BSS spezifiziert, weil einerseits die Datenbanken (HLR, VLR) dem Bereich des Accounting Managements zugeschrieben wurden und andererseits die Standardisierungsarbeiten sich aus Zeitgründen auf GSM-spezifische Bereiche konzentrieren sollten. Diese Konzentration auf GSM-spezifische Bereiche schloß damit auch Spezifikation von Fehler- und Konfigurationsmanagement für das MSC aus, das ja im wesentlichen eine Standard-ISDN-Vermittlungsstelle ist. Aus demselben Grund ist auch das Sicherheitsmanagement nur auf die GSM-spezifischen Bereiche eingeschränkt. In Bild 10.4 ist die entstandene GSM-TMN-Architektur schematisch zusammengestellt. Sowohl BSC als auch MSC besitzen in GSM eine Q3-Schnittstelle der entsprechenden NE zum OS. Das BSC-NE enthält neben den BSS-Managementfunktionen stets auch eine Mediatorfunktion (*Mediation Function* **MF**) und eine Qx-Schnittstelle zu dem NE, das die BTS-Funktionalität unterstützt.

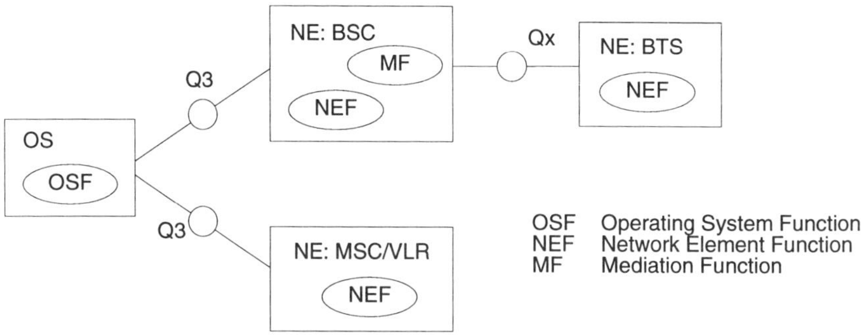


**Bild 10.4:** Einfache TMN-Architektur eines GSM-Systems (nach [15])

Zur Realisierung der GSM-TMN-Dienste wurde ein objektorientiertes Informationsmodell des Netzes definiert, das über 100 *Managed Object Classes* **MOC** mit insgesamt etwa 500 Attributen enthält. Dazu gehören sowohl vom ITU-T definierte Standardobjekte als auch GSM-spezifische Objekte, welche einerseits die GSM-Netzelemente (BSS, HLR, VLR, MSC, AUC, EIR) und andererseits auch Netz- und Managementressourcen (beispielsweise zur SMS-Dienstrealisierung oder zum Filetransfer zwischen OS und NE) als verwaltete Objekte (*managed objects*) repräsentieren. Diese Objekte besitzen meist einen Zustandsraum und Attribute, die abgefragt und geändert werden können (*request*), sowie Benachrichtigungsmechanismen, welche die Änderung von Zuständen und Attributen anzeigen können (*notification*). Zusätzlich sind auch Kommandos zum Erzeugen und Löschen (*create/delete*) von Objekten vorgesehen, so etwa im HLR mit "*create/modify/delete subscriber*" oder *"create/modify/delete MSISDN"* oder im EIR mit *"create/interrogate/delete equipment"* [15]. Besonders im die Register betreffenden Teil des Informationsmodells werden auch die Filetransfer-Objekte eingesetzt, weil hier große Datenmengen zu bewegen sind.

Bei der Implementierung der GSM Q3-Schnittstelle kann als TMN-Kommunikationsplattform (*Data Communication Network* **DCN**) sowohl ein OSI-X.25-Netz als auch das SS#7-Netz (MTP und SCCP) verwendet werden. Beide definieren einen Paketvermittlungsdienst, mit dem Managementnachrichten transportiert werden können. Über einen *Management Network Access Point* **MNAP** sind alle Netzelemente an dieses Managementnetz angebunden (Bild 10.5).

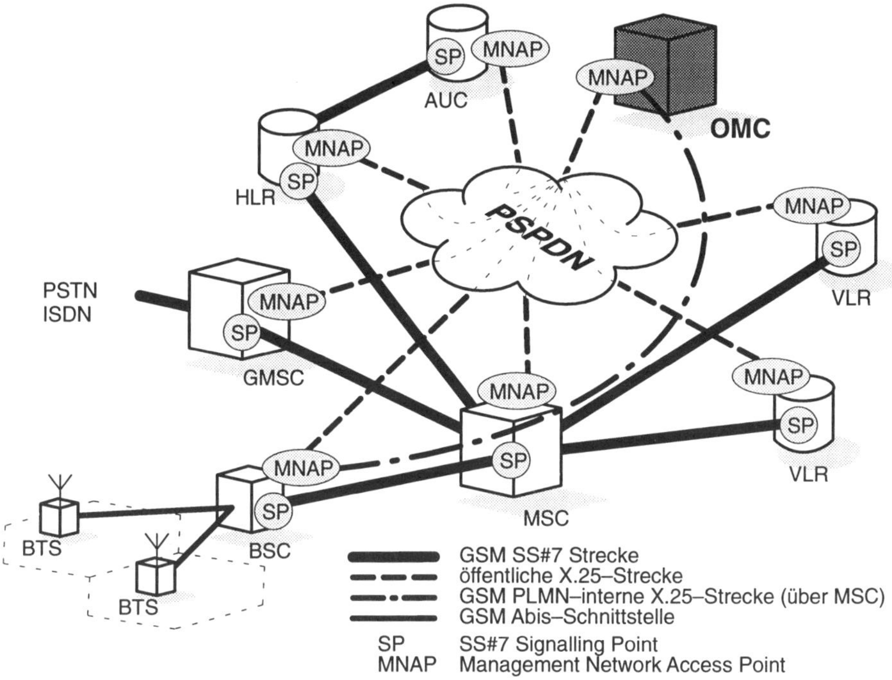


**Bild 10.5:** Mögliche Signalisierungsschnittstellen eines GSM TMN

Im Fall von X.25 kann das DCN das öffentliche PSPDN sein oder auch als dediziertes Paketnetz innerhalb des PLMN mit dem MSC als Paketvermittlungsknoten realisiert werden. Darüber hinaus ist auch vorgesehen, daß ein MSC eine Protokollbrücke (Interworking-Funktion) zur Protokollumsetzung von einem externen X.25-Link auf den SS#7-SCCP und damit eine Anbindung des OMC an das PLMN über eine externe X.25-Verbindung realisiert. Den weiteren Transport von Managementnachrichten übernimmt dann das PLMN-interne SS#7-Netz.

Der als Rahmen definierte GSM-TMN-Protokollstack für die Q3-Schnittstelle ist in Bild 10.6 zusammengestellt. Der Ende-zu-Ende-Transport der Meldungen zwischen OS und NE wird mit dem OSI Transportprotokoll der Klasse 2 (TP2) realisiert, mit dem der Aufbau von Ende-zu-Ende-Transportverbindungen und das Multiplexen mehrerer Transportverbindungen auf eine X.25/SCCP-Verbindung möglich ist. Eine Fehlererkennung und Datensicherung ist bei TP2 nicht vorgesehen und hier auch nicht notwendig, da sowohl X.25 als auch SCCP bereits für einen gesicherten Nachrichtentransport sorgen.

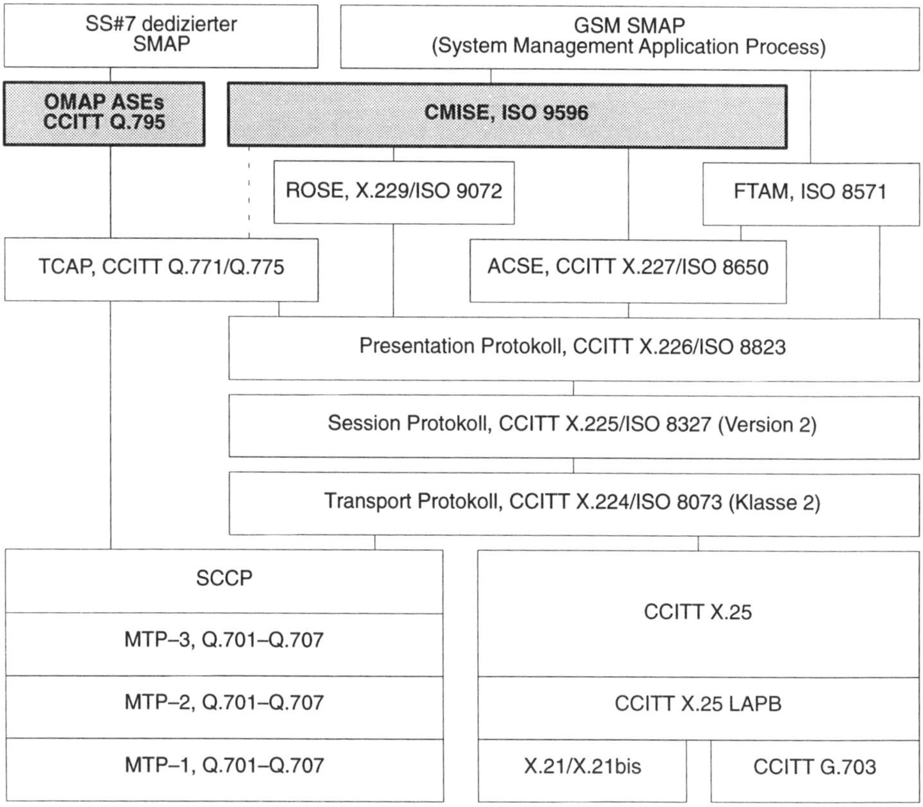


CMISE Common Management Information Service Element
OMAP Operation, Maintenance and Administration Part
FTAM File Transfer Access and Management
ROSE Remote Operation Service Element
ACSE Association Control Service Element

**Bild 10.6:** Protokolle des GSM Netz-Management mit Q3-Schnittstelle

Natürlich sind in einem OSI-Protokollstack auch die entsprechenden Protokolle der Sicherungs- und Präsentationsschicht notwendig. Die zentrale Rolle des GSM-Netzmanagements spielt das OSI *Common Management Information Service Element* **CMISE**, über dessen Dienste eine Management-Anwendung (*System Management Application Process* **SMAP**) Kommandos absetzen, Benachrichtigungen empfangen und Parameter abfragen bzw. ändern kann. Für den Filetransfer zwischen Objekten wird im GSM-TMN das OSI-Protokoll *File Transfer Access and Management* **FTAM** verwendet. Es ist für den effizienten Transport von großen Datenvolumen ausgelegt.

Zur Diensterbringung benötigt das CMISE noch einige weitere Dienstelemente (*Service Element* **SE**) der Anwendungsschicht: das *Association Control Service Element* **ACSE** und das *Remote Operations Service Element* **ROSE**. Das ACSE ist eine Sublayer, eben ein Dienstelement, der Anwendungsschicht und stellt Dienste zur Verfügung, mit denen Anwendungs-Elemente (hier: CMISE) untereinander Verbindungen auf- und abbauen können. Die Dienste des ROSE werden mit einem Protokoll realisiert, mit dem Operationen auf entfernten Systemen angestoßen bzw. ausgeführt werden können. Damit implementiert das ROSE für den OSI-Protokollstack ein Paradigma, das als *Remote Procedure Call* bekannt ist.

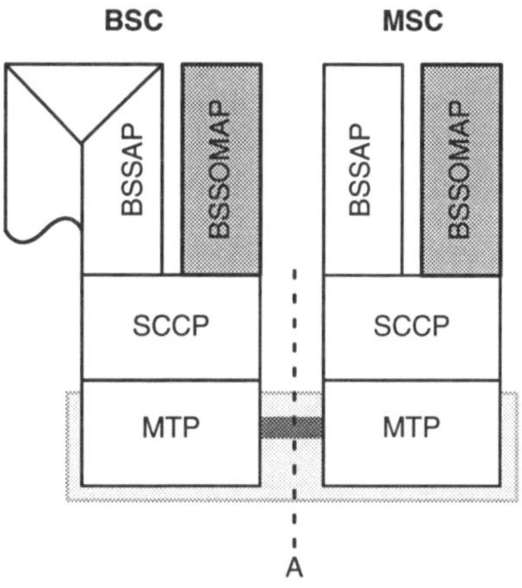


**Bild 10.7:** O&M des BSS

Auch für die Signalisierungskomponenten eines GSM-Systems ist ein Managementsystem vorgesehen. Dieser SS#7-SMAP nutzt die Dienste des *Operation Maintenance and Administration Part* **OMAP**, mit dem Ressourcen des SS#7-Netzes beobachtet, konfiguriert und gesteuert werden können. Im wesentlichen besteht der OMAP aus zwei Applikations-Dienstelementen (*Application Service Element* **ASE**), dem *MTP Routing Verification Test* **MRVT** und dem *SCCP Routing Verification Test* **SRVT**, mit denen jeweils die korrekte Funktion des SS#7-Netzes auf MTP- bzw.

SCCP-Ebene verifiziert werden kann. Ein weiterer *Management Application Part* ist der *Base Station System Operation and Maintenance Application Part* **BSSOMAP**, mit dem Managementnachrichten vom OMC an das BSC über das MSC und die A-Schnittstelle transportiert und Managementaktionen für das BSS ausgeführt werden können (Bild 10.7, vgl. auch Bild 7.11).

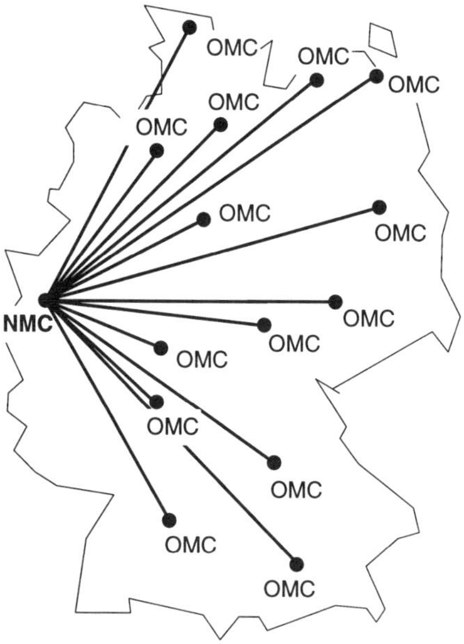


**Bild 10.8:** Hierarchische Organisation eines NM-Systems

Das Netzmanagement wird üblicherweise räumlich zentral organisiert. Für diese Fernüberwachung und -steuerung der Netzmanagementfunktionen existieren ein oder mehrere Betriebs- und Wartungszentren **OMC**. Für ein effizientes Netzmanagement können diese OMC entsprechend der LLA-Hierarchie der verschiedenen TMN-Management-Ebenen als regionale Unterzentren betrieben werden, die unter einem zentralen *Network Management Centre* **NMC** (Bild 10.8) zusammengefasst sind.

# 11 Der Paketdatendienst GPRS

Paketvermittelte Datenübertragung ist in GSM-Netzen der Phase 2 bereits möglich und auch standardisiert. Dabei wird ein Zugang zum öffentlichen, verbindungsorientiert paketvermittelnden X.25-Netz (*Packet Switched Public Data Network* **PSPDN**) angeboten (vgl. Kap. 9.5.3 und 9.6.2). Auf der Luftschnittstelle (Um) belegt dieser Paketdatennetzzugang allerdings einen vollständigen, durchschaltevermittelten Verkehrskanal. Bei bursthafter Kommunikation führt dies zwangsläufig zu uneffizienter Ressourcenauslastung, da der Verkehrskanal auch dann belegt ist, wenn keine Daten gesendet werden. In diesem Fall bewirken paketvermittelte Trägerdienste eine weitaus bessere Ausnutzung des Übertragungskanals, da dieser nur auf Anfrage belegt (*Capacity on Demand*) und nach der Übertragung eines Pakets wieder freigegeben wird. Mehrere Teilnehmer können sich somit ihrem Verkehrsaufkommen entsprechend einen physikalischen Kanal teilen (statistisches Multiplexen).

In der Weiterentwicklung des GSM-Systems (Phase 2+) wurde von der ETSI der Paketdatendienst **GPRS** (*General Packet Radio Service*) eingeführt. Er bietet einen echten, paketvermittelten Trägerdienst auch an der Funkschnittstelle an. Mit GPRS ist eine direkte Kommunikation der Mobilstation mit paketvermittelnden Datennetzen möglich. Dabei werden Netze, die auf dem Internet Protokoll (*Internet Protocol* **IP**) basieren – wie z.B. das globale Internet oder private Intranets – und X.25-Netze (z.B. Datex-P) unterstützt. GPRS setzt auf den vorhandenen Träger- und Telematikdiensten des GSM auf, ohne diese zu ersetzen.

Durch die oben aufgeführten Prinzipien *Capacity on Demand* und statistisches Multiplen können GPRS-Netzbetreiber ihre knappen Funkressourcen besser ausschöpfen und den Zugriff auf externe Datennetze vereinfachen. Benutzer von GPRS profitieren von höheren Datenraten und kürzeren Zugriffszeiten. Während im herkömmlichen GSM nur Datenübertragung mit Bitraten bis zu 9.6 kbit/s möglich ist und der Aufbau eines Rufs mehrere Sekunden dauert, bietet GPRS in der Praxis deutlich höhere Übertragungsraten und eine Zugriffszeit von typischerweise 0.5 bis 1.0 Sekunden. Im Gegensatz zu durchschaltevermittelten Diensten, in denen Kosten nach der Verbindungsdauer berechnet werden, kann bei paketvermittelten Diensten eine Abrechnung basierend auf der übertragenen Datenmenge und der Dienstgüte (*Quality of Service* **QoS**) erfolgen. Somit können Nutzer über lange Zeit “online” sein, bezahlen aber (hauptsächlich) nur für das übertragene Datenvolumen.

In Kapitel 11.1 wird zunächst die Systemarchitektur des GPRS gezeigt und grundlegende Funktionen werden erläutert. Anschließend erklärt Kapitel 11.2 die angebotenen Dienste und Dienstgüteparameter. In Kapitel 11.3 wird auf das Mobilitätsmanagement der GPRS-Mobilstationen eingegangen. Kapitel 11.4 erläutert die Luftschnittstelle inklusive der neuen logischen Kanäle, deren Abbildung auf die physikalischen Kanäle und das Management der Funkressourcen. Die durch GPRS definierte Protokollarchitektur und die für GPRS entwickelten Protokolle werden in Kapitel 11.5 besprochen. Den Abschluß bildet die Kanalcodierung in Kapitel 11.6.

## 11.1 GPRS Systemarchitektur

Um GPRS in die bestehende Systemarchitektur des GSM (siehe z.B. Bild 3.9) zu integrieren, wird diese um eine neue Klasse von Netzknoten, die *GPRS Support Nodes* **GSN** erweitert. Sie sind für die Übertragung und die Verkehrslenkung (*Routing*) der Datenpakete zwischen den Mobilstationen und den externen paketvermittelnden Datennetzen (*Packet Data Network* **PDN**) verantwortlich. Bild 11.1 zeigt die resultierende Systemarchitektur.

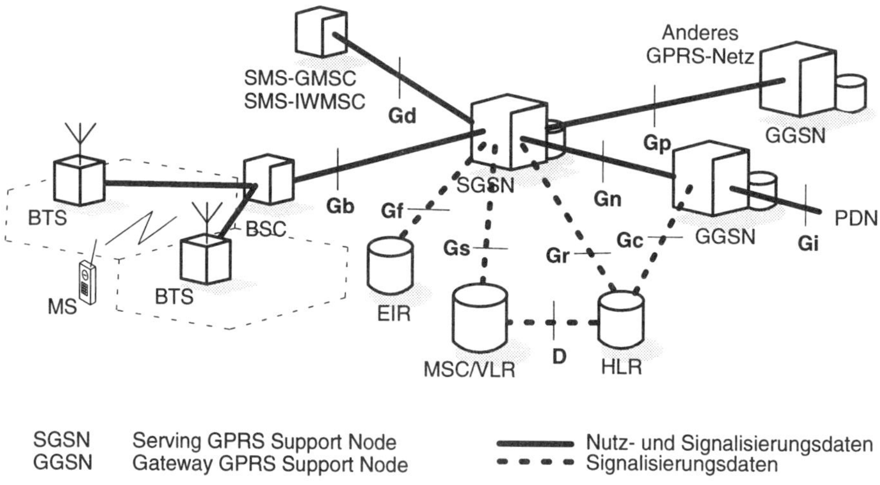


**Bild 11.1:** GPRS Systemarchitektur und Schnittstellen

Der *Serving GPRS Support Node* **SGSN** ist innerhalb eines gewissen Zuständigkeitsbereichs für die Zustellung der Datenpakete von und zu den Mobilstationen verantwortlich. Zu seinen Aufgaben gehören auch das Mobilitätsmanagement (*Mobility Management*) und das Management der logischen Verbindungen (*Logical Link Ma-

*nagement*). Für alle an einem SGSN registrierten GPRS-Teilnehmer werden im Location Register des SGSN Aufenthaltsinformationen (z.B. aktuelle Zelle, aktuelles VLR) und teilnehmerspezifische Informationen (z.B. IMSI, zugeordnete Adressen in den PDNs) gespeichert.

Der *Gateway GPRS Support Node* **GGSN** ist die Schnittstelle zu den unterstützten externen PDNs. Er konvertiert die vom SGSN kommenden GPRS-Pakete in die Paketdatenprotokolle (*Packet Data Protocol* **PDP**), wie IP oder X.25, und sendet diese an das entsprechende PDN aus. In der Gegenrichtung werden die PDP-Adressen von ankommenden Datenpaketen ausgewertet, auf die IMSI des jeweiligen Teilnehmers umgesetzt und an den zuständigen SGSN gesendet. Hierzu speichert der GGSN teilnehmerspezifische Informationen und Routinginformationen der registrierten GPRS-Teilnehmer in seinem Location Register ab. Im allgemeinen besteht eine m:n-Beziehung zwischen den SGSN und den GGSN. Einerseits ist ein bestimmter GGSN für mehrere SGSN die Schnittstelle zu externen PDN, andererseits kann ein SGSN seine Pakete über verschiedene GGSN senden.

Wie in Bild 11.1 dargestellt, werden durch die Erweiterung der GSM Architektur um die beiden *GPRS Support Nodes* SGSN und GGSN zusätzliche Schnittstellen definiert.

Die Gb-Schnittstelle verbindet das BSC mit dem SGSN. Über die Gn- und Gp-Schnittstellen werden Nutz- und Signalisierungsdaten zwischen den *GPRS Support Nodes* ausgetauscht. Die Gn-Schnittstelle wird verwendet, wenn SGSN und GGSN im gleichen PLMN liegen, die Gp-Schnittstelle wird benutzt, falls diese in verschiedenen PLMN liegen.

Die GSNs sind über ein IP-basiertes GPRS Backbone Netz miteinander verbunden. Innerhalb dieses Netzes kapseln die GSNs die PDN-Pakete und übertragen (tunneln) sie untereinander mittels des *GPRS Tunnelling Protocol* **GTP**.

Es existieren also zwei verschiedene Arten von GPRS-Backbone Netzen:

- *Intra-PLMN Backbone* Netze verbinden die GSNs des gleichen PLMN und sind somit private IP-basierte Netze eines GPRS-Netzbetreibers.

- *Inter-PLMN Backbone* Netze verbinden die GSNs verschiedener PLMNs. Sie werden aufgrund von Roamingabkommen zweier GPRS-Netzbetreiber installiert.

In Bild 11.2 ist dargestellt, wie zwei Intra-PLMN Backbone Netze zweier verschiedener PLMNs über ein Inter-PLMN Backbone Netz verbunden werden. Die Gateways zwischen den PLMNs und dem externen Inter-PLMN Backbone Netz werden *Border Gateways* **BG** genannt. Sie führen u.a. Sicherheitsfunktionen aus, um die privaten Intra-PLMN Backbone Netze vor unerlaubtem Zugriff zu schützen.

Die Gn-/Gp-Schnittstellen sind auch zwischen zwei SGSN definiert. Dies erlaubt den SGSN, sich gegenseitig Teilnehmerdaten mitzuteilen, wenn eine Mobilstation vom Zuständigkeitsbereich eines SGSN in den Zuständigkeitsbereich einer anderen SGSN wechselt.

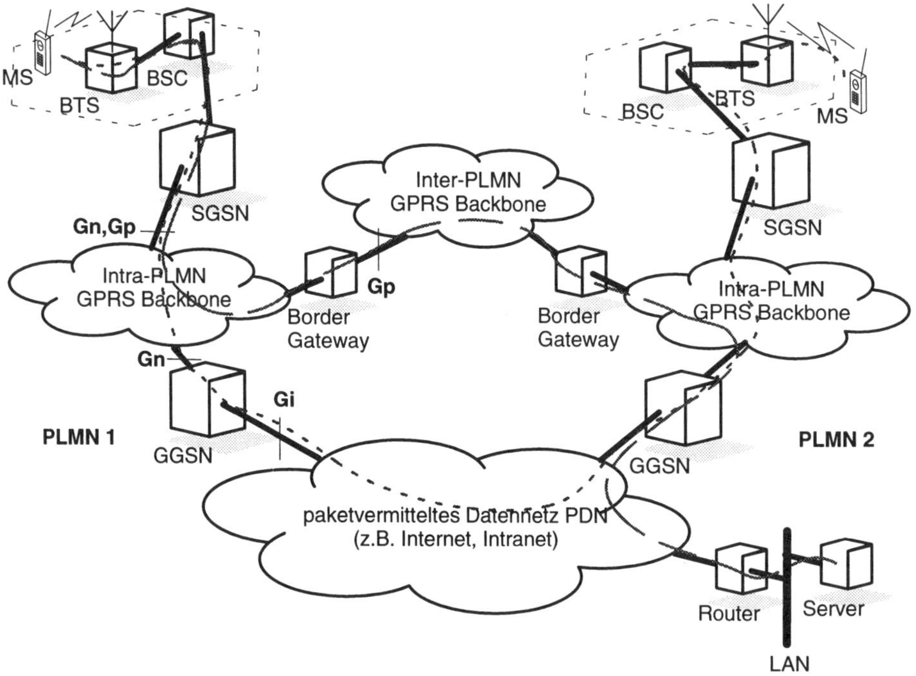


**Bild 11.2:** GPRS Systemarchitektur und Schnittstellen sowie Routingbeispiele (siehe Kap. 11.3.3)

Für die Abfrage und Überprüfung der Geräteidentität (IMEI) einer sich anmeldenden Mobilstation steht dem SGSN die Gf-Schnittstelle zur Verfügung.

Die Gi-Schnittstelle verbindet schließlich das PLMN mit externen öffentlichen oder privaten PDN, wie z.B. dem Internet oder firmeninternen Intranets. Es werden Schnittstellen zu IP- (IPv4 und IPv6) und X.25-Netzen unterstützt.

Zur Mobilitätsverwaltung wird der Eintrag im HLR um einen Verweis auf den aktuellen SGSN des GPRS-Teilnehmers erweitert. Es werden außerdem die GPRS-spezifischen Teilnehmerdaten und dessen aktuelle PDP-Adresse(n) gespeichert.

Die Gr-Schnittstelle wird zum Austausch von aufenthaltsbezogenen Teilnehmerdaten und zum Teilnehmermanagement verwendet. Dazu informiert der SGSN das HLR über den aktuellen Aufenthaltsort der GPRS-Mobilstation. Wenn sich eine

MS an einem SGSN anmeldet, übergibt andererseits das HLR dem SGSN teilnehmerspezifische Daten. Der Signalisierungpfad zwischen GGSN und HLR (Gc-Schnittstelle) kann vom GGSN verwendet werden um direkt Informationen über den Aufenthaltsort und die unterstützten Dienste eines Teilnehmers abzufragen.

Darüber hinaus können MSC/VLR um Funktionen und Registereinträge erweitert werden, die eine effiziente Koordination von paketvermittelten (GPRS) und herkömmlichen durchschaltevermittelten Diensten unterstützen. Beispiele hierfür sind kombinierte GPRS- und Nicht-GPRS-Aufenthaltsaktualisierungen oder gemeinsame Anmeldeprozeduren. Des weiteren können Paging-Anforderungen durchschaltevermittelter GSM-Rufe über den SGSN abgewickelt werden. Die Gs-Schnittstelle verbindet dabei die Datenbanken des SGSN mit denen des MSC/VLR.

Zum Austausch von SMS Nachrichten (siehe Kapitel 7.3.2) über GPRS ist die Gd-Schnittstelle definiert, die das *SMS Gateway MSC* SMS-GMSC mit dem SGSN verbindet.

## 11.2 Dienste

### 11.2.1 Trägerdienste und Zusatzdienste

Die Trägerdienste des GPRS ermöglichen auch für GSM Teilnehmer eine *paketvermittelte* Ende-zu-Ende-Datenübertragung. Die Übermittlung kann dabei von einem Teilnehmer zu einem oder zu mehreren Teilnehmern erfolgen. Momentan ist in GPRS der Punkt-zu-Punkt (*Point-to-Point* **PTP**) Trägerdienst spezifiziert, jedoch werden in späteren Phasen von GPRS auch Punkt-zu-Mehrpunkt (*Point-to-Multipoint* **PTM**) Dienste eingeführt werden.

Der Punkt-zu-Punkt (*Point-to-Point* **PTP**) Dienst erlaubt die Übertragung von Datenpaketen zwischen zwei Teilnehmern. Dieser Dienst wird sowohl verbindungslos (*PTP Connectionless Network Service* PTP-CLNS), wie z.B. für IP, als auch verbindungsorientiert (*PTP Connection-Oriented Network Service* PTP-CONS), wie z.B. für X.25, angeboten.

Der Punkt-zu-Mehrpunkt (*Point-to-Multipoint* **PTM**) Dienst ermöglicht die Übertragung von Datenpaketen von einem Teilnehmer an eine Gruppe von Teilnehmern. Hierbei wird zwischen den zwei Varianten Multicast und Gruppenruf unterschieden:

- Beim Multicast (*Multicast* **PTM-M**) werden die Datenpakete an die Teilnehmer eines bestimmten geographischen Gebietes ausgestrahlt. Dabei gibt ein mitgesendeter *Group Identifier* an, ob das Paket für alle Teilnehmer des Gebietes von Interesse ist oder nur für eine bestimmte PTM Gruppe.

- Beim Gruppenruf (*Group Call* **PTM-G**) werden die Datenpakete an eine PTM Gruppe adressiert und werden nur in Gebieten ausgesendet, in denen sich Gruppenmitglieder aufhalten.

Zusätzlich können über GPRS auch SMS Nachrichten empfangen und gesendet werden. Des weiteren sind Zusatzdienste (*Supplementary Services*) wie z.B. unbedingte Rufweiterleitung (*Call Forwarding Unconditional* CFU), bedingte Rufweiterleitung wenn der Teilnehmer nicht erreichbar ist (*Call Forwarding on Mobile Subscriber Not Reachable* CFNRc) und *Closed User Group* CUG vorgesehen (vgl. Kap. 4.3).

Aufbauend auf diesen Diensten steht es den GPRS-Netzbetreibern offen, zusätzliche Dienste anzubieten. Denkbar sind z.B.

- Datenbankdienste, die es den Benutzern ermöglichen, Informationen über GPRS abzufragen.
- Messaging Dienste, die über *Store-and-Forward* Mailboxen eine individuelle Teilnehmer-Teilnehmer Kommunikation ermöglichen.
- Transaktionsdienste wie z.B. Überprüfungen von Kreditkarten, Lotterietransaktionen und elektronische Überwachungssysteme.

### 11.2.2 Dienstgüte

In GPRS sind vier Parameter zur Dienstgüte (*Quality of Service* **QoS**) definiert: Dienstpriorität, Zuverlässigkeit, Übertragungsverzögerung und Durchsatz.

- Die Dienstpriorität (*Service Precedence, Priority*) gibt den Vorrang an, den ein Dienst gegenüber einem anderen Dienst besitzt. Es existieren drei Stufen: Hohe, normale und niedrige Priorität. Zum Beispiel werden bei starker Belastung des Netzes zunächst die Pakete niedriger Priorität verworfen.
- Die Zuverlässigkeit (*Reliability*) eines Dienstes gibt die von einer Anwendung geforderten Übertragungscharakteristika an. Diese bezieht sich dabei auf Wahrscheinlichkeiten für verlorengegangene, doppelte oder in falscher Reihenfolge ankommende Pakete sowie für Pakete, die verfälscht werden ohne daß der Fehler erkannt wird. Es sind drei Zuverlässigkeitsklassen definiert, deren Parameter in Tabelle 11.1 dargestellt sind.
- Die Parameter zur Verzögerung (*Delay*) definieren die maximalen Werte für die mittlere Verzögerung (*Mean Delay*) und für die Verzögerung, die in 95% aller Fälle unterschritten wird (*95-percentile Delay*). Dabei ist die Verzögerung die Ende-zu-Ende Laufzeit zwischen zwei kommunizierenden GPRS-Mobilstationen bzw. zwischen einer GPRS-Mobilstation und der Schnittstelle Gi zum externen Paketdatennetz. Sie beinhaltet alle Verzögerungen innerhalb des GPRS-Netzes, also z.B. Anforderung und Zuweisung eines Funkkanals,

Übertragung über den Funkkanal und Laufzeit im GPRS-Backbone Netz. Verzögerungen außerhalb des GPRS-Netzes, z.B. in externen Transitnetzen, bleiben unberücksichtigt. Tabelle 11.2 listet die vier definierten Verzögerungsklassen und deren Verzögerungswerte für ein 128 Byte bzw. 1024 Byte langes Paket auf.

- Durchsatz (*Throughput*): Hier kann der maximale Durchsatz (*Maximum/Peak Bit Rate*) und der mittlere Durchsatz (*Mean Bit Rate*) angegeben werden.

**Tabelle 11.1:** Zuverlässigkeitsklassen (*Reliability Classes*)

| Klasse | Wahrscheinlichkeiten für verloren-gegangenes Paket | dupliziertes Paket | falsche Reihenfolge | verfälschtes Paket |
|---|---|---|---|---|
| 1 | $10^{-9}$ | $10^{-9}$ | $10^{-9}$ | $10^{-9}$ |
| 2 | $10^{-4}$ | $10^{-5}$ | $10^{-5}$ | $10^{-6}$ |
| 3 | $10^{-2}$ | $10^{-5}$ | $10^{-5}$ | $10^{-2}$ |

**Tabelle 11.2:** Verzögerungsklassen (*Delay Classes*)

| Klasse | 128 Byte Paket | | 1024 Byte Paket | |
|---|---|---|---|---|
| | Mittlere Verzögerung | 95% Verzögerung | Mittlere Verzögerung | 95% Verzögerung |
| 1 | < 0.5 s | < 1.5 s | < 2 s | < 7 s |
| 2 | < 5 s | < 25 s | < 15 s | < 75 s |
| 3 | < 50 s | < 250 s | < 75 s | < 375 s |
| 4 | unbestimmt (best effort) | unbestimmt (best effort) | unbestimmt (best effort) | unbestimmt (best effort) |

Mit diesen QoS-Klassen können für jede Kommunikationsbeziehung (PDP-Kontext) sogenannte QoS-Profile zwischen dem GPRS-Dienstanbieter *(Service Provider)* und dem GPRS-Teilnehmer ausgehandelt werden. Die Abrechnung des Dienstes erfolgt dann basierend auf der übertragenen Datenmenge, dem gewählten Diensttyp und dem ausgehandelten QoS-Profil.

### 11.2.3 Simultane Benutzung von paket- und durchschaltevermittelten Diensten

Parallel zu einer GPRS (paketvermittelten) Datenübertragung können in einem GSM/GPRS-System simultan herkömmliche durchschaltevermittelte GSM-Dienste (Sprache und Daten, inkl. SMS) genutzt werden und umgekehrt. Hierzu sind drei Klassen von Mobilstationen definiert:

- Eine Mobilstation der Klasse A kann simultan GPRS-Dienste und herkömmliche GSM-Dienste (Sprache und Daten inkl. SMS) nutzen. Für paketvermittelte Dienste und für durchschaltevermittelte Dienste steht mindestens ein Zeitschlitz für die Übertragung zur Verfügung, wenn dieser benötigt wird.
- Eine Mobilstation der Klasse B kann sich für GPRS- und herkömmliche Dienste anmelden und überwacht auch die Signalisierungskanäle des GPRS und der anderen GSM Dienste, kann jedoch nur *eine* Dienstmenge zur Nutzdatenübertragung gleichzeitig nutzen.
- Eine Mobilstation der Klasse C führt ausschließlich GPRS oder alternativ nur herkömmliche GSM-Dienste aus. Eine Ausnahme bilden SMS Nachrichten. Diese können jederzeit empfangen oder versendet werden.

## 11.3 Session Management und Mobility Management

### 11.3.1 Ein- und Ausbuchen

Um GPRS-Dienste nutzen zu können, muß sich eine Mobilstation zunächst ins GPRS-Netz einbuchen. Hierzu meldet sie sich an einem SGSN an. Das Netz überprüft die Zugangsberechtigung der MS, kopiert die teilnehmerspezifischen Daten vom HLR in den SGSN und weist der MS eine *Packet Temporary Mobile Subscriber Identity* **P-TMSI** zu. Dieser Vorgang wird *GPRS Attach* genannt. Für Mobilstationen, die GPRS-Dienste und herkömmliche GSM Dienste verwenden, sind kombinierte *GPRS/IMSI Attach* Prozeduren möglich. Das Abmelden einer MS vom GPRS-Netz wird *GPRS Detach* genannt. Diese Prozedur kann von der MS selbst oder vom Netz (SGSN oder HLR) eingeleitet werden.

## 11.3.2 Session Management

Um nach einem durchgeführten *GPRS Attach* Datenpakete mit externen Paketdatennetzen austauschen zu können, muß die Mobilstation eine oder mehrere Adresse(n) des Paketdatennetzes beantragen. Diese Adresse wird PDP-Adresse (*Packet Data Protocol Address*) genannt. Jede PDP-Adresse wird durch einen sog. PDP-Kontext beschrieben. Dieser enthält den PDP-Typ (z.B. IPv4), die PDP-Adresse der MS (z.B. 129.187.222.10), die gewünschte Dienstgüte (QoS-Klasse) und die Adresse eines GGSN, der als Zugangspunkt (*Access Point*) zum PDN dient. Der Kontext wird in der MS, dem SGSN und dem GGSN gespeichert. Ist ein PDP-Kontext aktiviert, ist die MS für das äußere PDN "sichtbar" und kann Datenpakete senden und empfangen. Durch die Abbildung der Adressen (PDP <-> IMSI) können Datenpakete zwischen der MS und dem GGSN transportiert werden.

Die Zuteilung einer PDP-Adresse kann statisch oder dynamisch erfolgen. Bei einer statischen Zuteilung wird einer Mobilstation von ihrem Heimatnetzbetreiber von Anfang an eine permanente PDP-Adresse zugeteilt. Im dynamischen Fall wird eine PDP-Adresse erst bei der Aktivierung eines PDP-Kontextes zugeteilt. Hierbei ist zu unterscheiden, ob die PDP-Adresse vom Heimatnetzbetreiber (*Dynamic HomePLMN PDP Address*) oder vom Betreiber des Fremdnetzes in dem die Mobilstation gerade eingebucht ist (*Dynamic VisitedPLMN PDP Address*) erfolgt. Der Heimatnetzbetreiber entscheidet, welche der angegebenen Alternativen verwendet werden können. Falls eine dynamische Adressierung verwendet wird, ist der GGSN für die Zuteilung und die Löschung des PDP-Adressen verantwortlich.

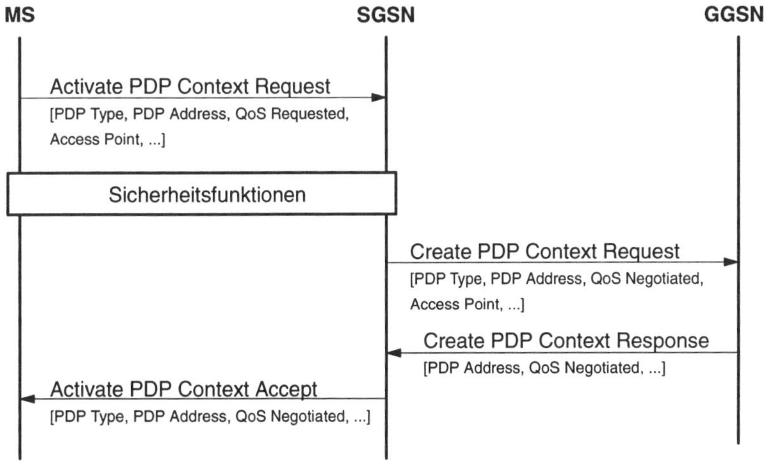


**Bild 11.3:** Aktivierung des PDP-Kontextes

Bild 11.3 zeigt den Ablauf der Aktivierung eines PDP-Kontextes durch die Mobilstation. In der Nachricht ACTIVATE PDP CONTEXT REQUEST teilt die MS dem SGSN den gewünschten PDP-Kontext mit. Falls eine dynamische Adresse zugeteilt werden soll, wird der Parameter PDP ADDRESS leer übergeben. Anschließend werden GSM-übliche Sicherheitsmaßnahmen durchgeführt, wie z.B. die Authentifizierung des Teilnehmers. Ist der Zugang erlaubt, sendet der SGSN eine CREATE PDP CONTEXT REQUEST Nachricht an den betroffenen GGSN. Dieser erzeugt einen neuen Eintrag in seiner PDP-Kontexttabelle, der es ihm erlaubt, PDP-Pakete zwischen dem SGSN und dem externen PDN zu routen. Er bestätigt dies an den SGSN mit der Nachricht CREATE PDP CONTEXT RESPONSE, in welcher gegebenenfalls auch die dynamische PDP-Adresse mitgeteilt wird. Der SGSN aktualisiert seine PDP-Kontexttabelle und bestätigt die Aktivierung an die MS mit der Nachricht ACTIVATE PDP CONTEXT ACCEPT.

Neben dieser nicht-anonymen Aktivierung eines PDP-Kontextes ist für bestimmte Anwendungen wie z.B. Pre-paid Services auch eine anonyme Aktivierung möglich. Während im ersten Fall der Teilnehmer (d.h. die IMSI) dem Netz bekannt ist und dieser sich auch authentifizieren muß, ist bei einer anonymen Sitzung dem Netz nicht bekannt, wer den PDP-Kontext benutzt. Sicherheitsfunktionen wie in Bild 11.3 dargestellt, werden nicht ausgeführt. In diesem Fall ist nur eine dynamische Adreßvergabe möglich.

### 11.3.3 Verkehrslenkung (Routing)

Anhand von Bild 11.2 können zwei einfache Beispiele für die Verkehrslenkung (*Routing*) in GPRS gezeigt werden. Im ersten Beispiel sendet eine MS ein Datenpaket an eine MS eines anderen PLMN. Der SGSN, an dem die ruf-initiierende MS registriert ist, kapselt die von der MS ankommenden Pakete und routet diese mit Hilfe des PDP-Kontextes über das GPRS Backbone Netz an den passenden GGSN. Der GGSN übergibt die Pakete an das PDN, in welchem netzspezifische Routingverfahren angewendet werden, um das Paket an den GGSN der Empfängerseite weiterzuleiten. Dieser überprüft den der Zieladresse zugeordneten Routingkontext und bestimmt den zugeordneten SGSN und relevante Tunnelinformationen. Jedes Paket wird anschließend wieder eingekapselt und zum SGSN getunnelt. Dieser stellt das Paket der MS zu. Im zweiten Beispiel ruft eine MS z.B. eine Datenbank eines an das PDN angeschlossenen Servers ab. Dabei wird z.B. der Weg über den Intra-GPRS Backbone gewählt.

## 11.3.4 Location Management

Bild 11.4 zeigt das Zustandsmodell einer Mobilstation für das Mobilitätsmanagement. Im Zustand IDLE ist die Mobilstation nicht erreichbar. Durch den *GPRS Attach* gelangt sie in den Zustand READY. Durch einen *GPRS Detach* kann sie sich vom Netz abmelden und fällt somit in den Zustand IDLE zurück. Dadurch werden alle PDP-Kontexte gelöscht. Der Zustand STANDBY wird erreicht, wenn die Mobilstation längere Zeit kein Datenpaket sendet und somit der beim *GPRS Attach* gestartete READY Timer abläuft.

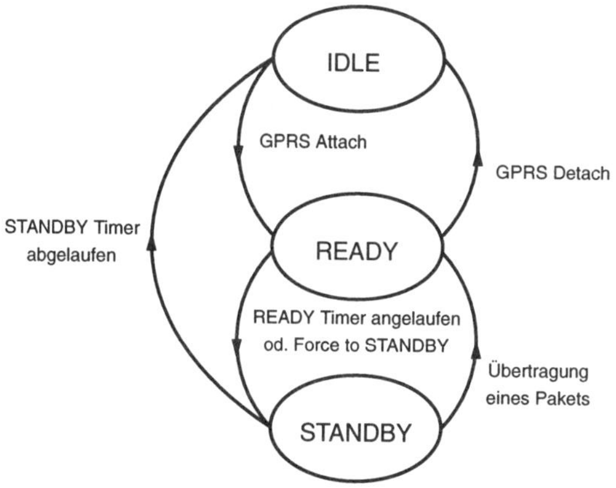


**Bild 11.4:** Zustandsmodell einer GPRS-Mobilstation

Die Aktualisierung des Aufenthaltsbereichs einer GPRS-Mobilstation (*Location Management)* ist abhängig vom Zustand in dem sich die Mobilstation gerade befindet. Im Zustand IDLE findet keine Aufenthaltsaktualisierung statt, d.h. der Aufenthaltsort der MS ist unbekannt. Ist eine Mobilstation im Zustand READY, benachrichtigt sie den SGSN über jeden durchgeführten Wechsel in eine neue Zelle. Zur Aufenthaltsaktualisierung im Zustand STANDBY wird eine *Location Area* LA in sogenannte *Routing Areas* **RA** aufgeteilt. Eine *Routing Area* besteht i.A. aus mehreren Zellen. Der SGSN wird nur dann informiert, wenn sich die Mobilstation in eine neue *Routing Area* RA bewegt, einzelne Zellwechsel werden nicht mitgeteilt.

Für Mobilstationen im Zustand STANDBY ist somit ein Paging in der angegebenen RA erforderlich (siehe Bild 11.8), um die Zelle zu finden in der sich die MS aufhält. Bei Mobilstationen im Zustand READY ist dieses Paging überflüssig.

Neben den reinen RA-Updates existieren in GPRS auch kombinierte RA/LA-Updates. Diese treten dann auf, wenn eine Mobilstation, die sowohl GPRS als auch herkömmliche GSM Dienste nutzt, in eine neue LA wechselt. Dabei sendet die MS einen ROUTING AREA UPDATE REQUEST an den SGSN und zeigt ihm mit dem Parameter *Update Type* an, daß ein LA-Update erforderlich ist. Die Nachricht wird dann vom SGSN an das VLR weitergereicht.

Wechselt eine MS in eine neue RA, so sendet sie einen ROUTING AREA UPDATE REQUEST an den zugeordneten SGSN (siehe Bild 11.5). Als Parameter wird die *Routing Area Identity* **RAI** der alten RA mitgesendet. Das BSS fügt den *Cell Identifier* CI der neuen Zelle der Nachricht hinzu, aus dem der SGSN die RAI der neuen RA ableiten kann. Es sind nun zwei Fälle zu unterscheiden:

- *Intra-SGSN Routing Area Update* (Bild 11.5)
- *Inter-SGSN Routing Area Update* (Bild 11.6)

Im Intra-SGSN-Fall ist die Mobilstation in eine RA gewechselt, die dem gleichen SGSN zugeordnet ist wie die alte RA. In diesem Fall verfügt der SGSN bereits über die Daten des Teilnehmers und kann ihm somit sofort eine neue P-TMSI zuweisen (ROUTING AREA UPDATE ACCEPT). Da sich der Routingkontext nicht verändert hat, müssen keine weiteren Netzelemente (wie z.B. GGSN, HLR) benachrichtigt werden.

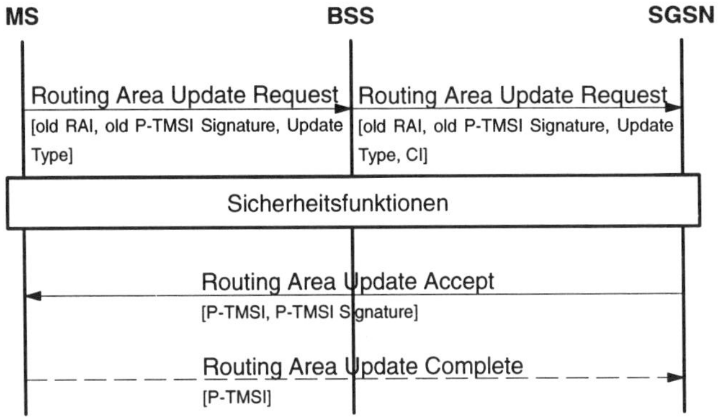


**Bild 11.5:** Intra-SGSN Routing Area Update

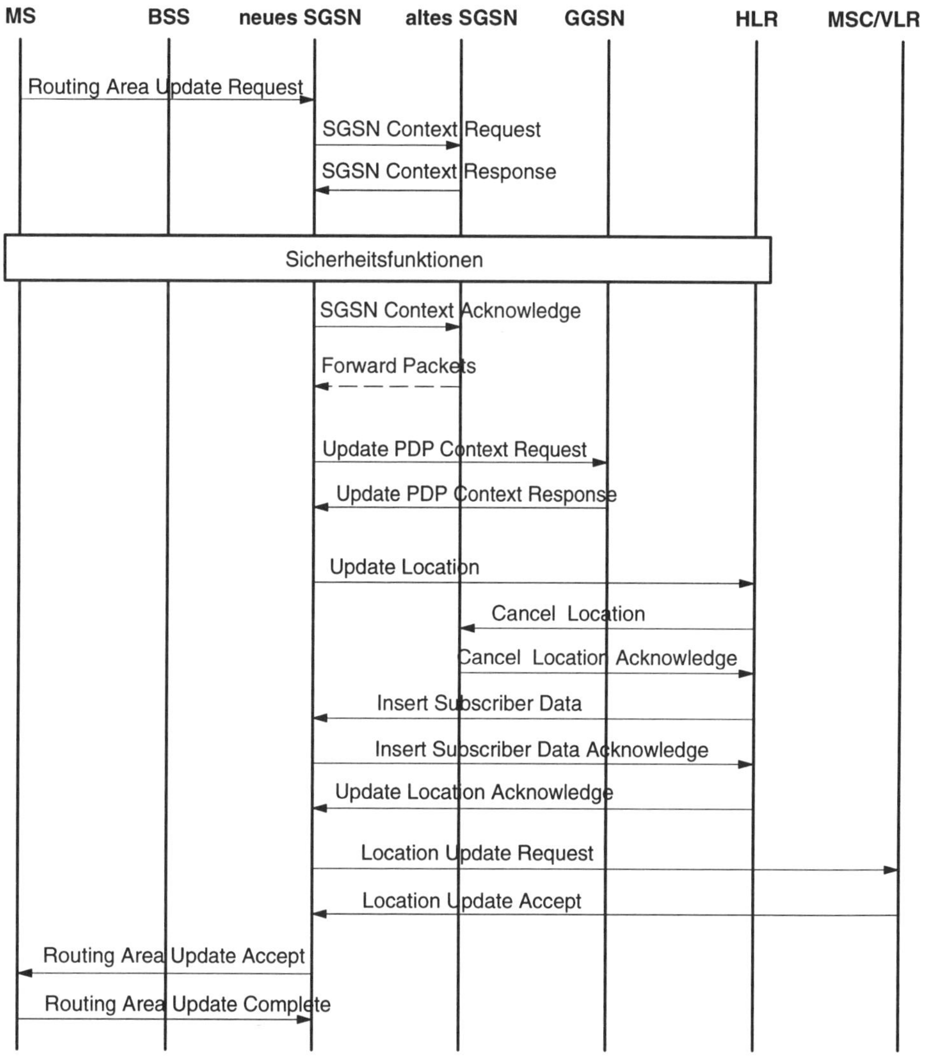


**Bild 11.6:** Inter-SGSN Routing Area Update

Im Inter-SGSN-Fall wird die neue RA von einem anderen SGSN verwaltet wie die alte. Der neue SGSN erkennt dies und fordert den alten SGSN auf, ihr die entsprechenden PDP-Kontexte mitzuteilen (SGSN CONTEXT REQUEST, SGSN CONTEXT RESPONSE, SGSN CONTEXT ACKNOWLEDGE). Anschließend informiert der neue SGSN die betroffenen GGSN über den neuen Routingkontext des Teilnehmers (UPDATE PDP

CONTEXT REQUEST, UPDATE PDP CONTEXT RESPONSE). Das HLR sowie gegebenenfalls das MSC/VLR werden über die neue SGSN Nummer des Teilnehmers informiert (UPDATE LOCATION, ..., UPDATE LOCATION ACKNOWLEDGE; LOCATION UPDATE_REQUEST, LOCATION UPDATING ACCEPT).

# 11.4 Luftschnittstelle

## 11.4.1 Logische Kanäle in GPRS

Tabelle 11.3 zeigt die logischen Paketdatenkanäle die im GPRS definiert sind. Wie schon bei den logischen Kanälen im durchschaltevermittelten Teil von GSM (siehe Kap. 5.1) kann zwischen Verkehrs- und Signalisierungskanälen unterschieden werden. Die Signalisierungskanäle teilen sich wiederum auf in den *Packet Broadcast Control Channel*, den *Packet Common Control Channel* und den *Packet Dedicated Control Channel*.

**Tabelle 11.3:** Klassifizierung logischer Kanäle in GPRS

| **Gruppe** | | **Kanal** | **Funktion** | **Richtung** |
|---|---|---|---|---|
| Verkehrskanäle | Packet Data Traffic Channel | PDTCH | Packet Data Traffic | MS <-> BSS |
| Signalisierungs-kanäle | Packet Broadcast Control Channel | PBCCH | Packet Broadcast Control | MS <- BSS |
| | Packet Common Control Channel (PCCCH) | PRACH | Packet Random Access | MS -> BSS |
| | | PAGCH | Packet Access Grant | MS <- BSS |
| | | PPCH | Packet Paging | MS <- BSS |
| | | PNCH | Packet Notification | MS <- BSS |
| | Packet Dedicated Control Channels | PACCH | Packet Associated Control | MS <-> BSS |
| | | PTCCH | Packet Timing advance Control | MS <-> BSS |

Der *Packet Data Traffic Channel* **PDTCH** wird für den Nutzdatentransfer verwendet. Er wird einer Mobilstation zugewiesen (oder im Falle von PTM mehreren Mobilstationen). Eine Mobilstation kann mehrere PDTCH simultan benutzen.

Der *Packet Broadcast Control Channel* **PBCCH** ist ein unidirektionaler Punkt-zu-Mehrpunkt Signalisierungskanal. Über ihn sendet das BSS spezifische Organisationsinformationen des GPRS-Funknetzes an alle GPRS-Mobilstationen einer Zelle. Neben den GPRS-Systeminformationen sollen über den PBCCH auch wichtige Systeminformationen über durchschaltevermittelte Dienste übertragen werden, so daß eine GPRS-Mobilstation nicht zusätzlich den BCCH abhören muß.

Der *Packet Common Control Channel* **PCCCH** transportiert Signalisierungsinformationen für Funktionen des Zugriffsmanagements, wie z.B. für die Zuteilung von Funkressourcen. Es sind vier Unterkanäle definiert:

- Der *Packet Random Access Channel* **PRACH** wird von den Mobilstationen verwendet, um einen oder mehrere PDTCH(s) anzufordern.
- Der *Packet Access Grant Channel* **PAGCH** wird genutzt, um einer Mobilstation einen oder mehrere PDTCH(s) zuzuteilen.
- Der *Packet Paging Channel* **PPCH** wird vom BSS vor einer Paketübertragung benutzt, um eine Mobilstation zu lokalisieren.
- Der *Packet Notification Channel* **PNCH** wird verwendet, um Mobilstationen über ankommende GPRS PTM Nachrichten (Multicast oder Group Call) zu benachrichtigen.

Der PRACH existiert nur in Downlink-Richtung. Die Kanäle PAGCH, PPCH und PNCH gibt es nur in Uplink-Richtung.

Der *Packet Dedicated Control Channel* ist ein bidirektionaler Punkt-zu-Punkt Signalisierungskanal. Er besteht aus den Kanälen PACCH und PTCCH.

- Der *Packet Associated Control Channel* **PACCH** wird stets einem oder mehreren PDTCH(s) zugeteilt und befördert Signalisierungsinformationen für eine spezielle Mobilstation, wie z.B. Informationen zur Sendeleistungsregelung.
- Der *Packet Timing advance Control Channel* **PTCCH** wird zur adaptiven Rahmensynchronisierung verwendet. Hierzu sendet eine Mobilstation über den Uplink-Teil des PTCCH, dem sog. PTCCH/U, *Access Bursts* an die BTS. Aus der Verzögerung des Bursts kann der korrekte Wert für die *Timing Advance* **TA** (siehe Kap 5.3.2) abgeleitet werden. Dieser wird den Mobilstationen über den Downlink-Teil des PTCCH, dem sog. PTCCH/D, mitgeteilt.

Auch hierbei ist eine Koordination von paketvermittelten und durchschaltevermittelten logischen Kanälen vorgesehen. Falls der PCCCH in einer Zelle nicht zugewiesen ist, kann eine GPRS-Mobilstation den CCCH zur Einleitung eines Paketdatentransfers benutzen. Falls der PBCCH nicht verfügbar ist, kann sie die nötigen Systeminformationen über den BCCH empfangen.

Bild 11.7 zeigt den prinzipiellen Ablauf der Kanalzuweisung im Uplink. Die MS initiiert den Paketdatentransfer durch einen PACKET CHANNEL REQUEST auf dem PRACH oder dem RACH. Das BSS antwortet auf dem PAGCH bzw. dem AGCH. Bild 11.8 zeigt das Paging einer Mobilstation im Downlink.

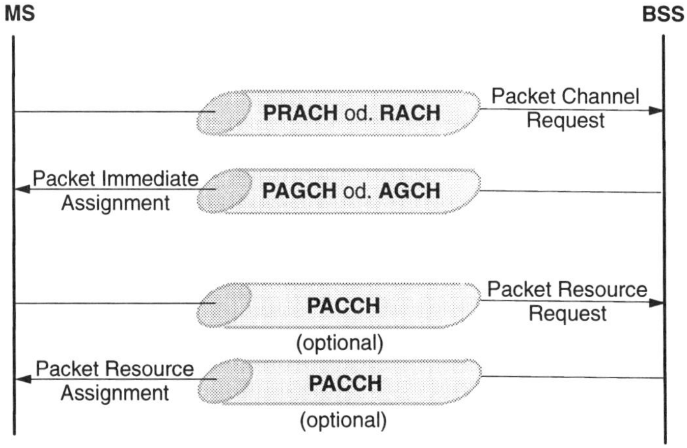


**Bild 11.7:** Kanalzuweisung im Uplink (M*obile Originated Packet Transfer*), ein- oder zweistufig

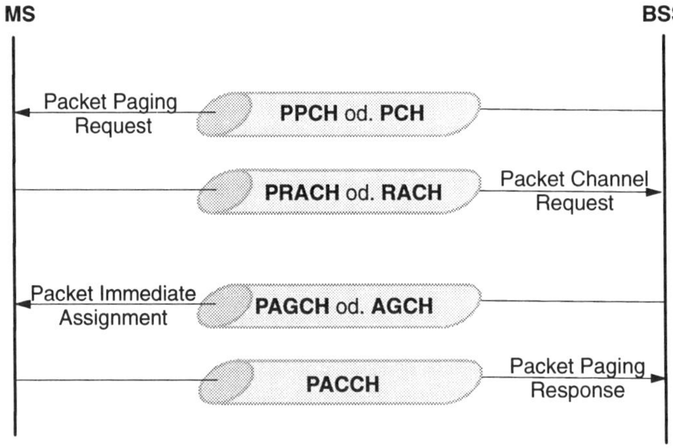


**Bild 11.8:** Paging im Downlink (*Mobile Terminated Packet Transfer*)

**Tabelle 11.4:** Blockstrukturen der logischen Kanäle im GPRS

| Kanaltyp | Nettodatenrate in kbit/s | Blocklänge in Bit | Blockabstand in ms |
|---|---|---|---|
| PDTCH (CS-1) | 9.05 | 181 | – |
| PDTCH (CS-2) | 13.4 | 268 | – |
| PDTCH (CS-3) | 15.6 | 312 | – |
| PDTCH (CS-4) | 21.4 | 428 | – |
| PACCH | ändert sich dynamisch | | |
| PBCCH | s*181/120 | 181 | 120 |
| PAGCH | ändert sich dynamisch | 181 | |
| PNCH | ändert sich dynamisch | 181 | |
| PPCH | ändert sich dynamisch | 181 | |
| PRACH (8 bit Access burst) | ändert sich dynamisch | 8 | |
| PRACH (11 bit Access burst) | ändert sich dynamisch | 11 | |

Tabelle 11.4 zeigt die Blocklängen und Datenraten der logischen GPRS-Kanäle (vgl. Tabelle 5.2). Zur Datenübertragung auf dem PDTCH sind vier Codierschemata (CS-1 bis CS-4) definiert, die in Kapitel 11.6 näher erläutert werden. Mit dem Schema CS-4 ist eine Nettodatenrate von 21.4 kbit/s pro Zeitschlitz verfügbar. Werden alle acht Zeitschlitze benutzt, ergibt sich eine theoretische maximale Bitrate von 171.2 kbit/s. Da sich mehrere Benutzer jedoch die Zeitschlitze teilen und nicht immer das Codierschema 4 verwendet werden kann, steht dem Teilnehmer in der Praxis meist eine wesentlich geringere Bitrate zur Verfügung.

Tabelle 5.3 zeigt die erlaubten Kanalkombinationen in denen logische GPRS-Kanäle auf physikalische Kanäle gemultiplext werden können. Wie schon bisher in GSM kann eine GPRS-Mobilstation abhängig von ihrem momentanen Zustand nur auf eine Teilmenge der logischen Kanäle zugreifen, die in den Kanalkonfigurationen von Tabelle 5.3 auf der Luftschnittstelle von der Basisstation angeboten werden. Hier sind zwei Kanalkombinationen, die eine Mobilstation nutzen kann, definiert und in Tabelle 11.6 dargestellt. Kombination M9 wird von einer GPRS-Mobilstation verwendet, die auf ein Paket wartet. Kombination M10 kennzeichnet eine Multislot-

Konfiguration. Hierbei werden mehrere Verkehrskanäle PDTCH einer Mobilstation zugewiesen. Dabei ist n die Anzahl der PDTCH, die eine Datenübertragung in beide Richtungen zuläßt, und m die Anzahl der PDTCH, die nur eine Datenübertragung in eine Richtung zuläßt. Hierbei gilt: n=1..8, m=0..8, n+m= 1..8.

**Tabelle 11.5:** Erlaubte Kanalkombination der logischen GPRS-Kanäle

| | B10 | B11 | B12 | B13 |
|---|---|---|---|---|
| PDTCH | ■ | ■ | ■ | |
| PBCCH | ■ | | | ■ |
| PCCCH | ■ | ■ | | ■ |
| PACCH | ■ | ■ | ■ | |
| PTCCH | ■ | ■ | ■ | |

**Tabelle 11.6:** Kanalkombinationen der Mobilstation (genutzt)

| | M9 | M10 |
|---|---|---|
| PDTCH | | ■ n+m |
| PBCCH | ■ | |
| PCCCH | ■ | |
| PACCH | | ■ |
| PTCCH | | ■ |

## 11.4.2 Abbildung der logischen Paketdatenkanäle auf physikalische Kanäle

Ein physikalischer Kanal, auf dem logische Paketdatenkanäle transportiert werden, heißt *Packet Data Channel* **PDCH**. Die zeitliche Abbildung der logischen GPRS-Kanäle auf die physikalischen Kanäle basiert – wie im herkömmlichen GSM (vgl. Kapitel 5.4) – auf der Definition von Multiframe-Strukturen.

Eine Multiframe-Struktur für PDCH bestehend aus 52 TDMA Rahmen ist in Bild 11.9 dargestellt. Es sind jeweils vier TDMA-Rahmen zu einem Block zusammengefaßt (B0-B11), zwei Rahmen sind für die Übertragung des PTCCH reserviert und die verbleibenden zwei Rahmen sind IDLE-Rahmen. Jeder TDMA-Rahmen enthält 8 Zeitschlitze.

Die Abbildung der logischen Kanäle auf die Blöcke B0 bis B11 des Multiframes kann von Block zu Block verschieden sein und wird von Parametern gesteuert, die über den PBCCH ausgestrahlt werden. Im GSM-Standard wird festgelegt, welche Zeitschlitze die jeweiligen logischen Kanälen benutzen dürfen.

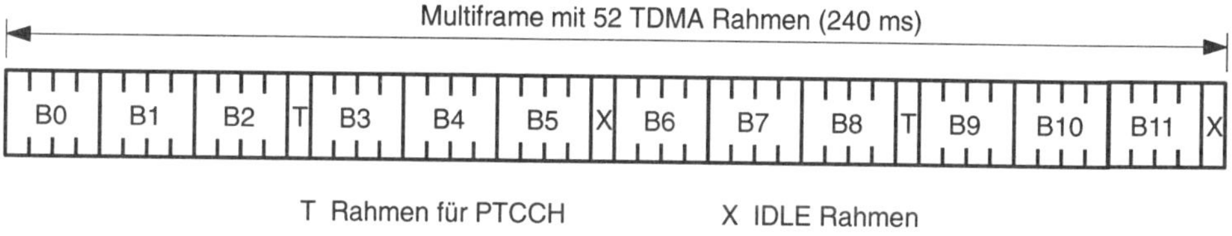


**Bild 11.9:** Multiframe Struktur mit 52 Rahmen

Neben dem 52-Rahmen Multiframe, der von allen logischen GPRS-Kanälen verwendet werden kann, ist noch ein 51-Rahmen Multiframe definiert. Er wird für PDCH verwendet, die nur die logischen Kanäle PCCCH und PBCCH transportieren (Kanalkombination B13 in Tabelle 11.5). Er besteht aus 10 Blöcken zu je 4 Rahmen (B0-B9) und 10 IDLE Rahmen im Downlink. Der Uplink besteht aus 51 Random Access Rahmen.

## 11.4.3 Radio Resource Management

Eine GPRS-unterstützende Zelle kann für GPRS-Verkehr physikalische Kanäle (PDCH) zuteilen. Diese werden aus dem Pool aller verfügbaren physikalischen Kanäle entnommen. Die Frequenzkanäle einer Zelle werden also von allen GPRS- und allen Nicht-GPRS-Mobilstationen dieser Zelle geteilt. Dabei erfolgt die Aufteilung der physikalischen Kanäle zwischen den paketvermittelten und durchschaltevermittelten Diensten dynamisch als Funktion des Lastaufkommens und der Priorität eines Dienstes.

Bei paketvermittelter Übertragung werden Funkressourcen nur belegt, wenn tatsächlich Datenpakete gesendet oder empfangen werden (*Capacity on Demand*). Dabei ist die Kanalzuteilung sehr flexibel gehalten. Es können 1-8 Zeitschlitze zugeteilt werden. Up- und Downlink werden separat zugewiesen.

# 11.5 GPRS Protokollarchitektur

## 11.5.1 Transmission Plane

Bild 11.10 zeigt die GPRS-Protokollarchitektur der Nutzdatenebene. Die Protokolle dienen der Übertragung der Nutzdaten und der zugeordneten Signalisierungsinformationen (z.B. für die Flußkontrolle, Fehlererkennung und Fehlerkorrektur).

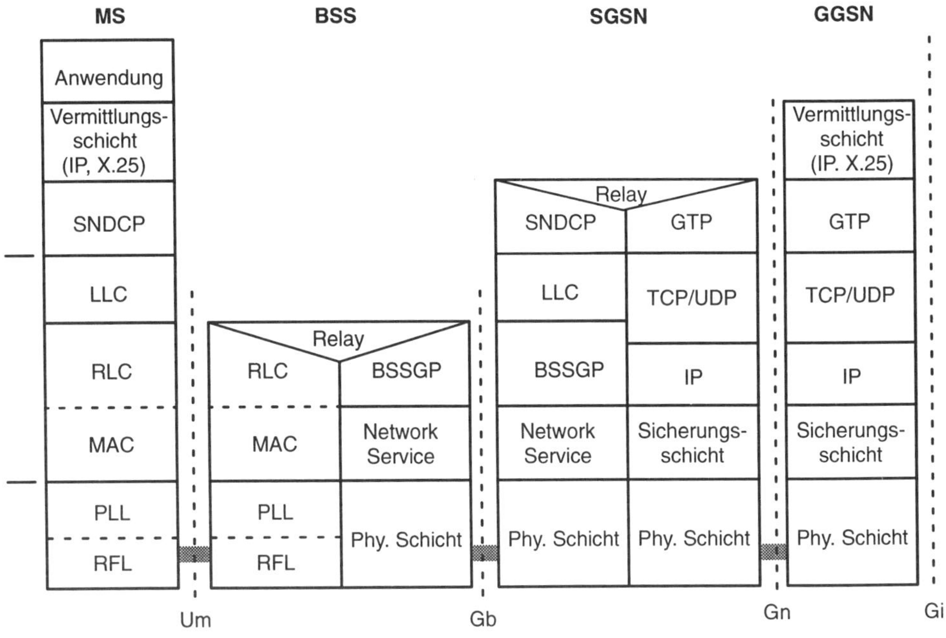


| | |
|---|---|
| SNDCP | Subnetwork Dependent Convergence Protocol |
| LLC | Logical Link Control |
| RLC | Radio Link Control |
| MAC | Medium Access Control |
| PLL | Physical Link Layer |
| RFL | Physical RF Layer |
| BSSGP | BSS GPRS Application Protocol |
| GTP | GPRS Tunnelling Protocol |
| TCP | Transmission Control Protocol |
| UDP | User Datagram Protocol |
| IP | Internet Protocol |

**Bild 11.10:** Transmission Plane

#### 11.5.1.1 GPRS Backbone: SGSN – GGSN

Wie bereits erwähnt, werden zwischen den GSN des GPRS Backbone-Netzes Datenpakete gekapselt übertragen. Dies geschieht mit Hilfe des sogenannten *GPRS Tunnelling Protocols* **GTP**. Es ist sowohl zwischen den GSN innerhalb eines PLMN (Gn-Schnittstelle) als auch zwischen GSN verschiedener PLMN (Gp-Schnittstelle) definiert.

GTP beinhaltet Prozeduren in der Nutzdatenebene (*Transmission Plane*) und in der Signalisierungsebene (*Signalling Plane*). In der Nutzdatenebene benutzt GTP einen Tunnelmechanismus, um die Datenpakete zu transportieren. In der Signalisierungsebene spezifiziert GTP ein Tunnelkontroll- und Managementprotokoll. Die Signalisierung wird benutzt, um Tunnel zu erzeugen, zu modifizieren und wieder zu löschen.

Das GTP ist nur in SGSN und GGSN implementiert. Weder Mobilstationen noch andere Netzknoten nehmen das Protokoll zur Kenntnis.

Unterhalb der GTP-Ebene transportieren die Standardprotokolle TCP bzw. UDP die GTP PDU (Signalisierungs- und Nutzdaten) innerhalb des GPRS Backbone-Netzes. Als Protokoll der Vermittlungsschicht wird IP verwendet. Unterhalb von IP können z.B. Ethernet, ISDN oder ATM-basierende Protokolle verwendet werden.

#### 11.5.1.2 Subnetwork Dependent Convergence Protocol SNDCP

Zwischen SGSN und den Mobilstationen wird das *Subnetwork Dependent Convergence Protocol* **SNDCP** eingesetzt. Dieses beinhaltet:

- Multiplexen mehrerer Verbindungen der Vermittlungsschicht (N-PDU) auf eine virtuelle logische Verbindung der darunterliegenden LLC-Schicht.
- Kompression und Dekompression von Nutzdaten sowie redundanter Headerinformationen.

#### 11.5.1.3 Schnittstelle MS – BSS

Im folgenden wird die Übertragung an der Funkschnittstelle (Um) zwischen Mobilstationen und dem GPRS-Netz betrachtet.

**Sicherungsschicht**

Die Sicherungsschicht (*Data Link Layer*) zwischen der MS und dem BSS ist in zwei Teilschichten unterteilt:

- die *Logical Link Control* **LLC** Schicht und
- die *Radio Link Control/Medium Access Control* **RLC/MAC** Schicht.

Die Verbindungssteuerungsschicht **LLC** (*Logical Link Control*) bietet eine hochzuverlässige logische Verknüpfung zwischen einer Mobilstation und ihrem zugeordneten SGSN. Dies umfaßt die Anlieferung in der richtigen Reihenfolge, die Flußkontrolle, die Fehlererkennung und die Wiederholung von fehlerhaft übertragenen Paketen (*Automatic Repeat Request ARQ*). Die Funktionalität des LLC Protokolls basiert auf dem in Kapitel 7.3.1 erläuterten LAPDm Protokoll, das im wesentlichen ein HDLC-ähnliches Protokoll darstellt. LLC unterstützt variable Rahmenlängen und verschiedene QoS Klassen. Neben PTP- wird auch PTM-Kommunikation ermöglicht. Die Vertraulichkeit der Daten und der Teilnehmeridentität wird durch Verschlüsselungsalgorithmen gewährleistet. Es werden sowohl unbestätigte Dienste (*Unacknowledged Operation*) als auch bestätigte Dienste (*Acknowledged Operation*) unterstützt.

Die RLC/MAC Schicht an der Luftschnittstelle beinhaltet zwei Funktionen.

Die logische Funkverbindungsschicht **RLC** (*Radio Link Control*) ist verantwortlich für die Übertragung von Datenblöcken über die Luftschnittstelle und die Fehlerkorrektur durch selektive Wiederholung von fehlerhaft übertragenen Blöcken (*Automatic Repeat Request* ARQ).

Die Medienzugriffsschicht **MAC** (*Medium Access Control*) ist verantwortlich für die Zugriffskontrolle auf dem Funkkanal, d.h. das MAC Protokoll steuert und kontrolliert die Zugriffsversuche einer GPRS-Mobilstation auf das von mehreren Mobilstationen gemeinsam benutzte Funkmedium. Hierbei werden Algorithmen zur Kollisionsauflösung (*Contention Resolution*) zwischen Zugriffsversuchen, Multiuser Multiplexverfahren auf den von mehreren MS benutzten PDTCH und eine Reservierungsstrategie unter Berücksichtigung der vereinbarten Dienstgüte angewandt. Das GPRS MAC Protokoll basiert auf dem *Slotted-ALOHA*-Prinzip (wie in GSM, siehe Kap. 5.1).

**Physikalische Schicht**

Die physikalische Schicht (*Physical Layer*) kann in zwei Teilschichten unterteilt werden: Die PLL Schicht und die RFL Schicht.

Die *Physical Link Layer* **PLL** bietet einen physikalischen Kanal zwischen der Mobilstation und dem BSS. Die Aufgaben der PLL beinhalten die Kanalcodierung (Erkennen von Übertragungsfehlern; Vorwärtsfehlerkorrektur (*Forward Error Correction* FEC) korrigierbarer Fehler; Anzeige nicht korrigierbarer Fehler), Interleaving und Erkennen von Stausituationen (*physical link congestion*).

Die unterhalb von PLL definierte *Physical RF Layer* **RFL** beinhaltet u.a. die Modulation und Demodulation. Es wird die in GSM spezifizierte PF Layer verwendet, mit der Option auf mögliche zukünftige Veränderungen bzgl. der Besonderheiten eines Paketdatendienstes.

#### 11.5.1.4 Schnittstelle BSS – SGSN

Zwischen dem BSS und dem SGSN ist das *BSS GPRS Application Protocol* **BSSGP** definiert, welches im wesentlichen dem aus Kapitel 7.3.1 bekannten BSSMAP entspricht. Das darunterliegende *Network Service* **NS** Protokoll basiert auf dem Frame Relay Protokoll.

## 11.5.2 Signalling Plane

Die Protokollstapel der Signalisierungsebene enthalten Protokolle zur Steuerung und Unterstützung von Funktionen der Nutzdatenebene, wie z.B. für die Abwicklung von Anmelde- und Abmeldeprozeduren (*GPRS Attach* und *GPRS Detach*), die Aktivierung des PDP-Kontextes, die Steuerung des Routingpfades der mobilen Teilnehmer und die Steuerung der Zuteilung von Netzressourcen und Anpassung an den sich ändernden Ressourcenbedarf der Teilnehmer.

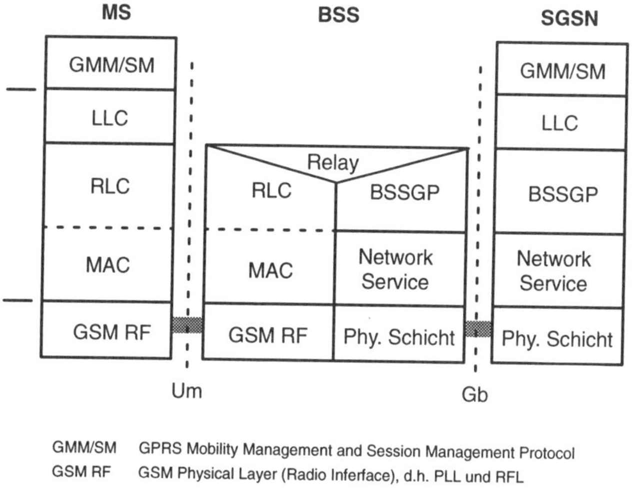


**Bild 11.11:** Signalling Plane: MS - SGSN

Zwischen MS und SGSN (Bild 11.11) unterstützt das *GPRS Mobility Management and Session Management* **GMM/SM** Protokoll das Mobilitätsmanagement bei Funktionen wie dem GPRS Attach/Detach, bei Sicherheitsfunktionen, bei der Aktivierung des PDP-Kontextes und bei Routing Area Updates.

Die Signalisierungsarchitektur zwischen dem SGSN und den GSM Registern HLR, VLR und EIR (Bild 11.12) verwendet die gleichen Protokolle wie im herkömmlichen GSM und erweitert diese teils um GPRS-spezifische Funktionen. Die Protokolle wurden in Kapitel 7.3.1 erläutert. Zwischen SGSN und HLR bzw. zwischen SGSN und EIR wird ein erweiterter *Mobile Application Part* **MAP** eingesetzt. Die darunterliegenden Protokolle *Transaction Capabilities Application Part* **TCAP**, *Signalling Connection Control Part* **SCCP** und *Message Transfer Part* **MTP** sind identisch zu denen in GSM Systemen ohne GPRS.

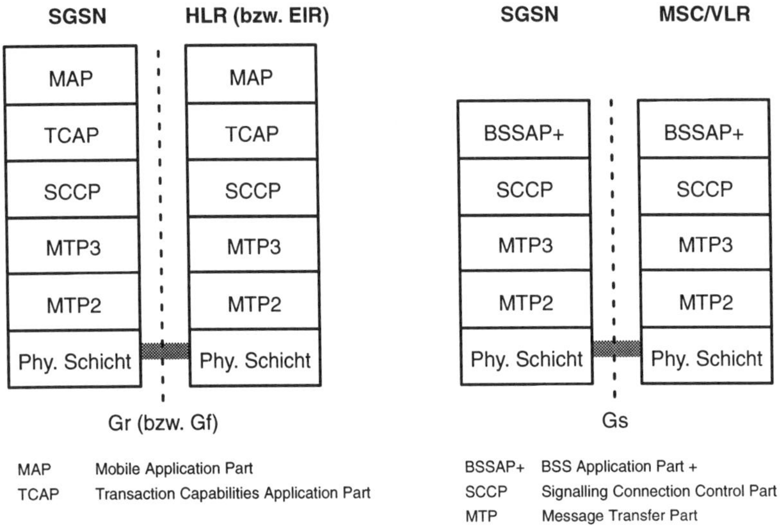


**Bild 11.12:** Signalling Plane: SGSN - HLR, SGSN - EIR und SGSN - MSC/VLR

Der *BSS Application Part* **BSSAP+** beinhaltet Funktionen des BSSAP (vgl. Kapitel 7.3.1). Er wird verwendet, um Signalisierungsmeldungen zwischen SGSN und VLR (Schnittstelle Gs) zu transportieren. Dies sind vor allem Meldungen des Mobilitätsmanagements, bei denen eine Koordination von GPRS und herkömmlichen GSM Funktionen nötig ist, wie z.B. kombinierte GPRS und Nicht-GPRS-Aufenthaltsaktualisierungen und Anmelde-/Abmeldeprozeduren (*combined GPRS/IMSI Attach*) oder das Paging einer MS über GPRS bei einem ankommenden herkömmlichen GSM-Ruf.

## 11.6 Kanalcodierung in GPRS

Wie bei der Kanalcodierung der herkömmlichen GSM Kanäle (siehe Kap. 6.2) wird zum Schutz gegen Übertragungsfehler bei GPRS-Datenpaketen eine äußere Blockcodierung, eine anschließende Faltungscodierung und schließlich ein Interleavingschema verwendet. Bild 6.5 zeigt schematisch diese Stufen der Kanalcodierung.

Es sind vier mögliche Codierungsschemata definiert, deren Parameter in Tabelle 11.7 aufgelistet sind. Bild 11.13 zeigt den Codiervorgang, der im folgenden kurz anhand des Codierschemas CS-2 erläutert wird.

**Tabelle 11.7:** Fehlerschutzcodierung logischen Verkehrskanäle im GPRS

| Codier-schema | vor-codierte USF | Infobits ohne USF | Paritäts-bits des BC | Tail-bits | nach Faltungs-coder | Punk-tierte Bits | Coderate | Daten-rate kbit/s |
|---|---|---|---|---|---|---|---|---|
| CS-1 | 3 | 181 | 40 | 4 | 456 | 0 | 1/2 | 9.05 |
| CS-2 | 6 | 268 | 16 | 4 | 588 | 132 | ≈ 2/3 | 13.4 |
| CS-3 | 6 | 312 | 16 | 4 | 676 | 220 | ≈ 3/4 | 15.6 |
| CS-4 | 12 | 428 | 16 | - | 456 | - | 1 | 21.4 |

Zunächst werden die 271 Informationsbits (inklusive der 3 Bits des *Uplink State Flags* USF[7]) mit Hilfe eines systematischen Blockcoders auf 287 Bit abgebildet, d.h. es werden 16 Paritätsbits hinzugefügt. Die USF Vorcodierung bildet die ersten 3 Bits des Blockes, also die Bits des USF, systematisch auf 6 Bits ab. Anschließend werden 4 Nullbits (*Tail Bits*) an den Block angehängt, die für die Terminierung der folgenden Faltungscodierung notwendig sind.

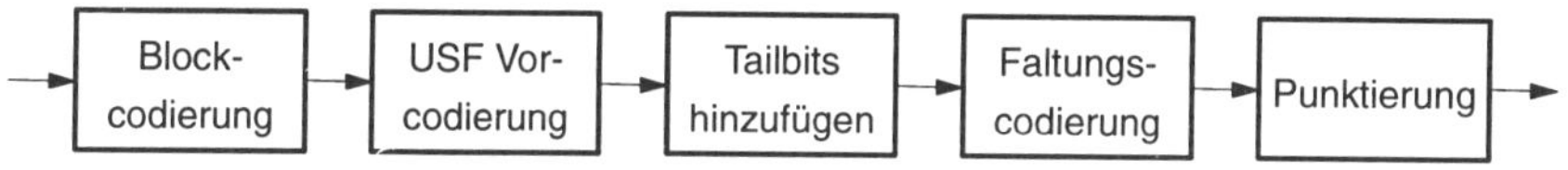


**Bild 11.13:** Codierung der GPRS-Daten

Zur Faltungscodierung wird der von GSM bekannte nichtsystematische Rate-1/2 Coder der *Constraint Length* 4 verwendet, der durch die beiden Generatorpolynome

$$G_0(d) = 1 + d^3 + d^4$$
$$G_1(d) = 1 + d + d^3 + d^4$$

definiert ist. Eine mögliche Realisierung ist in Bild 6.8 abgebildet. Nach der Faltungscodierung erhält man ein Codewort der Länge 588 bit. Anschließend werden 132 Bits punktiert, so daß schließlich ein Codewort der Länge 456 Bit resultiert. Damit ergibt sich eine Coderate des Faltungscoders inklusive der Punktierung von

$$r = \frac{6 + 268 + 16 + 4}{456} \approx \frac{2}{3}.$$

7. Das *Uplink State Flag* USF wird im Downlink versendet und zeigt an, ob der Uplink-Kanal frei ist.

Das Codierschema 1 entspricht der Kanalcodierung des SACCH. Zur Blockcodierung wird ein systematischer *Fire Code* verwendet (siehe Kapitel 6.2.2.3, erster Absatz). Die USF Bits werden nicht vorcodiert, die Faltungscodierung erfolgt mit dem bekannten Rate-1/2 Coder, jedoch wird diesmal die Ausgangssequenz nicht punktiert. Bei CS-4 werden die 3 USF Bits auf 12 Bits abgebildet. Eine Faltungscodierung findet nicht statt.

Für die GPRS-Verkehrskanäle (PDTCH) wird je nach Qualität des Signals eines der vier Codierschemata dynamisch ausgewählt. Unter sehr schlechten Kanalbedingungen erhält man mit CS-1 eine Datenrate von 9.05 kbit/s pro GSM Zeitschlitz, jedoch eine zuverlässige Kanalcodierung. Unter sehr guten Kanalbedingungen verzichtet man auf die Faltungscodierung und erhält eine Datenrate von 21.4 kbit/s pro GSM Zeitschlitz. Zur Angabe des benutzten Codierschemas werden die beiden *Stealing Flags* des *Normal Bursts* (siehe Bild 5.6) verwendet.

Für die Kanalcodierung der GPRS-Signalisierungskanäle wird das Codierschema 1 verwendet. Eine Ausnahme bildet der PRACH. Über diesen können zwei verschiedene sehr kurze Bursts übertragen werden, ein Burst mit 8 Informationsbits und ein Burst mit 11 Informationsbits. Die Codierung, die für den 8-Bit-Burst verwendet wird, ist identisch mit der Codierung des RACH (siehe 6.2.2.3 und 6.2.3), die Codierung für den 11-Bit-Burst ist eine punktierte Variante davon.

Nach der Kanalcodierung werden die Codewörter einem Blockinterleaver der Tiefe 4 zugeführt. Das Interleavingschema für alle vier Codierungsschemata ist identisch mit dem des SACCH (siehe Kapitel 6.2.4, letzter Absatz).

Die Decodierung der Faltungscodes erfolgt mit dem aus GSM bekannten Viterbi-Algorithmus.

# 12 GSM – wie geht es weiter?

## 12.1 Globalisierung

*"GSM is now in more countries than McDonalds."*
Mike Short, Chairman,
MoU Association 1995-96

Insgesamt waren Ende 1998 weltweit 320 GSM-Netze mit etwa 135 Millionen Teilnehmern in 118 Ländern in Betrieb (Bild 1.2). Dieser steigenden Globalisierung wurde bereits mit mehreren Schritten Rechnung getragen. Die PCS/PCN-Netze verwenden Frequenzbereiche um 1800 MHz und, auf dem nordamerikanischen Markt, um 1900 MHz. Abgesehen von den durch unterschiedliche Frequenzbereiche bedingten Besonderheiten sind die PCS/PCN-Netze allerdings GSM-Systeme ohne Einschränkungen, insbesondere was Dienste und Signalisierungsprotokolle anbelangt. Internationales Roaming zwischen diesen Systemen ist auf der Basis der normierten Schnittstelle zwischen Mobilgerät und SIM möglich, die eine Personalisierung von Geräten aus den verschiedenen, in unterschiedlichen Frequenzbereichen arbeitenden Netzen ermöglicht (*SIM-Card Roaming*). Darüber hinaus könnte eine systemübergreifende Standardisierung des SIM-Konzeptes weltweites Roaming auch zu Nicht-GSM-Systemen ermöglichen.

Neben SIM-Card Roaming werden im MoU immer mehr Entwicklung und Einsatz von Multi-Band-Systemen und -Endgeräten vorangetrieben. Multi-Band-Systeme erlauben es, in einem Netz Basisstationen mit unterschiedlichen Frequenzbereichen gleichzeitig zu betreiben. Zu einem leistungsfähigen Konzept werden diese Systeme in Verbindung mit Multi-Band-Endgeräten, die in mehreren Frequenzbereichen betrieben werden können und sich automatisch auf den Frequenzbereich des jeweiligen aktuellen Netzes einstellen. Damit ist ein Roaming zwischen Netzen mit unterschiedlichen Frequenzbereichen möglich, gleichzeitig aber auch die automatische Zellauswahl in Multi-Band-Netzen mit Basisstationen unterschiedlicher Frequenzbereiche.

Mit der Entwicklung und dem Start der ersten Satellitennetze in niedrigen Umlaufbahnen, z.B. Iridium, rückten auch diese Systeme verstärkt in den Mittelpunkt des Interesses. Beim MoU geschieht das im Rahmen der *Satellite Interest Group* **SATIG**. Diese befaßt sich mit den GSM-basierten Satellitensystemen (*GSM Satellite Systems* **GSMSS**) und steht in ständigem Gespräch mit den Betreibern der Satellitennetze. Von diesen sind Asia Cellular Satellite ACeS, Globalstar, ICO Global Communications und Iridium bereits Mitglieder der GSM Association. Auch bei den Satellitensystemen werden Dual-/Multi-Band-Geräte eine entscheidende Rolle spielen. Mit einem solchen Gerät wird zukünftig GSM-Teilnehmern weltweites Roaming auch in Satellitensystemen ermöglicht. Andererseits können Nutzer eines GSM-basierten Satellitensystems mit ihrer SIM-Karte Dienste von terrestrischen GSM-Netzen in Anspruch nehmen. Erste entsprechende Roaming-Abkommen zwischen GSM- und Satellitennetzbetreibern wurden im Laufe des Jahres 1998 bereits abgeschlossen.

## 12.2 GSM Dienste in der Phase 2+

GSM ist kein abgeschlossenes System, das sich nicht mehr verändert. Die GSM-Standards werden laufend weiterentwickelt, und auch in der aktuellen Standardisierungsphase (Phase 2+) stehen über 80 Einzelthemen zur Diskussion [22]. Die Phase 1 der Implementierung von GSM-Systemen beinhaltete grundlegende Telematikdienste – allen voran Sprachkommunikation – und einige wenige Zusatzdienste, die zur Markteinführung von GSM im Jahr 1991 verbindlich von allen Netzbetreibern angeboten werden konnten. In der Phase 2, deren Standardisierung 1995 abgeschlossen wurde und deren Markteinführung auf breiter Front im Jahr 1996 erfolgte, nahm die ETSI vor allem Zusatzdienste (*Supplementary Services*) in den Standard mit auf. Mit diesen bereits von Anfang der GSM-Entwicklung an geplanten Zusatzdiensten wurden Leistungsmerkmale implementiert, wie sie aus dem Festnetz-ISDN bekannt sind (siehe Kap. 4.3). Diese neuen Dienste machten es notwendig, weite Teile des GSM-Standards zu überarbeiten. Deshalb wurde für Netze, die nach diesem Standard arbeiten, auch die neue Bezeichnung GSM Phase 2 eingeführt [22]. Alle Netze und Endgeräte der GSM Phase 2 wahren allerdings die Kompatibilität zu den alten Endgeräten und Netzen der Phase 1, d.h. alle neuen Standardentwicklungen geschahen unter strengen Vorgaben der Abwärtskompatibilität.

Die aktuellen Themen betreffen fast alle Aspekte von GSM, von der Funkübertragung bis hin zur Verbindungssteuerung. Allerdings wird keine vollständige Neubearbeitung des GSM-Standards vorgenommen, vielmehr werden die Einzelthemen als voneinander getrennte Standardisierungseinheiten behandelt, deren Einführung auch weitgehend unabhängig vorgenommen werden kann. So ist eine schrittweise

Evolution der implementierten GSM-Systeme möglich, und die Standardisierung kann in Zukunft auch flexibel auf Marktanforderungen reagieren. Damit ist aber keine eindeutig neue Version des GSM-Standards mehr identifizierbar. Das soll der Name GSM Phase 2+ zum Ausdruck bringen [22]. Es handelt sich bei der Phase 2+ um die zeitlich offene Evolution von GSM-Systemen, die nicht durch Zielvorgaben und Einführungszeitpunkte abgeschlossen ist. Die Verabschiedung und Veröffentlichung der Standards erfolgt nunmehr in sogenannten Releases, z.B. Release 97 und Release 98.

In Angriff genommen wird eine breite Palette technischer Aspekte, von denen im folgenden nur einige exemplarisch vorgestellt werden. Es muß betont werden, daß es sich dabei um geplante und in der Standardisierungsdiskussion befindliche Dienste handelt – eine tatsächliche Implementierung ist dabei noch nicht gesichert bzw. nur teilweise erfolgt.

## 12.2.1 Telekommunikationsdienste

Nachdem die Phase 2 des GSM-Standards im wesentlichen neue Zusatzdienste definiert hat, wird nun in der Phase 2+ auch an neuen Träger- und Telematikdiensten gearbeitet. Einer der wichtigsten Dienste der GSM-Systeme ist der Sprachdienst. So ist es nur natürlich, daß die Sprachdienste weiterentwickelt werden. Vor allem geht es dabei um die Entwicklung neuer Sprachcodecs mit zwei konkurrierenden Zielen: zum einen die bessere Ausnutzung der in GSM-Systemen zur Verfügung stehenden Frequenz-Bandbreite und zum anderen die Verbesserung der Sprachqualität hin zu der aus dem ISDN gewohnten Qualität, die vor allem von professionellen GSM-Nutzern gefordert wird.

Die verbesserte Ausnutzung der Bandbreite zielt darauf ab, die Netzkapazität und damit auch die spektrale Kapazität (getragener Verkehr pro Zellfläche und Frequenzbandbreite) zu erhöhen. Im Bereich der Sprachdienste war deshalb bereits von Anfang an ein Sprachcodec der halben Bitrate vorgesehen. Dieser sog. *Half Rate Codec* erreicht trotz der halbierten Bitrate unter normalen Bedingungen annähernd dieselbe Sprachqualität wie der bisher implementierte *Full Rate Codec*. Allerdings treten Qualitätseinbußen bei Mobil-Mobil-Verbindungen auf, da wegen der netzinternen Sprachübertragung mit ISDN-Sprachcodierung in diesen Fällen bisher noch der GSM-Sprachcoder/decoder-Prozeß zweimal durchlaufen werden mußte. Die durchgängige Ende-zu-Ende-Übertragung von GSM-kodierter Sprache soll in diesen Fällen eine mehrfache Sprachtranscodierung überflüssig machen und entsprechende Qualitätseinbußen vermeiden (Bild 12.1, [22]). Unter dem Titel *Tandem Free Operation* **TFO** wurde diese Betriebsart der Sprachcodecs für Mobil-zu-Mobil-Rufe im Release 98 des GSM-Standards verabschiedet.

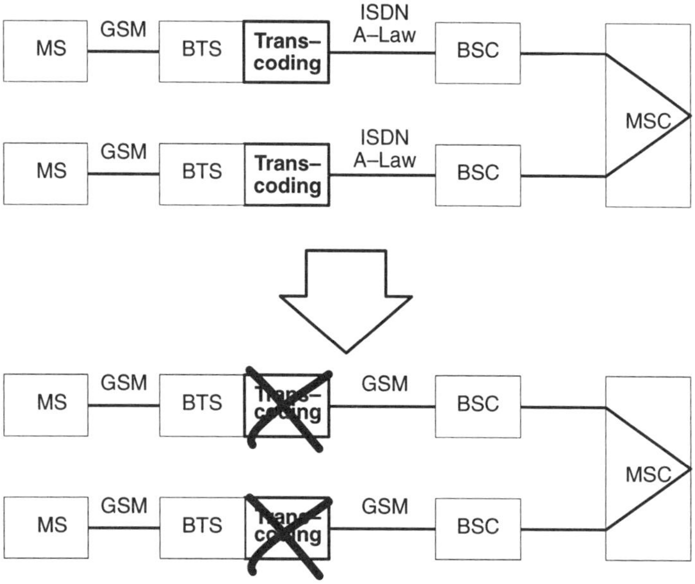


**Bild 12.1:** Durchgängiger Transport GSM-kodierter Sprache in Phase 2+

Auf der anderen Seite steht die Verbesserung der Sprachqualität im Vordergrund. Insbesondere für Geschäftsanwendungen und dort, wo GSM-Systeme ein System mit fester Teilnehmeranschlußtechnik ersetzen sollen (z.B. zum schnellen Aufbau eines digitalen Kommunikationsnetzes in Gebieten mit bisher schlechter Telekommunikationsinfrastruktur) wird eine Sprachqualität ähnlich der des Festnetzes als sehr wichtig angesehen. Den Arbeiten am *Enhanced Full Rate Codec* **EFR** wird deshalb sehr große Bedeutung beigemessen. Dieser EFR ist ein Vollraten-Codec (13 kbit/s), der allerdings deutlich bessere Sprachqualität als der bisherige Vollraten-Codec bieten soll. In den nordamerikanischen DCS1900-Netzen ist ein solcher EFR bereits standardisiert und implementiert. Dieser EFR wird als ein guter Kandidat angesehen zur weltweiten Standardisierung in ETSI [22]. Unter schwierigen Funkbedingungen kann eine modernere Variante des Sprachcodecs nochmals Verbesserungen liefern, wenn sie adaptiv zwischen den verschiedenen Sprachcodierverfahren umschaltet. Als *Adaptive Multirate Codec* **AMR** hat dieses Verfahren im Release 98 seinen Weg in den Standard gefunden.

Neu in der Phase 2+ angedachte Sprachdienste sind die Rundruf- und Gruppenruffunktionen (*Voice Broadcast Service* **VBS** und *Voice Group Call Service* **VGCS**). Diese Leistungsmerkmale sind bisher aus den Bündelfunksystemen bekannt. Für diese Dienste liegen mittlerweile verabschiedete Standards vor. Sie werden in Kapitel 12.4 noch detaillierter erläutert.

Auch bei den Datendiensten ist die Entwicklung noch nicht abgeschlossen. Zwei herausragende Trends sind momentan zu beobachten: die Integration von Paketdatendiensten in GSM-Systeme und hochbitratige Trägerdienste mit Datenübertragungsraten von bis zu 100 kbit/s [22].

Großes Interesse verbucht der in Phase 2+ neu definierte Paketdatendienst (*General Packet Radio Service* **GPRS**), der einen echten, paketvermittelten Trägerdienst auch an der Funkschnittstelle anbietet. Seine Standardisierung ist mit einer stabilen Version abgeschlossen. Viele GSM-Betreiber weltweit haben nach Abschluß der Feldtests bereits den Ausbau Ihrer Netze mit GPRS beauftragt. Kapitel 11 geht detailliert auf GPRS ein.

Die Bandbreite der bisher standardisierten Datendienste ist mit maximal 9.6 kbit/s gegenüber den in Festnetzen verfügbaren Datenraten relativ gering. Der Wunsch nach höherbitratigen Datendiensten auch in GSM-Systemen ist also bereits absehbar. Entsprechend wird auch in einer der GSM-Standardisierungsgruppen der Dienst *High Speed Circuit-Switched Data* **HSCSD** untersucht. Durch die Bündelung von mehreren Verkehrskanälen sollen dabei Datenraten bis zu 100 kbit/s erreicht werden. Während diese Kanalbündelung auf der Seite der Basisstation kaum Änderungen bedingt, werden durch HSCSD-Dienste erheblich höhere Anforderungen an Mobilstationen gestellt. Eine HSCSD-fähige Mobilstation muß zum einen auf mehreren Zeitschlitzen und Frequenzen gleichzeitig senden können, zum anderen die Rechenleistung bereitstellen, um den mit der Datenrate wachsenden Aufwand für die Signalverarbeitung – Modulation/Demodulation und Kanalcodierung/-decodierung – bewältigen zu können. Für die Nutzung dieser HSCSD-Dienste wird also eine neue Generation Mobilstationen mit entsprechend erweiterten technischen Fähigkeiten notwendig werden.

### 12.2.2 Zusatzdienste (Supplementary Services)

Ein großer Teil der Standardisierungsbemühungen in GSM Phase 2+ befaßt sich mit weiteren Zusatzdiensten (*Supplementary Services*). Der weitaus größte Teil der aus dem ISDN bekannten ergänzenden Dienstmerkmale ist auch in der einen oder anderen Form bereits in GSM-Systemen realisiert (siehe Kap. 4.3). Durch die Teilnehmermobilität bedingt werden neue Zusatzdienste gefordert, auf der anderen Seite aber auch häufig deren Implementierung deutlich erschwert. Beispiele für aus dem ISDN bekannte oder neu definierte Zusatzdienste, die nun für GSM-Netze standardisiert werden, sind *Mobile Access Hunting*, *Short Message Forwarding*, *Multiple Subscriber Profile*, *Call Transfer* oder *Completion of Calls to Busy Subscriber* (CCBS).

Besonders am Beispiel des CCBS-Dienstes wird deutlich, wie sehr sich das HLR immer mehr von seiner ursprünglichen reinen Datenbankfunktion entfernt hin zu einer Dienststeuerungskomponente – insbesondere für Zusatzdienste – ähnlich dem *Service Control Point* **SCP** des *Intelligenten Netzes* **IN**. Der Zusatzdienst CCBS realisiert im Prinzip einen "Rückruf bei Belegt". Nimmt der gewünschte Zielteilnehmer momentan aufgrund eines bestehenden Rufes ein Gespräch nicht an, so kann der rufende Teilnehmer einen Zusatzdienst CCBS aktivieren, bei dem ihn das Netz informiert, sobald der gewünschte Teilnehmer sein laufendes Gespräch beendet und wieder frei ist, um dann automatisch den Ruf aufzubauen. Die Teilnehmermobilität bringt in dieses Leistungsmerkmal einen zusätzlichen Grad an Komplexität. Im Festnetz ohne Teilnehmermobilität würde jeweils in der Vermittlung des rufenden und des gerufenen Teilnehmers eine Warteschlange zur Verwaltung der Rückrufwünsche eingerichtet. In einem Mobilnetz sind unter Umständen weitere Vermittlungszentren beteiligt, weil nach der Aktivierung des CCBS-Dienstes der aktivierende Teilnehmer roamend den Bereich eines anderen MSC erreichen kann. Eine Implementierung des Dienstes im MSC allein würde also bedeuten, daß entweder eine zentralisierte Lösung für die Rückrufwarteschlange angestrebt wird, oder der Inhalt der jeweiligen Rückrufliste zum neuen MSC – eventuell sogar in einem anderen Netz – transferiert wird. Die angestrebte Lösung ist zentralisiert, wobei zusätzlich zum jeweils aktuell zuständigen MSC das HLR die Rückrufwarteschlangen eines Teilnehmers speichert. Wechselt die Mobilstation das MSC-Gebiet, so wird die Rückrufwarteschlange vom HLR dem neuen MSC übergeben. Das HLR übernimmt also neben seinen ursprünglich vorgesehenen reinen Datenbankfunktionen in diesem Fall auch Funktionen der Dienststeuerung und Vermittlung.

## 12.3 Dienstplattformen

Das Konzept einer Dienstplattform wird in GSM auf Netz- wie auch auf Endgeräteseite eingeführt. Die Plattformen bieten Mechanismen, Funktionen und Protokolle zur Definition und Steuerung von Diensten und Applikationen. Diese Dienste/Applikationen können dabei im allgemeinsten Fall betreiberspezifisch bleiben, eine internationale Standardisierung ist nicht notwendig. Die erforderlichen generischen Funktionen werden durch die Einführung des Plattformkonzeptes in jedem Endgerät und Netzelement bereit gestellt und können zur Diensterbringung/-ausführung flexibel kombiniert und genutzt werden.

Als einfachste Form der Plattform können in GSM die *Supplementary Services* angesehen werden. Ein etwas weitergehendes Konzept sind die sogenannten *Service Nodes* wie z.B. ein *Voice Mail Server*, ein *SMS Center* oder ähnliches. Beide Konzepte haben aber entscheidende Nachteile: Einerseits sind die *Supplementary Services* der weltweiten Standardisierung unterworfen, wobei von der Definition bis zur Markteinführung zum Teil erhebliche Zeitspannen liegen. Andererseits stehen sie *roamenden* Teilnehmern nicht immer zur Verfügung, da ein Netzbetreiber nicht zur vollständigen Implementierung verpflichtet ist. Genauso sind *Service Nodes* häufig nicht für *roamende* Teilnehmer zugänglich bzw. sie können nur genutzt werden, wenn sich der Teilnehmer im Heimatnetz aufhält. Generell kann also festgestellt werden, daß die Definition vertikaler/betreiberspezifischer Dienste nur eingeschränkt und deren Nutzung in Fremdnetzen mit diesen beiden Plattformen häufig gar nicht möglich ist. Eine erweiterte Form von Dienstplattformen ist also notwendig. Diese Problematik wurde bei der ETSI erkannt und in Phase 2+ aufgenommen. Die Antwort sind auf der Netzseite *Customized Applications for Mobile network Enhanced Logic* **CAMEL** und auf Endgeräteseite *SIM Application Toolkit* **SAT** und *Mobile Station Execution Environment* **MExE**, die im folgenden näher erläutert werden.

## 12.3.1 CAMEL – GSM und Intelligente Netze

Das Vorgehen bei der Entwicklung des GSM-Standards setzte eine enge Kooperation der beteiligten Hersteller und Betreiber voraus. Die internationale Standardisierung von Diensten und Schnittstellen ermöglicht die erfolgreichen Leistungsmerkmale von GSM-Netzen, insbesondere internationales Roaming. Dem gegenüber steht die Forderung nach möglichster Differenzierung des Dienstangebotes der Betreiber, um einen erfolgreichen Wettbewerb zu garantieren. Je mehr ein Leistungsmerkmal standardisiert ist, desto geringer sind einerseits Entwicklungs- und Einführungskosten dafür, da sie von allen Herstellern und auch von Betreibern gemeinsam getragen werden. Andererseits sinken mit der Standardisierung von Diensten, Dienst- und Leistungsmerkmalen insbesondere für die Betreiber auch die Möglichkeiten zur Differenzierung gegenüber Wettbewerbern, und die Zeit bis zur Einführung eines Dienstes oder Leistungsmerkmals (*time to market*) verlängert sich durch den oft langwierigen Standardisierungsprozeß.

Der Ansatz, der in der momentanen GSM-Standardisierung beschritten wird, versucht, diesen Mißstand zu beheben. Statt Dienste und Zusatzdienste direkt zu spezifizieren, sollen standardisierte Mechanismen zur Einführung von Diensten geschaffen werden. Die Implementierung eines Dienstes soll bei diesem Ansatz nur noch in einigen wenigen Netzknoten im Heimatnetz eines Teilnehmers erfolgen müssen, während die lokalen Vermittlungsknoten nur noch einen festen Satz an einfachen Grundfunktionen plus die Möglichkeit, mit dem dienstimplementierenden Knoten zu kommunizieren, aufweisen müssen. Dieses Standardisierungspaket der GSM

Phase 2+ läuft unter dem Namen *Support of Operator Specific Services* **SOSS**, oder auch *Customized Applications for Mobile network Enhanced Logic* **CAMEL**. Im wesentlichen geht es dabei um die Zusammenführung von GSM und Technologien des Intelligenten Netzes **IN**.

Die wesentliche Konzeption des IN für eine flexibilisierte Implementierung, Einführung und Steuerung von Diensten in öffentlichen Netzen beruht auf der Trennung der Vermittlungsfunktionalität in eine Basisrufvermittlung (*Service Switching Point* **SSP**) und eine zentralisierte Diensststeuereinheit (*Service Control Point* **SCP**), die über das SS#7 mit dem generischen Protokoll *Intelligent Network Application Part* **INAP** kommunizieren. Damit ist eine zentralisierte, flexible und rasche Einführung von neuen Diensten möglich [36].

GSM weist bereits einige Parallelen zum Intelligenten Netz IN auf. Obwohl in GSM weder IN-Terminologie noch die Protokolle des IN, namentlich der INAP des SS#7, verwendet werden, entspricht die Struktur des Netzes der Philosophie des IN. Die Aufteilung des GSM-Mobilnetzes in Funktionseinheiten wie MSC und HLR sowie der konsequente Einsatz des SS#7 und die Entwicklung des MAP sind konform mit der Aufteilung des IN in über INAP kommunizierende Einheiten wie SSP und SCP.

Die Philosophie von CAMEL ist es, die Dienstimplementierung in GSM ähnlich dem Vorgehen im IN zu gestalten. Sie wird aufgeteilt zwischen einerseits einem Satz generischer Basisrufvermittlungsfunktionen im als SSP fungierenden besuchten MSC bzw. dem GMSC und andererseits intelligenten Dienststeuereinheiten SCP im Heimatnetz des jeweiligen dienstabonnierenden Teilnehmers. Das HLR eines GSM-Netzes nimmt bereits jetzt ähnliche Funktionen wahr wie ein SCP, insbesondere bei der Steuerung von Zusatzdiensten. Darüber hinaus werden bei CAMEL aber auch eigene, dedizierte SCP vorgesehen. Denkbar sind spezialisierte SCP z.B. für die Umsetzung von Kurzwahlnummern für Virtuelle Private Netze oder für zukünftige erweiterte Kurznachrichtendienste. Eine Dienstimplementierung mit der zugehörigen Dienstlogik ist bei dieser Konstellation nur einmal, nämlich im SCP des Heimatnetzes notwendig. Der dienstanbietende Betreiber hat damit die alleinige Kontrolle über Ausprägung und Leistungsumfang des Dienstes. Aufgrund des generischen Funktionsumfangs, den jeder SSP (MSC, GMSC etc.) implementieren muß, kann dieser Dienst dann in jedem Netz sofort zur Verfügung gestellt werden und es ist eine ununterbrochene Versorgung beim Roaming gewährleistet. Die alleinige Verantwortung und Kontrolle bei der Einführung neuer Dienste liegt damit bei SOSS/CAMEL auf der Seite des Heimatnetzbetreibers, mit dem der Teilnehmer einen Dienstvertrag besitzt. Damit eröffnen sich neue Möglichkeiten des Wettbewerbs unter den Mobilnetzbetreibern. Betreiberspezifische Dienste können schnell und ohne vorherigen Standardisierungsdurchlauf eingeführt werden, stehen aber dennoch weltweit zur Verfügung.

Die sich dadurch ergebende funktionale Architektur ist in Bild 12.2 dargestellt. Für CAMEL ist eine GSM-spezifische Version des Intelligenten Netzes IN definiert worden. Ähnlich wie dort wird auch im GSM eine Basisrufvermittlungsfunktion *GSM Service Switching Function* **gsmSSF** und eine Dienststeuerungsfunktion *GSM Service Control Function* **gsmSCF** definiert. Zusätzlich zu den in Phase 1 und Phase 2 bereits existierenden Signalisierungsschnittstellen des MAP zwischen besuchtem Netz und Heimatnetz (GMSC, HLR, VLR) müssen nun auch Signalisierungsschnittstellen zwischen der Basisrufvermittlung und den Dienststeuerungsfunktionen in den MSC des besuchten und des Heimatnetzes definiert werden. Für diese Signalisierung wird ein neuer *Application Part* des SS#7 spezifiziert, der *CAMEL Application Part* **CAP**, der damit eine Funktion ähnlich dem INAP des IN übernimmt. Diese Funktionen und Protokolle stellen ein Grundgerüst zur Realisierung intelligenter Dienste und ihrer flexiblen Einführung dar.

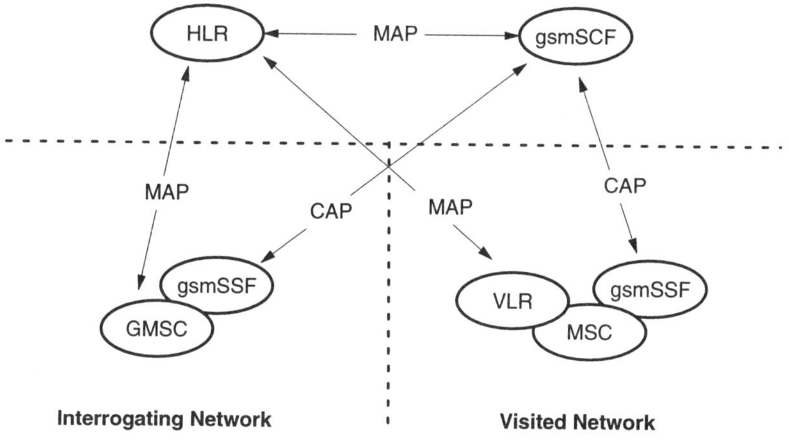


**Bild 12.2:** Funktionale Architektur für CAMEL

Voraussetzung für CAMEL ist die Definition eines standardisierten erweiterten Rufmodells mit entsprechenden Triggerpunkten und die Spezifikation des generischen Leistungsumfangs, den die SSP zur Verfügung stellen müssen. Bei dem erweiterten Rufmodell muß genauer von einem Modell des Teilnehmerverhaltens gesprochen werden, weil es neben normalen Rufen auch Vorgänge wie z.B. den Location Update umfaßt. Für jeden Teilnehmer wird dieses Verhaltensmodell im HLR abgelegt und dem jeweiligen aktuell zuständigen SSP/MSC vom Heimatnetz zur Verfügung gestellt. Damit besitzt ein SSP/MSC für den in seinem Bereich roamenden Teilnehmer einen Satz Triggerpunkte mit zugehörigen SCP-Adressen. Trifft eine Triggerbedingung zu, wird die Ruf/Transaktions-Bearbeitung im SSP/MSC unterbrochen und der SCP benachrichtigt. Der SCP kann nun den Kontext analysieren und als Reaktion entsprechend der Dienstimplementierung den SSP anweisen, bestimmte Funktionen auszuführen. Typische Funktionen, die ein SSP implementieren muß, sind Rufweiterschaltung, Auslösen des Rufes oder Stimuli an den Teilnehmer [22]. Basierend auf diesem Verhaltensmodell und dem entsprechenden Steuerungsprotokoll zwischen den mobilen SSP und SCP verbunden mit dem Satz generischer SSP-Funktionen ist in Zukunft eine große Vielfalt betreiberspezifischer Dienste realisierbar.

### 12.3.2 Terminalseitige Dienstplattformen

Mit dem *SIM Application Toolkit* **SAT** wird ein weiterer wichtiger Schritt in Richtung betreiberspezifischer, vertikaler Dienste getan. Die SIM-Karte ist in GSM eine Komponente, die vollständig vom Netzbetreiber bereit gestellt wird, u.a. wegen der darin enthaltenen Sicherheitsfunktionen. Aus diesem Umstand heraus entstand schnell der Ansatz, die SIM-Karte mit zusätzlichen, betreiberspezifischen Funktionen auszurüsten. Ohne eine standardisierte Schnittstelle zum Mobilgerät war das allerdings nur in enger Kooperation mit Endgeräteherstellern und somit nur recht eingeschränkt möglich. Das *SIM Application Toolkit* **SAT** beseitigt diese Einschränkungen, indem es eine standardisierte Schnittstelle zwischen Endgerät und SIM-Karte definiert, so daß auf der SIM-Karte betreiberspezifische Applikationen laufen und klar definierte, ausgesuchte Funktionen des Endgerätes steuern können. Korrespondierende Applikationen können im PLMN oder auf speziellen Dienstservern sogar außerhalb eines PLMN betrieben werden und so die Realisierung neuartiger Dienste ermöglichen. Die Kommunikation zwischen der Applikation auf der SIM-Karte und ihrem Gegenstück im Netz erfolgt über den SMS-Dienst. Zukünftig sind dafür aber auch andere Trägerdienste wie z.B. GPRS denkbar. Die Funktionen, die im Rahmen von SAT definiert werden, sind in die Kategorien *SIM Data Download* und *Proactive SIM* unterteilt. Die funktionale Schnittstelle zwischen SIM-Karte und Endgerät ist mit den Mechanismen der *Proactive SIM* realisiert. Dazu gehören:

- Anzeige von Text auf dem Display
- Versand von Kurznachrichten
- Rufaufbau (Sprache und Daten) initiiert durch die SIM-Karte
- Abspielen von Tönen im Endgerät
- Auslesen lokaler Informationen vom Endgerät in die SIM-Karte

Damit können eine ganze Reihe von neuen Funktionen im Rahmen von *SIM Application Toolkit* realisiert und angeboten werden. Dazu gehört z.B. der Download von Daten in die SIM-Karte, wobei es sich natürlich auch um Kommandos an bereits auf der Karte laufende oder sogar um neu zu installierende Applikationen handeln kann. Die SIM-Karte ist über das Toolkit in der Lage, dem Teilnehmer neue, betreiberspezifische Auswahlmenüs anzubieten und Aktionen des Teilnehmers vom Endgerät auszulesen. Am weitestgehenden sind die Funktionen zur Rufsteuerung, wo z.B. jede vom Teilnehmer gewählte Ziffer durch die SIM-Karte ausgewertet werden kann. Dies erlaubt eine betreiberspezifische Behandlung von Rufnummern wie z.B. Rufnummernübersetzungsfunktionen oder Sperrfunktionen. In der aktuellen Standardisierungsphase werden die Funktionen des SAT noch um Sicherheits- und Verschlüsselungsmechanismen erweitert.

Ähnlich weitreichend ist das *Mobile Station Execution Environment* **MExE**, das eine ähnlich generische Applikationsplattform im Endgerät realisiert. Wichtigste Komponenten sind dabei das *Wireless Application Protocol* **WAP** mit seinen Möglichkeiten zum mobilen Surfen im Internet (*Wireless Markup Language* **WML** als für den mobilen Betrieb optimiertes Pendant zur *Hypertext Markup Language* **HTML** des Internet, eine einfache Skriptsprache und eine Programmierschnittstelle zur Steuerung von Telekommunikationsfunktionen) sowie eine virtuelle Maschine zur Ausführung von JAVA-Code. Damit lassen sich online Applikationen auf das Endgerät laden und können dann lokal ausgeführt werden. Hier ist einer großen Fülle an neuen Applikationen und Diensten Raum gegeben.

## 12.4 Erweiterte Sprachdienste (ASCI)

Das GSM-System der Phase 2 bietet nur mangelhafte Möglichkeiten zur Gruppenkommunikation. Leistungsmerkmale wie Gruppenruf oder "push-to-talk"-Dienste mit schnellem Verbindungsaufbau, die man aus Betriebs- und Bündelfunksystemen (z.B. TETRA) kennt, werden nicht angeboten. Speziell für Arbeitsgruppen wie z.B. Polizei, Flughäfen, Bahn- oder Taxiunternehmen sind solche Dienste jedoch unersetzlich. Vor allem auf Anforderung von Bahn-Betreibern, deren internationale Organisation UIC (*Union Internationale des Chemins de fer*) das GSM-System 1992 als standardisiertes Kommunikationssystem der Bahnbetriebsgesellschaften ausgewählt hat, wurden deshalb Dienste zur Gruppenkommunikation in GSM integriert. Ziel der UIC ist es, ein einheitliches, internationales Zugsteuerungssystem zu schaffen, das auf GSM aufbaut und die Vielzahl nicht kompatibler Funksysteme der Bahn ablöst.

In diesem Kapitel werden die in GSM Phase 2+ standardisierten Sprachdienste für Arbeitsgruppen beschrieben, die als *Advanced Speech Call Items* **ASCI** bezeichnet werden. Dies sind:

- *Voice Broadcast Service* **VBS**
- *Voice Group Call Service* **VGCS**
- *Enhanced Multi-Level Precedence and Pre-emption Service* **eMLPP**.

Der *Voice Broadcast Service* **VBS** definiert einen Sprachrundruf-Dienst, bei dem eine Nachricht eines Teilnehmer an alle anderen rundgestrahlt wird (*broadcast*). Im Gegensatz dazu ist der *Voice Group Call Service* **VGCS** ein Gruppenruf-Dienst, bei dem sich mehrere Teilnehmer nach der "push-to-talk"-Methode unterhalten können: Ein Teilnehmer spricht für kurze Zeit, alle anderen hören zu. Nach Beendigung der Nachricht gibt der Sprecher den Kanal frei und ein anderer Teilnehmer kann sprechen. Der eMLPP-Dienst wird zur Prioritätensteuerung verwendet. Den einzelnen Teilnehmern kann dabei eine Priorität zugewiesen werden, mit der ihr Ruf z.B. in einem Gruppenruf zum Zuge kommt und andere verdrängt.

## 12.4.1 Voice Broadcast Service (VBS)

Der *Voice Broadcast Service* **VBS** erlaubt einem Teilnehmer einen Sprachrundruf an mehrere Teilnehmer eines bestimmten geographischen Gebietes – einer sog. *Group Call Area* – zu senden. Dabei kann der ruf-initiierende Teilnehmer nur Senden (Sprecher) und alle anderen nur Empfangen (Zuhörer).

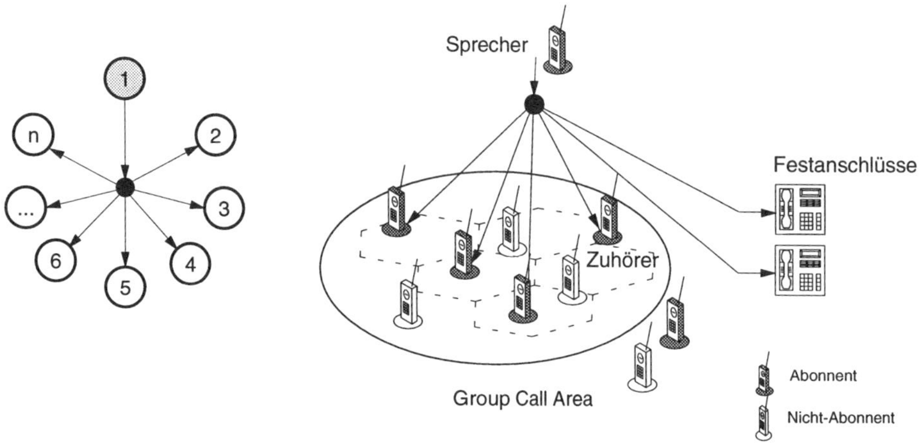


**Bild 12.3:** VBS Szenario (schematische Darstellung)

Bild 12.3 zeigt die schematische Darstellung eines VBS-Szenarios. Mobilteilnehmer die sich für eine bestimmte VBS-Gruppe interessieren, können diese abonnieren und somit Sprachrundrufe dieser Gruppe empfangen. Für das Senden von Sprachrundrufen ist ein Abonnement mit spezieller Sprechererlaubnis erforderlich. Die abonnierten Gruppen eines Teilnehmers werden auf dessen SIM Karte gespeichert. Möchte ein Teilnehmer Sprachrundrufe einer seiner abonnierten Gruppen vorübergehend nicht empfangen, so kann er diese deaktivieren.

Das Gebiet, in dem ein Sprachrundruf ausgestrahlt, wird heißt *Group Call Area*. Wie in Bild 12.4 dargestellt, besteht diese im allgemeinen aus mehreren Zellen, wobei sich Gebiete auch überlappen können. Eine *Group Call Area* kann Zellen mehrerer MSC, ja sogar mehrerer PLMN umfassen. Die Zusammenstellung der Gebiete wird vom Dienstanbieter festgelegt.

Neben mobilen Teilnehmern kann am VBS auch eine vordefinierte Gruppe von Festanschlüssen beteiligt werden. Dies sind z.B. *Dispatcher*, *Supervisors*, *Operators* oder Aufnahmegeräte.

#### 12.4.1.1 Systemkonzept und Group Call Register

Für jeden VBS existiert genau ein MSC das für die Abwicklung eines Sprachrundrufes verantwortlich ist. Dieses wird *Anchor MSC* genannt. Falls der Sprachrundruf auch in Zellen gesendet werden soll, die nicht dem *Anchor MSC* zugeordnet sind, d.h. falls die *Group Call Area* auch Zellen enthält die in den Zuständigkeitsbereich anderer MSCs fallen, so werden diese MSC in den Sprachrundruf miteinbezogen. Sie werden als *Relay MSC* bezeichnet.

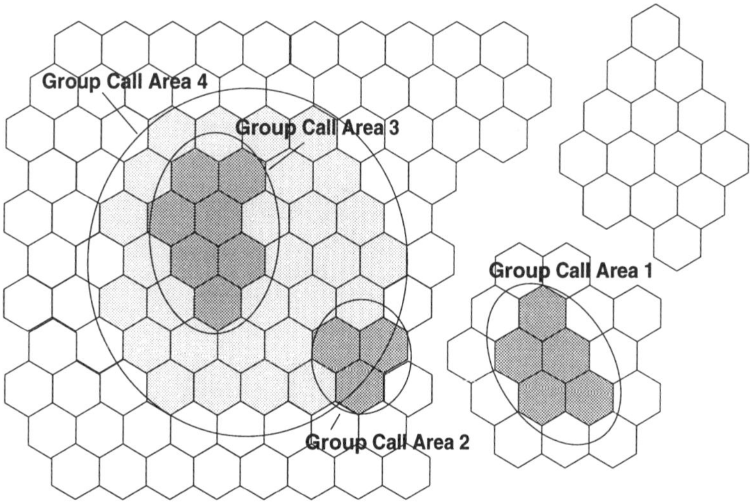


**Bild 12.4:** Beispiele für Group Call Areas

Zur Speicherung der VBS-spezifischen Daten wird die Systemarchitektur des GSM um das *Group Call Register* **GCR** erweitert (Bild 12.5). Dieses enthält für jede existierende VBS-Gruppe rundrufspezifische Attribute (*Broadcast Call Attributes*) zur Rufzustellung und Authentifizierung, wie z.B.:

- Welche Zellen gehören zur *Group Call Area*?
- Welches MSC ist das verantwortliche *Anchor MSC*?
- In welchen Zellen innerhalb des Zuständigkeitsbereichs des MSC muß der Sprachrundruf ausgestrahlt werden, d.h. in welchen Zellen halten sich die Gruppenmitglieder momentan auf?
- An welche andere MSC muß der Sprachrundruf weitergeleitet werden um alle Gruppenmitglieder zu erreichen, die sich in der *Group Call Area* aufhalten?
- An welche externe Festnetzanschlüsse muß der Rundruf gesendet werden?
- Welchen Festnetzteilnehmern ist es erlaubt, einen Rundruf zu initiieren?

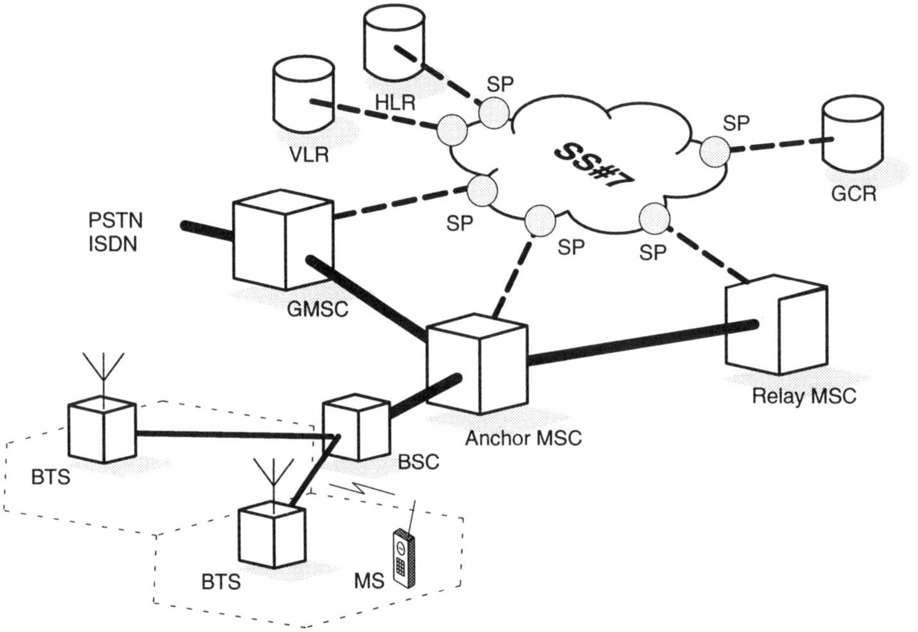


**Bild 12.5:** Erweiterung der GSM Systemarchitektur um das GCR

### 12.4.1.2 Verbindungsaufbau und logische Kanäle

Eine Mobilstation, die einen Sprachrundruf initiieren will, sendet eine Anforderung an das BSS und teilt diesem die *Group ID* der gerufenen VBS-Gruppe mit. Das zuständige MSC ruft daraufhin im VLR die teilnehmerspezifischen Daten ab und überprüft, ob es dem Teilnehmer erlaubt ist, für die angegebene Gruppe als Sprecher zu agieren. Sind die Datenbankeinträge des Teilnehmers in Ordnung, werden vom

GCR die rundrufspezifischen Attribute angefordert, die u. a. angeben, in welchen Zellen und an welche externen Festanschlüsse der Sprachrundruf gesendet werden soll. Falls der Sprachrundruf auch in Zellen gesendet werden soll, die nicht dem aktuellen MSC zugeordnet sind, wird dem MSC mitgeteilt, ob es das für diesen Ruf verantwortliche *Anchor MSC* ist. Ist dies der Fall, leitet es die rundrufspezifischen Attribute an die für diese Zellen verantwortlichen *Relay MSCs* weiter. Ist dies nicht der Fall, übergibt es den Ruf an das *Anchor MSC*. Alle betroffenen BSC werden von ihrem MSC aufgefordert, in den entsprechenden Zellen einen Verkehrskanal – ähnlich dem Vollraten- oder Halbraten-Sprachkanal – einzurichten und auf dem *Notification Channel* NCH (siehe Kapitel 5.1.1) eine Benachrichtigung über den neuen Sprachrundruf auszusenden. Erhält eine Mobilstation diese Benachrichtigung und hat sie die VBS-Gruppe abonniert, wechselt sie auf den angegebenen Verkehrskanal und hört den Sprachrundruf im Downlink ab. Der Sprecher wird über den erfolgreichen Verbindungsaufbau informiert und kann anfangen zu sprechen. Während des Rufes wird die Benachrichtigung über den NCH in periodischen Abständen wiederholt, so lange, bis der Sprecher den Ruf beendet.

Im Gegensatz zum *Paging* bei herkömmlichen GSM-Rufen, werden die einzelnen Mobilstationen hier nicht explizit mit einer IMSI oder TMSI angesprochen, sondern durch die *Group ID* der VBS-Gruppe. Außerdem senden die Mobilstationen keine Bestätigung über den Erhalt eines Sprachrundrufes an das Netz zurück. Zur Diensterbringung werden Verkehrskanäle nicht an einzelne Teilnehmer vergeben, sondern von den Gruppenmitgliedern in einer Zelle gemeinsam genutzt. In jeder beteiligten Zelle wird nur ein Verkehrskanal belegt, d.h. das Sprachsignal des Sprechers wird an alle hörenden Teilnehmer einer Zelle auf einem gemeinsamen Gruppenkanal rundgestrahlt (*broadcast*), den alle Gruppenmitglieder abhören.

### 12.4.2 Voice Group Call Service (VGCS)

Ein weiterer derzeit für GSM-Systeme standardisierter Telekommunikationsdienst ist der Gruppenruf. Dieser wird *Voice Group Call Service* **VGCS** genannt.

Die wesentlichen Konzepte und Begriffe des VBS, wie z.B. *Group Call Area*, *Group ID*, *Group Call Register*, *Anchor* und *Relay MSC* werden auch im VGCS verwendet. Im Gegensatz zum VBS kann im VGCS aber die Sprechberechtigung während eines Rufes innerhalb der Gruppe wechseln. Dies basiert auf einem "push-to-talk"-Mechanismus wie beim herkömmlichen Bündelfunk und wird über Leistungsmerkmal-Signalisierung abgewickelt. Bild 12.6 illustriert dies schematisch. Teilnehmer 1 initiiert einen Gruppenruf und spricht seine Nachricht. Alle anderen Teilnehmer hören zu. Nach dem Ende der Nachricht gibt Teilnehmer 1 den Kanal frei und wechselt in den Zuhörermodus. Nun kann jeder der Gruppenmitglieder die Sprechberechtigung beantragen. So fordert z.B. Teilnehmer 4 den Kanal an und bekommt ihn zugewiesen. Er spricht seine Nachricht, gibt den Kanal wieder frei und wechselt schließlich wieder in den Zuhörermodus. Der Ruf wird in der Regel durch den Rufinitiator beendet. Der Informationsfluß beim VGCS kann als semi-duplex angesehen werden, im Vergleich zum Simplex-Informationsfluß beim VBS (vgl. Bild 12.3 links und Bild 12.6).

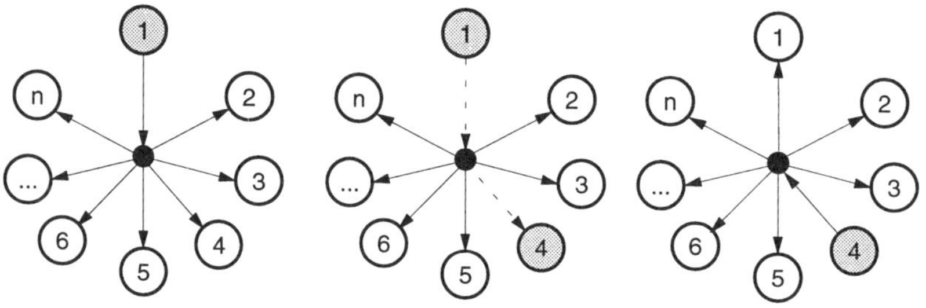


**Bild 12.6:** Gruppenruf-Szenario (schematisch)

#### 12.4.2.1 Logische Kanäle

In jeder am VGCS beteiligten Zelle der *Group Call Area* wird ein Verkehrskanal eingerichtet. Dieser wird im Downlink von allen Gruppenmitgliedern abgehört, darf im Uplink jedoch nur vom Sprecher benutzt werden. Zusätzlich zu den Aufgaben, die im VBS anfielen, muß deshalb beim VGCS die Verwaltung und die Zuteilung des Uplinks geregelt werden. Hierzu wird im Downlink allen beteiligten Mobilstationen angezeigt, ob der Uplink in Benutzung ist. Ist er frei, können die Gruppenmitglieder ihn anfordern. Kollisionen, die durch gleichzeitige Anforderungen entstehen, löst das Netz auf und wählt genau einen Teilnehmer aus, der den Kanal und somit die Sprechberechtigung zugewiesen bekommt.

### 12.4.3 Enhanced Multi-Level Precedence and Preemption (eMLPP)

Prioritätsdienste erlauben Rufe mit einer Prioritätsklasse (*precedence level*) zu versehen. Bei hoher Netzlast werden Rufe mit hoher Priorität bevorzugt behandelt. Einem Ruf mit niedriger Priorität werden Ressourcen entzogen. Dies führt bis zum Verbindungsabbruch (*preemption*) von Rufen mit niedriger Priorität durch ankommende Rufe mit höherer Priorität.

Die Prioritätenregelung in GSM wird *Enhanced Multi-Level Precedence and Preemption* **eMLPP** genannt und ist ein Zusatzdienst für Punkt-zu-Punkt Sprach- und Datendienste, sowie für VBS und VGCS.

Das Prinzip von eMLPP basiert auf dem im SS#7 verwendeten *Multi-Level Precedence and Pre-emption* **MLPP** Dienst [46]. Dabei wurde MLPP um Funktionen für eine Prioritätsbehandlung auf der Funkschnittstelle erweitert. Neben den fünf Prioritätsklassen, die im MLPP verwendet werden (0-4), existieren im eMLPP zwei weitere Klassen mit höherer Priorität (A und B). In Tabelle 12.1 sind alle Prioritätsklassen des eMLPP aufgelistet. Es ist jeweils angegeben, ob ein Ruf einer bestimmten Prioritätsklasse einen Ruf mit niedrigerer Prioritätsklasse beenden darf.

**Tabelle 12.1:** Prioritätsklassen im eMLPP

| Klasse | Verwendung durch | Verbindungs-aufbau | Rufunterbrechung (Pre-emption) | Beispiel |
|---|---|---|---|---|
| A | Betreiber | schnell (1..2s) | ja | höchste Priorität: VBS/VGCS Notrufe |
| B | Betreiber | normal (< 5s) | ja | Rufe des Betreibers |
| 0 | Teilnehmer | normal (< 5s) | ja | Notrufe von Teilnehmern |
| 1 | Teilnehmer | langsam (< 10s) | ja | |
| 2 | Teilnehmer | langsam (< 10s) | nein | |
| 3 | Teilnehmer | langsam (< 10s) | nein | Standardpriorität |
| 4 | Teilnehmer | langsam (< 10s) | nein | niedrigste Priorität |

Die Verwendung der Klassen A und B ist nur dem Betreiber gestattet. So kann z.B. in Notfallsituationen ein Notruf über VBS bzw. VGCS abgesetzt werden. Rufe dieser Klassen können nur innerhalb des Versorgungsbereich eines MSC angewendet werden. Die anderen fünf Klassen können im gesamten Mobilfunknetz und auch in Verbindung mit den MLPP des ISDN eingesetzt werden. Dabei wird die maximale Prioritätsklasse, die ein Teilnehmer seinen Rufen zuordnen kann, bei Vertragsabschluß mit dem Betreiber ausgehandelt und auf der SIM-Karte des Teilnehmers und im HLR gespeichert.

## 12.5 GSM – Wegbereiter für UMTS

*"It could be argued that with all its features and coupled with satellite interworking and near-global roaming capabilities, GSM will soon fulfill all the goals of the planned third generation system."*
William Webb,
Smith System Engineering

Durch die ständige Weiterentwicklung wird GSM noch für mehrere Jahre das bestimmende Mobilfunksystem bleiben. Dennoch ist aus technologischen und ökonomischen Gründen offensichtlich, daß GSM von einem Mobilfunksystem der dritten Generation abgelöst werden wird. Dieses System wird in Europa von der ETSI unter dem Namen *Universal Telecommunication System* **UMTS** und international von der ITU als *International Mobile Telecommunication System 2000* **IMT-2000** standardisiert. Entwurfsziel ist die Unterstützung einer großen Palette von Sprachdiensten und sowohl schmal- als auch breitbandigen Datendiensten mit dem Fokus auf mobiler, paketvermittelter Datenübertragung basierend auf der IP-Technologie des Internet ("Mobile Internet"). Die Fähigkeit zur effizienten Bereitstellung mobiler Internetdienste wird als strategisch besonders wichtig eingestuft. Eine nahezu parallele Entwicklung der Nutzerzahlen von UMTS und Internet wird erwartet (Bild 12.7). UMTS soll dem mobilen Teilnehmer ähnliche Leistungsdaten wie das Festnetz bereitstellen und die Entwicklung neuer Multimedia- Applikationen stimulieren.

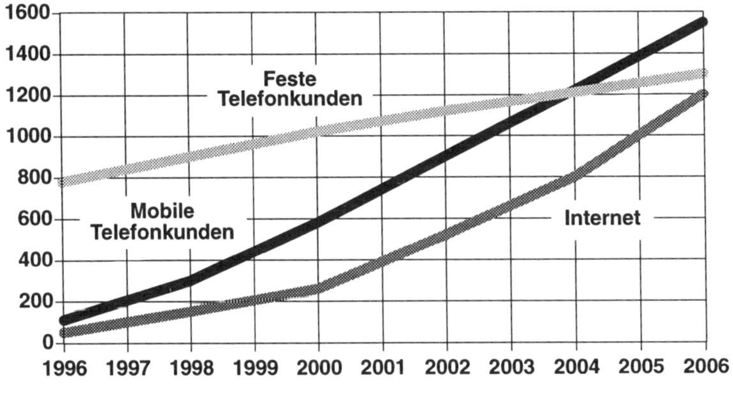


**Bild 12.7:** Millionen Teilnehmer weltweit (Quelle: Lucent, Ericsson)

Mit einem Blick auf die rapide wachsende Zahl von GSM-Teilnehmern (Bild 1.2) wird deutlich, daß jedes Mobilfunksystem zukünftig eine sehr hohe Teilnehmerdichte unterstützen muß. Penetrationsraten von 50% und mehr, wie sie beispielsweise Finnland heute bereits besitzt, sind zu erwarten. Bereits für das Jahr 2004 wird sogar prognostiziert, daß die Anzahl der Mobilfunkteilnehmer jene der festen Telefonanschlüße übersteigt (Bild 12.7). Berücksichtigt man das für den sich entwickelnden Massenmarkt verfügbare Frequenzspektrum und die Anforderungen der projektierten breitbandigen Datendienste (bis zu 2 Mbit/s), so wird klar, daß die Funkübertragungstechnik eine höhere Spektrumseffizienz realisieren muß. Deshalb haben unter anderem europäische Länder und Konzerne bereits erheblichen, mehrjährigen Aufwand in die Entwicklung der Konzepte für ein flexibles und effizientes Mobilfunksystem der nächsten Generation investiert.

Im Gegensatz zu den frühen Evolutionsszenarien wird UMTS unter dem Eindruck des nachhaltig großen Erfolges von GSM soweit als möglich auf existierende GSM-Infrastruktur und -Technologie aufbauen. Vor allem die Dienstplattformen (siehe Kap. 12.3) von GSM werden hier eine herausragende Rolle spielen. Allerdings wird UMTS eine neue Funkschnittstelle (*UMTS Terrestrial Radio Access* **UTRA**) erhalten. Diese wird Frequenzbänder im Bereich 2 GHz nutzen und modernste Vielfachzugriffstechniken einsetzen.

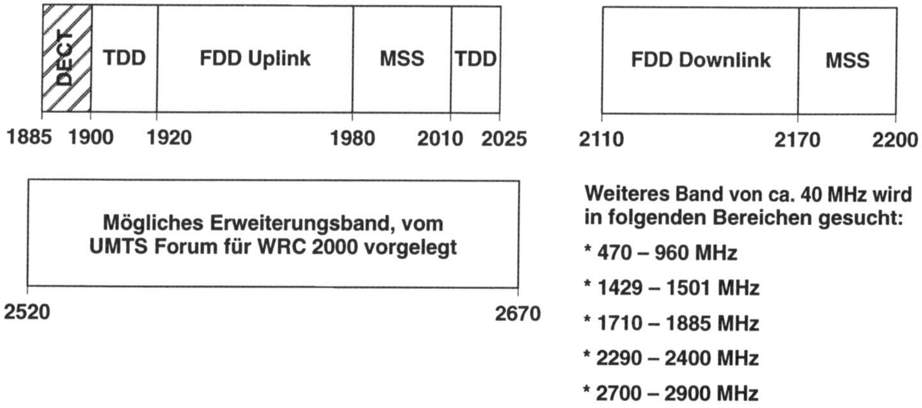


**Bild 12.8:** Frequenzbänder für UMTS/IMT-2000

Weltweit wurden auf der *World Radio Conference* **WRC** im Jahr 1992 die Bänder 1885–2025 MHz und 2110–2200 MHz für IMT-2000 reserviert (Bild 12.8). Für UMTS stehen in Europa die Bänder 1900–1980 MHz, 2010–2025 MHz und 2110–2170 MHz, insgesamt also 155 MHz zur Verfügung. Zusätzlich sind 60 MHz, nämlich die Bänder 1980–2010 MHz und 2170–2200 MHz, für die Satellitenkomponente des UMTS/IMT-2000 (*Mobile Satellite System* **MSS**) bereit gestellt.

Bezüglich der Zugriffsverfahren für UMTS wurden im Januar 1998 die grundlegenden Entscheidungen der ETSI getroffen. Es sind zwei Varianten vorgesehen [44]:

- Für den Betrieb mit Frequenzpaaren (*paired band*) und Frequenzduplex (*Frequency Division Duplex* **FDD**) wird das UMTS-System *Wideband-CDMA* **W-CDMA** einsetzen.
- Für den Betrieb mit Einzelbändern (*unpaired band*) und Zeitduplex (*Time Division Duplex* **TDD**) wurde das **TD-CDMA**, im wesentlichen eine Kombination aus TDMA und CDMA, vorgesehen. Detaillierte Beschreibungen sind in [45] zu finden.

Dieer UTRA Vorschlag ist ein Kompromiß der konkurrierenden Unternehmen und besitzt weltweite Unterstützung. Von Herstellerseite wird er beispielsweise von den Firmen Alcatel, Bosch, Ericsson, Italtel, Motorola, NEC, Nokia, Nortel, Siemens und Sony getragen. Auch Netzbetreiber wie Deutsche Telekom, France Telecom, Mannesmann Mobilfunk, NTT DoCoMo, Telecom Finland, Telia und Vodafone haben sich dafür ausgesprochen. Geht es nach den Vorstellungen der ETSI, so "bietet diese Lösung eine konkurrenzfähige Fortsetzung von GSM hin zu UMTS".

Zusätzlich wurde im Juni 1999 innerhalb der *Operators Harmonization Group* **OHG** ein *Multi Carrier* **MC** Modus vereinbart, der auch den Betreibern von CDMA-Netzen nach dem Standard IS-95 in Nordamerika eine Migration zu UMTS erlaubt. Diese drei Modi sind nun in den gemeinsamen Vorschlag der OHG bei der ITU für das IMT-2000 eingeflossen. Die Entscheidung der ITU für die Luftschnittstelle des IMT-2000 wird für 1999 erwartet.

Gleichbedeutend mit der Luftschnittstelle werden die Dienstkonzepte von UMTS eingestuft. Der Standard wird, ähnlich bzw. aufbauend auf den Mechanismen in GSM (CAMEL, MExE, SAT, siehe Kap. 12.3), zwei grundlegende Mechanismen als Plattform anbieten:

- Einerseits Mechanismen, welche die Definition von Zusatzdiensten (*Supplementary Services*) einschließlich Erzeugen und Ausführen von entsprechenden MMI-Prozeduren (*Man-Machine Interface*) im mobilen Endgerät ermöglichen.
- Andererseits Mechanismen zur Definition von Interworking-Funktionen, welche die Erzeugung von Telediensten und/oder Applikationen ermöglichen. Dies schließt den Download und die Ausführung auf einem Endgerät sowie den entsprechenden Netzelementen mit ein.

Insgesamt ist es das Ziel aller Teilnehmer im Standardisierungsprozeß, den weichen Übergang von der zweiten Generation (GSM) auf die dritte Generation (UMTS/IMT-2000) von Mobilfunksystemen zu ermöglichen.

In Bild 12.9 ist ein mögliches Evolutionsszenario für diesen weichen Übergang dargestellt: basierend einerseits auf der leitungs- und paketvermittelten Infrastruktur (GSM, GPRS) und andererseits den Einrichtungen zum Mobilitätsmanagement

(HLR, MAP-Protokoll) bestehender Netze ist zunächst die langsame, bedarfsgesteuerte Einführung von UMTS Funktechnologie (*UMTS Radio Access Network* **URAN**) möglich. Parallel zu den BSS des GSM können dann URAN-Systeme errichtet werden, soweit möglich sogar unter Wiederverwendung von Standorten. In einem weiteren Schritt – für neue Inhaber von UMTS-Lizenzen vielleicht auch der erste – kann eine zukunftssichere feste Infrastruktur aufgebaut werden. Diese wird ATM- und IP-basierte Transporttechnologien implementieren.

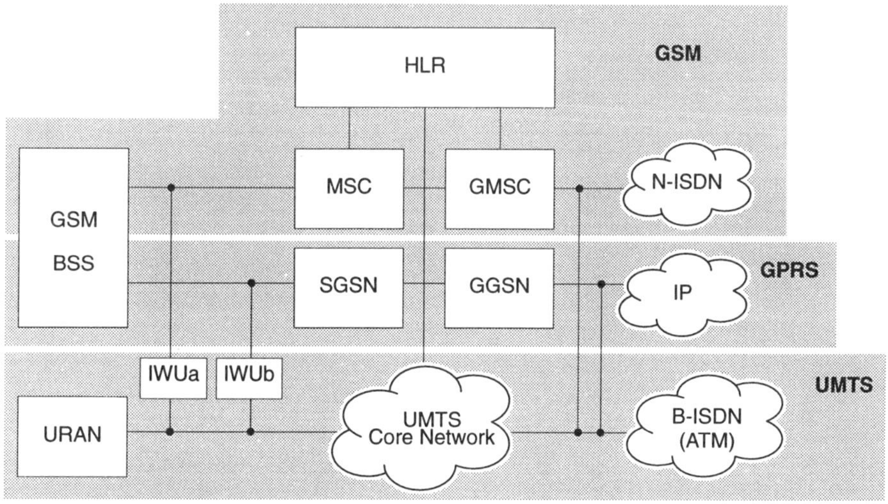


**Bild 12.9:** Schritte der Evolution von GSM zu UMTS

# Literatur


[1] Kleinrock, L.: Queueing Systems – Vol. 1: Theory. New York, London, Sydney, Toronto: J. Wiley & Sons Inc., 1975

[2] Perkins, C. E.: Mobile IP. IEEE Communications Magazine, Mai 1997, S. 84–99

[3] Perkins, C. E.: Mobile IP – Design Principles and Practices. Reading, MA: Addison-Wesley, 1998

[4] Tran-Gia, P.: Analytische Leistungsbewertung verteilter Systeme. Berlin, Heidelberg, ...: Springer, 1996

[5] Eberspächer, J. (Hrsg.): Sichere Daten, sichere Kommunikation – Secure Information, Secure Communication. Veröffentlichungen des Münchner Kreis, Telecommunications, Band 18. Berlin, Heidelberg, New York, ...: Springer, 1994

[6] Vögel, H.-J.; Johr, H.; Grom, A.: Messung und verbesserte Markov-Modellierung transparenter GSM-Datendienste. In: B. Walke (Hrsg.): *Mobile Kommunikation – Vorträge der ITG Fachtagung vom 26.-28. September 1995*, Tagungsband, ITG-Fachbericht 135, pp. 279-287, Neu-Ulm, 26.-28.9.1995. Berlin, Offenbach: vde-Verlag, 1995

[7] Mende, W.: Bewertung ausgewählter Leistungsmerkmale von zellularen Mobilfunksystemen. Dissertation, Hagen: Fernuniversität, 1991

[8] Junius, M; Marger, X.: Simulation of the GSM handover and power control based on propagation measurements in the German D1 network. 5th Nordic Seminar on Digital Mobile Radio Communications DMR V, Helsinki, 1992, S. 367-372

[9] Fuhrmann, W.; Brass, V.; Janßen, U.; Kühl, F.; Roth, W.: Digitale Mobilkommunikationsnetze. In: Gerner, N.; Hegering, H.-G.; Swoboda, J. (Hrsg.): Kommunikation in verteilten Systemen, Tutorium anläßlich der ITG/GI-Fachtagung Kommunikation in verteilten Systemen KiVS im März 1993 in München. München: Lehrstuhl f. Datenverarbeitung, Technische Universität München, 1993

[10] Xu, G.; Li, S.-Q.: Throughput Multiplication of Wireless LANs for Multimedia Services: SDMA Protocol Design. In: *Proc. Globecom 94, 28.11.-2.12. 1994 in San Francisco.* IEEE, 1994; S. 1326-1332.

[11] Gottschalk, H.: Zeichengabetechnische Anbindung digitaler Mobilfunknetze an das Festnetz der Telekom. in: Walke, Bernhard (Hrsg.); Informationstechnische Gesellschaft im VDE: Mobile Kommunikation, Vorträge der ITG-Fachtagung vom 27.-29.9.1993 in Neu-Ulm – Berlin; Offenbach: vde-verlag, 1993 (ITG-Fachbericht 124)

[12] Decker, P.; Pertz, U.: Simulative Leistungsbewertung der nichttransparenten Fax-Übertragung im GSM-System. in: Walke, Bernhard (Hrsg.); Informationstechnische Gesellschaft im VDE: Mobile Kommunikation, Vorträge der ITG-Fachtagung vom 27.-29.9.1993 in Neu-Ulm – Berlin; Offenbach: vde-verlag, 1993 (ITG-Fachbericht 124)

[13] Natvig, E.: Evaluation of six medium bitrate coders for the pan-European digital mobile radio system. IEEE Journal on Selected Areas in Communications, vol. 6, no. 2, pp. 324-334, Februar 1988

[14] Glitho, R. H.; Hayes, S.: Telecommunications Management network: Vision vs. Reality. IEEE Communications Magazine, März 1995, Vol. 33, No. 3, S. 47-52

[15] Towle, T. S.: TMN as applied to the GSM Network. IEEE Communications Magazine, März 1995, Vol. 33, No. 3, S. 68-73

[16] Lin, Yi-Bing: OA&M for the GSM Network. IEEE Network Magazine, März/April 1997, Vol. 11, No. 2, S. 46-51

[17] ISO/IEC 3309:1991 "Information Technology – Telecommunications and information exchange between systems – High-level data link control (HDLC) procedures – Frame structure"

[18] ITU-T Recommendation E.164 "Numbering Plan for the ISDN era"

[19] ITU-T Recommendation V.110 "Support of Data Terminal Equipment (DTEs) with V-Series Type Interfaces by an Integrated Services Digital Network (ISDN)"

[20] CCITT Recommendation M.3010 "Principles for a Telecommunications Management Network", Genf, 1992

[21] CCITT Recommendation M.3020 "TMN Interface Specification Methodology", Genf, 1992

[22] Mouly, M.; Pautet, M.-B.: Current Evolution of the GSM Systems. IEEE Personal Communications Magazine, Oktober 1995, S. 9-19

[23] Laitinen, M.; Rantale, J.: Integration of Intelligent Network Services into Future GSM Networks. IEEE Communications Magazine, Juni 1995, S. 76-86

[24] Bocker, P.: ISDN- das diensteintegrierende digitale Nachrichtennetz. 3. Aufl. – Berlin, Heidelberg, ...: Springer, 1990

[25] Sahin, V.: Telecommunications Management Network – Principles, Models and Applications. In: Aidarous, S.; Plevyak, T. (Hrsg.): Telecommunications Network Management into the 21st century. New York: IEEE Press, 1993, S. 72 – 121

[26] Schmidt, S.: Management (Operation&Maintenance) von GSM Base Station Subsystemen. in: Walke, Bernhard (Hrsg.); Informationstechnische Gesellschaft im VDE: Mobile Kommunikation, Vorträge der ITG-Fachtagung vom 27.-29.9.1993 in Neu-Ulm – Berlin; Offenbach: vde-verlag, 1993 (ITG-Fachbericht 124)

[27] Lee, W. C. Y.: Mobile Cellular Telecommunication Systems. New York: McGraw-Hill Book Company, 1989

[28] Proakis, J. G.: Digital Communications. 2nd edition – New York: McGraw-Hill Book Company, 1989

[29] Kammeyer, K. D.: Nachrichtenübertragung. Stuttgart: B.G. Teubner Verlag, 2. Aufl. 1996

[30] Bertsekas, D.; Gallager, R.: Data Networks. Englewood Cliffs: Prentice-Hall, 1987

[31] Bossert, M.: D-Netz-Grundlagen – Funkübertragung in GSM-Systemen, Teil 1 und 2. Funkschau, Heft 22 und 23, 1991

[32] Steele, R.: Mobile Radio Communications.
London: Pentech Press Ltd., 1992

[33] Watson, C.: Radio Equipment for GSM.
In: Balston, D.M.; Macario, R.C.V (Hrsg.).: Cellular Radio Systems. Norwood: Artech House Inc., 1993

[34] Bossert, M.: Kanalcodierung.
Stuttgart: B.G. Teubner Verlag, 2. Aufl. 1998

[35] David, K.; Benkner, T.: Digitale Mobilfunksysteme. Stuttgart: B.G. Teubner Verlag, 1996

[36] Ambrosch; Maher; Sasseer: The Intelligent Network. Berlin, Heidelberg, New York ...: Springer, 1989

[37] Hagenauer, J.; Seshadri, N.: The performance of rate compatible punctured convolutional codes. IEEE Transactions on Communications, vol. 38, 1990, pp. 966–980

[38] Begin, G.; Haccoun, D.: Performance of Sequential Decoding of High-Rate Punctured Convolutional Codes. IEEE Transactions on Communications, vol. 42, no. 3, 1994, pp. 966–987

[39] Kallel, S.: Complementary Punctured Convolutional (CPC) Codes and Their Applications. IEEE Transactions on Communications, vol. 43, no. 6, 1995, pp. 2005–2009

[40] Walke, B.: Mobilfunknetze und ihre Protokolle, Band 1, Stuttgart: B.G. Teubner Verlag. 1998

[41] Brasche, G.; Walke, B.: Concepts, Services, and Protocols of the New GSM Phase 2+ General Packet Radio Service. IEEE Communications Magazine, August 1997, S. 94–104

[42] GSM Association, http://www.gsmworld.com

[43] Hartmann, Ch.; Vögel, H.-J.: Teletraffic analysis of SDMA-systems with inhomogeneous MS location distribution and mobility. Wireless Personal Communications, Special Issue on Space Division Multiple Access. Dordrecht: Kluwer Academic Press, 1999.

[44] http://www.etsi.org

[45] IEEE Communications Magazine, Special Issue on ACTS Mobile Program in Europe. vol. 36, no. 2, 1998, pp. 80–136

[46] ITU-T Recommendation Q.735 "Multi-Level and Preemption (MLPP)"

# Anhang A: GSM-Standards

Nachfolgend eine Übersicht der wichtigsten Dokumente des GSM-Standards (GSM-Recommendations).


[1] GSM-Rec. 01.04, Abbreviations and Acronyms

[2] GSM-Rec. 01.06, Service Implementation Phases

[3] GSM-Rec. 01.60, Requirements Specification of GPRS

[4] GSM-Rec. 02.16, International MS Equipment Identities

[5] GSM-Rec. 02.17, Subscriber Identity Modules – Functional Characteristics

[6] GSM-Rec. 02.34, High Speed Circiut Switched Data (HSCSD), Stage 1

[7] GSM-Rec. 02.60, General Packet Radio Service (GPRS), Service Description, Stage 1

[8] GSM-Rec. 02.67, Enhanced Multi-Level Precedence and Pre-emption Service (eMLPP) – Stage 1

[9] GSM-Rec. 02.68, Voice Group Call Service (VGCS) – Stage 1

[10] GSM-Rec. 02.69, Voice Broadcast Service (VBS) – Stage 1

[11] GSM-Rec. 02.78, Digital cellular telecommunications system (Phase 2+); Customized Applications for Mobile network Enhanced Logic (CAMEL); Service Definition (Stage 1)

[12] GSM-Rec. 03.02, Network Architecture

[13] GSM-Rec. 03.03, Numbering, Addressing and Identification

[14] GSM-Rec. 03.04, Signalling Requirements Relating to Routing of Calls to Mobile Subscribers

[15] GSM-Rec. 03.08, Organization of Subscriber Data

[16] GSM-Rec. 03.09, Handover Procedures

[17] GSM-Rec. 03.10, GSM PLMN Connection Types

[18] GSM-Rec. 03.12, Location registration Procedures

[19] GSM-Rec. 03.20, Security Related Network Functions

[20] GSM-Rec. 03.34, High Speed Circiut Switched Data (HSCSD), Stage 2

[21] GSM-Rec. 03.45, Technical Relization of Facsimile Group 3 Service – transparent

[22] GSM-Rec. 03.46, Technical Relization of Facsimile Group 3 Service – non transparent

[23] GSM-Rec. 03.60, General Packet Radio Service (GPRS), Service Description, Stage 2

[24] GSM-Rec. 03.64, General Packet Radio Service (GPRS), Overall Description of the Air Interface, Stage 2

[25] GSM-Rec. 03.67, Enhanced Multi-Level Precedence and Pre-emption Service (eMLPP) – Stage 2

[26] GSM-Rec. 03.68, Voice Group Call Service (VGCS) – Stage 2

[27] GSM-Rec. 03.69, Voice Broadcast Service (VBS) – Stage 2

[28] GSM-Rec. 03.78, Digital cellular telecommunications system (Phase 2+); Customized Applications for Mobile network Enhanced Logic (CAMEL) – Stage 2

[29] GSM-Rec. 04.02, GSM PLMN Access Reference Configuration

[30] GSM-Rec. 04.03, MS-BSS Interface, Channel Structures and Access Capabilities

[31] GSM-Rec. 04.04, MS-BSS Layer 1 General Requirements

[32] GSM-Rec. 04.05, MS-BSS Data Link Layer – General Aspects

[33] GSM-Rec. 04.06, MS-BSS Data Link Layer Specification

[34] GSM-Rec. 04.08, Mobile Radio Interface Layer 3 Specification.

[35] GSM-Rec. 04.10, Mobile Radio Interface Layer 3 Supplementary Services Specification – General Aspects

[36] GSM-Rec. 04.21, Rate Adaptation on the MS-BSS Interface

[37] GSM-Rec. 04.22, Radio Link Protocol for Data and Telematic Services on the MS-BSS Interface

[38] GSM-Rec. 04.60, General Packet Radio Service (GPRS), MS-BSS Interface, RLC/MAC Protocol

[39] GSM-Rec. 04.64, General Packet Radio Service (GPRS), MS-SGSN, Logical Link Control (LLC) Layer

[40] GSM-Rec. 04.65, General Packet Radio Service (GPRS), MS-SGSN, Subnetwork Dependent Convergence Protocol (SNDCP)

[41] GSM-Rec. 04.67, Enhanced Multi-Level Precedence and Pre-emption Service (eMLPP) – Stage 3

[42] GSM-Rec. 04.68, Group Call Control (GCC) Protocol

[43] GSM-Rec. 04.69, Broadcast Call Control (BCC) Protocol

[44] GSM-Rec. 04.80, Mobile Radio Interface Layer 3 Supplementary Services Specification – Formats and Coding

[45] GSM-Rec. 05.01, Physical Layer on the Radio Path (General Description)

[46] GSM-Rec. 05.02, Physical Layer on the Radio Path

[47] GSM-Rec. 05.03, Channel Coding

[48] GSM-Rec. 05.04, Modulation

[49] GSM-Rec. 05.05, Radio Transmission and Reception

[50] GSM-Rec. 05.08, Radio Sub-System Link Control

[51] GSM-Rec. 05.10, Radio Subsystem Synchronization

[52] GSM-Rec. 06.01, Speech Processing Functions: General Description

[53] GSM-Rec. 06.10, GSM Full Rate Speech Transcoding

[54] GSM-Rec. 06.11, Substitution and muting of lost frames for full-rate speech traffic channels

[55] GSM-Rec. 06.12, Comfort Noise Aspects for full-rate speech traffic channels

[56] GSM-Rec. 06.31, Discontinuous Transmission (DTX) for full-rate speech traffic channels

[57] GSM-Rec. 06.32, Voice Activity Detection

[58] GSM-Rec. 07.07, AT Command Set for GSM Mobile Equipment

[59] GSM-Rec. 08.02, BSS/MSC Interface Principles

[60] GSM-Rec. 08.08, BSS-MSC: Layer 3 Specification

[61] GSM-Rec. 08.09, Network Management Signalling Support Related to the BSS

[62] GSM-Rec. 08.16, General Packet Radio Service (GPRS), BSS-SGSN Interface, Network Service

[63] GSM-Rec. 08.20, Rate Adaptation on the BSS-MSC Interface

[64] GSM-Rec. 08.52 BSC to BTS Interface Principles

[65] GSM-Rec. 08.58, BSC-BTS: Layer 3 Specification

[66] GSM-Rec. 09.01, General Network Interworking Scenarios

[67] GSM-Rec. 09.02, Mobile Application Part

[68] GSM-Rec. 09.03, Requirements on Interworking between the ISDN or PSTN and the PLMN

[69] GSM-Rec. 09.05, Interworking between the PLMN and the PSPDN for PAD Access

[70] GSM-Rec. 09.07, General Requirements on Interworking between the PLMN and the ISDN oder PSTN

[71] GSM-Rec. 09.18, General Packet Radio Service (GPRS), SGSN-VLR Interface

[72] GSM-Rec. 09.60, General Packet Radio Service (GPRS), GPRS Tunnelling Protocol (GTP) across the Gn and Gp Interface

[73] GSM-Rec. 09.61, General Packet Radio Service (GPRS), Interworking between the PLMN and PDN

[74] GSM-Rec. 09.78, Digital cellular telecommunications system (Phase 2+); CAMEL Application Part (CAP) specification

[75] GSM-Rec. 11.11, Specification of the SIM-ME Interfaces

[76] GSM-Rec. 12.00, Objectives and Structures of Network Management

[77] GSM-Rec. 12.01, Common Aspects of GSM Network Management

[78] GSM-Rec. 12.02, Subscriber, Mobile Equipment and Service Data Administration

[79] GSM-Rec. 12.03, Security Management

[80] GSM-Rec. 12.04, Performance Data Measurement

[81] GSM-Rec. 12.05, Subscriber Related Event and Call Data

[82] GSM-Rec. 12.06, GSM Network Change Control

[83] GSM-Rec. 12.07, Operations and Performance Management

[84] GSM-Rec. 12.10, Maintenance Provisions for Operational Integrity of Mobile Stations

[85] GSM-Rec. 12.11, Maintenance of the Base Station System

[86] GSM-Rec. 12.13, Maintenance of the Mobile-services Switching Centre

[87] GSM-Rec. 12.14, Maintenance of Location Registers

[88] GSM-Rec. 12.15, General Packet Radio Service (GPRS), GPRS Charging

[89] GSM-Rec. 12.20, Network Management Procedures and Messages

[90] GSM-Rec. 12.21, Network Management Procedures and Messages on the Abis Interface

# Anhang B: GSM-Adressen

| | |
|---|---|
| **BCC** | Base Station Colour Code |
| **BSIC** | Base Station Identity Code |
| **(M)CC** | (Mobile) Country Code |
| **CI** | Cell Identifier |
| **FAC** | Final Assembly Code |
| **GCI** | Global Cell Identity |
| **IMSI** | International Mobile Subscriber Identity |
| **LAC** | Location Area Code |
| **LAI** | Location Area ID |
| **LMSI** | Local Mobile Subscriber Identity |
| **MNC** | Mobile Network Code |
| **MSIN** | Mobile Subscriber Identification Number |
| **MSISDN** | Mobile Station ISDN Number |
| **MSRN** | Mobile Station Roaming Number |
| **NCC** | Network Colour Code |
| **NDC** | National Destination Code |
| **NMSI** | National Mobile Subscriber Identity |
| **SN** | Subscriber Number |
| **SNR** | Serial Number |
| **TAC** | Type Approval Code |
| **TMSI** | Temporary Mobile Subscriber Identity |

| | TAC | FAC | SNR | SP | (M)CC | MNC | MSIN | SN | LAC | CI | NCC | BCC |
|---|---|---|---|---|---|---|---|---|---|---|---|---|
| IMEI | ■ | ■ | ■ | ■ | | | | | | | | |
| IMSI | | | | | ■ | ■ | ■ | | | | | |
| MSISDN | | | | | ■ | ■ | | ■ | | | | |
| MSRN | | | | | ■ | ■ | | ■ | | | | |
| LAI | | | | | ■ | ■ | | | ■ | | | |
| CI | | | | | | | | | | ■ | | |
| BSIC | | | | | | | | | | | ■ | ■ |

# Anhang C: Akronyme

| | |
|---|---|
| **3PTY** | Three Party Service |
| **A3, A5, A8** | Schlüsselalgorithmen |
| **AB** | Access Burst |
| **Abis** | BTS - BSC Interface |
| **ACSE** | Association Control Service Element |
| **AGCH** | Access Grant Channel |
| **AMR** | Adaptive Multirate Codec |
| **AOC** | Advice of Charge |
| **ARQ** | Automatic Repeat Request |
| **ASCI** | Advanced Speech Call Items |
| **ASE** | Application Service Element |
| **ATM** | Asynchronous Transfer Mode |
| **AUC** | Authentication Center |
| **BAIC** | Barring of All Incoming Calls |
| **BAOC** | Barring of All Outgoing Calls |
| **BCC** | Base Station Colour Code |
| **BFI** | Bad Frame Indication |
| **BG** | Border Gateway |
| **BIC-Roam** | Barring of Incoming Calls when Roaming Outside the Home PLMN |
| **B-ISDN** | Broadband ISDN |
| **Bm** | Mobiler B-Kanal |
| **BN** | Bit Number |
| **BOIC** | Barring of Outgoing International Calls |
| **BOIC-exHC** | Barring of Outgoing International Calls except those to Home PLMN |
| **BSC** | Base Station Controller |
| **BSIC** | Base Station Identity Code |
| **BSS** | Base Station Subsystem |
| **BTS** | Base Transceiving Station |

| | |
|---|---|
| **BCCH** | Broadcast Control Channel |
| **BSSAP** | Base Station System Application Part |
| **BSSAP+** | Base Station System Application Part + |
| **BSSGP** | Base Station System GPRS Application Protocol |
| **BSSMAP** | Base Station System Management Application Part |
| **BTSM** | Base Transceiving Station Management |
| **CA** | Cell Allocation |
| **CAMEL** | Customized Applications for Mobile Network Enhanced Logic |
| **CBCH** | Cell Broadcast Channel |
| **CC** | Country Code |
| **CCBS** | Completion of Call to Busy Subscriber |
| **CCCH** | Common Control Channel |
| **CDMA** | Code Division Multiple Access |
| **CFB** | Call Forwarding on Mobile Subscriber Busy |
| **CFNRc** | Call Forwarding on Mobile Subscriber Not Reachable |
| **CFNRy** | Call Forwarding on No Reply |
| **CFU** | Call Forwarding Unconditional |
| **CI** | Cell Identifier |
| **CLIP** | Calling Number Identification Presentation |
| **CLIR** | Calling Number Identification Restriction |
| **CLNS** | Connectionless Network Service |
| **CM** | Connection Management |
| **CMISE** | Common Management Information Service Element |
| **CODEC** | Coder/Decoder |
| **COLP** | Connected Line Identification Presentation |
| **COLR** | Connected Line Identification Restriction |
| **CONF** | Conference Calling |
| **CONS** | Connection-Oriented Network Service |
| **CT** | Call Transfer |
| **CUG** | Closed User Group |
| **CW** | Call Waiting |
| **DB** | Dummy Burst |
| **DCCH** | Dedicated Control Channel |
| **DCN** | Data Communication Network |
| **DECT** | Digital Enhanced Cordless Telecommunication |
| **Dm** | Mobiler D-Kanal |
| **DRX** | Discontinuous Reception |
| **DTMF** | Dual Tone Multiple Frequency |

| | |
|---|---|
| **DTX** | Discontinuous Transmission |
| **DTAP** | Direct Transfer Application Part |
| **EFR** | Enhanced Full Rate (CODEC) |
| **EIR** | Equipment Identity Register |
| **eMLPP** | Enhanced Multi-Level Precedence and Preemption Service |
| **ETSI** | European Telecommunication Standards Institute |
| **FA** | Fax Adapter |
| **FAC** | Final Assembly Code |
| **FACCH** | Fast Associated Control Channel |
| **FCAPS** | Fault, Configuration, Accounting, Performance, Security |
| **FB** | Frequency Correction Burst |
| **FCCH** | Frequency Correction Channel |
| **FDD** | Frequency Division Duplex |
| **FDMA** | Frequency Division Multiple Access |
| **FEC** | Forward Error Correction |
| **FN** | TDMA Frame Number |
| **FPH** | Freephone Service |
| **FPLMTS** | Future Public Land Mobile Telecommunication System |
| **FTAM** | File Transfer Access and Management |
| **GGSN** | Gateway GPRS Support Node |
| **GMM/SM** | GPRS Mobility Management and Session Management protocol |
| **GMSC** | Gateway MSC |
| **GMSK** | Gauß Minimum Shift Keying |
| **GPRS** | General Packet Radio Service |
| **GSC** | GSM Speech Codec |
| **GSM** | Global System for Mobile Communication |
| **GSMSS** | GSM Satellite System |
| **GSN** | GPRS Support Node |
| **GTP** | GPRS Tunnelling Protocol |
| **HLR** | Home Location Register |
| **HSCD** | High Speed Circuit Switched Data |
| **HSN** | Hopping Sequence Number |
| **HTML** | Hypertext Markup Language |
| **IMEI** | International Mobile Equipment Identity |
| **IMSI** | International Mobile Subscriber Identity |
| **IMT-2000** | International Mobile Telephone System for the year 2000 |
| **IN** | Intelligent Network |
| **INAP** | Intelligent Network Application Part |

| | |
|---|---|
| **IP** | Internet Protocol |
| **IPv4** | Internet Protocol Version 4 |
| **IPv6** | Internet Protocol Version 6 |
| **ISC** | International Switching Center |
| **ISDN** | Integrated Services Digital Network |
| **IWF** | Interworking Function |
| **Kc** | Cipher/Decipher Key |
| **Ki** | Subscriber Authentication Key |
| **L2R** | Layer 2 Relay |
| **L2RBOP** | Layer 2 Relay Bit-Oriented Protocol |
| **L2RCOP** | Layer 2 Relay Character-Oriented Protocol |
| **LA** | Location Area |
| **LAC** | Location Area Code |
| **LAI** | Location Area ID |
| **LAPDm** | Link Access Procedure D mobile |
| **LCN** | Local Communication Network |
| **LEO** | Low Earth Orbiting satellite |
| **LLC** | Logical Link Control layer |
| **LMSI** | Local Mobile Subscriber Identity |
| **LPC** | Linear Predictive Coding |
| **LTP** | Long Term Prediction |
| **MA** | Mobile Allocation |
| **MAC** | Medium Access Control layer |
| **MAH** | Mobile Access Hunting |
| **MAIO** | Mobile Allocation Index Offset |
| **MAP** | Mobile Application Part |
| **MC** | Multi Carrier |
| **MCI** | Malicious Call Identification |
| **MD** | Mediation Device |
| **MEO** | Medium Earth Orbiting satellite |
| **MExE** | Mobile Station Execution Environment |
| **MHS** | Message Handling System |
| **MTP** | Message Transfer Part |
| **MM** | Mobility Management |
| **MMI** | Man Machine Interface |
| **MNC** | Mobile Network Code |
| **MOS** | Mean Opinion Score |
| **MS** | Mobile Station |

| | |
|---|---|
| **MSC** | Mobile Switching Center |
| **MSIN** | Mobile Subscriber Identification Number |
| **MSISDN** | Mobile Station ISDN Number |
| **MSRN** | Mobile Station Roaming Number |
| **MSS** | Mobile Satellite System |
| **MT** | Mobile Termination |
| **NB** | Normal Burst |
| **NCC** | Network Colour Code |
| **NDC** | National Destination Code |
| **NE** | Netzelement, Network Element |
| **NMSI** | National Mobile Subscriber Identity |
| **NMT** | Nordic Mobile Telephone |
| **NS** | Network Service |
| **OHG** | Operators Harmonization Group |
| **OMAP** | Operation, Maintenance and Administration Part |
| **OMC** | Operation and Maintenance Center |
| **OMSS** | Operation and Maintenance Subsystem |
| **OS** | Operation System |
| **P-IWMSC** | Packet Interworking MSC |
| **PACCH** | Packet Associated Control Channel |
| **PAD** | Packet Assembler/Disassembler |
| **PAGCH** | Packet Access Grant Channel |
| **PBCCH** | Packet Broadcast Control Channel |
| **PCCCH** | Packet Common Control Channel |
| **PCH** | Paging Channel |
| **PDCH** | Packet Data Channel |
| **PDN** | Public Data Network |
| **PDN** | Packet Data Network |
| **PDP** | Packet Data Protocol |
| **PDTCH** | Packet Data Traffic Channel |
| **PDU** | Protocol Data Unit |
| **PLL** | Physical Link Layer |
| **PLMN** | Public Land Mobile Network |
| **PNCH** | Packet Notification Channel |
| **PPCH** | Packet Paging Channel |
| **PRACH** | Packet Random Access Channel |
| **PSPDN** | Packet Switched Public Data Network |
| **PTCCH** | Packet Timing advance Control Channel |

| | |
|---|---|
| **PTM** | Point-to-Multipoint Service |
| **PTM-G** | Point-to-Multipoint Service – Group Call |
| **PTM-M** | Point-to-Multipoint Service – Multicast |
| **P-TMSI** | Packet Temporary Mobile Subscriber Identity |
| **PTP** | Point-to-Point Service |
| **QN** | Quarter Bit Number |
| **QoS** | Quality of Service |
| **RA** | Rate Adaptation |
| **RA** | Routing Area |
| **RACH** | Random Access Channel |
| **RAI** | Routing Area Identity |
| **RAND** | Zufallszahl zur Authentisierung |
| **REVC** | Reverse Charging |
| **RFCH** | Radio Frequency Channel |
| **RFL** | Physical RF Layer |
| **RFN** | Reduced TDMA Frame Number |
| **RLC** | Radio Link Control layer |
| **RLL** | Radio in the Local Loop |
| **RLP** | Radio Link Protocol |
| **ROSE** | Remote Operation Service Element |
| **RPE** | Regular Pulse Excitation |
| **RR** | Radio Resource Management |
| **SACCH** | Slow Associated Control Channel |
| **SAT** | SIM Application Toolkit |
| **SATIG** | Satellite Interest Group |
| **SB** | Synchronization Burst |
| **SCCP** | Signalling Connection Control Part |
| **SCH** | Synchronization Channel |
| **SCN** | Sub Channel Number |
| **SCP** | Service Control Point |
| **SDCCH** | Stand-alone Dedicated Control Channel |
| **SDMA** | Space Division Multiple Access |
| **SGSN** | Serving GPRS Support Node |
| **SID** | Silence Descriptor |
| **SIM** | Subscriber Identity Module |
| **SM-CP** | Short Message Control Protocol |
| **SM-RP** | Short Message Relay Protocol |
| **SMS** | Short Message Service |

| | |
|---|---|
| **SMS-GMSC** | Short Message Service - Gateway MSC |
| **SMS-IWMSC** | Short Message Service - Interworking MSC |
| **SMS-SC** | Short Message Service - Service Centre |
| **SMSCB** | Short Message Service Cell Broadcast |
| **SMSS** | Switching and Management Subsystem |
| **SN** | Subscriber Number |
| **SNDCP** | Subnetwork Dependent Convergence Protocol |
| **SNR** | Serial Number |
| **SNR** | Signal to Noise Ratio |
| **SOSS** | Support of Operator Specific Services |
| **SP** | Signaling Point |
| **SPC** | Signaling Point Code |
| **SRES** | Session Key zur Authentisierung |
| **SS** | Supplementary Services |
| **TA** | Terminal Adaptor |
| **TA** | Timing Advance |
| **TAC** | Type Approval Code |
| **TACS** | Total Access System |
| **TCAP** | Transaction Capabilities Application Part |
| **TCH** | Traffic Channel |
| **TD-CDMA** | Time Division CDMA |
| **TDD** | Time Division Duplex |
| **TDMA** | Time Division Multiple Access |
| **TFO** | Tandem Free Operation |
| **TMN** | Telecommunication Management Network |
| **TMSI** | Temporary Mobile Subscriber Identity |
| **TN** | TDMA Frame Number |
| **TSC** | Training Sequence Code |
| **UDI** | Unrestricted Digital Information |
| **Um** | Luftschnittstelle |
| **UMTS** | Universal Mobile Telecommunication System |
| **UPT** | Universal Personal Telecommunication |
| **URAN** | UMTS Radio Access Network |
| **USF** | Uplink State Flag |
| **UTRA** | UMTS Terrestrial Radio Access |
| **UUS** | User to User Signalling |
| **VAD** | Voice Activity Detection |
| **VBS** | Voice Broadcast Service |

| | |
|---|---|
| **VGCS** | Voice Group Call Service |
| **VLR** | Visited Location Register, VLR Nummer |
| **WAP** | Wireless Application Protocol |
| **W-CDMA** | Wideband CDMA |
| **WLL** | Wireless Local Loop |
| **WML** | Wireless Markup Language |
| **WRC** | World Radio Conference |

# Index

## C

## D

## G

## H

## I



## J

## K



## L

## M

## N

## O



## P

## Q



## R

## V



## W



## X

## Z

# Informationstechnik

Herausgegeben von
Prof. Dr.-Ing. Dr.-Ing. E.h. **Norbert Fliege**, Mannheim
Prof. Dr.-Ing. **Martin Bossert**, Ulm

**Systemtheorie**
Von Prof. Dr.-Ing. Dr.-Ing. E.h. **N. Fliege**, Mannheim
1991. XV, 403 Seiten mit 135 Bildern. ISBN 519-06140-6

**Nachrichtenübertragung**
Von Prof. Dr.-Ing. **K. D. Kammeyer**, Bremen
2., neubearbeitete und erweiterte Auflage.
1996. XVIII, 759 Seiten mit 405 Bildern. ISBN 3-519-16142-7

**Multiraten-Signalverarbeitung**
Von Prof. Dr.-Ing. Dr.-Ing. E.h. **N. Fliege**, Mannheim
1993. XVII, 405 Seiten mit 314 Bildern. ISBN 3-519-06155-4

**Pseudorandom-Signalverarbeitung**
Von Prof. Dr.-Ing. habil. **A. Finger**, Dresden
1997. XI, 308 Seiten mit 135 Bildern. ISBN 3-519-06184-8

**Systemtheorie der visuellen Wahrnehmung**
Von Prof. Dr.-Ing. **G. Hauske**, München
1994. XI, 270 Seiten mit 138 Bildern. ISBN 3-519-06156-2

**Architekturen der digitalen Signalverarbeitung**
Von Prof. Dr.-Ing. **P. Pirsch**, Hannover
1996. IX, 368 Seiten mit 207 Bildern. ISBN 3-519-06157-0

**Signaltheorie**
Von Dr.-Ing. **A. Mertins**, Wollongong/AUS
1996. XI, 312 Seiten mit 101 Bildern. ISBN 3-519-06178-3

**Digitale Audiosignalverarbeitung**
Von Prof. Dr.-Ing. **U. Zölzer**, Hamburg
2., durchgesehene Auflage. 1997. IX, 303 Seiten mit 277 Bildern.
ISBN 3-519-16180-X

**Video-Signalverarbeitung**
Von Dr.-Ing. habil. **C. Hentschel**, Eindhoven/NL
1998. VIII, 269 Seiten mit 188 Bildern. ISBN 3-519-06250-X

B. G. Teubner Stuttgart · Leipzig